人工智能前沿与交叉

李凡长　付亦宁　朱嘉珺　邢冬梅　陈新建　著

科学出版社

北京

内 容 简 介

本书涵盖人工智能领域的多个重要方向和交叉领域，旨在向读者介绍人工智能的最新进展、应用和发展趋势，同时探讨人工智能与其他学科交叉的原则、重要性和潜在影响。主要内容包括人工智能基础与前沿、人工智能+教育、人工智能+医疗、人工智能+法律、人工智能+哲学，涉及人工智能技术在多个学科的理论前沿知识、不同领域的案例应用和辨证思考等内容。

本书既可作为高校通识类课程教材，适用于所有专业的大学生，也可为从事人工智能应用的社会人士提供有价值的参考。

图书在版编目（CIP）数据

人工智能前沿与交叉/李凡长等著. —北京：科学出版社，2025.3
ISBN 978-7-03-077769-0

Ⅰ.①人… Ⅱ.①李… Ⅲ.①人工智能-研究 Ⅳ.①TP18

中国国家版本馆 CIP 数据核字（2024）第 019224 号

责任编辑：惠 雪 曾佳佳 李 洁 / 责任校对：郝璐璐
责任印制：张 伟 / 封面设计：许 瑞

科学出版社 出版
北京东黄城根北街 16 号
邮政编码：100717
http://www.sciencep.com

北京九州迅驰传媒文化有限公司印刷
科学出版社发行 各地新华书店经销
*

2025 年 3 月第 一 版 开本：787×1092 1/16
2025 年 3 月第一次印刷 印张：22
字数：520 000

定价：89.00 元
（如有印装质量问题，我社负责调换）

前　言

人工智能自 20 世纪 50 年代被提出，至今已有 70 多年的历史。尤其是进入 21 世纪，世界各国都把人工智能作为优先发展的战略重点，推动其在科技创新和产业变革中的广泛应用。我国为加快构建创新型国家和科技强国，于 2017 年 7 月印发并实施了《新一代人工智能发展规划》（以下简称《规划》）。《规划》明确提出，要开展跨学科探索性研究。推动人工智能与神经科学、认知科学、量子科学、心理学、数学、经济学、社会学等相关基础学科的交叉融合。同时，《规划》也着重强调了要重视人工智能法律伦理的基础理论问题研究。值得关注的是，2018 年 10 月 31 日，习近平总书记在第十九届中共中央政治局第九次集体学习时指出，要抓住民生领域的突出矛盾和难点，加强人工智能在教育、医疗卫生、休育、住房、交通、助残养老、家政服务等领域的深度应用，创新智能服务体系。近年来，我国不断加大人工智能布局。2024 年全国两会政府工作报告中更是首次提出"人工智能+"行动，进一步释放人工智能推动经济社会发展的潜力。这一举措不仅将加速人工智能与各行业的深度融合，也为企业创新和个人发展带来了全新机遇，助力我国在全球人工智能的竞争中占据有利位置。

人工智能之所以受到全球广泛关注，主要源于其具备以下几方面的独特优势：一是，人工智能具有广泛的技术赋能能力。人工智能不仅是一个相对独立的学科体系，还能够作为一种先进的技术手段，提升其他学科的研究效率和应用水平。例如，在智能化学分子设计、智能大数据分析等领域，人工智能的深度计算和分析能力极大地推动了科学研究和产业创新。二是，人工智能具备强大的学习能力。除了拥有丰富的知识体系，人工智能还能够通过不断学习和进化，帮助人类解决实际问题。这种能力在元学习、元智能等前沿领域的研究中得到了充分体现。三是，人工智能具备强大的学科交叉能力。作为一门高度综合的学科，人工智能不仅推动自身发展，还促进了智能教育、智能医疗、智能空间科学、智能法律、智能哲学等多个领域的跨学科研究，推动新知识体系的构建和创新模式的形成。

人工智能的独特优势不仅彰显了其在新时代科技浪潮中的发展潜力与引领地位，更重要的是激发了新时代学习者探索科学、深入研究的热情。然而，受限于时间、空间与资源，并非所有对人工智能感兴趣的学习者都能系统地学习人工智能专业知识。因此，为了帮助更多学习者快速了解人工智能发展趋势，并将其与自身学科相结合，实现"1+1>2"的学习效果，2018 年，苏州大学组织了来自计算机科学、教育学、医学、法学和哲学 5 个学科的 5 位教授，面向全校本科生开设了"人工智能前沿与交叉"通识课程。课程以立德树人为根本，以人才培养为核心，以提升"交叉创新思维"为目标，依托"多维度协同教育理念"，采用"讲授+研讨+实战"相结合的教学模式，促进跨学科交流。经过 4 年多的教学实践，该课程深受师生欢迎，并在广大师生的建议下，对原有课程讲义进行了更新和完善,最终编著完成《人工智能前沿与交叉》一书。目前,市面上的人工智能书籍大多集中于专业领域,如学术专著、专业教材或科普读物,而涉及多个学科交叉融合的通识类书籍较为稀缺。本书正是一次跨学科知识交叉与融合的尝试,旨在帮助学习者培养"交叉创新思维",促进其在学习与研究中实现跨学科整合,快速站在科学前沿,探索未知领域,成为学科交叉融合的领跑者。

全书共分为五篇,19章。第一篇"人工智能基础与前沿"包括4章,由李凡长和付亦宁完成;第二篇"人工智能+教育"包括 4 章,由付亦宁完成;第三篇"人工智能+医疗"包括3章,由陈新建完成;第四篇"人工智能+法律"包括4章,由朱嘉珺完成;第五篇"人工智能+哲学"包括 4 章,由邢冬梅完成。后记由付亦宁和李凡长完成。全书由付亦宁统稿,李凡长审校。

本书的出版得到国家重点研发计划(2018YVFA0701700,2018YFA0701701)和国家自然科学基金项目(62176172,61672364)的资助,在此表示感谢。

本书在出版过程中得到了科学出版社的大力支持,在此深表感谢。同时,在编写过程中也参考或引用了众多学者的研究成果,在此一并致以诚挚的谢意。最后,衷心感谢广大读者的支持与信任。希望本书能够为大家提供启发与灵感,助力人工智能的持续发展与广泛应用,共同推动科技进步,为人类未来贡献智慧与力量。

本书在撰写过程中难免有不足之处,恳请各位同仁批评指正。

作 者
2024 年 5 月

目　　录

第二篇　人工智能+教育

第三篇　人工智能+医疗

第四篇　人工智能+法律

第五篇　人工智能+哲学

第一篇 人工智能基础与前沿

　　人工智能（artificial intelligence，AI）作为一门学科，已有系统的知识体系。"人工智能基础与前沿"是本书的基础篇，目标是要让学习者快速了解并掌握人工智能的基础与前沿知识。本篇采用跨越式、多维度协同教学方式，分四章，分别从人工智能概述、人工智能基础、李群机器学习、动态模糊机器学习四个方面来进行介绍。

第1章 人工智能概述

1.1 人工智能的概念

1.1.1 人工智能

人工智能的产生始于 1943 年 McCulloch 和 Pitts 提出的 M-P 模型,该模型为人工智能的发展奠定了一定的理论基础。1950 年图灵(A. M. Turing)提出关于机器思维的问题,他的论文《计算机和智能》("Computing Machine and Intelligence"),引起了广泛注意,并产生了深远影响。这一划时代的作品,使图灵获得"人工智能之父"的桂冠。1955 年 8 月 31 日,"人工智能"这个词首次出现在一个持续 2 个月、只有 10 个人参加的研讨会提案上。提案撰写者包括 John McCarthy(达特茅斯学院)、Marvin Minsky(哈佛大学)、Nathaniel Rochester(国际商业机器公司)和 Claude Shannon(贝尔电话实验室)等。1956 年达特茅斯夏季研讨会才向世界公开正式提出"人工智能"。因此,把 1956 年定为人工智能研究的诞生年[1]。

人工智能虽然有几十年的历史了,但到目前为止,还没有准确的定义,主要是一些描述性的说法。由此表明人工智能还是一个年轻的学科,有无限的发展空间。一般来讲,理解人工智能的定义可以将其分为两部分,即"人工"和"智能"。"人工"比较好理解,争议性也不大,就是通常意义下的人工系统,只是人工与人工之间有差别。这也形成了不同人对人工看法的差别。关于什么是"智能",问题就多了。这涉及诸如意识(consciousness)、思维(mind)[包括无意识的思维(unconsciousness-mind)]等问题。由于我们对我们自身智能的理解及其构成元素的认识仍很有限,因此很难定义什么是"人工"制造的"智能"。因此人工智能的研究往往涉及对人的智能本身的研究。其他关于动物或其他人造系统的智能也普遍被认为是人工智能相关的研究课题。归纳起来,研究人工智能的智能机理主要分为人类的智能机理和非人类的智能机理(如根据蚂蚁智能形成的蚁群算法等)两大类。

尼尔逊教授对人工智能的定义[1,2]:人工智能是关于知识的学科——怎样表示知识以及怎样获得知识并使用知识的科学。

美国麻省理工学院的温斯顿教授对人工智能的定义:人工智能就是研究如何使计算机去做过去只有人才能做的智能工作。该说法反映了人工智能学科的基本思想和基本内容。即人工智能是研究人类智能活动的规律,构造具有一定智能的人工系统,研究如何让计算机去完成以往需要人的智力才能胜任的工作,也就是研究如何应用计算机的软硬件来模拟人类某些智能行为的基本理论、方法和技术[1,2]。

苏州大学李凡长教授对人工智能的定义：人工智能就是利用计算机、数学、认知科学、哲学、物理学、数据科学等多学科优势进行交叉融合，研究如何将人的智能机理模型化、算法化之后让机器实现并能给出解决问题满意的答案，如在实现过程中能解决"局部+全局""单参数+多参数""线性+非线性""离散+连续""定量+定性"等复杂问题。通过研究形成人工智能理论、方法、技术、应用系统的学科体系，一方面为人才培养提供知识体系和平台，另一方面能交叉、赋能其他学科创新发展[3-5]。

1.1.2 人工智能的要素

从上面几位专家对人工智能的定义不难看出，人工智能和其他学科的区别主要表现在以下几方面。

（1）赋能能力：人工智能除了有独立的学科体系、专业体系之外，还有赋能其他学科、专业，为其他学科、专业服务的能力，如智能化学分子设计、智能大数据分析等。

（2）学习能力：人工智能除了有自己的知识体系之外，还有学习能力，能帮助人类解决实际问题，这种能力体现在元学习、元智能等前沿研究中。

（3）学科交叉能力：人工智能除了有能培养人工智能人才的平台资源之外，还有较强的学科交叉能力，涉及智能教育、智能医学图像、智能空间科学、智能法律、智能哲学等多个领域。

根据人工智能的这些优势，人工智能的要素主要包括以下几方面。

（1）能适应复杂环境：例如，智能机器人面对复杂环境要能够适应，无人驾驶遇到偶然性事件要能够处理等。

（2）能分析不确定问题：确定问题相对好处理，例如用经典逻辑就能得到满意的结果。不确定问题有模糊性或矛盾性或静态模糊性或动态模糊性等，尤其是动态模糊性问题就很难了。这些问题是其他学科很难解决的问题，人工智能技术自然能很好地解决、分析这些不确定问题，这充分体现出人工智能相比其他学科的价值优势[6-8]。

（3）能分析因果关系：问题的形成是有条件的，因此，能分析因果关系也是人工智能的要素之一。例如，朱迪亚·珀尔（Judea Pearl）教授在概率与因果推理方面为人工智能发展做出了重大贡献，获 2011 年图灵奖；经济学家约书亚·安格里斯特（Joshua D. Angrist）和吉多·因本斯（Guido W. Imbens）在因果关系分析方面做出了重要贡献，获 2021 年诺贝尔经济学奖。

（4）能解决复杂问题：复杂问题是新时代科学的基本问题。人们把人工智能看作科学引擎就是希望人工智能能解决复杂问题如多参数问题、非线性问题、高维连续问题等。

（5）有赋能能力：如人工智能为数字经济服务、人工智能为社会治理服务、人工智能为化学分子设计服务等。

（6）有学习能力：如元学习、李群连续元学习、神经网络学习、强化元学习、小样本元学习、深度学习等[9]。

（7）有交叉能力：如李群和机器学习结合产生李群机器学习，纤维丛和机器学习结合产生纤维丛学习方法，量子群和机器学习结合产生量子群学习，教育学和人工智能结合产生智能教育，医学图像和人工智能结合产生智能医学图像处理技术等[3,4,9]。

1.1.3　人工智能的分类

根据目前取得的研究成果把人工智能分为弱人工智能和强人工智能两类。

1）弱人工智能

这类人工智能是指能模型化、算法化的智能，具有学习、推理能力，但还没有思维、意识、联想、类比、猜想等能力。当下的人工智能基本处于这个状态。

2）强人工智能

这类人工智能主要指人的智能，除了有学习、推理能力之外，还具有思维、意识、联想、类比、猜想等能力。这种人工智能是人工智能学科未来或相当长一段时间的研究目标，如智能机器人、智能医疗系统等。

1.2　人工智能的测试方法

人工智能的测试方法主要有两类，即图灵测试和无裁判测试。

1.2.1　图灵测试

英国天才数学家图灵（A. M. Turing）1950 年提出了著名的智能测试实验，即称为图灵测试[2]。

1. 图灵测试模型构成

图灵测试模型包括实验用计算机、被测试的人、主持测试的人，表示为{实验用计算机，被测试的人，主持测试的人}。

2. 图灵测试方法

（1）实验用计算机和被测试的人分开去解决相同的问题。

（2）把实验用计算机和被测试的人的答案告诉主持测试的人。

（3）结论：主持测试的人若不能区别开哪个答案是实验用计算机回答的、哪个答案是被测试的人回答的，这时就认为实验用计算机和被测试的人的智力相当。

图灵设计的这个智能测试方法一直沿用到现在。但人们普遍认为图灵测试存在如下问题：

（1）主持测试的人提出的问题标准不明确，即没有说明问题难度。

（2）被测试的人的智能问题也未明确说出，即没有给出被测试的人的智能到底有多高。

（3）该测试仅考虑结果，而未反映智能所具有的思维过程，即没有给出问题的求解过程。

1.2.2　无裁判测试

图灵测试方法从判断机器智能的视角看是有效果的，但就目前人工智能的情况来看，人们并没有从实质意义上用图灵测试去判断机器是否具有智能，只要设计的模型、算法能替代或协同解决需要人去解决的实际问题，人们就认为其具有智能。因此，我们把这类测试方法称为无裁判测试。

1. 无裁判测试模型构成

无裁判测试模型包括实验用设备、有难度的问题，表示为{实验用设备，有难度的问题}。

2. 无裁判测试方法

（1）让实验用设备去解决有难度的问题。

（2）让实验用设备把问题解决出结果即可，如机器学习算法。

（3）结论：根据测试结果判定实验用设备如智能机器人、无人驾驶汽车等是否具有智能。

这种测试方法主要从替代或协同方面进行思考人工智能是否能帮助人类解决实际问题。这种测试方法应该说是符合科学发展规律、人类认知规律的。这种测试方法不仅使人工智能学习者和研究者在追求强人工智能的道路上有成就感，更是培养了其快乐的科学探索精神。

1.3　人工智能的研究学派

从人工智能的发展历史看，尽管人们认为人工智能是计算机科学的一个分支，但从人工智能的赋能、学习、交叉等优势看，人工智能已是一个交叉学科。从人工智能的理论、技术、方法、应用的科学体系看，研究人工智能的途径是多元的、开放的，不管有什么专业背景都可以研究人工智能，可以实现条条大路通达人工智能的愿景。例如，有数学、物理等背景可以开展人工智能理论研究；有文学、哲学、法学、教育学、医学等背景可以开展人工智能的应用研究或交叉研究；有计算机、控制、机械等背景可以开展人工智能的理论、方法、技术、应用等方面的研究。归纳起来，研究人工智能的模式可以表示为"X+人工智能、人工智能、人工智能+X"这3种模式。其中"X"表示非人工智能专业，"+"表示已有专业背景的顺序。例如，有教育学背景的同仁研究人工智能，主要考虑如何将教育学内容和人工智能内容结合产生新的内容或增强教育学的内容，即教育学+人工智能。人工智能+教育学，主要考虑如何将人工智能的内容推广应用到教育学，让人工智能技术为教育学做好赋能服务。

人工智能从1956年发展至今，形成了如下几个研究学派。

1.3.1　符号主义学派

符号主义（symbolicism）学派又称逻辑主义（logicism）学派、心理（psychlogism）

学派或计算机（computerism）学派。其原理主要为物理符号系统（即符号操作系统）的假设和有限合理性原理。主要进行功能模拟。代表人物纽厄尔和赫伯特·西蒙等[2]。

该学派认为，人的认知基元是符号，而且认为人的认知过程可以用符号表示，即符号操作过程。既然人是一个物理符号系统，计算机也就是一个物理符号系统，因此，提出了可以用计算机来模拟人的智能行为，即用计算机的符号来模拟人的认知过程，也就是说人的思维是可操作的[2]。

符号主义学派满足认知科学的对应关系原理（symbol grounding relation principle）[3]。

1.3.2　联结主义学派

联结主义（connectionism）学派又称为仿生（bionicism）学派或生理（physiologism）学派。其原理主要为神经网络及神经网络间的联结机制和学习算法。主要进行结构模拟。代表人物麦卡洛克等[2]。

该学派认为，人的思维基元是神经元，而不是符号处理过程。根据神经元机理，提出了联结主义的大脑工作模式，即用于取代符号操作的电脑工作模式[2]。

英国《自然》杂志主编坎贝尔博士说：目前信息技术和生命科学有交叉融合的趋势，例如人工智能的研究就需要从生命科学的角度揭开大脑思维的机理，需要利用信息技术模拟实现这种机理[1]。

联结主义学派满足认知科学的双向关系原理（bidirectional relation principle）[3]。

1.3.3　行为主义学派

行为主义（actionism）学派又称为进化主义（evolutionism）学派或控制论（cybernetics）学派。其原理主要为控制论及感知再到动作型控制系统。主要进行行为模拟。代表人物布鲁克斯等[2]。

该学派认为智能行为只能在现实世界中通过与周围环境交互作用而表现出来，因此用符号主义和联结主义来进行模拟智能显得有些不与事实相吻合。根据智能感知机理，提出了行为主义[2]。

行为主义学派满足认知科学的动允关系原理（affordance relation principle）[3]。

1.3.4　类脑协同主义学派

类脑协同主义（brain like synergism）学派，其原理主要是根据认知科学的对应关系原理、双向关系原理和动允关系原理建立人工智能的理论、技术、方法体系。主要进行功能模拟、结构模拟和行为模拟。初期目标是研究弱人工智能，长期目标是研究强人工智能。代表人物李凡长等[3]。

类脑协同主义学派是对人工智能已有的 3 种学派的总结、继承和创新，充分体现了人工智能学科的前沿与交叉特征[3]。

1.4 人工智能的研究内容

1.4.1 人工智能研究范式

人类历史上形成的科研范式主要有以下几种。

第一范式（实验科学）。主要以记录和描述自然现象为特征，称为"实验科学"。从原始的钻木取火，发展到后来以伽利略为代表的文艺复兴时期的科学发展初级阶段，开启了现代科学之门。

第二范式（理论科学）。通过演算进行归纳总结，称为"理论科学"，如量子力学和相对论的出现。

第三范式（计算科学）。20世纪中叶，冯·诺依曼提出了现代电子计算机架构，利用电子计算机对科学实验进行模拟仿真的模式得到迅速普及，人们可以对复杂现象通过模拟仿真，推演出越来越多复杂的现象，典型案例如模拟核试验、天气预报等。计算机仿真越来越多地取代实验，逐渐成为科研的常规方法，即第三范式，称为"计算科学"。

第四范式（数据科学）。随着数据的爆炸性增长，计算机将不仅仅能做模拟仿真，还能进行分析总结，得到理论。也就是说，过去由牛顿、爱因斯坦等科学家从事的工作，未来或许可以由计算机来做。这种利用数据进行科学研究的方式，被称为第四范式，即"数据科学"。

第五范式（智能科学）。随着人工智能的发展，计算机将不仅仅能做模拟仿真，还能进行智能计算、学习、推理、分析、总结，得到理论。这种利用人工智能进行科学研究的方式，被称为第五范式，即"智能科学"。这个范式是人工智能对现代科技的贡献。

因此，研究人工智能要有科研范式支持，而且人工智能自身也能形成新范式支持科学发展。

1.4.2 人工智能研究领域

人工智能作为一个专业，很多学校把人工智能专业的培养目标描述成：以培养掌握人工智能理论与工程技术的专门人才为目标，学习机器学习的理论和方法、深度学习框架与工具及实践平台、自然语言处理技术、语音处理与识别技术、视觉智能处理技术、国际人工智能专业领域最前沿的理论方法，培养人工智能专业技能和素养，构建解决科研和实际工程问题的学科思维、专业方法和交叉思维。

人工智能课程体系主要包括："人工智能导论""人工智能原理""人工智能算法""人工智能系统""机器学习""深度学习""李群机器学习导论""计算机视觉""模式识别""人工智能、社会与人文""人工智能哲学基础与伦理""先进机器人控制""认知机器人""机器人规划与学习""仿生机器人""群体智能与自主系统""无人驾驶技术与系统实现""游戏设计与开发""计算机图形学""虚拟现实与增强现实""知识表示""人工智能的现代方法""自然语言处理""问题求解""自动推理与证明""人工智能博弈""类脑智能技术""人工智能前沿与交叉"等。

人工智能研究领域包括如下。

（1）人工智能基础：主要研究人工智能的机理、原理、表示、模型、算法、推理等。

（2）人工智能技术：主要研究人工智能基础可工程化的内容，如深度学习算法、贝叶斯学习算法、李群机器学习算法、动态模糊机器学习算法、强化学习算法等。

（3）人工智能应用：将人工智能的技术应用到相关领域，如人工智能应用于医学图像处理、人工智能应用于哲学领域、人工智能应用于农业领域等。

（4）人工智能交叉：交叉是人工智能的优势，交叉是当代科学的基本特征，交叉也是产生原创科学的重要途径之一。例如，"人工智能+数学+物理+化学+材料"等产生"智能计算物质科学"，"量子群+机器学习"产生量子群机器学习，"范畴论+机器学习"产生范畴表示机器学习，"人工智能+软件工程"产生智能软件工程，"人工智能+决策科学"产生智能决策等。需要注意的是，人工智能应用与人工智能交叉的区别，人工智能应用是一种推广，人工智能交叉是通过交叉产生新的理论、方法、技术[9]。

下面列举一些研究课题供学习者参考：

（1）人工智能与数据科学的理论与方法。

（2）智能软件中的数学模型理论与方法。

（3）计算化学与人工智能的理论与方法。

（4）化学大数据与人工智能辅助合成方法。

（5）数字经济与人工智能的理论与方法。

本 章 小 结

本章主要介绍人工智能的概念、人工智能的测试方法、人工智能的研究学派、人工智能的研究领域。本章的学习为后面进一步学习人工智能相关知识打下基础。

思 考 题

1. 请分别给出图灵测试和无裁判测试的一个例子，并说明理由。

2. 请分别给出弱人工智能和强人工智能的一个例子，并说明它们之间的本质差别。

3. 为什么说人工智能是一个交叉学科？请举例说明。

4. 请说明人工智能和数学、物理之间的联系与区别。

5. 现在人们都在讨论元宇宙，请用人工智能的观点谈谈你对元宇宙的看法。

6. 数字经济是当下的热点领域，请谈谈人工智能能够发挥什么作用以赋能数字经济发展。

7. 请谈谈人工智能未来的发展会是怎样的。

8. 请谈谈《西游记》这部电视剧中所反映的人工智能观点。

参 考 文 献

[1] 李凡长, 郑家亮, 沈勤祖. 人工智能原理·方法·应用[M]. 昆明: 云南科技出版社, 1997.

[2] Lu M, Li F Z. Survey on lie group machine learning[J]. Big Data Mining and Analytics, 2020, 3(4): 235-258.

[3] Li F Z, Zhang L, Zhang Z. Lie Group Machine Learning[M]. Berlin: De Gruyter, 2019.

[4] 李凡长, 张莉, 杨季文, 等. 李群机器学习[M]. 合肥: 中国科学技术大学出版社, 2013.

[5] 李凡长, 钱旭培, 谢琳, 等. 机器学习理论及应用[M]. 合肥: 中国科学技术大学出版社, 2009.

[6] 李凡长, 朱维华. 动态模糊逻辑及其应用[M]. 昆明: 云南科技出版社, 1997.

[7] 李凡长, 刘贵全, 佘玉梅. 动态模糊逻辑引论[M]. 昆明: 云南科学出版社, 2005.

[8] 李凡长, 杨季文, 张莉, 等. 动态模糊数据分析理论与方法[M]. 北京: 科学出版社, 2013.

[9] 李凡长, 赵雷, 王宜怀, 等. 多维度协同教育理论与方法[M]. 北京: 科学出版社, 2016.

第 2 章　人工智能基础

在第 1 章的基础上，本章将主要介绍人工智能的理论基础。包含：人工智能基础范畴、认知机理、人工智能原理、人工智能知识表示、人工智能推理方法、动态模糊逻辑的缺省假设推理和动态模糊逻辑推理方法的应用。

2.1　人工智能基础范畴

2.1.1　人工智能公理

公理 2.1（功能公理）　人工智能要能进行功能模拟。

公理 2.1 主要表述符号主义学派和类脑协同主义学派的人工智能思想。

符号主义学派认为人的认知基元是符号，而且认知过程可以通过符号表示、建立符号模型、设计算法实现，即可以形成符号操作过程[1]。类脑协同主义的认知科学原理之一是对应关系原理，通过对应关系建立人工智能的理论、技术、方法知识体系以进行功能模拟[2]。

公理 2.2（结构公理）　人工智能要能进行结构模拟。

公理 2.2 主要表述联结主义学派和类脑协同主义学派的人工智能思想。

联结主义学派主要根据神经网络及神经网络间的联结机制和学习算法研究人工智能。类脑协同主义学派的认知科学原理之一是双向关系原理，通过双向关系建立人工智能的理论、技术、方法知识体系以进行结构模拟[2]。

公理 2.3（行为公理）　人工智能要能进行行为模拟。

公理 2.3 主要表述行为主义学派和类脑协同主义学派的人工智能思想。

行为主义学派研究人工智能的原理主要是控制论及感知与认知的互动控制机理。该学派认为智能行为只能在现实世界中通过与周围环境交互作用表现出来[1]。类脑协同主义学派的认知科学原理之一是动允关系原理，通过动允关系建立人工智能的理论、技术、方法知识体系以进行行为模拟[2]。

2.1.2　人工智能知识范畴

根据人工智能的功能公理、结构公理和行为公理及人工智能的知识体系结构，将人工智能知识类型分为人工智能基础知识、人工智能技术知识、人工智能应用知识、人工智能交叉知识。

（1）人工智能基础知识包括：原理、表示、模型、算法、学习、推理等。有了这些基础知识就可以构建人工智能的理论、技术、方法、应用体系。

（2）人工智能技术知识包括：人工智能基础技术，如深度学习算法、贝叶斯学习算法、李群机器学习算法、动态模糊机器学习算法、强化学习算法等。

（3）人工智能应用知识包括：人工智能的技术推广应用到相关领域，如基于人工智能的数据库系统、基于机器学习的药物分子设计系统。

（4）人工智能交叉知识包括：人工智能和其他学科交叉所产生的知识。例如，"范畴论+机器学习"产生范畴表示机器学习，"人工智能+软件工程"产生智能软件工程等。

2.2 认 知 机 理

研究人工智能应该遵循认知科学的 3 个机理，即对应机理（corresponding mechanism）、双向机理（bidirectional mechanism）和动允机理（affordance mechanism）。

2.2.1 对应机理

对应问题作为涉身认知的核心科学问题之一，于 1990 年被 Harnad 最早引入。对应问题是与如何从符号得到其含意的问题相关的，而含意的问题又是与意识、知觉相关的问题。例如，为了使机器人能和人进行对话，它们必须明白言谈内容与外部环境的对应关系。目前求解对应问题的首要假设是零语义约定条件（zero semantical commitment condition）。对应问题的难点在于不仅要把符号和对象关联起来，而且要关注个体和外界交互时自动阐述符号的语义。这就意味着符号解释必须是符号系统本身的内在因素。因而，可以把零语义约定条件描述为：①不允许固有观念具有任何形式；②不允许现象具有任何形式；③机器应该拥有自身的能力和资源，如计算、感知、传感器等，以便能够关联符号。任何违背该条件的方法都是违反语义的，而且不能求解对应问题。因此，以对应问题为核心形成的认知机理即是对应机理。这个机理应该是研究人工智能的重要机理之一。

2.2.2 双向机理

双向机理是指感知和认知不是相互分离的两个不同系统。感知系统是一种输入系统，它从环境中提取信息；而认知系统是一种中心加工系统，它对输入系统传递的信息进行相应的加工处理（如言语、记忆、思维等）。感知状态包含对外界刺激无意识的神经表征和有选择的意识经验。感知状态一旦产生，其中一些内容便通过选择性注意被抽取出来并存储在长时记忆中。在以后的恢复中，这种知觉记忆可起到符号作用以代表外界事物，并进入符号操作过程。大量知觉符号集中起来就组成了认知表征。这种研究形成的知觉与认知的一致性关系直接引发了感知符号理论的产生。研究发现，单向假设不仅不符合人类个体的感知认知原理，还是个体层协同计算技术取得本质性突破的主要瓶颈之一，并提出用"双向假设"取代"单向假设"来突破这一瓶颈。因此，双向机理也是研究人工智能的重要机理之一[2]。

2.2.3 动允机理

动允是知觉心理学和生态心理学中最为核心的概念，它的具体定义直到现在仍存在争议。普遍认为动允是动物个体与环境之间的一种交互作用，是环境的属性使得动物个体的某种行为得以实施的可能性。现在普遍认为动允有 3 个要点：①动允是一种潜在的可能性；②动允是动物个体与环境之间的一种交互作用；③动允的提取受到意图的制约。动允包括动物个体、环境各自的属性，以及属性间的关系等几方面，目前还没有完整的理论体系[2]。

动允的应用实例如下。

（1）动允在语言理解中的应用。目前，研究者根据语言理解中的动允与知觉过程中的动允存在着相当大的相似性关系，将动允应用于语言理解取得了一些成果。

（2）动允在机器人中的应用。动允在机器人设计中得到了广泛应用，例如 2011 年 E. Ugur 等提出了利用自我交互和自我观察的认知方法设计的拟人机器人通过聚类学习获取目标物体的动允。该机器人通过学习能够做出规划去达到目标并对相应的动作序列做出仿真。此外，通过使用学习获得的知觉结构，系统还可以监测规划的执行并对错误的动作做出相应的修正。2008 年 M. Stark 等通过观察和学习人-物交互来获得目标物体的动允暗示，从而基于物体功能的动允对物体进行识别。2011 年 N. Krüger 等将目标-动作联合体（object-action complexes，OACs)形式化，并将其作为机器人感官经验和行为符号化表示的基础。在人工感知系统中，OACs 被设计用来刻画目标及其关联动作的交互行为。在 OACs 中动允被描述为特定形状的目标的位置与对目标能进行的操作之间的关系，并被定义成一个状态转换函数，用来进行机器人的行为预测。因此，动允机理也是研究人工智能的重要机理之一[2]。

2.3　人工智能原理

原理 2.1（数据原理）　人工智能系统要能分析、处理数据。

根据公理 2.1、公理 2.2、公理 2.3，人工智能系统无论是进行功能模拟还是结构模拟或者行为模拟，数据是基础。因此，人工智能系统必须要能够分析数据、处理数据才能实现功能模拟、结构模拟、行为模拟[3]。

原理 2.2（学习原理）　人工智能系统要有学习能力。

学习能力是人工智能和其他科学的区别之一，也是人工智能科学的优势之一。人工智能系统如果没有学习能力就体现不出优势。因此，人工智能系统必须要有学习能力[3]。

原理 2.3（推理原理）　人工智能系统要有推理能力。

推理是人工智能的基本要素。人工智能之所以深受人们关注，是因为人工智能有推理能力。因此，推理能力是人工智能系统的必然要求[3]。

原理 2.4（证明原理）　人工智能系统要有证明能力。

人工智能作为一门科学，按科学的自然体系构成，证明能力是保证科学体系正确性的基础。因此，证明能力也是人工智能系统的必然要求[3]。

原理 2.5（伦理原理）　人工智能系统要遵循伦理规则。

科学是为人类服务的，科学的发展必须遵守科学伦理规则。人工智能作为一门科学，人工智能系统遵循伦理规则是基本常识[3]。

如今，任何人都可以向人工智能提问。由于人工智能的范围宽泛，提问者提出的问题也参差不齐，有的是人工智能问题，有的可能不是人工智能问题，有的是目前可以解决的人工智能问题，有的是目前不能解决的人工智能问题等。利用这几个原理就可以判断哪些问题是人工智能问题，哪些问题不是人工智能问题，哪些问题是当下人工智能可以解决的问题，哪些问题是当下人工智能不能解决的问题，哪些问题是未来可能解决的问题，哪些问题可能是未来也不能解决的问题等。举例如下。

问题1：人工智能可以替代教育工作吗？

问题2：人工智能可以成为科学家吗？

问题3：人工智能可以成为"愚公"去移山吗？

问题4：当前的财务软件可以帮助单位处理财务数据，这种软件是人工智能在发挥作用吗？

对这些问题我们可以这样分析。

问题1，我们应该全面理解教育的类别、层次、目的。教育广义上分为学校教育（高等教育、中等教育、初等教育、小学教育、幼儿教育）、家庭教育、社会教育等。学校教育的目的是教书育人，家庭教育的目的是家风习惯养成，社会教育的目的是责任担当培养。从教育的这些内涵来看，一些教育内容是人工智能可以替代的，另一些并且是相当大部分教育内容是人工智能不能替代的。

问题2，我们要全面理解科学家的使命。科学家是指对社会发展、人类进步做出突出贡献、具有杰出成就的科学工作者。就当前人工智能可能成为科学家的可能性是存在的，但还有很长的距离。这个问题是人工智能问题，但和当前人工智能还有相当大的差距。

问题3，"愚公移山"这个故事主要传承一种祖祖辈辈持之以恒的传承精神，如果我们仅考虑工作量及时间这两个要素，人工智能是可以成为"愚公"去移山的。其他复杂要素在此就不分析了，留给读者补充。这个问题是人工智能完全可实现的问题。

问题4，人工智能可以在计算机上实现，但当前的财务软件是计算机软件，这种软件没有实现智能的学习、推理等功能。因此，这个问题不是人工智能问题。

2.4　人工智能知识表示

知识表示（knowledge representation）是人工智能的基础。知识表示模型的标准是：①具有表示某个专门领域所需要的知识的能力，并保证知识库中的知识是相容的。②具有从已知知识推出新知识的能力，容易建立表达新知识所需要的新结构。③便于新知识的获取，最简单的情况是能由人直接输入知识到知识库中。④便于将启发式知识附加到知识结构中，以使推理集中在最有希望的方向上[4,5]。

知识表示方法很多，目前使用较多的知识表示方法主要有以下几种。

2.4.1 逻辑表示

逻辑表示（logic representation）分元逻辑表示、经典逻辑表示和非经典逻辑表示。

1. 元逻辑表示

元逻辑（metalogic）是以形式化的逻辑系统为研究对象的一种逻辑，主要研究形式语言、形式系统和逻辑演算的语法与语义。

其特征是采用公理化方法进行研究。在给出原始符号、构成项和合式公式的形成规则、构成项和合式公式的变形规则（其中最重要的是代入规则和推理规则）以及作为公理的若干合式公式之后，一个形式化的元逻辑系统就可以建立起来。元逻辑主要研究逻辑本身的特征如逻辑系统的一致性问题、完备性问题、可判定性问题及公理之间的独立性问题等。利用元逻辑对知识进行表示称为元逻辑表示。

2. 经典逻辑表示

经典逻辑（classical logic）亦称标准逻辑或数理逻辑，主要指由弗雷格（Frege）、罗素（Russell）创立的二值命题演算和谓词演算系统。

经典逻辑表示主要分为命题逻辑表示和谓词逻辑表示。利用逻辑公式描述对象、性质、状况和关系。它主要用于自动定理证明等。

例 2.1 用命题逻辑表示下列知识：

如果 a 是偶数，那么 b 是偶数。

解：定义命题如下：P: a 是偶数；Q: b 是偶数，则原知识表示为 $P \rightarrow Q$。

例 2.2 用谓词逻辑表示下列知识：

自然数都是大于或等于零的整数。

解：定义谓词如下：$N(x)$: x 是自然数；$I(x)$: x 是整数；$GZ(x)$: x 是大于或等于零的数。所以原知识表示为 $(\forall x)(N(x)(GZ(x) \wedge I(x))$，$\forall(x)$ 是全称量词。

3. 非经典逻辑表示

非经典逻辑（non-classical logic）亦称非标准逻辑、非古典逻辑，泛指一切不属于古典形式逻辑（传统的亚里士多德逻辑）和由弗雷格、罗素所完成的经典数理逻辑（以二值逻辑为基础的经典命题演算和谓词演算系统）的现代逻辑学分支系统，与经典逻辑相对，主要包括直觉逻辑、多值逻辑、时序逻辑、模态逻辑、模糊逻辑、动态模糊逻辑等。非经典逻辑是从 20 世纪初流行起来的。

1907 年布劳维（Blauwet）提出在无穷集的推理中排中律不成立。从 1911 年开始，刘易斯（Lewis）先后创立了 6 个模态逻辑的公理系统。1920 年武卡谢维奇（Jan Lukasiewicz）提出了三值命题代数演算，建立了历史上最早的一个多值逻辑系统。1921 年波斯特（Emily Post）也构造了一个与武卡谢维奇的系统有所不同的多值逻辑系统。

1965 年，数学家扎德（Zadeh）提出模糊集合（fuzzy sets）的概念，标志着模糊数学主要作为应用数学的一个分支而产生。1966 年，马利诺斯（P. N. Marinos）发表了模糊逻辑的内部研究报告。

1976 年，贝尔曼（R. E. Bellman）与扎德发表了关于模糊逻辑（fuzzy logic）的专著——《逻辑与模糊逻辑》，标志着模糊逻辑开始成为一门新兴的应用逻辑科学。

1994 年，李凡长开始研究动态模糊集合（dynamic fuzzy sets，DFS）、动态模糊逻辑（dynamic fuzzy logic，DFL），1997 年完成了《动态模糊集及其应用》《动态模糊逻辑及其应用》两部专著，2005 年开设"动态模糊逻辑及应用"研究生课程，标志着动态模糊数学、动态模糊逻辑分别成为新兴的应用数学、逻辑方向[3,5-8]。

例 2.3　用动态模糊逻辑表示下列动态模糊知识：

（1）"天气越来越冷"。

（2）"女儿长得越来越像妈妈了"。

（3）"明天天气好了就去散步"。

解：（1）"天气越来越冷"表示为 $A((\vec{x},\vec{x})):S$。式中，A 表示"气温"，$(\vec{x},\vec{x})$ 表示"天气"，S 表示"越来越冷"。

（2）"女儿长得越来越像妈妈了"表示为 $A((\vec{x_1},\vec{x_1}),(\vec{x_2},\vec{x_2})):S$，。式中，$A$ 表示"相貌"，$(\vec{x_1},\vec{x_1})$ 和 $(\vec{x_2},\vec{x_2})$ 分别表示"女儿"和"妈妈"，S 表示"越来越像"。

（3）"明天天气好了就去散步"表示为 $(A_1(\vec{x_1},\vec{x_1}):S_1) \to (A_2(\vec{x_2},\vec{x_2}):S_2)$。式中，$A_1$ 表示"天气状态"，$(\vec{x_1},\vec{x_1})$ 表示"明天天气"，S_1 表示"好"，A_2 表示"状态"，$(\vec{x_2},\vec{x_2})$ 表示"人"，S_2 表示"散步"。

2.4.2　产生式表示

产生式表示（production representation），又称规则表示和 IF-THEN 表示，它表示"条件–结果"形式，是一种比较简单的表示知识方法。IF 后面部分描述了规则的先决条件，而 THEN 后面部分描述了规则的结论。规则表示方法主要用于描述知识和陈述各种过程知识之间的控制及其相互作用的机制。

例 2.4　医疗专家系统(MYCIN)中有下列产生式表示(其中，置信度称为规则强度)：

IF　本生物的染色斑是革兰氏阴性，本微生物的形状呈杆状，患者是中间宿主，

THEN　该微生物是绿脓杆菌，置信度为 0.6。

2.4.3　框架表示

框架（frame）是把某一特殊事件或对象的所有知识储存在一起的一种复杂的数据结构。其主体是固定的，表示某个固定的概念、对象或事件，其下层由一些槽（slot）组成，表示主体各方面的属性。框架是一种层次的数据结构，框架下层的槽可以看成一种子框架，子框架本身还可以进一步分层次为侧面。槽和侧面所具有的属性值分别称为槽值和侧面值。槽值可以是逻辑型或数字型的，具体的值可以是程序、条件、默认值或是一个子框架。相互关联的框架连接起来组成框架系统，或称框架网络。

2.4.4　面向对象的表示

面向对象的表示（object oriented representation）是按照面向对象的程序设计原则组成一种混合知识表示形式，就是以对象为中心，把对象的属性、动态行为、领域知识和处理方法等有关知识封装在表达对象的结构中。在这种方法中，知识的基本单位就是对象，每一个对象是由一组属性、关系和方法的集合组成的。一个对象的属性集和关系集的值描述了该对象所具有的知识；对象作用于知识上的处理方法包括知识的获取方法、推理方法、消息传递方法以及知识的更新方法。

2.4.5　语义网表示

语义网表示（semantic web representation）是知识表示中最重要的方法之一，是一种表达能力强而且灵活的知识表示方法。通过概念及其语义关系来表达知识的一种网络图。从图论的观点看，它是一个"带标识的有向图"。语义网络利用节点和带标记的边构成的有向图描述事件、概念、状况、动作及客体之间的关系。带标记的有向图能十分自然地描述客体之间的关系。

2.4.6　基于 XML 的表示

对于可扩展标记语言（extensible markup language，XML），数据对象使用元素描述，而数据对象的属性可以被描述为元素的子元素或元素的属性。XML 文档由若干元素构成，数据间的关系通过父元素与子元素的嵌套形式体现。在基于 XML 的知识表示过程中，采用 XML 的文档类型定义（document type definitions，DTD）来定义一个知识表示方法的语法系统。通过定制 XML 应用来解释实例化的知识表示文档。在知识利用过程中，通过维护数据字典和 XML 解析程序把特定标签所标注的内容解析出来，以"标签+内容"的格式表示出具体的知识内容。知识表示是构建知识库的关键。知识表示方法选取得合适与否，不仅关系到知识库中知识的有效存储，还直接影响着系统的知识推理效率和其对新知识的获取能力。

2.4.7　本体表示

本体是一个形式化的、共享的、明确化的、概念化的规范。本体论能够以一种显式、形式化的方式来表示语义，提高异构系统之间的互操作性，促进知识共享。因此，本体被广泛用于知识表示领域。用本体来表示知识的目的是统一应用领域的概念，并构建本体层级体系表示概念之间的语义关系，实现人类、计算机对知识的共享和重用。"类、关系、函数、公理、实例"5 个基本元素是构建本体层级体系的基本组成部分。通常也把 classes（类）写成 concepts。将本体引入知识库的知识建模，建立领域本体知识库，可以用概念对知识进行表示，同时揭示这些知识之间的内在关系。领域本体知识库中的知识不仅通过纵向类属分类，还通过本体的语义关联进行组织，再利用这些知识进行推理，从而提高检索的查全率和查准率。

上述简要介绍分析了常见的知识表示方法，此外，还有适合特殊领域的一些知识表示方法，如概念图表示（concept diagram representation）、Petri 网表示（Petri net representation）等。在实际应用过程中，一个智能系统往往包含多种表示方法。

2.5　人工智能推理方法

2.5.1　基本概念

推理是人类思维的基本活动。推理是由一个或几个已知的判断推出一个新的判断的思维形式。任何一个推理都包含已知判断、新的判断和一定的推理形式。作为推理的已知判断称为前提，根据前提推出的新的判断称为结论。前提与结论的关系是理由与推断、原因与结果的关系。推理一般有以下四种。

演绎推理：由普遍性前提推出特殊性结论的推理。演绎推理有三段论、假言推理和选言推理等形式。

归纳推理：由特殊性前提推出普遍性结论的推理。归纳推理有完全归纳法、不完全归纳法、简单枚举法、科学归纳法、求同法、求异法、共变法、剩余法等。

类比推理：从特殊性前提推出特殊性结论的推理，也就是从一个对象的属性推出另一个对象也可能具有同样的属性。

逻辑推理：一种形式化的推理方法，是逻辑学的重要组成部分。

下面主要介绍动态模糊逻辑的推理方法。

2.5.2　动态模糊逻辑的一般推理方法

动态模糊逻辑的一般推理模式：$DF(A) \xrightarrow{DF(R)} DF(C)$，$DF(A)$ 与 $DF(C)$ 是动态模糊逻辑推理的前提条件和推理结论。

1. 动态模糊逻辑推理规则的描述[3]

要描述推理规则，首先将上述的推理模式 $DF(A) \xrightarrow{DF(R)} DF(C)$ 转化为产生式表示"IF…THEN…"结构，即"IF $DF(A)$ THEN $DF(C)$，$DF(R)$"。因为目前产生式表示是人工智能中应用最多的一种知识表示模式，许多成功的专家系统都是用产生式表示方法来表示知识的。而规则库是一个产生式系统的基本组成部分之一。下面给出在产生式系统下动态模糊规则的描述。

定义 2.1　形如"IF $DF(A)$ THEN $DF(C)$，$DF(R)$"的单一前提与单一结论的规则。式中，

（1）单一前提 $DF(A)$ 是一个三元组，即 $DF(A) \triangleq (A(X), S, \mu(S))$。

（2）单一结论 $DF(C)$ 是一个三元组，即 $DF(C) \triangleq (C(Y), E, \mu(E))$。当动态模糊规则激活后所得结论的 $\mu(E)$ 变为 $\mu(E')$。

（3）$DF(R)$ 是前提 $DF(A)$ 与结论 $DF(C)$ 的动态模糊关系。

例 2.5　用定义 2.1 表示规则"春暖花开"。

解："春暖花开"表示为

$$\text{IF DF}(A) \text{ THEN DF}(C)，\text{DF}(R)$$

其中，$\text{DF}(A)=(\text{气温}(\text{春天}),\text{暖},\overrightarrow{(0.6,0.6)})$；$\text{DF}(C)=(\text{状态}(\text{花朵}),\text{开},\overrightarrow{(0.61,0.61)})$；$\text{DF}(R)=\overrightarrow{(0.8,0.8)}$。

当出现新的事实时，激活该规则，可以得出 $\mu(E')$ 的值。下面给出如何求出 $\mu(E')$ 的过程，即 $\mu(E')$ 的推理过程。

2. 动态模糊逻辑推理规则的激活[3]

在一个产生式系统中，规则库中的任何一个规则被激活后就能使用它进行推理。对于新出现的知识或输入系统中的数据首先要进行规则前件的匹配。由于在上述的动态模糊逻辑规则前提中所表示的知识是动态模糊的，而不是精确的，因此动态模糊逻辑规则激活的条件不同于精确知识的完全匹配。我们在动态模糊逻辑的推理模型中要算出输入的动态模糊知识与动态模糊规则前提条件的动态模糊相似度。基本过程如下。

（1）匹配输入知识与动态模糊规则的前提条件中的属性和对象。若匹配则转（2），若不匹配则查找下一条规则，若没找到匹配的规则则结束过程。

（2）计算输入知识的属性状态 A 与动态模糊规则 X 前提条件中的属性的动态模糊相似度。若相似，则激活规则；若不相似，则不激活规则，再继续搜索规则库。

动态模糊规则激活过程图见图 2-1。

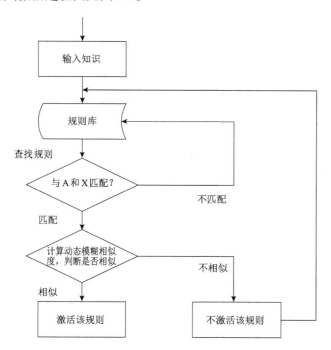

图 2-1　动态模糊规则激活过程图

在根据动态模糊相似度判断是否相似时，可以采用 DF 阈值。当动态模糊相似度大于或等于这个 DF 阈值时，我们就认为是相似的，否则认为不相似。DF 阈值大小的确定影响动态模糊逻辑推理的结果。DF 阈值越大，动态模糊推理的结果越接近精确推理；DF 阈值越小，则得出结论的可信性下降。DF 阈值用动态模糊数表示，其范围落在动态模糊区间$[0,1] \times [\leftarrow, \rightarrow]$。

下面给出动态模糊相似度的计算。

定义 2.2 设当前知识的动态模糊状态 S' 的动态模糊隶属度为 $\mu(S')$，与之相对应的规则前提条件中的动态模糊状态是 S 且动态模糊隶属度为 $\mu(S)$。状态 S' 与 S 的动态模糊相似度记为 DFM，且 DFM 与 $\mu(S')$、$\mu(S)$ 相关。

DFM 可以有不同的求法，这里给出两种简单的求解 DFM 的公式。

$$\text{DFM} = \begin{cases} (\vec{1}, \vec{1}), & \mu(S) = \mu(S') \\ \dfrac{\mu(S)}{\mu(S')}, & \mu(S) < \mu(S') \\ \dfrac{\mu(S')}{\mu(S)}, & \mu(S) > \mu(S') \end{cases} \tag{2-1}$$

$$\text{DFM} = \begin{cases} (\vec{1}, \vec{1}), & \mu(S) = \mu(S') \\ (\vec{1}, \vec{1}) - |\mu(S') - \mu(S)|, & \mu(S) \neq \mu(S') \end{cases} \tag{2-2}$$

定理 2.1 根据式（2-1）和式（2-2）得出 DFM，$\text{DFM} \in [0,1] \times [\leftarrow, \rightarrow]$ [3,7]。

证明：（1）证明式（2-1）。

由动态模糊隶属度的定义，有 $\mu(S)$、$\mu(S') \in [0,1] \times [\leftarrow, \rightarrow]$。

当 $\mu(S) = \mu(S')$ 时，$\text{DFM} = (\vec{1}, \vec{1})$。

当 $\mu(S) < \mu(S')$ 时，$\text{DFM} = \dfrac{\mu(S)}{\mu(S')}$，且 $\mu(S) < \dfrac{\mu(S)}{\mu(S')} < (\vec{1}, \vec{1})$，即 $\mu(S) < \text{DFM} < (\vec{1}, \vec{1})$。

当 $\mu(S) > \mu(S')$ 时，$\text{DFM} = \dfrac{\mu(S')}{\mu(S)}$，且 $\mu(S') < \dfrac{\mu(S')}{\mu(S)} < (\vec{1}, \vec{1})$，即 $\mu(S') < \text{DFM} < (\vec{1}, \vec{1})$。

所以 $(\vec{0}, \vec{0}) \leqslant \text{DFM} \leqslant (\vec{1}, \vec{1})$，即 $\text{DFM} \in [0,1] \times [\leftarrow, \rightarrow]$。

（2）证明式（2-2）。

由动态模糊隶属度的定义，有 $\mu(S)$、$\mu(S') \in [0,1] \times [\leftarrow, \rightarrow]$。

当 $\mu(S) = \mu(S')$ 时，$\text{DFM} = (\vec{1}, \vec{1})$。

当 $\mu(S) \neq \mu(S')$ 时，$\text{DFM} = (\vec{1}, \vec{1}) - |\mu(S') - \mu(S)|$，且 $(\vec{0}, \vec{0}) < |\mu(S') - \mu(S)| \leqslant (\vec{1}, \vec{1})$，$(\vec{0}, \vec{0}) \leqslant (\vec{1}, \vec{1}) - |\mu(S') - \mu(S)| < (\vec{1}, \vec{1})$，即 $(\vec{0}, \vec{0}) \leqslant \text{DFM} < (\vec{1}, \vec{1})$。

所以 $(\vec{0}, \vec{0}) \leqslant \text{DFM} \leqslant (\vec{1}, \vec{1})$，即 $\text{DFM} \in [0,1] \times [\leftarrow, \rightarrow]$。

证毕。

说明：当 DFM=$(\vec{0},\vec{0})$ 时，表示 S' 与 S 完全不相似。当 DFM=$(\vec{1},\vec{1})$ 时，显然 $S'=S$，即 S' 与 S 完全相同。

定理 2.2　由式（2-1）和式（2-2）得出 DFM，DFM 的动态模糊值随着 S' 与 S 的相似度的减小而减小，随着 S' 与 S 的相似度的增大而增大[3]。

证明：（1）证明式（2-1）。

设 $\varDelta=\left|\mu(S')-\mu(S)\right|$。显然，$\varDelta$ 增大，S' 与 S 的相似度减小。$\varDelta$ 减小，S' 与 S 的相似度增大。

设 $\mu(S)<\mu(S')$，那么 DFM=$\dfrac{\mu(S)}{\mu(S')}=\dfrac{\mu(S')-\varDelta}{\mu(S')}=(\vec{1},\vec{1})-\dfrac{\varDelta}{\mu(S')}$。

当 $\varDelta_1<\varDelta_2$ 时，有 $\dfrac{\varDelta_1}{\mu(S')}<\dfrac{\varDelta_2}{\mu(S')}$，从而 $(\vec{1},\vec{1})-\dfrac{\varDelta_1}{\mu(S')}>(\vec{1},\vec{1})-\dfrac{\varDelta_2}{\mu(S')}$，即 $\text{DFM}|_{\varDelta_1}>\text{DFM}|_{\varDelta_2}$。

同理可证，当 $\mu(S)>\mu(S')$、$\varDelta_1<\varDelta_2$ 时，有 $\text{DFM}|_{\varDelta_1}>\text{DFM}|_{\varDelta_2}$。

因此，DFM 的动态模糊值随着 S' 与 S 的相似度的减小而减小，随着 S' 与 S 的相似度的增大而增大。

（2）证明式（2-2）。

设 $\varDelta=\left|\mu(S')-\mu(S)\right|$。

当 $\mu(S)\neq\mu(S')$，DFM=$(\vec{1},\vec{1})-\left|\mu(S')-\mu(S)\right|=(\vec{1},\vec{1})-\varDelta$，当 $\varDelta_1<\varDelta_2$ 时，显然 $(\vec{1},\vec{1})-\varDelta_1>(\vec{1},\vec{1})-\varDelta_2$，即 $\text{DFM}|_{\varDelta_1}>\text{DFM}|_{\varDelta_2}$。

证毕。

定义 2.3　定义 η 为动态模糊相似度的阈值，η 本身为动态模糊数，其范围为 $(\vec{0},\vec{0})<\eta\leqslant(\vec{1},\vec{1})$。

说明：当 DFM$\geqslant\eta$ 时，激活该规则，否则不激活该规则。η 的值可以由专家给出。当 $\eta=(\vec{1},\vec{1})$ 时，可以把 DFM 看作精确推理。因此，该动态模糊逻辑的推理模型也可以用来处理精确知识。

定义 2.4　定义 λ 为规则激活后所得 DF 推理结论 E 的修正因子，且结论 E 的 $\mu(E)$ 修正为 $\mu(E')$。

现给出 $\mu(E')$ 的一种计算公式。

$$\mu(E')=\max\{(\vec{0},\vec{0})\,,\ \mu(E)-\lambda\cdot\text{DF}(R)\} \tag{2-3}$$

其中，$\lambda=((\vec{1},\vec{1})-\text{DFM})^2$。

定理 2.3　由式（2-3），有 $(\vec{0},\vec{0})\leqslant\lambda\leqslant((\vec{1},\vec{1})-\eta)^2$。

证明：因为 DFM$\geqslant\eta$，所以 $((\vec{1},\vec{1})-\text{DFM})^2\leqslant((\vec{1},\vec{1})-\eta)^2$。

当 DFM=$(\vec{1},\vec{1})$ 时，$\lambda=(\vec{0},\vec{0})$。

故 $(\vec{0},\vec{0})\leqslant\lambda\leqslant((\vec{1},\vec{1})-\eta)^2$。

证毕。

定理 2.4　由式（2-3），有 $(\vec{0},\vec{0}) \leqslant \mu(E') \leqslant \mu(E)$。

证明： 因为

$$\mu(E')=\max\{\,(\vec{0},\vec{0}),\ \mu(E)-\lambda\cdot\mathrm{DF}(R)\}$$

$$\leqslant \max\{\,(\vec{0},\vec{0}),\ \mu(E)\}$$

$$= \mu(E)$$

显然 $(\vec{0},\vec{0}) \leqslant \max\{\,(\vec{0},\vec{0}),\ \mu(E)-\lambda\cdot\mathrm{DF}(R)\}$。

所以 $(\vec{0},\vec{0}) \leqslant \mu(E') \leqslant \mu(E)$。

证毕。

说明：当 $\mu(E')=\mu(E)$ 时，DF 推理结论不需要修正，即 $\mu(S)=\mu(S')$，从而 $\mathrm{DFM}=(\vec{1},\vec{1})$。上述我们仅仅讨论了简单形式的 DF 推理过程，下面讨论复杂的 DF 推理形式。

3. 动态模糊逻辑的推理方法的扩展

前面讨论的推理形式比较简单，仅仅是在单一前提条件下进行的推理，推理模式为 $\mathrm{DF}(A)\xrightarrow{\mathrm{DF}(R)}\mathrm{DF}(C)$，其实这样的推理模式可以扩展为 $\mathrm{DF}(A_1)\wedge\mathrm{DF}(A_2)\wedge\cdots\wedge\mathrm{DF}(A_n)\xrightarrow{\mathrm{DF}(R)}\mathrm{DF}(C)$、$\mathrm{DF}(A_1)\vee\mathrm{DF}(A_2)\vee\cdots\vee\mathrm{DF}(A_n)\xrightarrow{\mathrm{DF}(R)}\mathrm{DF}(C)$ 以及其他形式的推理。

4. DF 规则前提条件的扩展

定义 2.5　对于模式：

$$\mathrm{DF}(A_1)\wedge\mathrm{DF}(A_2)\wedge\cdots\wedge\mathrm{DF}(A_n)\xrightarrow{\mathrm{DF}(R)}\mathrm{DF}(C)$$

（1）相应的 DF 规则表示为

$$\mathrm{IF}\ \mathrm{DF}(A_1)\ \mathrm{And}\ \mathrm{DF}(A_2)\ \mathrm{And}\cdots\mathrm{And}\ \mathrm{DF}(A_n)\ \mathrm{THEN}\ \mathrm{DF}(C),\mathrm{DF}(R)$$

其中，$\mathrm{DF}(A_i)$，$i=1,2,\cdots,n$；$\mathrm{DF}(C)$ 的表示见定义 2.1。

（2）DF 规则激活的条件为 $\min\limits_{i=1,\cdots,n}\{\mathrm{DFM}_i\}\geqslant\eta$，$\eta$ 为该 DF 规则的动态模糊相似度的阈值，$(\vec{0},\vec{0})<\eta\leqslant(\vec{1},\vec{1})$。$\mathrm{DFM}_i$，$i=1,2,\cdots,n$ 由式（2-1）或式（2-2）给出。显然 $\min\limits_{i=1,\cdots,n}\{\mathrm{DFM}_i\}\in[0,1]\times[\leftarrow,\rightarrow]$。

（3）DF 规则激活后，结论 C 的 $\mu(E')=\max\{(\vec{0},\vec{0}),\ \mu(E)-\lambda\cdot\mathrm{DF}(R)\}$，其中 $\lambda=((\vec{1},\vec{1})-\min\limits_{i=1,\cdots,n}\{\mathrm{DFM}_i\})^2$。$\mu(E')$ 的含义见定义 2.4。

定义 2.6　对于模式：

$$\mathrm{DF}(A_1)\vee\mathrm{DF}(A_2)\vee\cdots\vee\mathrm{DF}(A_n)\xrightarrow{\mathrm{DF}(R)}\mathrm{DF}(C)$$

（1）相应的 DF 规则表示为

$$\text{IF } \mathrm{DF}(A_1) \text{ Or } \mathrm{DF}(A_2) \text{ Or} \cdots \text{Or } \mathrm{DF}(A_n) \text{ THEN } \mathrm{DF}(C), \mathrm{DF}(R)$$

其中，$\mathrm{DF}(A_i)$，$i=1,2,\cdots,n$ ；$\mathrm{DF}(C)$的含义见定义 2.1。

（2）DF 规则激活的条件为 $\max\limits_{i=1,\cdots,n}\{\mathrm{DFM}_i\} \geqslant \eta$，$\eta$ 为该规则的动态模糊相似度的阈值，$(\vec{0},\vec{0}) < \eta \leqslant (\vec{1},\vec{1})$。$\mathrm{DFM}_i$，$i=1,2,\cdots,n$ 由式（2-1）或式（2-2）给出。显然 $\max\limits_{i=1,\cdots,n}\{\mathrm{DFM}_i\} \in [0,1]\times[\leftarrow,\rightarrow]$。

（3）DF 规则激活后，结论 C 的 $\mu(E')=\max\{(\vec{0},\vec{0}), \mu(E) - \lambda\cdot\mathrm{DF}(R)\}$，其中 $\lambda=((\vec{1},\vec{1}) - \max\limits_{i=1,\cdots,n}\{\mathrm{DFM}_i\})^2$。

5. DF 规则组的求解

在规则库中，有些规则具有不同的前提但有着相同的结论，如图 2-2 所示；而有些规则的结论却是另一条规则的前提，如图 2-3 所示。

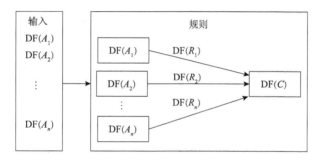

图 2-2　不同前提相同结论的推理

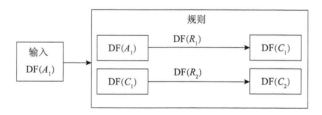

图 2-3　规则的结论是另一条规则的前提的推理

下面讨论这两种情况的 DF 推理。

定义 2.7　设有规则组 $\mathrm{DF}(A_1) \xrightarrow{\mathrm{DF}(R_1)} \mathrm{DF}(C)$，$\mathrm{DF}(A_2) \xrightarrow{\mathrm{DF}(R_2)} \mathrm{DF}(C)$，$\cdots$，$\mathrm{DF}(A_n) \xrightarrow{\mathrm{DF}(R_n)} \mathrm{DF}(C)$，如图 2-2 所示。若输入 $\mathrm{DF}(A_1),\mathrm{DF}(A_2),\cdots,\mathrm{DF}(A_n)$，则有结论 C 的动态模糊状态值为 $\mu(E')=\mu(E'_n)$，其中，

$$\mu(E'_1)=\max\{(\vec{0},\vec{0}), \mu(E_1)-\lambda_1\cdot\mathrm{DF}(R_1)\}$$

$$\mu(E'_2)=\mu(E'_1)+\max\{(\vec{0},\vec{0}), \mu(E_2) - \lambda_2\cdot\mathrm{DF}(R_2)\}-\mu(E'_1)\cdot\max\{(\vec{0},\vec{0}), \mu(E_2) -\lambda_2\cdot\mathrm{DF}(R_2)\}$$

$$\mu(E'_3)=\mu(E'_2)+\max\{(\vec{0},\vec{0}), \mu(E_3) -\lambda_3\cdot\mathrm{DF}(R_3)\}-\mu(E'_2)\cdot\max\{(\vec{0},\vec{0}), \mu(E_3) -\lambda_3\cdot\mathrm{DF}(R_3)\}$$

......

$$\mu(E'_{n-1})=\mu(E'_{n-2})+\max\{(\vec{0},\vec{0}),\mu(E_{n-1})-\lambda_{n-1}\cdot \mathrm{DF}(R_{n-1})\}-\mu(E'_{n-2})\cdot\max\{(\vec{0},\vec{0}),\mu(E_{n-1})-\lambda_{n-1}\cdot \mathrm{DF}(R_{n-1})\}$$

$$\mu(E'_n)=\mu(E'_{n-1})+\max\{(\vec{0},\vec{0}),\mu(E_n)-\lambda_n\cdot \mathrm{DF}(R_n)\}-\mu(E'_{n-1})\cdot\max\{(\vec{0},\vec{0}),\mu(E_n)-\lambda_n\cdot \mathrm{DF}(R_n)\}$$

$$\lambda_i=((\vec{1},\vec{1})-\mathrm{DFM}_i)^2,\ i=1,\cdots,n$$

注：$\mu(E_i)$是第 i 条 DF 规则激活前的结论状态的动态模糊值；$\mu(E'_i)$是第 i 条 DF 规则激活后的结论状态的动态模糊值；λ_i 为修正因子，$i=1,\cdots,n$。

可以归纳证明 $(\vec{0},\vec{0}) < \mu(E'_i) \leqslant (\vec{1},\vec{1})$，在此不给出证明。

定义 2.8　设有规则组 $\mathrm{DF}(A_1) \xrightarrow{\mathrm{DF}(R_1)} \mathrm{DF}(C_1)$，$\mathrm{DF}(C_1) \xrightarrow{\mathrm{DF}(R_2)} \mathrm{DF}(C_2)$，如图 2-3 所示。若输入 $\mathrm{DF}(A_1)$，则结论 C_2 的动态模糊状态值为

$$\mu(E'_2)=\max\{(\vec{0},\vec{0}),\mu(E_2)-\lambda_2\cdot \mathrm{DF}(R_2)\}$$

其中，$\mu(E_2)=\mu(E'_1)=\max\{(\vec{0},\vec{0}),\mu(E_1)-\lambda_1\cdot \mathrm{DF}(R_1)\}\cdot \mathrm{DF}(R_1)$；$\lambda_1=((\vec{1},\vec{1})-\mathrm{DFM}_1)^2$。

可以证明 $(\vec{0},\vec{0}) \leqslant \mu(E'_2) \leqslant (\vec{1},\vec{1})$。

2.5.3　动态模糊逻辑的连接推理方法

前面讨论的动态模糊逻辑的一般推理模型的工作机制主要是动态模糊规则前提条件的匹配、动态模糊规则的激活以及动态模糊推理结论的修正。其解决问题的过程是：由输入新知识通过已知的知识（规则库中的规则）得出一些结论。换言之，从问题的初始状态出发，通过一些路径到达另一个状态的过程。它只是考虑到问题的求解，没有涉及问题之间的联系。然而，人类对于给定的一组对象，具有能从这组对象中归纳出它们共同的特征，或经过思考分析得出这组对象之间关系的思维能力，而且推理是这种思维能力的基本形式之一。因此，本节以解决对象之间的关系问题为研究核心，给出动态模糊逻辑的连接推理模型。通过该模型的研究为机器解决问题的水平进一步向人类的思维水平靠近找到了一种可能的途径[3,7]。

1. 连接推理机制的一般模式

首先，人类解决该类问题的模式可描述为"对象 X 和对象 Y 有何种关系或联系"的表达形式。

假设人们要解答"香蕉和苹果有什么关系"的问题，很显然，不用多思考，大家都会认为它们都是水果。再深入一步，大家也许会说它们都含有丰富的维生素，有益身体健康。如果要问"电视机和扑克牌有何种关系"，则不会马上就得出答案。人们一般会思索电视机有什么特性、有何种作用，即在脑中搜索有关电视机的各种相关信息；同时，在脑中搜索有关扑克牌的各种相关信息。通过思考，人们也许会认为电视机和扑克牌是一种娱乐产品，保留了它们两者的共同特征，而抛开了它们不相关的信息，例如电视机是一种电子产品、它的外观特征等，以及扑克牌的外观特征、各种游戏规则等。对人们解决上述问题的思维过程进行抽象，得出如图 2-4 所示的解决两个对象关系的过程。

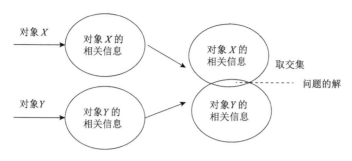

图 2-4　解决两个对象关系的过程

对任何问题的求解过程都可以看作一个推理过程。因此，我们把上述过程转化为连接推理模型，其一般模式为

$$\frac{\begin{array}{ccc} X & \text{is} & \text{CX} \\ Y & \text{is} & \text{CY} \end{array}}{(X,Y) \quad \text{is} \quad \text{CX} \bigcap \text{CY}}$$

其中，X 为对象 X；Y 为对象 Y；CX 为对象 X 的相关信息；CY 为对象 Y 的相关信息；(X,Y) 为对象 X 和对象 Y 之间的关系；CX∩CY 为信息 CX 和 CY 的公共部分，即它们的交集。

2. 连接推理模式的层次结构

把模式 $\dfrac{\begin{array}{ccc} X & \text{is} & \text{CX} \\ Y & \text{is} & \text{CY} \end{array}}{(X,Y) \quad \text{is} \quad \text{CX} \bigcap \text{CY}}$ 分为两个层次：①内层——"X is CX"层和"Y is CY"层。②外层（连接层）——"(X, Y) is CX∩CY"层。

内层——"X is CX"层与"Y is CY"层，可转化为 $X \to \text{CX}$ 和 $Y \to \text{CY}$ 的形式。对于给定的初始对象 X 和 Y，通过搜索已有的知识库或规则库分别得出它们的相关信息 CX 和 CY，这与前面讲的一般推理模式 $\text{DF}(A) \xrightarrow{\text{DF}(R)} \text{DF}(C)$ 是相同的。因此，连接推理模式的内层可以用一般推理模式来得出 X 和 Y 的相关信息 CX 和 CY，即内层是动态模糊逻辑的推理层。例如，前面讲到的"电视机和扑克牌有何种关系"，我们分别在知识库中查找"电视机"和"扑克牌"的相关信息，相当于搜索规则前件是"电视机"和"扑克牌"的规则，然后得出各自的信息——规则的结论。

外层（连接层）——"(X, Y) is CX∩CY"层是在内层的基础上求出 X 与 Y 的相关信息，即 X 与 Y 的联系。下面介绍两种方法来求解连接推理模式。

3. 连接推理模式的图方法

1）连接推理模式的图表示

假设 2.1　假设动态模糊推理系统的规则库是以有向图的结构来表示的，即 $<V, E>$。

式中，V 为节点的集合，$v_i \in V$，$i=1,2,\cdots,n$，v_i 代表单一前提条件或结论；E 为有向边的集合，$e_i \in E$。若 v_i 到 v_j 存在有向边 e_k，$i \neq j$，$i,j,k=1,2,\cdots,n$，则表示 v_i 和 v_j 有关系。

定义 2.9　对于 DF 规则：

$$\text{"IF DF}(A) \text{ THEN DF}(C)，\text{ DF}(R)\text{"}$$

表示为图 2-5（a）。其中，节点 X 表示 DF 规则前件 DF(A)，节点 CX 表示 DF 规则后件 DF(C)；节点 X 与 CX 之间的有向边 e 表示 DF(A)与 DF(C)存在"IF…THEN"关系；W 为有向边 e 的权，且 $W=$DF(R)，$W \in (0,1] \times [\leftarrow, \rightarrow]$。

定义 2.10　对于 DF 规则：

$$\text{"IF DF}(A_1) \text{ And DF}(A_2) \text{ And } \cdots \text{ And DF}(A_n) \text{ THEN DF}(C), \text{DF}(R)\text{"}$$

表示为图 2-5（b）。其中，节点 $X_1, X_2, \cdots, X_n$ 分别表示规则前件 DF(A_1)，DF(A_2)，$\cdots$，DF(A_n)；节点 CX 表示规则后件 DF(C)；有向边上的单个弧表示"与/And"关系；有向边 $e_1, e_2, \cdots, e_n$ 和单个弧表示"IF… And…And…THEN"关系；W 表示这些有向边的公共权，且 $W=$DF(R)，$W \in (0,1] \times [\leftarrow, \rightarrow]$。

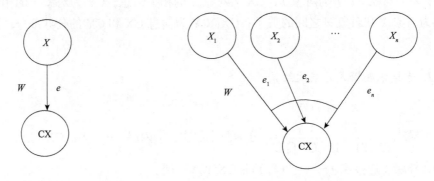

(a)节点X表示DF规则前件DF(A)　　　　　　　　(b)节点CX表示DF规则后件DF(C)

图 2-5　DF 规则的对应图（一）

定义 2.11　对于 DF 规则：

$$\text{"IF DF}(A_1) \text{ Or DF}(A_2) \text{ Or…Or DF}(A_n) \text{ THEN DF}(C)，\text{ DF}(R)\text{"}$$

表示为图 2-6（a）。其中，节点 $X_1, X_2, \cdots, X_n$ 分别表示规则前件 DF(A_1)，DF(A_2)，$\cdots$，DF(A_n)，节点 CX 表示规则后件 DF(C)；有向边上的双弧表示"或/Or"关系；有向边 $e_1, e_2, \cdots, e_n$ 和双弧表示"IF…Or…Or…THEN"关系；W 表示这些有向边的公共权，且 $W=$DF(R)，$W \in (0,1] \times [\leftarrow, \rightarrow]$。

说明：对于该 DF 规则，我们可以把每条有向边 e_i，$i=1,2,\cdots,n$ 上都设定权 W_i，且对任意的 i 和 j ($i \neq j$) 都有 $W_i = W_j =$DF(R)，则可以不用双弧表示"或/OR"关系，如图 2-6（b）所示。

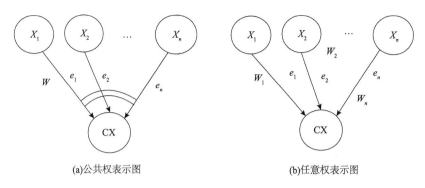

图 2-6　DF 规则的对应图（二）

定义 2.12　对于 DF 规则组：

"IF DF(A) THEN DF(C)，DF(R_1)；　IF DF(C) THEN DF(B)，DF(R_2)"

如图 2-7 所示。其中，节点 X 表示规则前件 DF(A)；节点 CX 表示规则后件 DF(C)；W_1 表示 DF(R_1)，W_2 表示 DF(R_2)；有向边 e_1 和 e_2 表示"IF…THEN"关系。

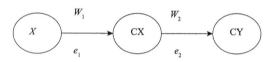

图 2-7　DF 规则的对应图（三）

定理 2.5　规则库可以由图 2-5～图 2-7 组合表示[3]。

证明：规则库中的每条规则是由定义 2.10～定义 2.12 构成的。显然，规则库中的全部规则可由各规则的图表示进行组合或合并而成。因此，规则库可以由图 2-5～图 2-7 组合表示。换言之，规则库至少由一个组合图构成。

证毕。

2）连接推理模式的图过程[5,7]

考虑模式 $\dfrac{\begin{matrix} X & \text{is} & \text{CX} \\ Y & \text{is} & \text{CY} \end{matrix}}{(X,Y) \quad \text{is} \quad \text{CX} \bigcap \text{CY}}$ 中的"X is CX"和"Y is CY"。当给定输入对象 X 和 Y 时，可在规则库中进行搜索前件是 X 和 Y 的规则。此时的规则库已按图 2-5～图 2-7 的组合进行表示。输入对象 X 或 Y 在图中进行搜索得出 CX 和 CY 的基本过程如下。

首先，进行节点的匹配，当输入对象 X 或 Y 可以与图中某个节点匹配且它们的动态模糊相似度 DFM $\geqslant \eta$ 时，激活由该节点出去的有向边，并通过有向边的权 W 得出相关节点的新的状态值。

之后，从新得到的节点出发，重复上述过程，直到没有新的节点出现或没有新的有向边被激活为止。

最后，得出 CX 和 CY，过程结束。此过程可以看作动态模糊逻辑推理在图中的传播过程。如图 2-8 所示，假设当输入对象 X 与节点 X_2 匹配且它们的动态模糊相似度 DFM$\geq\eta$ 时，激活 X_2 通往 X_4 的有向边，并通过 W_2 得到节点 X_4，再通过 W_4 到节点 X_6，…，就像这样一直沿着图传播，直到没有边被激活或没有新的节点出现为止。

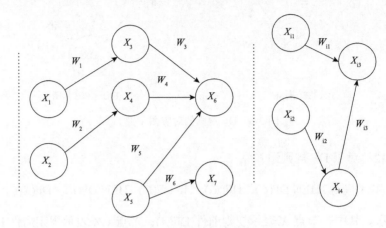

图 2-8　DF 规则库中的子图

对于用图来表示的一个规则库，它至少要用一张图来表示。在绝大多数情况下，一个规则库都是用多张图表示的。对于一个输入对象，若在其中的一个图中找到与之匹配的节点，则不用搜索规则库中剩余的其他图。

定义 2.13　设在用图表示的规则库中，对于每个节点（对应于每条规则的前提或结论），若其有进来的有向边，则进来的有向边的个数记为 id；若其有出去的有向边，则出去的有向边的个数记为 od。

说明：①若节点的 od=0，则通过它不可能继续在图中进行推理的传播。这类节点只能是某些 DF 规则的结论，而不可能是任何 DF 规则的前提。②若节点的 id=0，则它不可能在图中通过激活有向边得到。这类节点只能是某些 DF 规则中的前提，而不可能是任何 DF 规则的结论。③若节点 od≠0 且 id≠0，则通过该节点还可能继续在图中进行 DF 推理的传播。这类节点既可以是某些 DF 规则的前提，又可以是某些 DF 规则的结论。

为了方便搜索，把 id=0 的节点登记在一张表中，记录它们所在图中的位置，如表 2-1 所示。当有输入对象 X 时，先查询表 2-1。若在该表中直接有和 X 匹配的节点，则直接从其对应于图中的位置开始进行推理。否则，在各个图中进行节点的匹配搜索，一旦有匹配的节点就不用搜索其余的图。

表 2-1　id=0 的节点表

节点	X_1	X_2	X_3	X_4	…	X_{n-1}	X_n
位置	P_1	P_2	P_3	P_4	…	P_{n-1}	P_n

通过上述的分析，对于连接推理模式给出如下的算法过程。

算法 2.1　连接推理算法（connection inference algorithm，CIA）

（1）输入对象 X 和对象 Y，初始化$(X,Y)=\varnothing$，并在 id=0 的节点表中进行查找与之匹配的节点。

若 X 或 Y 在表中有匹配的节点，则通过其匹配节点所示的位置从图中开始进行推理传播，计算出节点和输入对象的动态模糊相似度 DFM，转步骤（2）。

若在表中没有与 X 或 Y 相匹配的节点，则搜索每个图，查找与 X 或 Y 相匹配的节点。如果找到与 X 或 Y 相匹配的节点，则停止搜索，并且计算出节点与输入对象的动态模糊相似度 DFM，转步骤（2）；否则，输出$(X,Y)=\varnothing$，过程结束。

（2）若输入对象与其相匹配的节点的动态模糊相似度 DFM$\geqslant\eta$，则激活从该节点出去的有向边，根据有向边的权值得出下一个节点的动态模糊状态值，并标记该节点，转步骤（3）。

若输入对象与其相匹配的节点的动态模糊相似度 DFM$<\eta$，则不激活从该节点出去的任何有向边，停止推理的传播，转步骤（4）。

（3）若此节点被标记了两次不同的标记，则把该节点并入(X,Y)中，并从该节点开始，进行推理的传播，通过激活有向边把得到的节点加入(X,Y)中。

若此节点没有被标记两次不同的标记，则继续进行推理的传播，转步骤（2）。

（4）若输入对象 X 和 Y 都停止推理的传播，转步骤（5），否则继续进行推理的传播。

（5）输出(X, Y)，即得到 X 与 Y 的连接推理结论。

（6）过程结束。

例 2.6　设有如下 DF 推理规则（图 2-9）：

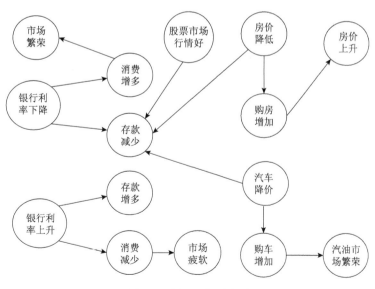

图 2-9　例 2.6 的图表示

IF　银行利率下降 THEN 人们存款减少并且消费增多。

IF　银行利率上升 THEN 人们存款增多且消费减少。

IF　股票市场行情好 THEN 人们存款减少。

IF 消费增多 THEN 市场繁荣。

IF 消费减少 THEN 市场疲软。

IF 房价降低 THEN 存款减少并且购房增加。

IF 购房增加 THEN 房价上升。

IF 汽车降价 THEN 存款减少并且购车增加。

IF 购车增加 THEN 汽油市场繁荣。

根据动态模糊逻辑规则表示形式，把上述规则进行转化。在此略去转化后的形式，直接给出图 2-9 的简单表示。

现在令 X_1=银行利率下降，X_2=银行利率上升，X_3=房价降低，X_4=汽车降价。那么根据上述过程，不难得出如下的连接结果：

(X_1, X_2) ⟶ （银行利率下降，银行利率上升）is ∅。

(X_1, X_3) ⟶ （银行利率下降，房价降低）is（存款减少）。

(X_3, X_4) ⟶ （房价降低，汽车降价）is（存款减少）。

(X_2, X_3) ⟶ （银行利率上升，房价降低）is∅。

(X_2, X_4) ⟶ （银行利率上升，汽车降价）is∅。

4. 连接推理机制的集合方法

用图的形式可以来求解对象之间的联系，用集合的方法也可以来求解对象之间的联系。

假设 2.2　设在知识库中有一组 DF 规则 R_i，$i \in N$。DF 规则 R_i 的前件为 X_i，后件为 A_i。其中，前件和后件都遵循动态模糊逻辑规则描述。

下面用集合来处理连接推理层，其过程如下。

算法 2.2　集合推理连接算法（set reasoning connection algorithm，SRCA）

（1）初始化集合 D_x、D_y 和 C，并使得 $D_x=D_y=C=\varnothing$；初始化队列 F_x 和 F_y，并使 $F_x=F_y=\varnothing$。

（2）输入 X 和 Y，使得 $F_x=\{X\}$，$F_y=\{Y\}$。

（3）考察队列 F_x 和 F_y。

若队列 F_x 或 F_y 不为 ∅，转步骤（4）。

若队列 F_x 和 F_y 都为 ∅，转步骤（5）。

（4）若队列 F_x 不为 ∅，进行出队列操作，并把出队列的元素并入 D_x 集合中。令 X=Out(F_x)，计算 DFM。

若 DFM<η，则不激活规则。

若 DFM≥η，则激活规则，推理结论进行入队列 F_x 操作。

若队列 F_y 不为 ∅，进行出队列操作，并把出队列的元素并入 D_y 集合中。令 Y=Out(F_y)，计算 DFM。

若 DFM<η，则不激活规则。

若 DFM≥η，则激活规则，推理结论进行入队列 F_y 操作。

转步骤（3）。

（5）求出集合 D_x 与 D_y 的交集 C，即 $C=D_x \cap D_y$。

（6）输出 C，过程结束。

注：η 为阈值，由领域专家给出，且 $\eta \in [(\vec{0},\vec{0}),(\vec{1},\vec{1})]$。

定理 2.6　若 $C=\varnothing$，则表示在当前知识库中，X 和 Y 是不可连接的；若 $C\neq\varnothing$，则表示在当前知识库中 X 和 Y 是可连接的，且它们之间的关系可由 C 中的元素来确定。

证明： 设 $D_x=\{X, A_1, A_2, \cdots, A_n\}$，$D_y=\{Y, B_1, B_2, \cdots, B_m\}$，则 $C=D_x\cap D_y$。

显然，若 $C\neq\varnothing$，则至少存在一个元素 c 使得 $c\in D_x$ 且 $c\in D_y$，即 c 可通过 X 推理出，也可通过 Y 推理出。

因此，我们说 X 和 Y 是可连接的，而且它们连接的结果就是集合 C 中的元素。

证毕。

定义 2.14　设 $D_x=\{X_0, X_1, X_2, \cdots, X_n\}$，且 $X_i\in D_x$，$X_j\in D_x$，其中 $i\neq j$，$0\leq i\leq n$，$0\leq j\leq n$。若不存在 X_i 可以推导出 X_j 同时 X_j 可以推导出 X_i，那么我们就说 D_x 是偏序的。

设 $D_y=\{Y_0, Y_1, Y_2, \cdots, Y_m\}$，且 $Y_i\in D_y$，$Y_j\in D_y$，其中 $i\neq j$，$0\leq i\leq m$，$0\leq j\leq m$。同理，也可以定义 D_y 是偏序的。

定理 2.7　$D_x\subset D_y$，则完全可以由 Y 推导出 X。

证明： 我们在此借用图来证明。

设 $D_x=\{X, A_1, A_2, \cdots, A_n\}$，$D_y=\{Y, B_1, B_2, \cdots, B_m\}$。$D_x$ 与 D_y 分别用图表示为 G_{D_x} 和 G_{D_y}，其中 G_{D_y} 见图 2-10。

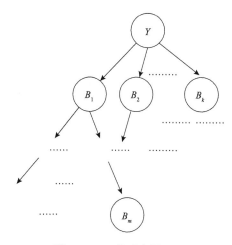

图 2-10　D_y 的对应图 G_{D_y}

设图 $G_{D_y}=\{V_y, E_y\}$，其中 $V_y=\{Y, B_1, B_2, \cdots, B_m\}$；设图 $G_{D_x}=\{V_x, E_x\}$，$V_x=\{X, A_1, A_2, \cdots, A_n\}$。$V_x$ 和 V_y 分别表示图 G_{D_x} 和图 G_{D_y} 的节点集合。若 $D_x\subset D_y$，即 $V_x\subset V_y$，由此可见图 G_{D_x} 是图 G_{D_y} 的一部分。或者可说，图 G_{D_x} 是图 G_{D_y} 的一个分支，见图 2-11。即 X 是 Y 的一个分支，X 完全可由 Y 推导出。

由图 2-11 可以看出，X 是 Y 的一部分，即 X 完全可以由 Y 推导出。

同理，我们可以得出：若 $D_y\subset D_x$，则 Y 完全可以由 X 推导出。

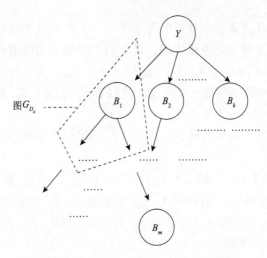

图 2-11　图 G_{D_x} 是图 G_{D_y} 的一部分

定理 2.8　若 $D_y \subset D_x$ 且 $D_x \subset D_y$，则 $X=Y$。

证明：（1）从集合论的角度来看，定理显然是成立的。

（2）从推理角度来看，此种情况当且仅当 $X=Y$ 时才可能出现，从而定理得证。

证毕。

例 2.7　在上述例 2.6 中，令 X_1=银行利率下降，X_2=银行利率上升，X_3=房价降低，X_4=汽车降价，可得

D_{x1}={银行利率下降, 存款减少, 消费增多, 市场繁荣}，D_{x2}={银行利率上升, 存款增多, 消费减少, 市场疲软}，D_{x3}={房价降低, 存款减少, 购房增加, 房价上升}，D_{x4}={汽车降价, 存款减少, 购车增加, 汽油市场繁荣}

则

$D_{x1} \bigcap D_{x2}$={ }=∅，$D_{x1} \bigcap D_{x3}$={存款减少}，$D_{x2} \bigcap D_{x3}$={ }=∅，$D_{x2} \bigcap D_{x4}$={ }=∅，$D_{x3} \bigcap D_{x4}$={存款减少}

即 X_1 和 X_3 是可连接的，X_3 和 X_4 也是可连接的，但 X_1 和 X_2、X_2 和 X_3、X_2 和 X_4 是不可连接的。

还可以发现，X_1、X_2 和 X_3 是可连接的，下面给出连接推理机制的扩展。

5. 连接推理机制的扩展

我们可以把 (X, Y) is $CX \bigcap CY$ 扩展为多个对象的连接机制 $(X_1, X_2, \cdots, X_n)$=$(A_1 \bigcap A_2 \bigcap \cdots \bigcap A_n)$，其相应的模式为

$$\begin{array}{cc} X_1 & \text{is} & A_1 \\ X_2 & \text{is} & A_2 \\ X_3 & \text{is} & A_3 \\ \hline (X_1, X_2, X_3) & \text{is} & A_1 \bigcap A_2 \bigcap A_3 \end{array}$$

三个对象之间的连接：

……

$$
n \text{ 个对象之间的连接：} \quad \frac{\begin{matrix} X_1 & \text{is} & A_1 \\ X_2 & \text{is} & A_2 \\ \cdots & \cdots & \cdots \\ X_n & \text{is} & A_n \end{matrix}}{(X_1, X_2, \cdots, X_n) \quad \text{is} \quad A_1 \bigcap A_2 \bigcap \cdots \bigcap A_n}
$$

对于多个对象的连接模式，同样可以采用上述图的形式和集合的方法来求解对象之间的联系。采用集合的方法，可以先逐个求得每个前件的推导集合，然后对这些集合求交集，最后得到它们的连接关系。也可以先把多个对象划分成若干组，然后对每个小组求连接，最后得出所有的连接结果。用这种划分的方法，若某个组的连接结果为空集，则停止求解，直接输出连接结果为空集。采用图的形式，一般逐一连接，若连接到某级出现空集的情况，则停止求解，输出连接结果为空集[4,5,7]。

2.6　动态模糊逻辑的缺省假设推理

2.6.1　缺省假设推理的提出

推理是人类思维的基本形式之一。运用已知事实，凭借生活经验或关于该事实的相关知识推理出新的结论，再从得到的结论出发，继续进行推理直到得到答案为止。

在推理决策过程中，推理对象可能是动态变化的，或者说它目前的状态是不确定的，或者该对象的一些相关知识是不存在的，还是可以推理出一些结论，做出相应的决定。随着时间的推移和对象发展结果的逐步显露，发现当初的推理决策过程或做出的决定是"有利的"或是"不利的"。再根据这些新的状态重新做出判断，更改或继续采用当初的决策结果。此过程随着信息的增加不是一直往前的，而是又回到以前某个点重新决策的往复过程。因此，一般来说推理过程是一个非单调过程。

在这个非单调的推理决策过程中，碰到信息不确定或不完全的情况，一般都是先进行假设。在假设的条件下，首先考虑结果是否有利，再决定是否按该假设做出相应的决策或是推翻先前的假设，进行另一种假设。例如，一个人考虑要不要存钱，先假设如果存钱，那么会在两年内获利多少；如果不存钱，那么可以用来干别的事业，又可以获利多少。他会在信息不完全的情况下，比较两次假设结果。再如，平时出门，看到天气不好，就考虑要不要带伞。如果不带伞而且又下雨，则可能会淋湿。如果带伞却不下雨，则等于白带，很麻烦。此时，不同的人会得出不同的结论。他如果很怕麻烦，则会选择不带伞；否则，他还是决定带伞。不难看出，在信息不完全的情况下推理决策过程是动态模糊的。鉴于此，应在动态模糊逻辑的一般推理模型的基础上考虑信息不完全或不确定时的缺省假设推理模型。

2.6.2　缺省假设推理的基本框架结构

上面对人类在信息不完全时的推理决策过程进行了分析。该过程可以抽象为：第一步，进行假设；第二步，对所进行的假设进行推理，得出缺省假设情况下的推理结论；第三步，对该结论进行评估。若该假设推理的结论令自己满意或与现有知识不矛盾则肯定该假设，并继续进行下一步的推理决策。否则，否定该假设，要么放弃，要么重新假设。图 2-12 给出了该过程的图示。

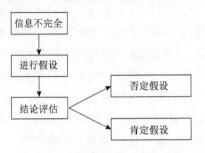

图 2-12　缺省假设推理决策过程

根据此过程，从框架结构上考虑动态模糊逻辑的缺省假设推理。首先，在信息不完全时建立缺省假设规则库。对不完全信息通过缺省假设规则库假设出结论。之后，建立评估机制。评估机制按决策的目标进行评估。最后，建立回溯机制。随着对象信息的不断增加，发现由假设得出的结论是矛盾的，则回溯到先前的假设状态。

在动态模糊逻辑的推理系统中，为了提高推理效率，把规则库分为一般的规则库和缺省假设规则库。缺省假设推理的框架如图 2-13 所示。

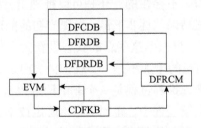

图 2-13　缺省假设推理的框架

图 2-13 的各部分表示的含义如下。DFCDB：DF 概念库，存储 DF 概念。DFRDB：DF 规则库，存储 DF 规则。DFDRDB：DF 缺省假设规则库，存储 DF 缺省假设规则。CDFKB：当前 DF 全局知识库，存储了当前推理过程中的信息。EVM：评估机制，它需要触发条件。DFRCM：DF 推理控制机制，控制推理的过程。

其基本思想和过程如下：

（1）当前 DF 全局知识库（CDFKB）向 DF 推理控制机制（DFRCM）提交知识（已知的对象信息）。

（2）DF 推理控制机制（DFRCM）根据提交的知识查找 DF 概念库（DFCDB）和 DF 规则库（DFRDB）。若有 DF 规则可以匹配，则按 DF 规则激活机制来激活 DF 规则进行推理。若在 DF 概念库（DFCDB）和 DF 规则库（DFRDB）中没有规则或概念可以匹配，则检查 DF 缺省假设规则库（DFDRDB）。若在 DF 缺省假设规则库（DFDRDB）中找到匹配对象，则进行假设推理，根据一定策略得出推理结论，并给推理结论加上标记，为将来的回溯做好准备。

（3）若是直接由 DF 规则库（DFRDB）得出的推理结论，则直接放入当前 DF 全局知识库（CDFKB）中。若是通过 DF 缺省假设规则库（DFDRDB）得出的结论，需要经过评估机制（EVM）进行评估，若发现它与当前知识库中的知识产生矛盾，则认为该结论不合理，就直接放弃该缺省假设推理结果，并回溯到先前的假设点。

下面给出一个简单的例子来说明上述过程。

例 2.8　中、美两个公司要合作，各自派出王先生和怀特先生洽谈。王先生认为大多数美国人不会说中文，所以怀特先生只会说英文。他自己不懂英文，所以要聘请翻译。双方见面后，王先生发现怀特先生可以说流利的中文。

解：首先抽象出如下所示的规则和命题。

抽象出的规则为

$R1$: IF 他们是中国人 THEN 他们说中文。

$R2$: IF 他们是中国人 THEN 他们大多数不会说英文。

$R3$: IF 他们是美国人 THEN 他们说英文。

$R4$: IF 他们是美国人 THEN 他们大多数不会说中文。

$R5$: IF 他们不懂得对方的语言 THEN 他们交流困难。

$R6$: IF 他们交流困难 THEN 他们需要翻译。

抽象出的结论为

$P1$: 王先生是中国人。

$P2$: 怀特先生是美国人。

$P3$: 王先生说中文。

$P4$: 王先生不会说英文。

用动态模糊逻辑规则描述方法把上述规则描述如下。

$R1$: IF "国籍(人), 中国, $(\vec{1},\vec{1})$" THEN "语言(人), 中文, $\overrightarrow{0.99}$";

$R2$: IF "国籍(人), 中国, $(\vec{1},\vec{1})$" THEN "语言(人), 不是英文, $\overrightarrow{0.85}$";

$R3$: IF "国籍(人), 美国, $(\vec{1},\vec{1})$" THEN "语言(人), 英文, $\overrightarrow{0.99}$";

$R4$: IF "国籍(人), 美国, $(\vec{1},\vec{1})$" THEN "语言(人), 不是中文, $\overrightarrow{0.95}$";

$R5$: IF "理解(语言(人), 语言(人)), 困难, $\overrightarrow{0.7}$" THEN "交流(人, 人), 困难, $\overrightarrow{0.99}$";

$R6$: IF "交流(人, 人), 困难, $\overrightarrow{0.7}$" THEN "聘请(翻译), 非常需要, $\overrightarrow{0.6}$";

$P1$: 国籍(王先生), 中国, $(\vec{1},\vec{1})$;

$P2$: 国籍(怀特先生), 美国, $(\vec{1},\vec{1})$;

$P3$: 语言(王先生), 中文, $(\vec{1},\vec{1})$;

$P4$: 语言(王先生), 不是英文, $\overrightarrow{0.9}$。

由前面的分析可得：DFRDB={$R5$, $R6$}，DFDRDB={$R1$, $R2$, $R3$, $R4$}，CDFKB={$P1$, $P2$, $P3$, $P4$}。

推理过程见表 2-2。

表 2-2　推理过程

CDFKB	DFRCM	DFRDB	DFDRDB	结论	EVM
$P1$, $P2$, $P3$, $P4$	$P1$		使用 $R1$, $R2$	$P5$, $P6$	拒绝 $P5$, $P6$
$P1$, $P2$, $P3$, $P4$	$P2$		使用 $R3$, $R4$	$P7$, $P8$	接受 $P7$, $P8$
$P1$, $P2$, $P3$, $P4$, $P7$, $P8$	$P3$, $P4$, $P7$, $P8$	使用 $R5$		$P9$	
$P1$, $P2$, $P3$, $P4$, $P7$, $P8$, $P9$	$P9$	使用 $R6$		$P10$	
$P1$, $P2$,$P3$,$P4$, $P7$,$P8$,$P9$,$P10$					
两人见面以后					
$P1$, $P2$, $P3$, $P4$, $P7$, $P8$, $P9$,$P10$,$P11$	$P11$				拒绝 $P8$, $P9$, $P10$
$P1$, $P2$, $P3$, $P4$, $P11$					

说明：

$P5$: 语言(王先生), 中文, $\overrightarrow{0.99}$；

$P6$: 语言(王先生), 不是英文, $\overrightarrow{0.85}$；

$P7$: 语言(怀特先生), 英文, $\overrightarrow{0.99}$；

$P8$: 语言(怀特先生), 不是中文, $\overrightarrow{0.95}$；

$P9$: 交流(王先生, 怀特先生), 困难, $\overrightarrow{0.99}$；

$P10$: 聘请(翻译), 非常需要, $\overrightarrow{0.6}$；

$P11$: 语言(怀特先生), 中文, $\overrightarrow{0.89}$。

2.6.3　缺省规则与假设规则

在缺省假设规则库中存在两类规则：一类是缺省规则，另一类是假设规则。缺省规则，主要是指通过一类对象中绝大多数包含的属性的规则前件得出规则后件，没有考虑例外情况。对于假设规则，这类规则的规则前件是一样的，但是它们的规则后件却不一样。

1. 缺省规则

对于缺省规则，它的规则前件给出的是大体上的标准，没有考虑到个别不同的情况。定义它的规则形式如下。

定义 2.15　定义缺省规则形式为

$$\text{“IF } A(X), S, \mu(S) \text{ THEN } B(Y), C, \mu(C), DF(R)\text{”}$$

其中，"$A(X), S, \mu(S)$" 为前提条件，其中 X 为一个集合，A 为集合 X 的属性，S 为 A 的 DF 状态，$\mu(S)$ 为状态 S 的 DF 隶属度；"$B(Y), C, \mu(C)$" 为规则结论，其中 Y 为对象，B 为对象 Y 的属性，C 为 B 的 DF 状态，$\mu(C)$ 为状态 C 的 DF 隶属度；$DF(R)$ 为规则前提与规则结论的 DF 关系，$DF(R) \in [0,1] \times [\leftarrow, \rightarrow]$。

依定义 2.15，缺省推理的过程是：对于某个输入对象 x，若它是集合 X 的元素，且不知道 x 是否一定具有属性 A 时，则一致假设 x 拥有属性 A、状态 S 和 S 的 DF 隶属度 $\mu(S)$，并且由该缺省规则的前提条件推理出结论；若 x 不是集合 X 的元素，则不激活该缺省规则。

要对缺省规则激活后得出的结论进行标记，因为随着信息的增加可能出现"不一致"的情况，且"不一致"很可能是因用了缺省规则而产生的。因此，对由缺省规则得出的结论进行标记可以便于回溯，消除"不一致"。

2. 假设规则

假设规则一般适用于动态模糊的推理决策过程中。对于推理决策过程的某个阶段，可以选择多个路径中的一条。因此，假设规则的规则前件都一样，但规则后件不同，即选择不同的路径进行推理决策。因此，假设规则是一组规则，其形式如下。

定义 2.16　假设规则形如"IF $DF(A)$ THEN $DF(C), DF(R)$, ADF"的规则组。在假设规则组中，规则前件相同，则 $DF(R)$ 相同，但规则后件不同，而且只能使用其中的一条规则；ADF 是假设度量，$ADF \in [0,1] \times [\leftarrow, \rightarrow]$ [3]。

注：若 DF 规则的前提条件相同，一般激活 $DF(R)$ 最大的那条规则。

假设推理的基本过程是：先假设与输入对象都匹配的每个假设规则被激活后得出一系列相应的结论，再根据这些结论来判断对我们所解决的问题或所要达到的目标是否有利（有利性策略），选择最有利的那条假设规则，并将其激活。解决不同的问题或达到不同的目标，有利性策略是不一样的，我们用 ADF 来进行量化，若越有利，则 ADF 的值越大。因此，激活假设规则后，根据有利性策略来计算 ADF，激活 ADF 最大的那条假设规则。若所得的最大 ADF 不止一个，则还要用其他策略来选取它们中的一个，即激活最大 ADF 中的一条规则。随着推理过程中信息的不断增加，当初选择的假设规则也许不合理，因此我们也对假设推理的结论进行标记以便回溯。

2.6.4　算法描述

针对前面所描述的框架结构与缺省假设推理机制，有：对于非缺省规则，一般规则和假设规则都要进行动态模糊相似度计算（dynamic fuzzy similarity calculation，DFSC）；要对缺省假设规则的推理结论进行评估；在推理的过程中需要推理控制机制。算法如下。

1）规则前件动态模糊相似度算法（DFSA）

该算法是求出规则匹配时的动态模糊相似度。

算法 2.3　动态模糊相似度算法（dynamic fuzzy similarity algorithm，DFSA）

过程 DFSA $(E,\ (\overleftrightarrow{t,t}),n)$

//n 是知识库中规则的数量//

开始

　　For i=1 to n do

　　　IF E 匹配 i.规则{

　　　　IF i.规则是 DFDRDB 中的默认规则

　　　　　THEN flag=1，else flag =0

　　　　End IF

　　　　　　IF i. 规则是 DFDRDB 中的假设规则

　　　　　　　THEN P=i,Aflag=1.

　　　　　　End IF

　　　　IF $(\overleftrightarrow{t,t})$ <i. $(\overleftrightarrow{\alpha,\alpha})$ THEN

　　　　　DFM= $(\overleftrightarrow{t,t})$ / i. $(\overleftrightarrow{\alpha,\alpha})$ 返回 DFM

　　　　　　Else IF $(\overleftrightarrow{t,t})$ >i. $(\overleftrightarrow{\alpha,\alpha})$ THEN

　　　　　　　DFM= i. $(\overleftrightarrow{\alpha,\alpha})$ / $(\overleftrightarrow{t,t})$ 返回 DFM

　　　　Else DFM= $(\overleftrightarrow{1,1})$

　　　　返回 DFM

　　　　End IF

　　　}

　　下一个 i=i+1

　结束 开始

结束 过程

DFSA 的时间复杂度和知识库中的规则个数有关，即为 $O(n)$。

2）动态模糊推理控制机制（DFICM）的算法描述

算法 2.4　动态模糊推理控制机制算法(dynamic fuzzy inference control mechanism algorithm，DFICMA)

过程 DFICM $(E,\ (\overleftrightarrow{t,t}),n)$

开始

　　IF E 存在于 DFCDB 中，则返回 E；将其添加到知识库

　　End IF

　　IF flag=1 THEN EVM(E)

　　End IF

　　IF DFSA $(E,\ (\overleftrightarrow{t,t}),n)$≥$\eta$

　　　IF (Aflag) THEN 选择假设规则中最大的 ADF，添加到知识库，EVM(E)

　　　Else 将其添加到知识库，EVM(E)

　　　End IF

　　End IF

```
    结束 开始
  结束 过程
```

算法分析，不考虑 ADF 的计算，该算法调用了 DFSA，而且由以下 EVM 算法可知其时间复杂度为 $O(2n)$，即 $O(n)$。

3）评估机制（EVM）的算法描述

算法 2.5　EVM 算法

```
过程 EVM(E)
开始
    检查 E 是否在知识库中
    IF E 是由常规规则推导出来的，则将其添加到知识库
    Else if E 不会导致数据库冲突，则将其添加到知识库
    End IF
    结束 开始
结束 过程
```

算法分析，该算法主要是逐个检查知识库中的知识是否矛盾，所以最坏的情况为 $O(n)$。

2.6.5　缺省假设的一致性讨论

为了保证知识库的一致性，我们用了评估机制（EVM），但是仅采用上述的 EVM 算法还不能完全保证知识库（KB）的一致性。因此，我们在算法 DFSA 和 DFRCM 中对由缺省假设规则得出的结论进行相应的标记，在 EVM 评估中发现新得出的结论和相应标记的结论矛盾时，删除相应标记的结论。因此，我们也要对由相应标记的知识得出的新的知识进行标记，这样若存在矛盾则可以根据标记回溯，以保持一致性。

2.7　动态模糊逻辑推理方法的应用

2.7.1　动态模糊逻辑推理方法在牌类游戏中的应用

问题的求解过程可以看成一个推理过程。对于牌类游戏，它整个过程都是围绕一个特定目标，有策略地进行出牌的。因此，牌类游戏中的出牌策略及最终目标都可以按推理来解决。而且，现有的牌类游戏大多是以空间搜索为解决方案的，所以本节将动态模糊逻辑推理方法应用于牌类游戏。

1. 牌类游戏设计的总体框架

由计算机编程的牌类游戏，目标之一就是在玩家和计算机玩游戏时计算机可以模仿人类打牌，并且计算机打牌的水准不能低，要让玩家尽兴。打牌的过程是一个动态模糊决策过程，其动态性体现在：t_1 时刻出不同的牌会影响到 t_2 时刻所出的牌。也就是说，

t_1 时刻出不同的牌，可能造成 t_2 时刻所出牌的不同。其模糊性不是体现在知识本身所含信息的模糊，而是体现在对其他玩家出什么牌的模糊判断上。

基于动态模糊逻辑的推理技术的牌类游戏，首先，要建立其游戏规则库；然后，要有适合动态模糊推理过程的推理机制；然后，要有推理过程的信息以及当前知识的知识库；最后，要有人机接口。总体设计框架如图 2-14 所示。

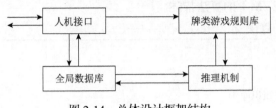

图 2-14　总体设计框架结构

2. "争上游" 牌类游戏具体设计

我们以牌类游戏中最普通的 "争上游" 玩法为例。其他流行玩法，如 "斗地主"，可以在此推理基础上，用多智能体学习机制来完成。因为在 "斗地主" 中，各玩家之间不仅有竞争关系，还有合作关系，可以由合作 agent 和竞争 agent 来完成。

1）"争上游" 游戏的问题描述

"争上游" 玩法的最终目标是：比其他游戏玩家先出完手上的牌。其策略是：尽力且尽快地把牌面小的值先跑掉，阻止其他玩家先出完牌。对一副牌来说，其出牌规则是：可以出 "单张"、"对子"、"三张"、"四张"、"顺子"（5 个连续单牌）、"连对"、"三连"。下家可以出牌，也可以不出牌，若要出牌，一定要大于上家出的牌。若下家没人出牌，则可以再出一次牌。循环往复，直到有一家出完牌为止。

根据前面章节所述的动态模糊逻辑的推理模型，构建如下的规则库和缺省假设推理机制。

2）"争上游" 游戏的规则库

以产生式规则建立的规则库，规则前件与已知对象（证据）搜索匹配的时间一般要比规则执行的时间长。鉴于此，我们根据 "争上游" 的游戏规则，把规则库划分为多个子规则库，如 "单张" 子规则库、"对子" 子规则库、"三张" 子规则库、"四张" 子规则库等，如图 2-15 所示。

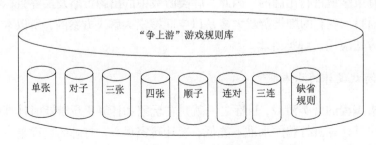

图 2-15　"争上游" 游戏规则库

现在以一副牌为例来构建规则库。一副牌共 54 张，从 A 到 K 各 4 张，"小王"和"大王"各一张。牌面大小满足：3<4<5<…<10<J<Q<K<A<2<"小王"<"大王"。我们把牌面 3 的值看作 3，牌面 4 的值看作 4，…，牌面 10 的值看作 10，牌面 J 到"大王"的值分别看作 11、12、13、14、15、16 和 17。

A. "单张"子规则库

根据规则形式，抽象出规则：

"IF SingleCard(Card), CardValue, S THEN PlaySingleCard(Card), CardValue, DF(R)"

其中，规则前件中的对象 Card 表示牌；属性 SingleCard 表示 Card（牌）的属性为"单张"；CardValue 表示 Card 的牌面值；S 为 CardValue 的动态模糊状态值；规则后件中的对象 Card 表示牌；PlaySingleCard 表示"出单张牌"；CardValue 表示出单张牌 Card 的牌面值；DF(R)表示该规则前件成立时，规则前件与规则后件的动态模糊关系，且$(\vec{0},\vec{0})<$ DF(R)$\leqslant(\vec{1},\vec{1})$。

说明：在本系统中，设置规则前件中的动态模糊状态值 $S=(\vec{1},\vec{1})$，DF(R)$=(\vec{1},\vec{1})$。

下面给出该子规则库中的一些具体规则：

IF SingleCard(3), 3, $(\vec{1},\vec{1})$ THEN PlaySingleCard(4), 4, $(\vec{1},\vec{1})$

IF SingleCard(3), 3, $(\vec{1},\vec{1})$ THEN PlaySingleCard(5), 5, $(\vec{1},\vec{1})$

IF SingleCard(3), 3, $(\vec{1},\vec{1})$ THEN PlaySingleCard(6), 6, $(\vec{1},\vec{1})$

……

IF SingleCard(3), 3, $(\vec{1},\vec{1})$ THEN PlaySingleCard("大王"), 17, $(\vec{1},\vec{1})$

IF SingleCard(4), 4, $(\vec{1},\vec{1})$ THEN PlaySingleCard(5), 5, $(\vec{1},\vec{1})$

……

IF SingleCard(A), 14, $(\vec{1},\vec{1})$ THEN PlaySingleCard(2), 15, $(\vec{1},\vec{1})$

……

IF SingleCard("小王"), 16, $(\vec{1},\vec{1})$ THEN PlaySingleCard("大王"), 17, $(\vec{1},\vec{1})$

不难看出，对于上家出单张牌面 3，下家出牌的可能性有 17–3=14 种；对于单张牌面 4，可能性有 17–4=13 种；那么，显然对于牌面 i[i=3,4,…,K(13),A(14),2(15),"小王"(16),"大王"(17)]，可能性有 17–i 种。因此，对于"单张"子库共有规则 1+2+3+…+14=15×14÷2=105 个。

B. "对子"子规则库

"对子"子规则库中的规则被抽象为

"IF DoubleCard(Card), CardValue, S THEN PlayDoubleCard(Card), CardValue, DF(R)"

其中，DoubleCard 表示对象 Card（牌）为"对子"；PlayDoubleCard 表示出"对子"牌；其余部分的描述与"单张"子规则库相同。

其具体规则如下：

IF DoubleCard(3), 3, $(\overline{1},\overline{1})$ THEN PlayDoubleCard(4), 4, $(\overline{1},\overline{1})$

IF DoubleCard(3), 3, $(\overline{1},\overline{1})$ THEN PlayDoubleCard(5), 5, $(\overline{1},\overline{1})$

……

IF DoubleCard(A), 15, $(\overline{1},\overline{1})$ THEN PlayDoubleCard(2), 16, $(\overline{1},\overline{1})$

同理可得，"对子"子规则库中的规则个数为 12+11+10+…+1=13×12÷2=78 个。

C. "三张"子规则库与"四张"子规则库

"三张"子规则库和"四张"子规则库中的规则分别被抽象为

"IF TriCard(Card), CardValue, S THEN PlayTriCard(Card), CardValue, DF(R)"

"IF FourCard(Card), CardValue, S THEN PlayFourCard(Card), CardValue, DF(R)"

其中，TriCard 表示对象 Card(牌)的张数为三张；PlayTriCard 表示出"三张"牌；FourCard 表示对象 Card（牌）的张数为四张；PlayFourCard 表示出"四张"牌；其余部分的描述与"单张"子规则库相同。

它们所含的规则个数都是 12+11+10+…+1=13×12÷2=78 个。

D. "连对"子规则库与"三连"子规则库

分析"连对"子规则库。对于一副 54 张的牌，其连对的形式可能有 2 连,3 连,4 连,5 连,……但是从概率上考虑，加上参与的玩家个数是大于或等于 2 的，所以出现 6 连对的概率是不大的。因此，我们考虑 2~5 连对。同时，为了提高搜索效率，再把该规则库分为若干子规则库，如图 2-16 所示。

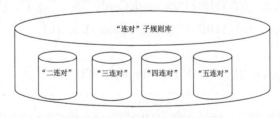

图 2-16　"连对"子规则库

"二连对""三连对""四连对""五连对"子规则库中的规则分别抽象为

"IF SeDoCard(Card), CardValue, S THEN PlaySeDoCard(Card), CardValue, DF(R)"

"IF SeTrCard(Card), CardValue, S THEN PlaySeTrCard(Card), CardValue, DF(R)"

"IF SeFoCard(Card), CardValue, S THEN PlaySeFoCard(Card), CardValue, DF(R)"

"IF SeFiCard(Card), CardValue, S THEN PlaySeFiCard(Card), CardValue, DF(R)"

式中，SeDoCard、SeTrCard、SeFoCard、SeFiCard 分别表示对象 Card（牌）为"二连对""三连对""四连对""五连对"；PlaySeDoCard、PlaySeTrCard、PlaySeFoCard、PlaySeFiCard 分别表示出"二连对""三连对""四连对""五连对"；其余部分的描述与"单张"

子规则库相同。

具体规则如下：

IF SeDoCard(3344), 3344, $(\vec{1}, \vec{1})$ THEN PlaySeDoCard(Card), 4455, $(\vec{1}, \vec{1})$

……

IF SeTrCard(334455), 334455, $(\vec{1}, \vec{1})$ THEN PlaySeTrCard(445566), 445566, $(\vec{1}, \vec{1})$

……

"连对"子规则所含的规则个数为 10+9+8+7=34。

"三连对"子规则库和"连对"子规则库相似。考虑出现"四个三连"以上的概率非常小，把该子规则库再划分为 3 个子规则库——"两个三连""三个三连""四个三连"。

各子规则库的形式如下：

"IF SeTDoCard(Card), CardValue, S THEN PlaySeTDoCard(Card), CardValue, DF(R)"

"IF SeTTrCard(Card), CardValue, S THEN PlaySeTTrCard(Card), CardValue, DF(R)"

"IF SeTFoCard(Card), CardValue, S THEN PlaySeTFoCard(Card), CardValue, DF(R)"

其中，SeTDoCard、SeTTrCard、SeTFoCard 分别表示对象 Card（牌）为"两个三连""三个三连""四个三连"；PlaySeTDoCard、PlaySeTTrCard、PlaySeTFoCard 分别表示出"两个三连""三个三连""四个三连"；其余部分的描述与"单张"子规则库相同。

"三连"子规则所含的规则个数为 10+9+8=27。

E. "顺子"子规则库

顺子可以是"5 连顺""6 连顺""7 连顺""8 连顺""9 连顺""10 连顺""11 连顺""12 连顺"。但是，考虑到"12 连顺"——"345678910JQKA"是顺子当中最大的，不把它加入该规则库。

同理，我们也把"顺子"子规则库划分成"5 连顺""6 连顺""7 连顺""8 连顺""9 连顺""10 连顺""11 连顺"子规则库。

各子规则库中的规则分别抽象为

"IF SequenceFCard(Card), CardValue, S THEN PlaySeqFCard(Card), CardValue, DF(R)"

"IF SequenceSCard(Card), CardValue, S THEN PlaySeqSCard(Card), CardValue, DF(R)"

"IF SequenceSeCard(Card), CardValue, S THEN PlaySeqSeCard(Card), CardValue, DF(R)"

"IF SequenceECard(Card), CardValue, S THEN PlaySeqECard(Card), CardValue, DF(R)"

"IF SequenceNCard(Card), CardValue, S THEN PlaySeqNCard(Card), CardValue, DF(R)"

"IF SequenceTCard(Card), CardValue, S THEN PlaySeqTCard(Card), CardValue, DF(R)"

"IF SequenceElCard(Card), CardValue, S THEN PlaySeqElCard(Card), CardValue, DF(R)"

其中，SequenceFCard、SequenceSCard、SequenceSeCard、SequenceECard、SequenceNCard、SequenceTCard、SequenceElCard 分别表示对象 Card（牌）为"5 连顺""6 连顺""7 连顺""8 连顺""9 连顺""10 连顺""11 连顺"；PlaySeqFCard、PlaySeqSCard、PlaySeqSeCard、PlaySeqECard、PlaySeqNCard、PlaySeqTCardPlaySeqElCard 分别表示出的牌为"5 连顺""6 连顺""7 连顺""8 连顺""9 连顺""10 连顺""11 连顺"，其余部分的描述与"单张"子规则库相同。

具体的规则形式同上述的子规则库，在此略去。

"顺子"子规则库中含有的规则个数为 8+7+6+5+4+3+2+1=36。

F. 缺省规则库

在该规则库中存放的规则前件是任意的，只要不违反出牌规则，就可以直接得出结论。

其形式如下：

"IF ArrCard(CARD)，Arr，$(\bar{1},\bar{1})$ THEN PlayFourCard(Card), CardValue, DF(R)"

其中，CARD 表示出牌集合；ArrCard 表示任意形式；PlayFourCard 表示出"四个"。

在以上的所有规则中，有些规则是假设规则，因此在推理时要计算 ADF。

3）过程描述

玩家和计算机打牌时，通过人机交互模块进行交互。人机交互模块负责把玩家所出的牌转换成程序中设置的值并向玩家提供"出牌"和"不出牌"命令。计算机出的牌也经由人机交互模块告知玩家。

首先，由"发牌器"发牌，为每个玩家随机发牌。其次，人类玩家出的牌通过人机交互模块提交到出牌验证模块。若出牌符合游戏规则，则计算机玩家根据所出的牌以规则库为基础进行推理，得出结论（如何出牌或不出牌）。循环往复，直到某个玩家出完所有的牌，游戏结束。图 2-17 给出一个人类玩家和一个计算机玩家的图解。

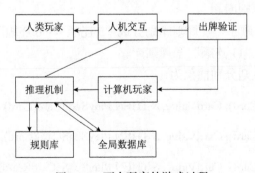

图 2-17　两个玩家的游戏过程

在游戏的过程（推理过程）中，信息是不断增长的。相同前提不同时刻的 ADF 是不一样的；人类玩家出不同的牌面，也会影响到 ADF。即根据推理机制，随着牌局动态模糊的变化，ADF 也是动态变化的。

3. 实例

现用一个实例来说明。游戏总共三个玩家。记人类玩家为 P，记两个计算机玩家分别为 B 和 C。通过游戏，记下发牌器发的牌为

P={3,3,4,4,4,5,6,6,7,7,8,10,Q,K,K,A,2,2}；

B={3,5,6,7,8,9,9,10,10,J,J,J,Q,Q,A,A,2,"小王"}；

C={3,4,5,5,6,7,8,8,9,9,10,J,Q,K,K,A,2,"大王"}。

B 先出牌，顺序为 B→C→P。

（1）B 出{5,6,7,8,9,10,J}，此时 B={3,9,10,J,J,Q,Q,A,A,2,"小王"}。

（2）C 经过推理机制，根据 B 的出牌，C 发现，在序列 6,7,8,9,10,J,Q,K,A 中可以划分为连续的 7 张牌。

有如下结论：

若出{6,7,8,9,10,J,Q}，则 ADF=$\overrightarrow{(0.0156,0.0156)}$；

若出{7,8,9,10,J,Q,K}，则 ADF=$\overrightarrow{(0.0149,0.0149)}$；

若出{8,9,10,J,Q,K,A}，则 ADF=$\overrightarrow{(0.040,0.040)}$。

max{ADF}=$\overrightarrow{(0.040,0.040)}$，出牌为{8,9,10,J,Q,K,A}。

此时 C={3,4,5,5,6,7,8,9,K,2,"大王"}。

（3）对于人类 P，不出牌。

此时 P={3,3,4,4,4,5,6,6,7,7,8,10,Q,K,K,A,2,2}。

（4）B 不出，此时 B={3,9,10,J,J,Q,Q,A,A,2,"小王"}。

（5）C 出牌。策略是："顺子"优先出，其次是"三连"和"连对"，最后是"单张"和"对子"。在每个出牌优先级中，计算各自的 ADF，选择最大 ADF 来出牌。这里，C 出顺子{3,4,5,6,7,8,9}。

此时 C={5,K,2,"大王"}。

（6）P 不出，P={3,3,4,4,4,5,6,6,7,7,8,10,Q,K,K,A,2,2}。

（7）B 不出，B={3,9,10,J,J,Q,Q,A,A,2,"小王"}。

（8）C 出牌，由缺省假设推理机制有

若出{5}，则 ADF=$\overrightarrow{(0.125,0.125)}$；

若出{K}，则 ADF=$\overrightarrow{(0.0625,0.0625)}$；

若出{2}，则 ADF=$\overrightarrow{(0.0556,0.0556)}$；

若出{"大王"}，则 ADF=$\overrightarrow{(0.0526,0.0526)}$。

max{ADF}=$\overrightarrow{(0.125,0.125)}$，C 出{5}。

此时 C={K,2,"大王"}。

（9）P 出{8}，P={3,3,4,4,4,5,6,6,7,7,10,Q,K,K,A,2,2}。

（10）B 出牌，由缺省假设推理机制有

若出{9}，则 ADF=$\overrightarrow{(0.0714,0.0714)}$；

若出{10}，则 ADF=$\overrightarrow{(0.0667,0.0667)}$；

若出{2}，则 ADF=$\overrightarrow{(0.0526,0.0526)}$；

若出{"小王"}，则 ADF=$\overrightarrow{(0.0526,0.0526)}$。

所以 B 出{9}，此时 B={3,10,J,J,Q,Q, A,A, 2, "小王"}。

（11）C 出牌，由缺省假设推理机制有

若出{K}，则 ADF=$\overrightarrow{(0.3333,0.3333)}$；

若出{2}，则 ADF=$\overrightarrow{(0.2,0.2)}$；

若出{"大王"}，则 ADF=$\overrightarrow{(0.25,0.25)}$。

max{ADF}=$\overrightarrow{(0.3333,0.3333)}$，C 出{K}。

此时 C={2, "大王"}。

（12）P 出{A}，P={3,3,4,4,5,6,6,7,7,10,Q,K,K,2,2}。

（13）B 出牌，由缺省假设推理机制有

若出{2}，则 ADF=$\overrightarrow{(0.1429,0.1429)}$；

若出{"小王"}，则 ADF=$\overrightarrow{(0.1429,0.1429)}$。

此时，最大 ADF 有两个。对于此系统，当最大 ADF 不止一个时，选择牌面值小的牌来出。因此，B 出{2}。

此时 B={3,10,J,J,Q,Q, A,A, "小王"}。

（14）C 出牌。此时，C 只能出{"大王"}，C={2}。

（15）P 不出，P={3,3,4,4,4,5,6,6,7,7,10,Q,K,K,2,2}。

（16）B 不出，B={3,10,J,J,Q,Q, A,A, 2, "小王"}。

（17）C 出牌，C 出{2}。此时 C={}，游戏结束，C 为赢家。

说明：在此系统中，假设 ADF 是根据剩余的出牌次数以及牌面值的大小来计算的。

2.7.2　动态模糊逻辑推理方法在医疗诊断中的应用

医学专家为患者诊断的过程实际上也是一个推理过程。医学专家首先根据患者症状的描述，与其所学的知识相匹配，再根据得出的结论进行诊治。在诊治过程中，患者的症状很多且是模糊的、动态变化的，因此可以用动态模糊逻辑的推理模型来构造医疗诊断系统。

医疗诊断系统的主要功能是通过用户输入的症状，查找知识库，给出结论。其框架如图 2-18 所示。

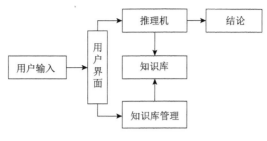

图 2-18　系统框架

在知识库中存放了关系知识、动作知识、函数知识。关系知识：表示症状和疾病的关系。动作知识：表示疾病的处理和治疗。函数知识：包含动态模糊隶属函数或动态模糊属性与动态模糊隶属度的关系表，以及动态模糊相似度的计算公式。

函数知识是由数据驱动的。动态模糊隶属函数可以是分段函数，也可以是其他形式的函数。当不易建立动态模糊隶属函数时，建立动态模糊属性与动态模糊隶属度的关系表(表 2-3)。

表 2-3　动态模糊属性与动态模糊隶属度的关系表

动态模糊属性	属性 1	属性 2	属性 3	属性 4	…
动态模糊隶属度	DFD1	DFD2	DFD3	DFD4	…

动态模糊相似度（DFM）的计算方法：

$$DFM = \begin{cases} (\vec{1},\vec{1}), & \mu(S) = \mu(S') \\ (\vec{1},\vec{1}) - \left| \mu(S') - \mu(S) \right|, & \mu(S) \neq \mu(S') \end{cases}$$

知识库中的知识是由多个图组成的，对于只作为推理前提条件的节点建立一个访问表，如表 2-4 所示。

表 2-4　节点访问表

节点	前提 1	前提 2	前提 3	前提 4	前提 5	…
地址	Id1	Id2	Id3	Id4	Id5	…

现在以图 2-19 来说明知识库的表示与推理。

设 A_1、A_2、A_3、B_1、C_1 分别为

$$A_1 = (鼻塞，\overrightarrow{0.3}，\overrightarrow{0.5})$$

$$A_2 = (流涕，\overrightarrow{0.3}，\overrightarrow{0.5})$$

$$A_3=(头痛，\overrightarrow{0.5}，\overrightarrow{0.5})$$

$$B_1=(感冒，\overrightarrow{0.8}，\overrightarrow{0.5}，DFC)$$

$$C_1=(阿司匹林，\overrightarrow{0.5}，\overrightarrow{0.5}，DFC)$$

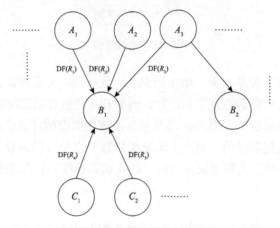

图 2-19　知识库的表示

$DF(R_1)\sim DF(R_4)$ 分别是 $(\overrightarrow{0.6},\overrightarrow{0.6},\overrightarrow{0.5},\overrightarrow{0.7})$。$A_1$、$A_2$ 和 A_3 是前提节点，B_1 和 C_1 是结论节点。结论节点比前提节点多了动态模糊计算（dynamic fuzzy computing，DFC）项，它是经过推理后所得结论的动态模糊属性值。每个节点的第二项是给定的动态模糊属性值，第三项是规则激活的阈值。

根据前面给出的知识，求得（鼻塞，流涕）的连接关系为（鼻塞，流涕）=阿司匹林。

本 章 小 结

第一，介绍人工智能基础范畴，包括给出人工智能的功能、结构、行为 3 个公理等基本内容，这些基础知识为构建人工智能的理论、技术、方法、应用体系奠定基础。第二，给出 3 个认知机理，即认知科学的对应机理、双向机理和动允机理，为研究人工智能提供理论基础。第三，介绍人工智能原理，包括给出人工智能的数据原理、学习原理、推理原理、证明原理及伦理原理，为判定人工智能问题提供参考。第四，介绍人工智能知识表示，包括给出知识表示的基本概念、评价依据及相关知识表示方法。第五，介绍人工智能推理方法，包括给出推理的基本概念、相关分类，以及以动态模糊逻辑推理为例说明推理的价值和意义。

思 考 题

1. 请简述人工智能基础、技术、应用、交叉范畴的基本概念，并说明其重要价值。

2. 什么是知识表示？请举出 3 种知识表示方法。

3. 请表示如下知识。

（1）数风流人物，还看今朝。

（2）青年强则科技强；科技强则国家强。

4. 请举例说明推理在人工智能中的重要价值。

5. 请用推理的方法说明人工智能教育和普通教育的区别。

6. 文字是人类表达认识世界的一种方式，请以这种方式为例谈谈人工智能中知识表示的价值及意义。

7. 请以人工智能基础范畴的基本内容为基础，谈谈人工智能未来的发展。

参 考 文 献

[1] Winston P H. Artificial Intelligence[M]. Boston: Addison-Wesley, 1984.

[2] Li F Z, Zhang L, Zhang Z. Lie Group Machine Learning[M]. Berlin: De Gruyter, 2019.

[3] 李凡长, 杨季文, 张莉, 等. 动态模糊数据分析理论与方法[M]. 北京: 科学出版社, 2013.

[4] 李凡长, 沈勤祖, 郑家亮, 等. 动态模糊集及其应用[M]. 昆明: 云南科技出版社, 1997.

[5] 李凡长, 朱维华. 动态模糊逻辑及其应用[M]. 昆明: 云南科技出版社, 1997.

[6] Li F Z, Zhang L, Zhang Z. Dynamic Fuzzy Machine Learning[M]. Berlin: De Gruyter, 2017.

[7] Li F Z. Dynamic Fuzzy Logic and its Applications[M]. New York: Nova Science Publishers, 2008.

[8] 李凡长, 刘贵全, 佘玉梅. 动态模糊逻辑引论[M]. 昆明: 云南科技出版社, 2005.

第 3 章　李群机器学习

李群机器学习（Lie group machine learning，LML）自 2004 年提出至今，已形成了系统的李群机器学习理论体系。在讲授李群机器学习之前，先介绍一下机器学习的概念。

3.1　机　器　学　习

机器学习（machine learning）是一门多领域交叉学科，涉及认知科学、心理学、拓扑学、李群、概率论、统计学、逼近论、凸分析、泛化分析、算法复杂度理论等多门学科。专门研究计算机怎样模拟或实现人类的学习行为，以获取新的知识或技能，重新组织已有的知识结构使其不断改善自身的性能，其应用遍及人工智能的各个领域，同时在其他科学交叉方面发挥强大的赋能功能。

从 1966 年图灵奖设立以来，目前已有 3 次将图灵奖颁给了研究机器学习的学者。例如，2010 年美国计算机协会（ACM）图灵奖颁给了瓦利安特（Valiant）教授，主要表彰他在概率近似正确（probably approximately correct，PAC）模型方面做出的贡献。2011 年 ACM 图灵奖颁给了犹大·伯尔（Judea Pearl）教授，主要表彰他在概率推理与因果关系推理的演算模式等人工智能基础领域做出的贡献。概率图模型（probabilistic graphical model，PGM）拓展了知识工程研究范式，推进了不确定性信息处理的方法。"概率推理+图论+认知+因果关系+知识工程"模式不同于基于逻辑、基于规则的研究范式，为人工智能后续发展奠定了一种方向性的基础。2018 年 ACM 图灵奖颁给了杨立昆（Yann LeCun）、约书亚·本吉奥（Yoshua Bengio）和杰弗里·辛顿（Geoffrey Hinton）3 位教授，表彰他们在深度学习神经网络上的创新工作[1]。

机器学习发展至今还没有完整的定义，只有一些描述性的说法。

例如，1996 年 Langley 教授对机器学习的定义是"机器学习是一门人工智能的科学，该领域的主要研究对象是人工智能，特别是如何在经验学习中改善具体算法的性能"；1997 年，Tom Mitchell 教授对机器学习的定义是"机器学习是对能通过经验自动改进的计算机算法的研究"；2004 年，Alpaydin 教授对机器学习的定义是"机器学习是用数据或以往的经验优化计算机程序的性能标准"[2,3]。

这几位专家对机器学习的定义，为机器学习的研究指明了方向。

3.1.1　机器学习研究方法

机器学习作为人工智能的核心内容，探索高效的机器学习方法是人们比较关心的问题。李凡长教授认为，"从机器学习的发展过程不难看出，研究机器学习应该以认知科学为基础、数学方法为手段、可计算理论为标准、分析数据规律为目标、计算机技术为实现途径，沿着这样的路径，构建机器学习的理论、技术、方法、应用体系"[3]。

为了建立机器学习的知识体系，下面给出机器学习的几个原理。

原理 3.1（机器学习可解释原理）　机器学习模型和算法要有可解释能力。

学习能力是人工智能的优势之一。如果机器学习模型和算法有可解释能力，那么机器学习系统的透明度就高，在这样的情况下，就可以快速掌握、调整算法的精度，提高学习效率。当然，要达到这样的要求是有难度的，不过作为机器学习研究的内容，有这样的规划、目标也是发展的必然。例如，当前深度学习存在可解释性差的问题，但研究者正朝着这个方向努力，试图找到解决深度学习可解释性差的理论与方法。

原理 3.2（机器学习可学习原理）　机器学习模型和算法要有判断可学习能力。

学习是重要的。机器学习模型和算法有学习能力是必然的，但是否对所有问题都能够学习，这就对机器学习模型和算法提出了要求。因此，判断可学习能力是一项重要内容。

原理 3.3（机器学习可泛化原理）　机器学习模型和算法要有可泛化能力。

机器学习要求有可泛化能力，这是一种发展愿景。例如，一个人能有一专多能的情况很少。机器学习模型和算法要达到这样的要求也是很难的。但从弱人工智能到强人工智能这个发展战略思路考虑，可泛化是一种必然要求。元学习、深度元学习、强化元学习、李群元学习等就是典型案例。

原理 3.4（机器学习自学习原理）　机器学习模型和算法要有自学习能力。

现在机器学习面对的场景特征是复杂、高维、跨域。因此，机器学习模型和算法要有自学习能力，这是必然要求。如果机器学习模型和算法没有这样的能力，那么机器学习如何帮助人们解决复杂、高维、跨域问题呢？如医学场景、战争环境、数字社会治理生态结构中的数据分析等。因此，机器学习模型和算法要有自学习能力也是对机器学习的必然要求。

原理 3.5（机器学习小样本原理）　机器学习模型和算法要有小样本学习能力。

从广义上讲，书本知识和社会知识相比，书本知识是知识海洋中的一小部分，社会知识是知识海洋中的一大部分。同学们的整个学校学习过程都是在进行小样本知识学习。当同学们走向社会之后，这些小样本知识学习产生的能力就能发挥作用。无论社会问题有多复杂，同学们用其已有知识总能解决这些复杂问题。这个例子说明小样本和大样本之间的关系。因此，机器学习模型和算法要有小样本学习能力也是对机器学习的基本要求。

机器学习这 5 个原理告诉我们，研究机器学习模型和算法是重要的，更重要的是要形成系统的学习理论与方法。

3.1.2　机器学习分类

机器学习发展到今天，形成了多种学习范式。下面简单介绍一下这些学习范式的分类依据及分类策略。

根据推理方法，将机器学习方法分为：①归纳学习，典型的归纳学习如示例学习、决策树学习、神经网络学习、发现学习、统计学习、深度学习、动态模糊逻辑学习;②演绎学习,典型的演绎学习如动态模糊机器学习、量子学习、李群机器学习;③类比学习,典型的类比学习如案例学习;④分析学习,典型的分析学习如解释学习、李群连续学习。

根据学习方式,将机器学习方法分为:①监督学习,如神经网络学习、决策树学习、小样本学习;②无监督学习,如发现学习、聚类学习、博弈学习;③半监督学习,它是介于监督学习和无监督学习之间的一类学习方法,如半监督强化学习、李群半监督机器学习。

根据数据形式,将机器学习方法分为:①确定结构化学习,如神经网络学习、深度学习、决策树学习、规则学习;②确定非结构化学习,如案例学习、解释学习、文本挖掘、图像挖掘、万维网(Web)挖掘;③不确定结构化学习,如动态模糊机器学习、模糊深度学习;④不确定非结构化学习;如动态模糊解释学习。

常用的机器学习算法包括决策树学习、朴素贝叶斯学习、支持向量机(support vector machine,SVM)学习、随机森林学习、人工神经网络算法、关联规则学习、期望最大化(expectation maximization,EM)算法、深度学习等。

3.2　李群机器学习的基本概念

机器学习作为人工智能的核心技术。机器学习能否帮助人们解决"线性+非线性""单参数+多参数""离散+连续""定性+定量""局部+全局"等复杂问题,这已是考验机器学习的关键。由此可以看出,利用"数学方法+机器学习"模式进行交叉研究是研究机器学习的发展大势。正如北京大学数学科学学院鄂维南院士所说:"机器学习已开创应用数学新机遇。"

李群是挪威数学家 S. Lie 在 1870 年左右创立的一类连续变换群。李群理论在最初的相当长一段时间内仅与一些微分方程的积分有联系,而与数学的其他分支关系不大。19 世纪 90 年代至 20 世纪初,李群理论在各种不同方向尤其是代数学和拓扑学方面得到了迅速发展,成为数学的一个重要分支。关于李群理论的第一个近代化的叙述是由苏联数学家庞特里亚金于 1938 年给出的。20 世纪 50 年代,李群理论的发展进入了一个新的阶段,主要标志是代数群论的创立。代数几何方法的应用使李群理论的经典结果得到新的阐述,从而揭示了它与函数论、数论等理论的深刻联系。1978 年,数学家马尔古利斯因其研究"关于李群的离散子群的塞尔伯格猜想"而荣获数学界的最高奖——菲尔兹奖[1]。

李群已在物理学、力学、化学等学科中得到重要应用。这就给我们一个启示,物理、化学的数据就是复杂数据,并具有"线性+非线性""单参数+多参数""离散+连续""定性+定量""局部+全局"等特征。数学家们也证明了李群都具有解决"线性+非线性""单参数+多参数""离散+连续""定性+定量""局部+全局"这些问题的优势,这似乎是天赐良机。如果能将李群和机器学习进行交叉产生新的机器学习方法将是一件很有意义的工作。因此,2004 年,李凡长教授团队开始研究并提出了李群机器学习概念[2,3]。

目前,李群机器学习已有了系统的知识体系。2019 年为了纪念皮埃尔·德·费马(Pierre de Fermat)和布莱兹·帕斯卡(Blaise Pascal)等伟大的科学家召开的第四届信息科学与工程技术国际研讨会征文中把"Lie group machine learning"作为主要征文领域。2020 年在国际期刊 *Entropy* 上以法国科学家 Frédéric Barbaresco 为代表的一批科学家组织了一个主题为"Lie Group Machine Learning and Lie Group Structure Preserving Integrators"的专刊。由此表明李群机器学习已成为国际同行关注的新领域。

定义 3.1　设 G 是一个非空集合，满足：

（1）G 是一个群；

（2）G 也是一个微分流形；

（3）群的运算是可微的，即由 $G \times G$ 到 G 的映射 $(g_1, g_2) \mapsto g_1 g_2^{-1}$ 是可微的映射。

则称 G 是一个李群。

从李群的定义可以看出：李群既是一个群，又是一个微分流形。我们知道，流形是点、线、面以及各种高维连续空间概念的推广，而我们在用机器学习方法分析数据时，所有观测数据都可以和点、线、面等结构建立起对应关系。李群是一种特殊流形，已被物理学家、化学家广泛使用，这充分说明在大量的物理、化学数据中蕴含李群规律，因此，用李群方法分析这些数据的规律已成为一种必然。下面介绍李群机器学习的基本概念。

定义 3.2（李群机器学习）　一般用 G 表示输入空间，M 表示输出空间。令 $G \subseteq R^D$，$M \subseteq R^d$，$D > d$，借用李群的定义 G 对 M 的左作用可用如下映射 ϕ 表示：

$$\phi : G \times M \to M$$

满足：

（1）对于所有 $x \in M$，$\phi(e, x) = x$；

（2）对于所有 $g, h \in G$ 和 $x \in M$，$\phi(g, \phi(h, x)) = \phi(gh, x)$。

右作用的李群机器学习定义也可如此处理，即右作用是满足条件 $\psi(e, x) = x$ 和 $\psi(\psi(x, g), h) = \psi(x, gh)$ 的一个映射 $\psi : M \times G \to M$。

由李群的左作用关系和右作用关系可知，李群机器学习是实现双向机理的典型案例，同时这是李群机器学习的一个优势。

例 3.1　我们可以用行列式不为零的 $n \times n$ 实矩阵表示学习问题。数学家告诉我们，全体行列式不为零的 $n \times n$ 实矩阵组成一般线性群 $\mathrm{GL}(n)$。关于矩阵的乘法构成一个群。另外，它又是 R^{n^2} 的一个开子集，因而拥有从 R^{n^2} 诱导的光滑结构，并且群的运算显然是光滑的。

例 3.2　三维转动群 $\mathrm{SO}(3)$，它的元素可用 3 个实参数来描述，这 3 个实参数在半径为 π 的球体内变化，在球面上直径两端的点代表同一个元素，这个群对处理三维结构的数据非常有用。

例 3.3　实数域 **R**。它有丰富的代数结构，可以进行加、减、乘、除四则运算；另外，它有拓扑结构和微分结构，可以进行连续性和可微性的讨论。

例子很多，就不一一列举了。总之，李群为设计李群机器学习算法提供了良好的数学结构。

定义 3.3（轨道的定义）　若 ϕ 是 G 在 M 上作用并且 $x \in M$，则 x 的轨道定义如下：

$$\text{Orb}(x) = \left\{ \phi_g(x) \middle| g \in G \right\} \subset M$$

在有限维情形下，$\text{Orb}(x)$ 是 M 的浸入子流形。对于 $x \in M$，ϕ 在 x 处的稳定（或对称）群由

$$G_x \overset{\text{def}}{=} \left\{ g \in G \middle| \phi_g(x) = x \right\} \subset G$$

给出，并且 G_x 是一个李子群。$\text{Orb}(x)$ 的流形结构，要求双射 $[g] \in G/G_x \mapsto g \cdot x \in \text{Orb}(x)$ 为微分同胚，由此可以判定 G/G_x 是一个光滑流形。

定义 3.4（作用的可迁性、有效性和自由性的定义）。

（1）作用的可迁性：如果存在唯一的一个轨道，或等价地，对于每一个 $x, y \in M$，有一个 $g \in G$，使得 $g \cdot x = y$。

（2）作用的有效性（或者一一对应）：如果 $\phi_g = \text{id}_M$，蕴含着 $g = e$，即 $g \to \phi_g$ 是一对一的。

（3）作用的自由性：如果它没有不动点，即 $\phi_g(x) = x$ 蕴含着 $g = e$，或等价地，如果对于每个 $x \in M$，$\phi_g = \{e\}$，并且每个自由的作用是一对一的。

例 3.4 余伴随作用：G 在其李代数 g 的对偶 g^* 上的余伴随作用定义如下：设 $\text{Ad}_g^* : g^* \to g^*$ 是 Ad_g 的对偶，定义为

$$\left\langle \text{Ad}_g^* \alpha, \xi \right\rangle = \left\langle \alpha, \text{Ad}_g \xi \right\rangle$$

这里，$\alpha \in g^*$，$\xi \in g$，则有 $(g, \alpha) \mapsto \text{Ad}_{g^{-1}}^* \alpha$。

给出的映射 $\phi^* : G \times g^* \to g^*$ 是 G 在 g^* 上的余伴随作用。相应地，G 在 g^* 上的余伴随表示，记为 $\text{Ad}^* : G \to \text{GL}(g^*, g^*)$，$\text{Ad}_{g^{-1}}^* = \left(T_e \left(R_g \circ L_{g^{-1}} \right) \right)^*$。

定义 3.5（轨道空间的定义）　等价类的集合 M/G 称为轨道空间。

定义 3.6（学习表达式之间的等价性判定）　设 M 和 N 表示两类学习表达式形成的流形，G 是李群，并由 $\phi_g : M \to M$ 作用在 M 上，由 $\psi_g : N \to N$ 作用在 N 上，构造一个映射 $f : M \to N$，关于这些作用是等价的，如果对于所有的 $g \in G$，有 $f \circ \phi_g = \psi_g \circ f$。如果 M/G 和 N/G 都有正规投影光滑浸没的光滑流形，则等变映射 $f : M \to N$ 可以诱导出一个光滑映射 $f_G : M/G \to N/G$。

3.3　李群机器学习的公理假设

李群机器学习具有四个公理假设，现将其归纳如下。

假设 3.1　李群机器学习的泛化假设公理。

该公理包括（1）～（3）条：

（1）利用李群、李代数和李子群、李子代数之间的关系来描述泛化能力，可定义为：设 G 是一个李群，对于 G 的李代数 g 的任何一个李子代数 h，存在着唯一的 G 的连通李子群 H，使得图 3-1 是可交换的。

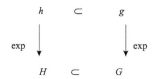

图 3-1　李群、李代数、李子群、李子代数之间的泛化关系图

（2）利用学习空间中的内积不变性来描述泛化能力，可定义为：设 V 是 n 维线性空间，G 是 GL(V)的李子群，如果有 $\big(g(x),g(y)\big)=(x,y)$，$\forall x,y\in V$，$g\in G$，则 V 中内积 (x,y) 称为 G 下不变的。

（3）利用中心函数来描述泛化能力，可定义为：设在紧致李群 G 中取定总体积为 1 的左-右不变的黎曼结构，f 为其上任何一个中心函数，则外尔(Weyl)积分公式为

$$\int_G f(g)\mathrm{d}g=\frac{1}{|w|}\int_t f(t)\big|Q(t)\big|^2\,\mathrm{d}t$$

其中，$|w|$ 表示 w 中元素的个数；当 $t=\exp H(H\in h)$ 时，$Q(t)$ 可以表示为

$$Q(\exp H)=\sum_{\sigma\in w}\mathrm{sgn}(\sigma)\mathrm{e}^{2\mathrm{xi}\big(\sigma(\delta),H\big)}$$

其中，δ 是范围 C° 的正根之和的一半，即 $\delta=\dfrac{1}{2}\sum\limits_{\alpha\in\Delta^+(G)}\alpha'$。

假设 3.2　李群机器学习的对偶假设公理。

将学习表达式集合构造成一个对偶空间来研究学习问题。

例如，可将李代数 g 的对偶 g^* 表示成泊松括号：

$$\{F,G\}(\mu)=\left\langle\mu,\left[\frac{\partial F}{\partial\mu},\frac{\partial G}{\partial\mu}\right]\right\rangle$$

利用该表达式来研究学习问题。这种方法已在物理学中得到广泛应用。

假设 3.3　李群机器学习的划分独立性假设公理。

此公理主要是对学习表达式的分解合理性进行判定。

例如，任何正交对偶李代数 (g,σ,Q) 都可以唯一分解为下面的表达式：

$$(g,\sigma,Q)=(g_0,\sigma_0,Q_0)\oplus(g_+,\sigma_+,Q_+)+(g_-,\sigma_-,Q_-)$$

其中，$g_0=k_0\oplus P_0$；$g_+=k_+\oplus P_+$；$g_-=k_-\oplus P_-$；$\sigma_0=\sigma/g_0$；$\sigma_+=\sigma/g_+$；$\sigma_-=\sigma/g_-$；

$Q_0 = Q / P_0$；$Q_+ = Q / P_+$；$Q_- = Q / P_-$。

假设 3.4　李群机器学习的一致性假设公理。

主要利用李群的同态关系来研究学习问题。例如，Q 是李群 G_1 到李群 G_2 的同态，则 $Q^{-1}(I_2)$ 是 G_1 的闭正规子群，又设 π 为 G_1 到 $G_1 / Q^{-1}(I_2)$ 的自然同态，则有 $G_2 / Q^{-1}(I_2)$ 到 G_2 的李群的同态 ϕ，使得 $Q = \phi\pi$ [1-4]。

3.4　李群机器学习的学习模型

李群机器学习系统中有代数模型和几何模型两种学习模型，这是李群机器学习方法和现有机器学习方法的主要区别之一。李群机器学习方法包括流形学习、统计学习、支持向量机学习、关系学习、决策树学习、贝叶斯学习等。

3.4.1　李群机器学习的代数模型

在李群机器学习系统中，将输入数据 R 进行变换，通过 $\theta : R \to G$ 变换成单参数子群 G，利用 G 中的右平移变换映射 $R_\theta : R \times G \to G:(t,g) \to g \cdot \theta(t)$，它是流形 G 上的一个可微变换群。同样地，可得左平移变换。由此有：{单参数子群} 和 {左不变流形} 是等价的。再通过左不变流形和左不变向量场之间的等价关系及单参数子群和李子代数之间的关系有四种等价关系：$g \cong$ {左不变向量场} $\cong$ {左不变流形} $\cong$ {单参数子群}，即可将李群机器学习的代数模型表示为图 3-2。

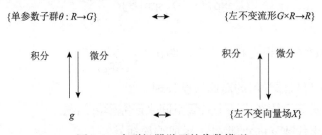

图 3-2　李群机器学习的代数模型

3.4.2　李群机器学习的几何模型

主要根据李群的一些几何性质，如平移不变性、旋转不变性、测地线性质等，给出李群机器学习的几何模型。它们将有利于学习系统的表示和度量。

一般来说，在一个学习系统中，给定一个观测集，将观测集映射为一个紧致连通的集合，就可以在观测集中的单位点上取一个自同构 $\mathrm{Ad}(G)$ 作用下的不变内积 $\langle \cdot, \cdot \rangle$，对于这样取定的内积，再取一组标准正交基，然后用左平移将它们分别扩张为观测集的左不变向量场，这样就可以唯一地在观测集中的单位点的切空间取定内积，使得该内积恰好为该点的切空间的标准正交基，这样就构成了一个黎曼空间。

由正交向量场组的左不变性可以看出，所有左平移都是这个黎曼空间的等距变换；

由内积的不变性可知，所有的右平移也是它的等距变换。令 $T_e(G)$ 为单位点的切空间，即 G 的李代数 g，$T_a(G)$ 为 G 在任意样本点 a 的切空间，$\mathrm{d}l_a$ 和 $\mathrm{d}r_a$ 分别是左平移 l_a 和右平移 r_a 在切空间之间诱导的线性映射，由此可将李群机器学习的几何模型表示为图 3-3。

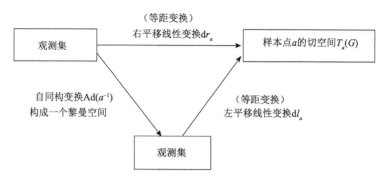

图 3-3　李群机器学习的几何模型

进一步地，给出李群机器学习的等距变换算法和测地线距离算法。

算法 3.1　李群机器学习的等距变换算法

输入：样本集 $X = \left\{ x_1, x_2, \cdots, x_n \in R^D \right\}$。

输出：$Y = \left\{ y_1, y_2, \cdots, y_n \in R^d \right\}$，$d < D$。

（1）令输入样本集为 $X = \left\{ x_1, x_2, \cdots, x_n \in R^D \right\}$，$X$ 满足李群结构。

（2）在 X 的李代数 g 上取定一个在自同构 $\mathrm{Ad}(G)$ 作用下的不变内积：

$$\left\langle \mathrm{Ad}(g)x_1, \mathrm{Ad}(g)x_2 \right\rangle = \left\langle x_1, x_2 \right\rangle, \quad x_1, x_2 \in g, \quad g \in G。$$

（3）取定一组标准正交基 $\{ x_i : 1 \leqslant i \leqslant n \}$，$\left\langle x_i, x_j \right\rangle = \delta_{ij}$。用左平移把 $\{ x_i : 1 \leqslant i \leqslant n \}$ 生成 X 上左不变向量场，记为 x_i，即建立起黎曼空间结构。

（4）在这个黎曼空间上，对 X 进行左（或右）平移线性变换，即构成了对样本集的等距映射 $\phi : X \to Y$，$Y = \left\{ y_1, y_2, \cdots, y_n \in R^d \right\}$，$d < D^{[1\text{-}4]}$。

算法 3.2　李群机器学习的测地线距离算法

输入：样本点 a。

输出：在 a 的坐标邻域内的所有点与 a 之间的距离。

（1）生成样本点 a 的邻域 U_a。

（2）分析 a 邻域内信息，在样本集中的单位点上取一个自同构作用下的不变内积 $g_{i,j}(a)$，计算 $g_{i,j}(a)$ 的值。

（3）将所得 $g_{i,j}(a)$ 的值代入 $D(a,b) = \sqrt{\sum_{i,j=1}^{n} g_{i,j}(a)(a_i - b_i)(a_j - b_j)}$，计算 U_a 中所有点与 a 之间的距离。

（4）输出所有距离值（通常距离值越小表示与要学习的目标结果越相近）。

3.5　李群机器学习的分类器设计

机器学习是一门实用性很强的学科，分类器研究是机器学习应用的一个重要领域。在李群机器学习中各种典型群都可以嵌入高阶 $U(n)$ 群中作为子群来进行学习。

一般来说，李群线性分类器的构造可以分如下几步来实现。第一步：将样本集映射到 G 这个非空集合上。第二步：根据 G 构造相应的李群结构。第三步：将所得的李群作用于所建立的李群机器学习模型中。第四步：形成相应的分类器。第五步：实例测试。第六步：应用。

本节不做更多的讨论，仅对辛群分类器和量子群分类器进行简单介绍。

3.5.1　李群机器学习中的辛群分类器

1. 辛群的基本概念

定义 3.7　令 μ 和 v 为 $2n$ 维空间 R^{2n} 中的向量，其中，

$$\mu = [x_1, \cdots, x_n, \xi_1, \cdots, \xi_n]^{\mathrm{T}}$$

$$v = [y_1, \cdots, y_n, \eta_1, \cdots, \eta_n]^{\mathrm{T}}$$

则 R^{2n} 中的辛内积定义为

$$\omega(\mu, v) = \sum_{i=1}^{n} (x_i \eta_i - y_i \xi_i) = \mu^{\mathrm{T}} J v^{\mathrm{T}}$$

其中，$J = \begin{bmatrix} 0 & I_n \\ -I_n & 0 \end{bmatrix}$，具有性质 $J^{-1} = J^{\mathrm{T}} = -J$，$I_n$ 为 n 阶单位阵，辛内积的基本性质如下。①双线性：$\omega(\lambda_1 \mu_1 + \lambda_2 \mu_2, v) = \lambda_1 \omega(\mu_1, v) + \lambda_2 \omega(\mu_2, v)$；②反对称：$\omega(\mu, v) = -\omega(v, \mu)$；③非退化：对于每个 $v \in R^{2n}$，如果均有 $\omega(\mu, v) = 0$，则 $\mu = 0$。

定义 3.8　具有上述条件的辛内积 ω 的实向量空间 (R^{2n}, ω) 称为辛空间。

定义 3.9　如果辛空间 (R^{2n}, ω) 中的线性变换 S 满足 $S: R^{2n} \to R^{2n}$，对于一切 $\mu, v \in R^{2n}$ 均有

$$\omega(S\mu, Sv) = \omega(\mu, v)$$

则线性变换 S 为辛变换或正则变换，辛变换保持两向量的辛内积不变。

定义 3.10　设 (V, ω) 是一个辛空间，所谓 (V, ω) 的一个自同构，是指 (V, ω) 到其自身的一个同构，所以 (V, ω) 是 V 的线性变换群 $\mathrm{GL}(V)$ 的一个元素，若把它记为 s，则它满足：

$$\omega(sx, sy) = \omega(x, y), \quad \forall x, y \in V$$

易知 (V,ω) 的自同构全体辛变换群构成群 $GL(V,R)$ 的一个子群，我们把它记为 $Sp(V,\omega)$。特别地，标准辛空间 (k^{2n},ω) 的自同构群记为 $Sp(2n,k)$，若 $k=R$，则把 $Sp(2n,k)$ 简记为 $Sp(2n)$，并称它为 $2n$ 维辛群。由此有定理 3.1。

定理 3.1 辛空间 (R^{2n},ω) 一定是偶数维的。

证明： 略[1-3]。

2. 辛群分类器的设计方法

在辛群分类器的设计中，首先应该将分类样本表示成辛群形式；其次利用辛群的张量表示方法，将样本构造成对应的辛矩阵，对辛矩阵进行化简求得对应的训练特征，以此作为学习过程训练样例；最后对待检测样本按同样方式进行处理，利用辛群分类算法得到样例特征，如果两类特征匹配，则将结果输出。接下来给出辛群分类器算法。

算法 3.3 辛群分类器算法

输入：样例集 D。

输出：某类特殊的辛矩阵 $\{M(1),M(2),M(3),M(4),M(5)\}$。

（1）将样例数据集 D 映射到 $Sp(2n)$ 中，取 $Sp(2n)$ 上的 n 维行向量组成集合 S_q^n，$S_q^n=\{(x_1,x_2,\cdots,x_n)\mid x_i\in S_q,i=1,2,\cdots,n\}$。

// $n=2v$，v 是正整数，向量 $(x_1,x_2,\cdots,x_n)$ 表示任意一个样本。

（2）选取 $Q_i\in Sp(2n)$。对于 Q，将它转换成对应的辛矩阵，并求出该辛矩阵的奇异值。

（3）将 Q_i 作用于样本数据集 $(x_1,x_2,\cdots,x_n)$ 得到的 $(x_1,x_2,\cdots,x_n)Q_i$ 作为学习过程中的训练样例。

（4）在训练阶段，对训练样本 X_{ji} 进行奇异值分解，取前 k 个最大奇异值对应的样本 $A_{ji}(m)=u_{ji}^m(v_{ji}^m)^H$ $(m=1,2,\cdots,k)$。由训练样本 X_{ji} 奇异值分解之后得到的样本构成第 j 类的一个判别函数 $g_{ji}(X)$：

$$g_{ji}(X)=\sqrt{\sum_{m=1}^{k}\alpha_{ji}^2(m)}=\sqrt{\sum_{m=1}^{k}\left|\left\langle A_{ji}(m),x\right\rangle\right|^2}\quad j=1,2,\cdots,c;\ i=1,2,\cdots,n$$

其中，$a_{ji}(m)=\left\langle A_{ji}(m),X\right\rangle$。

待识别样本图像 X 到第 j 类的第 i 个训练样本 X_{ji} 的第 m 个基图像 $A_{ji}(m)$ 的投影值。

（5）在样例集 D 中删除已获得目标学习结果的样本，获得新的样例集 D'。

（6）将待识别样本 X 输入每个判别函数 $g_{ji}(X)$，求这个判别函数的输出，将 X 归入最大输出 $g_{ji}(X)$ 所对应的类别中，若每类有多个训练样本，首先对每类计算最大长度 $h_j=\max_i(g_{ji}(X))(j=1,2,\cdots,c;\ i=1,2,\cdots,n)$，这样就可以将 X 归入第 c 个类别中。

（7）对每个目标函数 $t(x)$，输出集合 F。

注：设 $M=[A,B]=\begin{pmatrix}A_1 & B_1\\ A_2 & B_2\end{pmatrix}\in Sp(2n)$，有

$$M\in Sp(2n)\bigcap O_{2n}=U_n\Rightarrow M=[A,J^{-1}A]\ ,\quad A'JA=O_n,\ A'A=I_n \qquad M(1)$$

$$M=\begin{pmatrix}A_1 & 0\\ 0 & B_1\end{pmatrix}\in Sp(2n)\Rightarrow M=\begin{pmatrix}A_1 & 0\\ 0 & A_1^{-1}\end{pmatrix},\quad A_1\in GL(n,R) \qquad M(2)$$

$$M = \begin{pmatrix} I & 0 \\ 0 & B_2 \end{pmatrix} \in \mathrm{Sp}(2n) \Rightarrow M = \begin{pmatrix} I & 0 \\ 0 & I \end{pmatrix}, \quad S' = S \qquad\qquad M(3)$$

$$M = \begin{pmatrix} A_1 & 0 \\ A_2 & I \end{pmatrix} \in \mathrm{Sp}(2n) \Rightarrow M = \begin{pmatrix} I & 0 \\ I & I \end{pmatrix}, \quad S' = S \qquad\qquad M(4)$$

$$M = J_a = \begin{pmatrix} I\hat{a} & I\hat{a} \\ -I\hat{a} & I\hat{a} \end{pmatrix}, \quad a \subset v \in \mathrm{Sp}(2n) \qquad\qquad M(5)$$

3. 实例分析

我们对 ORL 通用人脸图像测试库中人脸的 5 种姿态即正面、俯视、仰视、左平面内侧、右平面内侧进行处理，并将处理结果和用 SVM 算法处理的结果进行比较，其结果见表 3-1。

表 3-1　SVM 分类平均识别率和辛群分类平均识别率比较表　（单位：%）

算法	正面图像	俯视图像	仰视图像	左平面内侧图像	右平面内侧图像
SVM 算法	95.4	93.8	90.2	93.4	93.4
辛群分类算法	95.2	92.6	93.1	94.6	94.6

实验表明，当人脸图像经过特征提取后，在同一个人脸图像较多时，辛群分类算法在分类正确率上有一定优势，在样例较多时，具有较好的分类效果。

3.5.2　李群机器学习中的量子群分类器

量子群是经典李群、李代数的基本对称概念的推广，与非交换几何、量子对称性等密切相关，针对机器学习系统中面对的非交换性和非对称性问题，提出了量子群分类器的构造方法，下面就对其进行简单介绍。

1. 量子群分类器的构造

构造量子群分类器，主要利用量子群的雅可比（Jacobi）条件分析观测数据的量子群和量子代数的性质，并将量子群看作量子超平面的线性系统，通过非交换空间上的降维、线性化等形式对观测数据进行处理，将观测数据的非线性结构约简成线性结构，然后根据量子群上线性变换学习算法对其进行分类。

2. 量子群的对称线性变换学习算法

在二维量子超平面上，假设学习空间中的学习问题用"坐标" (x, y) 表示，其中 x 表示学习系统中的实例空间中的实例，y 表示样本空间中的样例，且满足下述交换关系：

$$xy = qyx, \quad q \in C \qquad\qquad (3\text{-}1)$$

其中，q 表示调整系数；C 表示调整系数的集合。此外，C 还存在相关的协变微分计算，即存在"形式"(ξ,η)，它们满足：

$$\xi\eta = -q^{-1}\eta\xi , \quad \xi^2 = 0, \quad \eta^2 = 0 \tag{3-2}$$

当 $q=1$ 时，x 与 y 对易，ξ 与 η 反对易，(ξ,η) 可以解释为对 (x,y) 的微分，即对学习空间中的实例进行降阶处理。令

$$\phi = \begin{pmatrix} x \\ y \end{pmatrix}, \quad \psi = \mathrm{d}\phi = \begin{pmatrix} \xi \\ \eta \end{pmatrix} \tag{3-3}$$

量子超平面上"坐标"(x,y) 与"形式"(ξ,η) 同时进行线性变换：

$$\begin{pmatrix} x' \\ y' \end{pmatrix} = \begin{pmatrix} \alpha & \beta \\ \gamma & \delta \end{pmatrix}\begin{pmatrix} x \\ y \end{pmatrix}, \begin{pmatrix} \xi' \\ \eta' \end{pmatrix} = \begin{pmatrix} \alpha & \beta \\ \gamma & \delta \end{pmatrix}\begin{pmatrix} \xi \\ \eta \end{pmatrix} \tag{3-4}$$

这里设 $(\alpha,\beta,\gamma,\delta)$ 与 (x,y,ξ,η) 相互可交换，若要求变换后 (x',y') 与 (ξ',η') 仍满足与 (x,y) 及 (ξ,η) 间相同的关系，则对于 $(\alpha,\beta,\gamma,\delta)$ 必有如下关系成立：

$$\alpha\beta = q\beta\alpha , \quad \alpha\gamma = q\gamma\alpha , \quad \beta\gamma = q\gamma\beta , \quad \gamma\delta = q\delta\gamma , \quad \beta\delta = q\delta\beta ,$$

$$\alpha\delta - \delta\alpha = (q-q^{-1})\beta\gamma \tag{3-5}$$

令代数

$$A = C < \alpha,\beta,\gamma,\delta > / \sim$$

为由 $(\alpha,\beta,\gamma,\delta)$ 生成的可结合代数，且满足关系式(3-5)，即

$$T = (T_j^i) = \begin{pmatrix} \alpha & \beta \\ \gamma & \delta \end{pmatrix} \in \mathrm{GL}_q(2)$$

则上述变换便构成量子超平面的对称线性变换，得到量子群 $\mathrm{GL}_q(2)$，其中心为

$$c = \mathrm{det}_q T = \alpha\delta - q\beta\gamma = \delta\alpha - q^{-1}\beta\gamma$$

如果要求 $\mathrm{det}_q T = 1$，则称为量子群 $\mathrm{SL}_q(2)$。

现将量子群上的对称线性变换学习算法描述如下。

算法 3.4　量子群上的对称线性变换学习算法

输入：实例集 $X=\{x_1,x_2,\cdots,x_n\}$，样本集 $Y=\{y_1,y_2,\cdots,y_n\}$。

输出：量子群的对称线性变换。

（1）对 X 和 Y 进行降维处理后，得到 ξ 与 η，且它们必须满足关系式（3-2）。

（2）对 X、Y 和 ξ、η 分别同时进行对称线性变换 Z，使得变换后的 X、Y 和 ξ、η 仍满足关

系式（3-1）和关系式（3-2）。

（3）检验对称线性变换 Z 是否满足关系式（3-5），若为否，则调整系数 q，直到找到合格的变换 Z，则 Z 即为所求的对称线性变换。

（4）返回线性变换 Z。

3. 量子群分类器在 DNA 序列分类中的应用

在介绍具体的 DNA 序列分类实验之前，先对实验数据进行一个简单的说明。

我们选择真核生物中拟南芥（*Arabidopsis thaliana*）的完全序列作为实验数据。数据来源于美国国家生物技术信息中心（National Center for Biotechnology Information, NCBT）。该全序列共有 5 条染色体，其中每条染色体都是一个 FASTA 格式的文件，由于篇幅原因，在此省略 FASTA 格式文件的介绍，只简单说明一下各染色体的索引、长度及文件大小，见表 3-2。

表 3-2　染色体文件说明

染色体	索引 ID	长度/bp	文件大小/M
1	NC_003070	30080809	43
2	NC_003071	19643621	27.7
3	NC_003074	23465812	33.5
4	NC_003075	17549528	24.9
5	NC_003076	26689408	38

由于编码区和非编码区有着不同的功能，因此会有一些序列在编码区中频繁出现，而在非编码区出现得很少，这些词就可以被称为编码区的特征序列，相反则视为非编码区的特征序列。由于每个 DNA 序列都是由 A、T、G、C 四个字符随机组成的字符串，数字化 DNA 序列的方法很多，不同的方法对分类的影响很大。

在进行 DNA 序列处理之前一般是先寻找一种 DNA 序列的数学表示，再借助其他工具对其进行分析和研究。现在国际上有许多 DNA 序列的数学表示方法，如随机步模型等。本书采用基于序列的熵值的方法，由于该序列集共有 5 条染色体，可以分别在每条染色体中提取特征序列，然后对每个基因中的编码区和非编码区进行分类。

首先，将一串 DNA 序列看成一个信息流，考虑其单位序列所含信息量（即熵）的多少。从直观上理解，我们认为重复得越多，信息量越少。

设序列 $L(\alpha_1, \alpha_2, \cdots, \alpha_n)$，前 m 个字符所带的信息量为 $f_m(l)$，记为

$$g_m(l) = f_m(l) - f_{m-1}(l) \tag{3-6}$$

式中，$g_m(l)$ 表示加上第 m 个字母之后所增加的信息量。然后，由式(3-6)得 $f_n(l) =$

$\sum\limits_{i=1}^{n} g_i(l)$，则 $f_n(l)$ 为整个序列所带的信息量，$\dfrac{f_n(l)}{|l|}$ 即为单位长度所带的信息量。现在问题就归结为如何找出一个合适的 $g_m(l)$。

对此，我们认为 $g_m(l)$ 应具备以下性质。

性质 3.1　$g_m(l)>0$，即任意加上一个字符，它或多或少带有一定的信息量；

性质 3.2　第 m 个字符（或者是以它结尾的较短序列）与前面的序列（信息流）重复得越多，$g_m(l)$ 就越小；

性质 3.3　第 m 个字符（或者是以它结尾的较短序列）靠得越近，$g_m(l)$ 就越小，反之，则越大；

性质 3.4　$f_0(l)=0$。

因此，我们构造如下函数：

$$g_m(l) = \frac{b}{b + t_1\sigma_1 + t_2\sigma_2 + \cdots + t_p\sigma_p}$$

式中，b 为防止分母为零而设置的一个小正数，$\sigma_i = \sum\limits_{i=1}^{n} a^t \delta_{it}$，且

$$\delta_{it} = \begin{cases} 1, & \text{以第} m\text{-}t \text{个字符结尾的} i \text{字串且以第} t \text{个字符结尾的} i \text{字串完全相同} \\ 0, & \text{否则完全不相同} \end{cases}$$

其中，a 为一个小于 1 的数；p 为某一固定的正数。经过反复上机搜索，我们取 $p=6$，即只检查长度为 1~6 的字串即可，因为字串长度太大的重复非常少见。另外，取 $a=0.392$，$b=0.1$，$\sigma=3$。

借助 MATLAB，我们提取出由 A、T、G、C 四个碱基组成的字符串的特征序列，各条染色体的特征序列个数分别为 100 个、76 个、86 个、76 个、93 个。

在量子超平面上，设有 n 个特征序列 $\{x_i\}$，它们是长度不同的特征序列的集合，对一条长度为 L 的 DNA 序列，通过下列计算我们可以得到这条 DNA 序列的数学表示：

$$V_{ij} = \lambda \cdot \frac{T_i}{L - l_i + 1} \cdot \frac{l_i}{l_j}, \quad i, j = 1, 2, \cdots, n$$

式中，V_{ij} 为群 V 的第 i 行 j 列的元素，且 V 中元素的按行优先原则按照长度由小到大排列，长度相同的按照字符的顺序排列；T_i 为第 i 个特征序列在这条 DNA 序列中出现的总次数；l_i 和 l_j 分别为第 i 个和第 j 个特征序列的长度；λ 为一个放大系数，为了避免分量值过小引起计算溢出。

构造出群 V 之后，判断出 V 满足量子群的定义，即是一个量子群，然后将量子群的对称线性变换学习算法 3.4 作用于量子群 V 上，便可得到我们所需的经典量子群的结构，再利用量子群分类器的分类算法便可进行分类。

实验中，对于每条染色体，将其数据平均分为 5 段，每次随机取 2 段作为训练集，

得出判断函数，剩下的 3 段作为测试集。我们将对 5 条染色体采用量子群分类器分类精确度与 SVM 分类精确度分别进行比较，如表 3-3 所示。

表 3-3　量子群分类器分类精确度与 SVM 分类精确度比较　　（单位：%）

分类精确度	染色体编号				
	1	2	3	4	5
SVM 分类精确度	97.34	92.29	94.76	92.21	97.31
量子群分类器分类精确度	97.58	93.44	95.25	92.57	97.93

在实验的特征提取过程中，我们考虑的是每条 DNA 所蕴含的信息量，只考虑了某一方面的特征，所以总有一些不满意的地方。应该将单个字母出现的频率、周期性等因素综合起来考虑，同时考虑序列中元素的局部性质和序列的全局性质，使序列各方面的特征都能得到体现，使分类更加科学。

从实验结果来看，在第 2 条和第 4 条染色体上，本书的分类方法与 SVM 的分类精确度都较低，这是因为第 2 条和第 4 条染色体提取的特征序列相对较少，但我们的方法相对 SVM 分类精确度有一定的提高，而且在第 1 条、第 3 条、第 5 染色体上，两者的分类精确度比较接近。实验证明本书提出的量子群分类器即使在特征序列相对较少的情况下也能很好地进行分类，且分类精确度也相对较高[1-4]。

3.6　李群机器学习的相关算法

1. 李群覆盖学习算法

在李群机器学习的一致性假设公理的基础上，根据观测数据集和样本数据之间的关系，遵循李群具有的整体性质、局部性质及生成元、简单李群、混合李群、覆盖群等数学结构，给出了李群覆盖学习算法（Lie group covering learning algorithm，LCLA）。李群覆盖学习算法包括单连通覆盖算法和多连通覆盖算法。

2. 李群深层结构学习算法

将李群机器学习模型和深层学习进行交叉融合，给出了李群深层结构学习算法（Lie group deep structure learning algorithm，LDSLA）。李群深层结构学习算法包括深层学习的基本概念、深层结构学习的定义、深层结构判定标准、深层结构模型表示、深层结构学习算法等。

3. 李群半监督学习算法

将李群理论和半监督学习进行研究，利用李群良好的代数结构和几何结构来表示与分析数据，给出了李群半监督学习算法（Lie group semi-supervised learning algorithm，

LSLA）。李群半监督学习算法包括李群代数结构和几何结构的半监督学习模型、线性李群半监督学习算法等。

4. 李群均值学习算法

根据矩阵群的相关概念，给出了李群均值学习算法（Lie group mean value learning algorithm，LMVLA）。李群均值学习算法包括矩阵群学习算法等。

5. 张量场学习算法

张量为数据描述提供了一种更加自然的描述形式，同时张量场也为研究数据全局与局部关系提供了可行的数学方法。因此，采用"张量+机器学习"的研究模式，提出了张量场学习算法（tensor field learning algorithm，TFLA）。张量场学习算法包括张量场的数据约简模型、张量场的学习模型和张量场的数据集分类模型等。

6. 纤维丛学习算法

将复杂数据和纤维丛建立联络关系，提出了纤维丛学习算法（fiber bundle learning algorithm，FBLA）等。

7. 谱估计学习算法

将微分几何中拓扑不变性理论和谱理论引入流形学习算法中，给出了图像特征流形拓扑不变性的谱估计学习算法（spectral estimation learning algorithm，SELA）。谱估计学习算法包括基于拉普拉斯（Laplace）特征映射算法的谱估计学习算法、谱估计降维算法、谱估计聚类算法等。

8. 芬斯勒几何学习算法

主要针对多流形数据降维问题，引入芬斯勒度量，提出了芬斯勒几何学习算法（Finsler geometry learning algorithm，FGLA）等。

9. 同调边缘学习算法

引入同调论思想，从机器学习角度给出了同调边缘学习算法（homology edge learning algorithm，HELA）。同调边缘学习算法主要包括上同调边缘学习算法、胞腔同调边缘学习算法和正则胞腔同调边缘学习算法等。

10. 范畴表示学习算法

利用范畴理论解决机器学习的表示问题，提出了范畴表示学习算法（category representation learning algorithm，CRLA）。其内容包括机器学习系统的范畴表示及相关概念、学习表达式的映射机制的相关理论、数据降维的范畴表示和分类器的范畴表示等。

本 章 小 结

　　本章主要介绍李群机器学习的李群左作用学习模型和右作用学习模型；李群机器学习的泛化假设公理、对偶假设公理、划分独立性假设公理、一致性假设公理；李群机器学习的代数模型和几何模型；李群机器学习的分类器设计方法及辛群分类器算法和量子群分类器算法；李群覆盖学习算法、李群深层结构学习算法、李群半监督学习算法、李群均值学习算法、张量场学习算法、纤维丛学习算法、谱估计学习算法、芬斯勒几何学习算法、同调边缘学习算法、范畴表示学习算法 10 个李群机器学习算法。

思 考 题

　　1. 请给出机器学习的一种定义，并举例说明。

　　2. 为什么说机器学习是人工智能的重要研究领域，请举例说明。

　　3. 请解释机器学习交叉的含义，并举例说明。

　　4. 请给出李群机器学习的概念，并举例说明。

　　5. 请举一个多参数的实例，并用李群机器学习方法进行处理。

　　6. 请结合自己所学专业，谈谈李群机器学习对你的专业学习有什么帮助。

　　7. 请根据"春季、夏季、秋季、冬季" 4 个季节的特征建立一种机器学习模型，并用适当数据验证该模型的有效性。

　　8. 根据"鼠、牛、虎、兔、龙、蛇、马、羊、猴、鸡、狗、猪" 12 生肖的特征，请用李群机器学习方法说明它们之间的关系。

　　9. 请用李群连续学习的观点解释"天地转，光阴迫；一万年太久，只争朝夕"这句话的含义。

参 考 文 献

[1] Li F Z, Zhang L, Zhang Z. Lie Group Machine Learning[M].Berlin: De Gruyter, 2019.

[2] 李凡长, 张莉, 杨季文, 等. 李群机器学习[M]. 合肥: 中国科学技术大学出版社, 2013.

[3] 李凡长, 钱旭培, 谢琳, 等. 机器学习理论及应用[M]. 合肥: 中国科学技术大学出版社, 2009.

[4] Lu M, Li F Z. Survey on lie group machine learning[J]. Big Data Mining and Analytics, 2020, 3(4): 235-258.

第 4 章　动态模糊机器学习

　　动态模糊机器学习（dynamic fuzzy machine learning，DFML）是为解决动态模糊数据（dynamic fuzzy data，DFD）而提出的一种机器学习新范式。动态模糊机器学习自 1994 年提出至今已形成了系统的动态模糊机器学习理论体系，主要理论基础部分包括动态模糊集合（DFS）、动态模糊逻辑（DFL）及动态模糊推理（dynamic fuzzy reasoning，DFR）。

4.1　动态模糊数据

　　动态模糊数据是复杂环境中的基本数据，如天气预报数据、股票数据、人体健康数据、数字经济数据、元宇宙数据、社会发展数据、战争场景数据等，这些数据的基本特征是动态变化的。以股票数据为例，股票数据总是处在"一会儿变大，一会儿变小，一会儿不变"的变化过程中，因此炒股者感到很头疼，不知道如何下决心。机器学习帮助人们解决这样的问题，是人们对机器学习的美好期望。

　　关于静态模糊数据（static fuzzy data）的解决，1965 年美国工程院院士扎德（L. A. Zadeh）教授创立了一种描述静态模糊数据的数学理论——模糊集合论。这套理论把待考察的对象及反映它的模糊概念作为一定的模糊集合，建立适当的隶属函数，通过模糊集合的有关运算和变换，对模糊对象进行分析。模糊数学和模糊逻辑已成为解决静态模糊数据最受欢迎的理论基础之一[1-4]。

　　关于动态模糊数据的解决，模糊数学不是很有效。因此，1994 年李凡长团队提出了动态模糊集合、动态模糊逻辑和动态模糊机器学习来解决这类数据[1-3,5]。到目前为止，已形成了系统的动态模糊集合、动态模糊逻辑及动态模糊机器学习知识体系。2020 年，IEEE 计算智能协会（IEEE Computational Intelligence Society）在 *IEEE Transactions on Fuzzy Systems* 期刊上组织一个"模糊系统在数据科学和大数据中的应用专题"（"A Special Issue on Applications of Fuzzy Systems in Data Science and Big Data"），将"用于大数据的动态模糊机器学习（包括模糊深度学习）"["dynamic fuzzy machine learning（including fuzzy deep learning）used on big data"]作为主要征文领域。由此可见，动态模糊机器学习已成为国际同行关注的新领域。

4.2　动态模糊机器学习的基础理论

　　动态模糊集合不仅是解决动态模糊性问题的基础，更是建立动态模糊机器学习的理论基础，因此先对动态模糊集合进行一些介绍。

4.2.1　动态模糊集合的定义

定义 4.1　设在论域（universe of discourse）U 上定义一个映射：

$$(\overleftarrow{A}, \overrightarrow{A}): (\overleftarrow{U}, \overrightarrow{U}) \to [0,1] \times [\leftarrow, \to], (\overleftarrow{u}, \overrightarrow{u}) \mapsto (\overleftarrow{A}(\overleftarrow{u}), \overrightarrow{A}(\overrightarrow{u}))$$

记为 $(\overleftarrow{A}, \overrightarrow{A}) = \overleftarrow{A}$ 或 $\overrightarrow{A}$，则称 $(\overleftarrow{A}, \overrightarrow{A})$ 为 $(\overleftarrow{U}, \overrightarrow{U})$ 上的动态模糊集合（DFS），称 $(\overleftarrow{A}(\overleftarrow{u}), \overrightarrow{A}(\overrightarrow{u}))$ 为隶属函数（membership function）$(\overleftarrow{A}, \overrightarrow{A})$ 的隶属度（membership degree）。

注：任何一个数 $a \in [0,1]$，都可以把 a 动态模糊化为 $a \overset{DF}{=} (\overleftarrow{a}, \overrightarrow{a})$，$a = \overleftarrow{a}$ 或 $\overrightarrow{a}$，$\max(\overleftarrow{a}, \overrightarrow{a}) \overset{\triangle}{=} \overrightarrow{a}$，$\min(\overleftarrow{a}, \overrightarrow{a}) \overset{\triangle}{=} \overleftarrow{a}$，这样我们就可以把 a 状态的发展变化趋势直观地表示出来。

在论域 U 上可以有多个动态模糊(DF)集，记 U 上的 DF 集的全体为 DF(U)，即

$$\mathrm{DF}(U) = \{(\overleftarrow{A}, \overrightarrow{A}) \mid (\overleftarrow{A}, \overrightarrow{A}), (\overleftarrow{u}, \overrightarrow{u}) \mapsto [0,1] \times [\leftarrow, \to]\}$$

$$= \{(A \times (\leftarrow, \to)) \mid (A \times (\leftarrow, \to)), (u \times (\leftarrow, \to)) \mapsto [0,1] \times [\leftarrow, \to]\}$$

若论域 U 为时变域，则表示为 U_T(其中 T 表示时间)，相应的 DF(U_T) 记为

$$\mathrm{DF}(U_T) = \{(\overleftarrow{A_t}, \overrightarrow{A_t}) \mid (\overleftarrow{A_t}, \overrightarrow{A_t}), (\overleftarrow{u}, \overrightarrow{u}) \mapsto [0,1] \times [\leftarrow, \to]\}$$

$$= \{(A_t \times (\leftarrow, \to)) \mid (A_t \times (\leftarrow, \to)), (u \times (\leftarrow, \to)) \mapsto [0,1] \times [\leftarrow, \to]\} (\text{其中 } t \in T)$$

4.2.2　动态模糊集合的运算

两个 DF 子集间的运算，完全可以理解为对其隶属函数进行相应运算，我们有下面的定义：规定用"$\forall$"表示"任意"，"$\exists$"表示"存在"。

定义 4.2　设 $(\overleftarrow{A}, \overrightarrow{A})$ 和 $(\overleftarrow{B}, \overrightarrow{B}) \in \mathrm{DF}(U)$，若对 $\forall(\overleftarrow{u}, \overrightarrow{u}) \in U$ 有 $(\overleftarrow{B}, \overrightarrow{B})(\overleftarrow{u}, \overrightarrow{u}) \subseteq (\overleftarrow{A}, \overrightarrow{A})(\overleftarrow{u}, \overrightarrow{u})$，则称 $(\overleftarrow{A}, \overrightarrow{A})$ 包含 $(\overleftarrow{B}, \overrightarrow{B})$，记为

$$(\overleftarrow{B}, \overrightarrow{B}) \subseteq (\overleftarrow{A}, \overrightarrow{A})$$

如果 $(\overleftarrow{A}, \overrightarrow{A}) \subseteq (\overleftarrow{B}, \overrightarrow{B})$，且 $(\overleftarrow{B}, \overrightarrow{B}) \subseteq (\overleftarrow{A}, \overrightarrow{A})$，则 $(\overleftarrow{A}, \overrightarrow{A}) = (\overleftarrow{B}, \overrightarrow{B})$。

显然，包含关系"$\subseteq$"是 DF 幂集 U 上的关系，具有如下性质。

（1）自反性（reflexivity）：

$$\forall(\overleftarrow{A}, \overrightarrow{A}) \in \mathrm{DF}(U)$$

$$(\overleftarrow{A}, \overrightarrow{A}) \subseteq (\overleftarrow{A}, \overrightarrow{A})$$

（2）反对称性（antisymmetry）：

$$\text{若} (\overleftarrow{A}, \overrightarrow{A}) \subseteq (\overleftarrow{B}, \overrightarrow{B}), \quad (\overleftarrow{B}, \overrightarrow{B}) \subseteq (\overleftarrow{A}, \overrightarrow{A}),$$

$$\Rightarrow (\overleftrightarrow{A,A}) = (\overleftrightarrow{B,B})$$

（3）传递性（transitivity）：

$$若 (\overleftrightarrow{A,A}) \subseteq (\overleftrightarrow{B,B}) , \quad (\overleftrightarrow{B,B}) \subseteq (\overleftrightarrow{C,C}) ,$$

$$\Rightarrow (\overleftrightarrow{A,A}) \subseteq (\overleftrightarrow{C,C})$$

定义 4.3　设 $(\overleftrightarrow{A,A})$，$(\overleftrightarrow{B,B}) \in \mathrm{DF}(U)$，分别称运算 $(\overleftrightarrow{A,A}) \bigcup (\overleftrightarrow{B,B})$ 和 $(\overleftrightarrow{A,A}) \bigcap (\overleftrightarrow{B,B})$ 为 $(\overleftrightarrow{A,A})$ 与 $(\overleftrightarrow{B,B})$ 的并集和交集，$(\overleftrightarrow{A,A})^{\mathrm{C}}$ 为 $(\overleftrightarrow{A,A})$ 的补集。它们的隶属函数为

$$((\overleftrightarrow{A,A}) \bigcup (\overleftrightarrow{B,B}))(u) = (\overleftrightarrow{A,A})(u) \vee (\overleftrightarrow{B,B})(u)$$
$$\triangleq \max((\overleftrightarrow{A,A})(u),(\overleftrightarrow{A,A})(u))$$

$$((\overleftrightarrow{A,A}) \bigcap (\overleftrightarrow{B,B}))(u) = (\overleftrightarrow{A,A})(u) \wedge (\overleftrightarrow{B,B})(u)$$
$$\triangleq \min((\overleftrightarrow{A,A})(u),(\overleftrightarrow{B,B})(u))$$

$$(\overleftrightarrow{A,A})^{\mathrm{C}}(u) = 1 - (\overleftrightarrow{A,A})(u)$$
$$\triangleq (\overleftarrow{1} - \overleftarrow{A}(\overleftarrow{u}), \overrightarrow{1} - \overrightarrow{A}(\overrightarrow{u}))$$

其中，$u \overset{\mathrm{DF}}{=} (\overleftrightarrow{u,u})$。

按论域 U 分为有限和无限两种。

（1）论域 $U = \{(\overleftrightarrow{u_1,u_1}),(\overleftrightarrow{u_2,u_2}),\cdots,(\overleftrightarrow{u_n,u_n})\}$ 为有限集，且 DF 集

$$(\overleftrightarrow{A,A}) = (\sum \frac{\overleftarrow{A}(\overleftarrow{u_i})}{\overleftarrow{u_i}}, \sum \frac{\overrightarrow{A}(\overrightarrow{u_i})}{\overrightarrow{u_i}})$$

$$(\overleftrightarrow{B,B}) = (\sum \frac{\overleftarrow{B}(\overleftarrow{u_i})}{\overleftarrow{u_i}}, \sum \frac{\overrightarrow{B}(\overrightarrow{u_i})}{\overrightarrow{u_i}})$$

则

$$(\overleftrightarrow{A,A}) \bigcup (\overleftrightarrow{B,B})$$

$$= (\sum \frac{\overleftarrow{A}(\overleftarrow{u_i}) \vee \overleftarrow{B}(\overleftarrow{u_i})}{\overleftarrow{u_i}}, \sum \frac{\overrightarrow{A}(\overrightarrow{u_i}) \vee \overrightarrow{B}(\overrightarrow{u_i})}{\overrightarrow{u_i}})$$

$$(\overleftrightarrow{A,A}) \bigcap (\overleftrightarrow{B,B})$$

$$= (\sum \frac{\overleftarrow{A}(\overleftarrow{u_i}) \wedge \overleftarrow{B}(\overleftarrow{u_i})}{\overleftarrow{u_i}}, \sum \frac{\overrightarrow{A}(\overrightarrow{u_i}) \wedge \overrightarrow{B}(\overrightarrow{u_i})}{\overrightarrow{u_i}})$$

$$(\overleftrightarrow{A,A})^{\mathrm{C}} = (\sum \frac{\overleftarrow{1} - \overleftarrow{A}(\overleftarrow{u_i})}{\overleftarrow{u_i}}, \sum \frac{\overrightarrow{1} - \overrightarrow{A}(\overrightarrow{u_i})}{\overrightarrow{u_i}})$$

（2）论域 U 为无限集，且 DF 集

$$(\overleftarrow{A}, \overrightarrow{A}) = (\int_{u \in U} \frac{\overleftarrow{A}(u)}{\overleftarrow{u}}, \int_{u \in U} \frac{\overrightarrow{A}(u)}{\overrightarrow{u}})$$

$$(\overleftarrow{B}, \overrightarrow{B}) = (\int_{u \in U} \frac{\overleftarrow{B}(u)}{\overleftarrow{u}}, \int_{u \in U} \frac{\overrightarrow{B}(u)}{\overrightarrow{u}})$$

则

$$(\overleftarrow{A}, \overrightarrow{A}) \cup (\overleftarrow{B}, \overrightarrow{B}) = (\int \frac{\overleftarrow{A}(u) \vee \overleftarrow{B}(u)}{\overleftarrow{u}}, \int \frac{\overrightarrow{A}(u) \vee \overrightarrow{B}(u)}{\overrightarrow{u}})$$

$$(\overleftarrow{A}, \overrightarrow{A}) \cap (\overleftarrow{B}, \overrightarrow{B}) = (\int \frac{\overleftarrow{A}(u) \wedge \overleftarrow{B}(u)}{\overleftarrow{u}}, \int \frac{\overrightarrow{A}(u) \wedge \overrightarrow{B}(u)}{\overrightarrow{u}})$$

$$(\overleftarrow{A}, \overrightarrow{A})^c = (\int \frac{\overleftarrow{1 - A}(u)}{\overleftarrow{u}}, \int \frac{\overrightarrow{1 - A}(u)}{\overrightarrow{u}})$$

定理 4.1　$(DF(U), \cup, \cap, C)$ 具有如下性质。

（1）幂等律(idempotent law)：

$$(\overleftarrow{A}, \overrightarrow{A}) \cup (\overleftarrow{A}, \overrightarrow{A}) = (\overleftarrow{A}, \overrightarrow{A})$$

$$(\overleftarrow{A}, \overrightarrow{A}) \cap (\overleftarrow{A}, \overrightarrow{A}) = (\overleftarrow{A}, \overrightarrow{A})$$

（2）交换律(commutative law)：

$$(\overleftarrow{A}, \overrightarrow{A}) \cup (\overleftarrow{B}, \overrightarrow{B}) = (\overleftarrow{B}, \overrightarrow{B}) \cup (\overleftarrow{A}, \overrightarrow{A})$$

$$(\overleftarrow{A}, \overrightarrow{A}) \cap (\overleftarrow{B}, \overrightarrow{B}) = (\overleftarrow{B}, \overrightarrow{B}) \cap (\overleftarrow{A}, \overrightarrow{A})$$

（3）结合律(associative law)：

$$((\overleftarrow{A}, \overrightarrow{A}) \cup (\overleftarrow{B}, \overrightarrow{B})) \cup (\overleftarrow{C}, \overrightarrow{C})$$

$$= (\overleftarrow{A}, \overrightarrow{A}) \cup ((\overleftarrow{B}, \overrightarrow{B}) \cup (\overleftarrow{C}, \overrightarrow{C}))$$

$$((\overleftarrow{A}, \overrightarrow{A}) \cap (\overleftarrow{B}, \overrightarrow{B})) \cap (\overleftarrow{C}, \overrightarrow{C})$$

$$= (\overleftarrow{A}, \overrightarrow{A}) \cap ((\overleftarrow{B}, \overrightarrow{B}) \cap (\overleftarrow{C}, \overrightarrow{C}))$$

（4）吸收律(absorption law)：

$$((\overleftarrow{A}, \overrightarrow{A}) \cup (\overleftarrow{B}, \overrightarrow{B})) \cap (\overleftarrow{A}, \overrightarrow{A}) = (\overleftarrow{A}, \overrightarrow{A})$$

$$((\overleftarrow{A}, \overrightarrow{A}) \cap (\overleftarrow{B}, \overrightarrow{B})) \cup (\overleftarrow{A}, \overrightarrow{A}) = (\overleftarrow{A}, \overrightarrow{A})$$

（5）分配律(distributive law)：

$$((\overleftarrow{A},\overrightarrow{A})\cup(\overleftarrow{B},\overrightarrow{B}))\cap(\overleftarrow{C},\overrightarrow{C})$$

$$=((\overleftarrow{A},\overrightarrow{A})\cap(\overleftarrow{C},\overrightarrow{C}))\cup((\overleftarrow{B},\overrightarrow{B})\cap(\overleftarrow{C},\overrightarrow{C}))$$

$$((\overleftarrow{A},\overrightarrow{A})\cap(\overleftarrow{B},\overrightarrow{B}))\cup(\overleftarrow{C},\overrightarrow{C})$$

$$=((\overleftarrow{A},\overrightarrow{A})\cup(\overleftarrow{C},\overrightarrow{C}))\cap((\overleftarrow{B},\overrightarrow{B})\cup(\overleftarrow{C},\overrightarrow{C}))$$

（6）0-1 律(zero-one law)：

$$(\overleftarrow{A},\overrightarrow{A})\cup(\overleftarrow{\phi},\overrightarrow{\phi})=(\overleftarrow{A},\overrightarrow{A})$$

$$(\overleftarrow{A},\overrightarrow{A})\cap(\overleftarrow{\phi},\overrightarrow{\phi})=(\overleftarrow{\phi},\overrightarrow{\phi})$$

$$(\overleftarrow{A},\overrightarrow{A})\cup(\overleftarrow{U},\overrightarrow{U})=(\overleftarrow{U},\overrightarrow{U})$$

$$(\overleftarrow{A},\overrightarrow{A})\cap(\overleftarrow{U},\overrightarrow{U})=(\overleftarrow{A},\overrightarrow{A})$$

（7）还原律(pull back law)：

$$((\overleftarrow{A},\overrightarrow{A})^{C})^{C}=(\overleftarrow{A},\overrightarrow{A})$$

（8）对偶律(dualization law)：

$$((\overleftarrow{A},\overrightarrow{A})\cup(\overleftarrow{B},\overrightarrow{B}))^{C}=(\overleftarrow{A},\overrightarrow{A})^{C}\cap(\overleftarrow{B},\overrightarrow{B})^{C}$$

$$((\overleftarrow{A},\overrightarrow{A})\cap(\overleftarrow{B},\overrightarrow{B}))^{C}=(\overleftarrow{A},\overrightarrow{A})^{C}\cup(\overleftarrow{B},\overrightarrow{B})^{C}$$

证明：略。

DF 集不满足互补律，其根本原因是 DF 集没有明确的边界，即其边界是动态模糊的[3]。

4.2.3　动态模糊集合的截集

在 DF 集合与普通集合的转化中，一个重要概念是 $(\overleftarrow{\lambda},\overrightarrow{\lambda})$ 水平截集。

定义 4.4　设 $(\overleftarrow{A},\overrightarrow{A})\in\mathrm{DF}(U)$，$(\overleftarrow{A},\overrightarrow{A})\in[0,1]\times[\leftarrow,\rightarrow]$ 记：

(1)　$\overleftarrow{A}_{\overleftarrow{\lambda}}=\{u\,|\,u\in U,\overleftarrow{A}(u)\geqslant\overleftarrow{\lambda}\}$ 或 $\overrightarrow{A}_{\overrightarrow{\lambda}}=\{u\,|\,u\in U,\overrightarrow{A}(u)\geqslant\overrightarrow{\lambda}\}$，$(0\leqslant(\overleftarrow{\lambda},\overrightarrow{\lambda})<1)$，称 $(\overleftarrow{A}_{\overleftarrow{\lambda}},\overrightarrow{A}_{\overrightarrow{\lambda}})$ 为 $(\overleftarrow{A},\overrightarrow{A})$ 的 $(\overleftarrow{\lambda},\overrightarrow{\lambda})$-水平截集。

(2)　$\overleftarrow{A}_{\underaccent{\dot}{\overleftarrow{\lambda}}}=\{u\,|\,u\in U,\overleftarrow{A}(u)>\overleftarrow{\lambda}\}$ 或 $\overrightarrow{A}_{\underaccent{\dot}{\overrightarrow{\lambda}}}=\{u\,|\,u\in U,\overrightarrow{A}(u)>\overrightarrow{\lambda}\}$，$(0\leqslant(\overleftarrow{\lambda},\overrightarrow{\lambda})<1)$，称 $(\overleftarrow{A}_{\underaccent{\dot}{\overleftarrow{\lambda}}},\overrightarrow{A}_{\underaccent{\dot}{\overrightarrow{\lambda}}})$ 为 $(\overleftarrow{A},\overrightarrow{A})$ 的 $(\overleftarrow{\lambda},\overrightarrow{\lambda})$-弱截集。

由定义可知，对 $\forall(\overleftarrow{u},\overrightarrow{u})\in U$，当 $(\overleftarrow{A}(\overleftarrow{u}),\overrightarrow{A}(\overrightarrow{u}))\geqslant(\overleftarrow{\lambda},\overrightarrow{\lambda})$ 时，就是说 $(\overleftarrow{u},\overrightarrow{u})\in(\overleftarrow{A}_{\overleftarrow{\lambda}},\overrightarrow{A}_{\overrightarrow{\lambda}})$，即在 $(\overleftarrow{\lambda},\overrightarrow{\lambda})$ 水平上，$(\overleftarrow{u},\overrightarrow{u})$ 属于 DF 集 $(\overleftarrow{A},\overrightarrow{A})$；当 $(\overleftarrow{A}(\overleftarrow{u}),\overrightarrow{A}(\overrightarrow{u}))<(\overleftarrow{\lambda},\overrightarrow{\lambda})$ 时，就是说 $(\overleftarrow{u},\overrightarrow{u})\notin(\overleftarrow{A}_{\overleftarrow{\lambda}},\overrightarrow{A}_{\overrightarrow{\lambda}})$，即在 $(\overleftarrow{\lambda},\overrightarrow{\lambda})$ 水平下，$(\overleftarrow{u},\overrightarrow{u})$ 不属于 DF 集 $(\overleftarrow{A},\overrightarrow{A})$。因此一个 DF 集可以被视为一个只有游移边界的不明确动态集。

性质 4.1 设 $(\overleftarrow{A},\overrightarrow{A})$，$(\overleftarrow{B},\overrightarrow{B})\in\mathrm{DF}(U)$，则

$$((\overleftarrow{A},\overrightarrow{A})\cup(\overleftarrow{B},\overrightarrow{B}))_{(\overleftarrow{\lambda},\overrightarrow{\lambda})}=(\overleftarrow{A},\overrightarrow{A})_{(\overleftarrow{\lambda},\overrightarrow{\lambda})}\cup(\overleftarrow{B},\overrightarrow{B})_{(\overleftarrow{\lambda},\overrightarrow{\lambda})}$$

$$((\overleftarrow{A},\overrightarrow{A})\cap(\overleftarrow{B},\overrightarrow{B}))_{(\overleftarrow{\lambda},\overrightarrow{\lambda})}=(\overleftarrow{A},\overrightarrow{A})_{(\overleftarrow{\lambda},\overrightarrow{\lambda})}\cap(\overleftarrow{B},\overrightarrow{B})_{(\overleftarrow{\lambda},\overrightarrow{\lambda})}$$

很明显，对于 DF (U) 集中的有限个 DF 集，这些结论仍然成立。即

$$\left(\bigcup_{i=1}^{n}(\overleftarrow{A}_i,\overrightarrow{A}_i)\right)_{(\overleftarrow{\lambda},\overrightarrow{\lambda})}=\bigcup_{i=1}^{n}(\overleftarrow{A}_{i\overleftarrow{\lambda}},\overrightarrow{A}_{i\overrightarrow{\lambda}})$$

$$\left(\bigcap_{i=1}^{n}(\overleftarrow{A}_i,\overrightarrow{A}_i)\right)_{(\overleftarrow{\lambda},\overrightarrow{\lambda})}=\bigcap_{i=1}^{n}(\overleftarrow{A}_{i\overleftarrow{\lambda}},\overrightarrow{A}_{i\overrightarrow{\lambda}})$$

性质 4.2 若 $(\overleftarrow{A}_i,\overrightarrow{A}_i)_{(\overleftarrow{t},\overrightarrow{t})\in T}\subseteq\mathrm{DF}(U)$，则

$$\bigcup_{(\overleftarrow{t},\overrightarrow{t})\in T}(\overleftarrow{A}_i,\overrightarrow{A}_i)(\overleftarrow{x},\overrightarrow{x})=\left(\bigcup_{(\overleftarrow{t},\overrightarrow{t})\in T}(\overleftarrow{A}_i,\overrightarrow{A}_i)\right)(\overleftarrow{x},\overrightarrow{x})$$

$$\bigcap_{(\overleftarrow{t},\overrightarrow{t})\in T}(\overleftarrow{A}_i,\overrightarrow{A}_i)(\overleftarrow{x},\overrightarrow{x})=\left(\bigcap_{(\overleftarrow{t},\overrightarrow{t})\in T}(\overleftarrow{A}_i,\overrightarrow{A}_i)\right)(\overleftarrow{x},\overrightarrow{x})$$

性质 4.3 设 $(\overleftarrow{\lambda}_1,\overrightarrow{\lambda}_1),(\overleftarrow{\lambda}_2,\overrightarrow{\lambda}_2)\in[0,1]\times[\leftarrow,\rightarrow];(\overleftarrow{A},\overrightarrow{A})\in\mathrm{DF}(U)$，若 $(\overleftarrow{\lambda}_2,\overrightarrow{\lambda}_2)\leqslant(\overleftarrow{\lambda}_1,\overrightarrow{\lambda}_1)$，则

$$(\overleftarrow{A},\overrightarrow{A})_{(\overleftarrow{\lambda}_2,\overrightarrow{\lambda}_2)}\supseteq(\overleftarrow{A},\overrightarrow{A})_{(\overleftarrow{\lambda}_1,\overrightarrow{\lambda}_1)}$$

性质 4.4 设 $\forall t\in T,(\overleftarrow{\lambda}_t,\overrightarrow{\lambda}_t)\in[0,1]\times[\leftarrow,\rightarrow]$，则

$$(\overleftarrow{A},\overrightarrow{A})\left(\bigvee_{t\in T}(\overleftarrow{\lambda}_t,\overrightarrow{\lambda}_t)\right)=\bigcup_{t\in T}(\overleftarrow{A}_{\overleftarrow{\lambda}_t},\overrightarrow{A}_{\overrightarrow{\lambda}_t})$$

4.2.4　动态模糊集合的分解定理

根据 4.2.3 节水平截集的概念，可以得到如下定理。

定理 4.2 $(\overleftarrow{\alpha},\overrightarrow{\alpha})$ 水平截集和弱 $(\overleftarrow{\alpha},\overrightarrow{\alpha})$ 水平截集具有以下性质：

(1) $((\overleftarrow{A},\overrightarrow{A})\cup(\overleftarrow{B},\overrightarrow{B}))_{(\overleftarrow{\alpha},\overrightarrow{\alpha})}=((\overleftarrow{A},\overrightarrow{A})_{(\overleftarrow{\alpha},\overrightarrow{\alpha})})\cup((\overleftarrow{B},\overrightarrow{B})_{(\overleftarrow{\alpha},\overrightarrow{\alpha})})$

　　　$((\overleftarrow{A},\overrightarrow{A})\cap(\overleftarrow{B},\overrightarrow{B}))_{(\overleftarrow{\alpha},\overrightarrow{\alpha})}=((\overleftarrow{A},\overrightarrow{A})_{(\overleftarrow{\alpha},\overrightarrow{\alpha})})\cap((\overleftarrow{B},\overrightarrow{B})_{(\overleftarrow{\alpha},\overrightarrow{\alpha})})$；

(2) $((\overleftarrow{A},\overrightarrow{A})\cup(\overleftarrow{B},\overrightarrow{B}))_{(\overleftarrow{\alpha},\overrightarrow{\alpha})}=((\overleftarrow{A},\overrightarrow{A})_{(\overleftarrow{\alpha},\overrightarrow{\alpha})})\cup((\overleftarrow{B},\overrightarrow{B})_{(\overleftarrow{\alpha},\overrightarrow{\alpha})})$

$$((\overleftrightarrow{A,A})\bigcap(\overleftrightarrow{B,B}))_{(\overleftrightarrow{\alpha,\alpha})}=((\overleftrightarrow{A,A})_{(\overleftrightarrow{\alpha,\alpha})})\bigcap((\overleftrightarrow{B,B})_{(\overleftrightarrow{\alpha,\alpha})})。$$

定理 4.3　若 $\{(\overleftrightarrow{A,A})_{(\overleftrightarrow{t,t})};(\overleftrightarrow{t,t})\in T\}\subset DF(\overleftrightarrow{X,X})$，则有以下性质：

(1)　$(\bigcup\limits_{(\overleftrightarrow{t,t})\in T}((\overleftrightarrow{A,A})_{(\overleftrightarrow{t,t})}))_{(\overleftrightarrow{\alpha,\alpha})}\supset\bigcup\limits_{(\overleftrightarrow{t,t})\in T}((\overleftrightarrow{A,A})_{(\overleftrightarrow{t,t})})_{(\overleftrightarrow{\alpha,\alpha})}$；

(2)　$(\bigcap\limits_{(\overleftrightarrow{t,t})\in T}((\overleftrightarrow{A_{(t,t)},A_{(t,t)}})))_{(\overleftrightarrow{\alpha,\alpha})}=\bigcap\limits_{(\overleftrightarrow{t,t})\in T}((\overleftrightarrow{A_{(t,t)},A_{(t,t)}})_{(\overleftrightarrow{\alpha,\alpha})})$；

(3)　$(\bigcup\limits_{(\overleftrightarrow{t,t})\in T}((\overleftrightarrow{A_t,A_t})))_{(\overleftrightarrow{\alpha,\alpha})}=\bigcup\limits_{(\overleftrightarrow{t,t})\in T}((\overleftrightarrow{A_t,A_t})_{(\overleftrightarrow{\alpha,\alpha})})$；

(4)　$(\bigcap\limits_{(\overleftrightarrow{t,t})\in T}(\overleftrightarrow{A_t,A_t}))_{(\overleftrightarrow{\alpha,\alpha})}\subset\bigcap\limits_{(\overleftrightarrow{t,t})\in T}((\overleftrightarrow{A_t,A_t})_{(\overleftrightarrow{\alpha,\alpha})})。$

证明：若 $(\overleftrightarrow{x,x})\in\bigcup\limits_{(\overleftrightarrow{t,t})\in T}((\overleftrightarrow{A_t,A_t})_{(\overleftrightarrow{\alpha,\alpha})})$，

则存在 $(\overleftrightarrow{t_0,t_0})\in T$，使 $(\overleftrightarrow{x,x})\in((\overleftrightarrow{A_{t_0},A_{t_0}})_{(\overleftrightarrow{\alpha,\alpha})})$，于是 $(\overleftrightarrow{A_{t_0},A_{t_0}})(\overleftrightarrow{x,x})>(\overleftrightarrow{\alpha,\alpha})$，即得

$$\mathop{\mathrm{Sup}}\limits_{(\overleftrightarrow{t,t})\in T}(\overleftrightarrow{A_t,A_t})(\overleftrightarrow{x,x})>(\overleftrightarrow{\alpha,\alpha})$$

故 $(\overleftrightarrow{x,x})\in\bigcup\limits_{(\overleftrightarrow{t,t})\in T}((\overleftrightarrow{A_t,A_t})_{(\overleftrightarrow{t,t})})_{(\overleftrightarrow{\alpha,\alpha})}$。

得证(1)。其余情况类似可证。

证毕。

定理 4.4　设 $(\overleftrightarrow{A,A})\in DF(\overleftrightarrow{X,X}),\{(\overleftrightarrow{\alpha_i,\alpha_i});(\overleftrightarrow{t,t})\in T\}\subset[(\overleftrightarrow{0,0}),(\overleftrightarrow{1,1})]$，则有

(1)　$(\overleftrightarrow{A_\alpha,A_\alpha})_{(\overleftrightarrow{\alpha,\alpha})}=\bigcap\limits_{(\overleftrightarrow{t,t})\in T}(\overleftrightarrow{A_{\alpha_i},A_{\alpha_i}})$

$(\overleftrightarrow{A_\beta,A_\beta})\supset\bigcup\limits_{(\overleftrightarrow{t,t})\in T}(\overleftrightarrow{A_{\alpha_i},A_{\alpha_i}})$；

(2)　$(\overleftrightarrow{A_\alpha,A_\alpha})\subset\bigcap\limits_{(\overleftrightarrow{t,t})\in T}(\overleftrightarrow{A_{\alpha_i},A_{\alpha_i}})$

$(\overleftrightarrow{A_\beta,A_\beta})=\bigcup\limits_{(\overleftrightarrow{t,t})\in T}(\overleftrightarrow{A_{\alpha_i},A_{\alpha_i}})。$

其中，$(\overleftrightarrow{\alpha,\alpha})=\mathop{\vee}\limits_{(\overleftrightarrow{t,t})\in T}(\overleftrightarrow{\alpha_i,\alpha_i})$，$(\overleftrightarrow{\beta,\beta})=\mathop{\wedge}\limits_{(\overleftrightarrow{t,t})\in T}(\overleftrightarrow{\alpha_i,\alpha_i})$。

证明：（1）由于

$$(\overleftrightarrow{A_\alpha,A_\alpha})=\{(\overleftrightarrow{x,x});(\overleftrightarrow{A,A})(\overleftrightarrow{x,x})\geqslant\mathop{\vee}\limits_{(\overleftrightarrow{t,t})\in T}(\overleftrightarrow{\alpha_i,\alpha_i})\}$$

$$=\bigcap\limits_{(\overleftrightarrow{t,t})\in T}\{(\overleftrightarrow{x,x});(\overleftrightarrow{A,A})(\overleftrightarrow{x,x})\geqslant(\overleftrightarrow{\alpha_i,\alpha_i})\}$$

$$=\bigcap\limits_{(\overleftrightarrow{t,t})\in T}(\overleftrightarrow{A_{\alpha_i},A_{\alpha_i}})$$

又

$$(\overleftrightarrow{A_\beta,A_\beta})=\{(\overleftrightarrow{x,x});(\overleftrightarrow{A,A})(\overleftrightarrow{x,x})\geqslant\mathop{\wedge}\limits_{(\overleftrightarrow{t,t})\in T}(\overleftrightarrow{\alpha_i,\alpha_i})\}$$

$$\supset\bigcup\limits_{(\overleftrightarrow{t,t})\in T}\{(\overleftrightarrow{x,x});(\overleftrightarrow{A,A})(\overleftrightarrow{x,x})\geqslant(\overleftrightarrow{\alpha_i,\alpha_i})\}$$

$$\supset \bigcup_{(\overleftarrow{i},\overrightarrow{i})\in T}(\overleftarrow{A_{\overleftarrow{\alpha_i}}},\overrightarrow{A_{\overrightarrow{\alpha_i}}})$$

证毕。

（2）类似可证，故略。

定理 4.5　对于任意 $(\overleftarrow{A},\overrightarrow{A})\in\mathrm{DF}(\overleftarrow{X},\overrightarrow{X})$，有

$$(\overleftarrow{A_{\overleftarrow{\alpha}}},\overrightarrow{A_{\overrightarrow{\alpha}}})=\bigcap_{(\overleftarrow{\lambda},\overrightarrow{\lambda})<(\overleftarrow{\alpha},\overrightarrow{\alpha})}(\overleftarrow{A_{\overleftarrow{\lambda}}},\overrightarrow{A_{\overrightarrow{\lambda}}})$$

$$(\overleftarrow{A_{\overleftarrow{\alpha}}},\overrightarrow{A_{\overrightarrow{\alpha}}})=\bigcup_{(\overleftarrow{\lambda},\overrightarrow{\lambda})>(\overleftarrow{\alpha},\overrightarrow{\alpha})}(\overleftarrow{A_{\overleftarrow{\lambda}}},\overrightarrow{A_{\overrightarrow{\lambda}}})$$

定义 4.5　设 $(\overleftarrow{\alpha},\overrightarrow{\alpha})\in[(\overleftarrow{0},\overrightarrow{0}),(\overleftarrow{1},\overrightarrow{1})]$，$(\overleftarrow{A},\overrightarrow{A})\in\mathrm{DF}(\overleftarrow{X},\overrightarrow{X})$，则 $(\overleftarrow{\alpha},\overrightarrow{\alpha})$ 与 $(\overleftarrow{A},\overrightarrow{A})$ 的数积为

$$((\overleftarrow{\alpha},\overrightarrow{\alpha})(\overleftarrow{A},\overrightarrow{A}))(\overleftarrow{x},\overrightarrow{x})=(\overleftarrow{\alpha},\overrightarrow{\alpha})\wedge((\overleftarrow{A},\overrightarrow{A})(\overleftarrow{x},\overrightarrow{x}))$$

定理 4.6　(DF 集合分解定理)对任意 $(\overleftarrow{A},\overrightarrow{A})\in\mathrm{DF}(\overleftarrow{X},\overrightarrow{X})$ 有

$$(\overleftarrow{A},\overrightarrow{A})=\bigcup_{(\overleftarrow{\alpha},\overrightarrow{\alpha})\in[(\overleftarrow{0},\overrightarrow{0}),(\overleftarrow{1},\overrightarrow{1})]}(\overleftarrow{\alpha},\overrightarrow{\alpha})(\overleftarrow{A},\overrightarrow{A})_{(\overleftarrow{\alpha},\overrightarrow{\alpha})}$$

$$(\overleftarrow{A},\overrightarrow{A})=\bigcup_{(\overleftarrow{\alpha},\overrightarrow{\alpha})\in[(\overleftarrow{0},\overrightarrow{0}),(\overleftarrow{1},\overrightarrow{1})]}(\overleftarrow{\alpha},\overrightarrow{\alpha})(\overleftarrow{A},\overrightarrow{A})_{(\overleftarrow{\alpha},\overrightarrow{\alpha})}$$

证明：因为

$$(\overleftarrow{A},\overrightarrow{A})_{(\overleftarrow{\alpha},\overrightarrow{\alpha})}(\overleftarrow{x},\overrightarrow{x})=\begin{cases}(\overleftarrow{1},\overrightarrow{1}),(\overleftarrow{x},\overrightarrow{x})\in(\overleftarrow{A_{\overleftarrow{\alpha}}},\overrightarrow{A_{\overrightarrow{\alpha}}})\\(\overleftarrow{0},\overrightarrow{0}),(\overleftarrow{x},\overrightarrow{x})\notin(\overleftarrow{A_{\overleftarrow{\alpha}}},\overrightarrow{A_{\overrightarrow{\alpha}}})\end{cases}$$

则有

$$(\bigcup_{(\overleftarrow{\alpha},\overrightarrow{\alpha})\in[(\overleftarrow{0},\overrightarrow{0}),(\overleftarrow{1},\overrightarrow{1})]}(\overleftarrow{\alpha},\overrightarrow{\alpha})(\overleftarrow{A},\overrightarrow{A})_{(\overleftarrow{\alpha},\overrightarrow{\alpha})})(\overleftarrow{x},\overrightarrow{x})$$

$$=\mathrm{Sup}(\overleftarrow{\alpha},\overrightarrow{\alpha})\cdot((\overleftarrow{A_{\overleftarrow{\alpha}}},\overrightarrow{A_{\overrightarrow{\alpha}}})(\overleftarrow{x},\overrightarrow{x}))$$

$$=\mathop{\mathrm{Sup}}_{(\overleftarrow{x},\overrightarrow{x})\in(\overleftarrow{A},\overrightarrow{A})(\overleftarrow{\alpha},\overrightarrow{\alpha})}(\overleftarrow{\alpha},\overrightarrow{\alpha})$$

$$=\mathop{\mathrm{Sup}}_{(\overleftarrow{\alpha},\overrightarrow{\alpha})<(\overleftarrow{A_{\overleftarrow{x}}},\overrightarrow{A_{\overrightarrow{x}}})}(\overleftarrow{\alpha},\overrightarrow{\alpha})$$

$$=(\overleftarrow{A},\overrightarrow{A})(\overleftarrow{x},\overrightarrow{x})$$

其他形式类似可证。

证毕。

定理 4.7　$(\overleftarrow{A},\overrightarrow{A})$ 和 $(\overleftarrow{B},\overrightarrow{B})\in\mathrm{DF}(U)$，则 $(\overleftarrow{A},\overrightarrow{A})\subset(\overleftarrow{B},\overrightarrow{B})$ 的充要条件为

$$(\overleftarrow{A_{\overleftarrow{\alpha}}},\overrightarrow{A_{\overrightarrow{\alpha}}})\subset(\overleftarrow{B_{\overleftarrow{\alpha}}},\overrightarrow{B_{\overrightarrow{\alpha}}})\quad((\overleftarrow{\alpha},\overrightarrow{\alpha})\in[0,1]\times[\leftarrow,\rightarrow])$$

或 $(\overleftarrow{A_{\overleftarrow{\alpha}}},\overrightarrow{A_{\overrightarrow{\alpha}}})\subset(\overleftarrow{B_{\overleftarrow{\alpha}}},\overrightarrow{B_{\overrightarrow{\alpha}}})$（$(\overleftarrow{\alpha},\overrightarrow{\alpha})\in R_0$，其中 R_0 为[0,1]中的有理点集）。

证明：必要性显然。

若 $(\overleftarrow{A_{\bar{\alpha}}},\overrightarrow{A_{\bar{\alpha}}})\subset(\overleftarrow{B_{\bar{\alpha}}},\overrightarrow{B_{\bar{\alpha}}})$ $((\overleftarrow{\alpha},\overrightarrow{\alpha})\in[0,1]\times[\leftarrow,\rightarrow])$，由定理 4.6 即得

$$(\overleftarrow{A},\overrightarrow{A})(\overleftarrow{x},\overrightarrow{x})=\bigvee_{(\overleftarrow{\alpha},\overrightarrow{\alpha})\in[0,1]\times[\leftarrow,\rightarrow]}(\overleftarrow{\alpha},\overrightarrow{\alpha})\cdot((\overleftarrow{A},\overrightarrow{A})_{(\overleftarrow{\alpha},\overrightarrow{\alpha})}(\overleftarrow{x},\overrightarrow{x}))$$
$$\leqslant\bigvee_{(\overleftarrow{\alpha},\overrightarrow{\alpha})\in[0,1]\times[\leftarrow,\rightarrow]}(\overleftarrow{\alpha},\overrightarrow{\alpha})\cdot((\overleftarrow{B},\overrightarrow{B})_{(\overleftarrow{\alpha},\overrightarrow{\alpha})}(\overleftarrow{x},\overrightarrow{x}))$$
$$\leqslant(\overleftarrow{B},\overrightarrow{B})(\overleftarrow{x},\overrightarrow{x})$$

即 $(\overleftarrow{A},\overrightarrow{A})\subset(\overleftarrow{B},\overrightarrow{B})$。

其他情形类似可证。

证毕。

定理 4.8 $(\overleftarrow{A},\overrightarrow{A})\in\mathrm{DF}(\overleftarrow{X},\overrightarrow{X})$，若存在 $(\overleftarrow{A}^{*},\overrightarrow{A}^{*})_{(\overleftarrow{\alpha},\overrightarrow{\alpha})}$，$((\overleftarrow{\alpha},\overrightarrow{\alpha})\in[0,1]\times[\leftarrow,\rightarrow])$，使得

$$(\overleftarrow{A},\overrightarrow{A})_{(\overleftarrow{\alpha},\overrightarrow{\alpha})}\subset(\overleftarrow{A}^{*},\overrightarrow{A}^{*})_{(\overleftarrow{\alpha},\overrightarrow{\alpha})}\subset(\overleftarrow{A},\overrightarrow{A})_{(\overleftarrow{\alpha},\overrightarrow{\alpha})},\quad((\overleftarrow{\alpha},\overrightarrow{\alpha})\in[0,1]\times[\leftarrow,\rightarrow])$$

则 $(\overleftarrow{A},\overrightarrow{A})=\bigcup_{(\overleftarrow{\alpha},\overrightarrow{\alpha})\in[0,1]\times[\leftarrow,\rightarrow]}(\overleftarrow{\alpha},\overrightarrow{\alpha})(\overleftarrow{A}^{*}_{\bar{\alpha}},\overrightarrow{A}^{*}_{\bar{\alpha}})$。

证明：略。

4.3   动态模糊机器学习模型

众所周知，机器学习是系统在运行过程中对自身的调整，体现为系统的结构或参数的一系列变化。如果用数学语言来描述，学习就可以定义为一个集合到另一个集合的映射[2,6]。

定义 4.6   动态模糊机器学习空间（dynamic fuzzy machine learning space）：由一切动态模糊机器学习要素构成的用于描述学习过程的空间称为动态模糊机器学习空间。它由{学习样例、学习算法、输入数据、输出数据、表示理论}五要素组成，可表示为 $(\overleftarrow{S},\overrightarrow{S})=\{(\overleftarrow{\mathrm{Ex}},\overrightarrow{\mathrm{Ex}}),\mathrm{ER},(\overleftarrow{X},\overrightarrow{X}),(\overleftarrow{Y},\overrightarrow{Y}),\mathrm{ET}\}$。

定义 4.7   动态模糊机器学习（DFML）：动态模糊机器学习 $(\overleftarrow{l},\overrightarrow{l})$ 是指在动态模糊机器学习空间 $(\overleftarrow{S},\overrightarrow{S})$ 中的一个输入数据集 $(\overleftarrow{X},\overrightarrow{X})$ 到一个输出数据集 $(\overleftarrow{Y},\overrightarrow{Y})$ 的映射，可表示为 $(\overleftarrow{l},\overrightarrow{l})$：$(\overleftarrow{X},\overrightarrow{X})\rightarrow(\overleftarrow{Y},\overrightarrow{Y})$。

定义 4.8   动态模糊机器学习系统（dynamic fuzzy machine learning system，DFMLS）：动态模糊机器学习空间 $(\overleftarrow{S},\overrightarrow{S})$ 中的五要素按照一定的学习机制形成的具有学习能力的计算机系统，称为动态模糊机器学习系统。

定义 4.9   动态模糊机器学习模型（dynamic fuzzy machine learning model，DFMLM）：DFMLM=$\{(\overleftarrow{S},\overrightarrow{S}),(\overleftarrow{L},\overrightarrow{L}),(\overleftarrow{u},\overrightarrow{u}),(\overleftarrow{y},\overrightarrow{y}),(\overleftarrow{p},\overrightarrow{p}),(\overleftarrow{I},\overrightarrow{I}),(\overleftarrow{O},\overrightarrow{O})\}$，其中 $(\overleftarrow{S},\overrightarrow{S})$ 是被学习部分(动态环境/动态模糊学习空间)；$(\overleftarrow{L},\overrightarrow{L})$ 是动态学习部分；$(\overleftarrow{u},\overrightarrow{u})$ 是 $(\overleftarrow{S},\overrightarrow{S})$ 到 $(\overleftarrow{L},\overrightarrow{L})$ 的输出；

$(\overleftrightarrow{y,y})$ 是 $(\overleftrightarrow{L,L})$ 到 $(\overleftrightarrow{S,S})$ 的动态反馈；$(\overleftrightarrow{p,p})$ 是系统学习性能指标；$(\overleftrightarrow{I,I})$ 是外界环境对动态模糊机器学习系统的输入；$(\overleftrightarrow{O,O})$ 是本系统对外界的输出（图 4-1）。

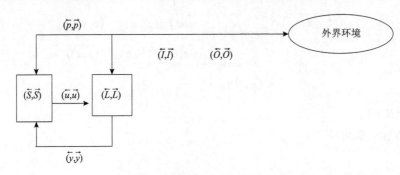

图 4-1　动态模糊机器学习模型框图

现在对系统进行离散化处理，$(\overleftrightarrow{S,S})$、$(\overleftrightarrow{L,L})$ 用状态空间表示，于是有定义 4.10。

定义 4.10　动态模糊机器学习模型描述为

$$(\overleftrightarrow{x,x})(k+1) = G_1((\overleftrightarrow{x,x})(k),(\overleftrightarrow{u,u})(k),\xi_1(k)) \tag{4-1}$$

$$(\overleftrightarrow{y,y})(k) = G_2((\overleftrightarrow{x,x})(k),(\overleftrightarrow{u,u})(k),\xi_2(k)) \tag{4-2}$$

$$(\overleftrightarrow{p,p})(k) = \sum_{i=1}^{k} P((\overleftrightarrow{y,y})(i)) \tag{4-3}$$

式中，$(\overleftrightarrow{x,x})(k)$ 为 $(\overleftrightarrow{S,S})$ 在时刻 k 的状态变量；$(\overleftrightarrow{u,u})(k)$ 为 $(\overleftrightarrow{S,S})$ 的动态输出；$\xi_1(k)$ 为状态方程中的随机干扰；$(\overleftrightarrow{y,y})(k)$ 为 $(\overleftrightarrow{L,L})$ 的动态反馈输出；$\xi_2(k)$ 为观察随机误差；k 为时刻，只取整数值。假定其中的向量全部为有限维状态变量；$(\overleftrightarrow{p,p})$ 为系统学习性能指标；$P(i)$ 为一个标量函数，表示时刻 i 的系统学习性能。

根据定义可得如下三个命题：

命题 4.1　DFMLS 是随机系统（stochastic system）。

命题 4.2　DFMLS 是开放系统（open system）。

命题 4.3　DFMLS 是非线性系统（nonlinear system）。

定义 4.11　动态模糊机器学习过程描述模型：

$$\text{DFMLP} = \{(\overleftrightarrow{So,So}),\ (\overleftrightarrow{Y,Y}),\ (\overleftrightarrow{Op,Op}),\ (\overleftrightarrow{V,V}),\ \text{ER},\ (\overleftrightarrow{G,G})\}$$

式中，$(\overleftrightarrow{So,So})$ 为源域（source field），是指动态模糊机器学习系统所面临的学习素材集合，其元素为 $(\overleftrightarrow{So,So})$；$(\overleftrightarrow{Y,Y})$ 为目标域（target domain），是指动态模糊机器学习系统所获得的知识集合，其元素为 $(\overleftrightarrow{y,y})$；$(\overleftrightarrow{Op,Op})$ 为操作机制（operational mechanism），是指从源域到目标域的作用手段集合；$(\overleftrightarrow{V,V})$ 为评价机制（evaluation mechanism），是

指对目标域元素进行评价并修正或删除的手段集合；ER 为执行算法，是指对目标域元素进行验证并给出执行信息的实现算法；$(\vec{G},\overleftarrow{G})$ 为激励机制（incentive mechanism），是指控制、协调环境沟通的手段集合。

由此可得命题 4.4。

命题 4.4　动态模糊机器学习是一个受激励机制控制的有序过程。它的一般过程如下。

对源域 $(\overleftarrow{So},\vec{So})$ 中的某一相关子集 $(\overleftarrow{So}^+,\vec{So}^+)$，激励机制 $(\overleftarrow{G},\vec{G})$ 依据 $(\overleftarrow{So},\vec{So})$ 的公共特性激活一个操作机制 $(\overleftarrow{Op},\vec{Op})$ 的子集 $(\overleftarrow{Op}^+,\vec{Op}^+)$，在 $(\overleftarrow{Op}^+,\vec{Op}^+)$ 的作用下，形成一个目标域 $(\overleftarrow{Y},\vec{Y})$ 的子集 $(\overleftarrow{Y}^+,\vec{Y}^+)$，即 $(\overleftarrow{Op}^+,\vec{Op}^+)_{(\overleftarrow{So}^+,\vec{So}^+)}\Rightarrow(\overleftarrow{Y}^+,\vec{Y}^+)\subseteq(\overleftarrow{Y},\vec{Y})$。

对目标域 $(\overleftarrow{Y},\vec{Y})$ 中的元素 $(\overleftarrow{y}_0,\vec{y}_0)$，在执行算法 ER 的作用下，有一偏差信息 $E(\overleftarrow{y}_0,\vec{y}_0)$，激励机制 $(\overleftarrow{G},\vec{G})$ 依据激活评价机制 $(\overleftarrow{V},\vec{V})$ 的一个子集 $(\overleftarrow{V}^+,\vec{V}^+)$，并作用于环境，$N(\overleftarrow{y}_0,\vec{y}_0)$ 与 $E(\overleftarrow{y}_0,\vec{y}_0)$ 在 $(\overleftarrow{V}^+,\vec{V}^+)$ 的作用下，对 $(\overleftarrow{y}_0,\vec{y}_0)$ 进行修正，即 $(\overleftarrow{V}^+,\vec{V}^+)_{(N(\overleftarrow{y}_0,\vec{y}_0)\cup E(\overleftarrow{y}_0,\vec{y}_0))}\Rightarrow(\overleftarrow{y}'_0,\vec{y}'_0)\subseteq(\overleftarrow{Y},\vec{Y})$。

对于源域 $(\overleftarrow{So},\vec{So})$ 中的某一子集 $(\overleftarrow{So}^+,\vec{So}^+)$，其操作与评价的结果为 $(\overleftarrow{V},\vec{V})[(\overleftarrow{Op},\vec{Op}),(\overleftarrow{So},\vec{So})]\Rightarrow(\overleftarrow{Y}^+,\vec{Y}^+)\subseteq(\overleftarrow{Y},\vec{Y})$。

把上述的目标域视为一个新的源域。

重复上述过程，直到学习过程达到精度要求为止（图 4-2）。

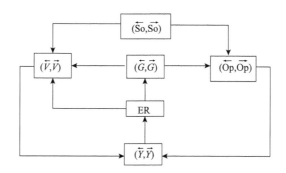

图 4-2　动态模糊机器学习过程描述模型

4.4　动态模糊机器学习过程控制模型

为了使动态模糊机器学习系统中的学习活动能够达到预期目的（稳定收敛正确、高效率等），需要一个控制系统用于控制整个动态模糊机器学习过程。近年来，常规模糊控制已成为控制工程界的研究热点，已被广泛地应用于实际工业控制对象中。它是把模糊数学理论应用于自动控制领域，对难以建模的对象和复杂的非线性系统都能进行很好的控制。但是，对于动态模糊机器学习系统，模糊控制并不能解决系统过程控制中的动态性问题，所以提出动态模糊机器学习过程控制模型，并给出该模型的稳定性分析及动态模糊学习控制器的设计方法。

4.4.1　动态模糊机器学习过程控制模型的概念

对于由 m 条规则 $R^l(l=1,2,\cdots,m)$ 构成的动态模糊机器学习系统，其系统全局模型为

$$
\begin{aligned}
(\overleftarrow{X},\overrightarrow{X})(k+1) &= \sum_{l=1}^{m}(\overleftarrow{w_l},\overrightarrow{w_l})(k)((\overleftarrow{A_l},\overrightarrow{A_l})(\overleftarrow{X},\overrightarrow{X})(k)+(\overleftarrow{b_l},\overrightarrow{b_l})(\overleftarrow{u},\overrightarrow{u})(k)) \\
&= (\overleftarrow{A},\overrightarrow{A})(\overleftarrow{X},\overrightarrow{X})(k)+(\overleftarrow{B},\overrightarrow{B})(\overleftarrow{u},\overrightarrow{u})(k)
\end{aligned}
\tag{4-4}
$$

其中，

$$
(\overleftarrow{A},\overrightarrow{A})=\sum_{l=1}^{m}(\overleftarrow{w_l},\overrightarrow{w_l})(k)(\overleftarrow{A_l},\overrightarrow{A_l})
$$

$$
(\overleftarrow{B},\overrightarrow{B})=\sum_{l=1}^{m}(\overleftarrow{w_l},\overrightarrow{w_l})(k)(\overleftarrow{b_l},\overrightarrow{b_l})
$$

$$
(\overleftarrow{w_l},\overrightarrow{w_l})(k)=\frac{\prod_{i}^{n}(\overleftarrow{\mu},\overrightarrow{\mu})_{(\overleftarrow{A_i^l}(k),\overrightarrow{A_i^l}(k))}}{\sum_{i=1}^{m}\prod_{i}^{n}(\overleftarrow{\mu},\overrightarrow{\mu})_{(\overleftarrow{A_i^l}(k),\overrightarrow{A_i^l}(k))}}
$$

$$
(\overleftarrow{0},\overrightarrow{0})\leqslant(\overleftarrow{w_l},\overrightarrow{w_l})(k)\leqslant(\overleftarrow{1},\overrightarrow{1})
$$

$$
\sum_{l=1}^{m}(\overleftarrow{w_l},\overrightarrow{w_l})(k)=(\overleftarrow{1},\overrightarrow{1})
$$

由于每个动态模糊子系统都是线性描述的，在选择全局动态模糊控制律(control law)时，首先利用线性系统理论镇定子系统，得到满足子系统设计要求的局部动态模糊控制律，而全局动态模糊控制律是子系统控制律的加权组合。

动态模糊控制规则如下：

R_c^l：IF $(\overleftarrow{x},\overrightarrow{x})(k)$ is $(\overleftarrow{A_1^l},\overrightarrow{A_1^l})$ and $(\overleftarrow{x},\overrightarrow{x})(k-1)$ is $(\overleftarrow{A_2^l},\overrightarrow{A_2^l})$ and $\cdots$ and $(\overleftarrow{x},\overrightarrow{x})(k-n+1)$ is $(\overleftarrow{A_n^l},\overrightarrow{A_n^l})$

$$
\text{THEN}\quad (\overleftarrow{u},\overrightarrow{u})(k)=(\overleftarrow{K_l},\overrightarrow{K_l})(k)(\overleftarrow{X},\overrightarrow{X})(k),\quad l=1,2,\cdots,m
\tag{4-5}
$$

全局控制为

$$
(\overleftarrow{u},\overrightarrow{u})(k)=\sum_{l=1}^{m}(\overleftarrow{K_l},\overrightarrow{K_l})(k)(\overleftarrow{X},\overrightarrow{X})(k)
\tag{4-6}
$$

于是，可得到动态模糊机器学习系统的过程控制（以下简称为动态模糊控制系统）的全局模型为

$$(\vec{X},\overleftarrow{X})(k+1)=\sum_{i=1}^{n}\sum_{j=1}^{n}((\overleftarrow{w_i},\vec{w_i})(k)(\overleftarrow{w_j},\vec{w_j})(k)((\vec{A_i},\overleftarrow{A_i})+(\overleftarrow{b_i},\vec{b_i})(\overleftarrow{K_j},\vec{K_j}))(\vec{X},\overleftarrow{X})(k)) \quad (4\text{-}7)$$

为便于分析，记

$$(\vec{C},\overleftarrow{C})=\sum_{i=1}^{m}\sum_{j=1}^{m}(\overleftarrow{w_i},\vec{w_i})(k)(\overleftarrow{w_j},\vec{w_j})(k)((\vec{A_i},\overleftarrow{A_i})+(\overleftarrow{b_i},\vec{b_i})(\overleftarrow{K_j},\vec{K_j})) \quad (4\text{-}8)$$

4.4.2　动态模糊学习控制器的设计

动态模糊学习控制器的设计包括以下几项内容：
（1）确定动态模糊学习控制器的输入变量和输出变量（即控制量）；
（2）设计动态模糊学习控制器的控制规则；
（3）选择动态模糊学习控制器的输入变量及输出变量的论域；
（4）编制动态模糊学习控制器设计算法的应用程序；
（5）合理选择动态模糊学习控制器设计算法的采样时间。
下面就几个主要内容给予阐述。

1. 动态模糊学习控制器的输入变量和输出变量

选择哪些变量作为动态模糊学习控制器的信息量是一个值得深入研究的问题。因为动态模糊学习控制器是为动态模糊机器学习系统服务的，所以它的输入源自动态模糊机器学习系统。

因为在手动控制过程中，人所能获取的信息量基本上有 3 个：①误差；②误差的变化；③误差变化的变化，即误差变化的变化速率。因此，动态模糊学习控制器的输入变量也有 3 个，即动态模糊机器学习系统的输出数据的误差、误差的变化及误差变化的变化，动态模糊学习控制器的输出变量一般选择控制量的变化。

2. 动态模糊学习控制器的控制规则的设计

动态模糊学习控制器的控制规则可用下列语言形式来描述：
（1）"若 $(\vec{A},\overleftarrow{A})$ 则 $(\vec{B},\overleftarrow{B})$" 型，即 if $(\vec{A},\overleftarrow{A})$ then $(\vec{B},\overleftarrow{B})$；
（2）"若 $(\vec{A},\overleftarrow{A})$ 则 $(\vec{B},\overleftarrow{B})$ 否则 $(\vec{C},\overleftarrow{C})$" 型，即 if $(\vec{A},\overleftarrow{A})$ then $(\vec{B},\overleftarrow{B})$ else $(\vec{C},\overleftarrow{C})$；
（3）"若 $(\vec{A},\overleftarrow{A})$ 且 $(\vec{B},\overleftarrow{B})$ 则 $(\vec{C},\overleftarrow{C})$" 型，即 if $(\vec{A},\overleftarrow{A})$ and $(\vec{B},\overleftarrow{B})$ then $(\vec{C},\overleftarrow{C})$；
或者表述为"若 $(\vec{A},\overleftarrow{A})$ 则若 $(\vec{B},\overleftarrow{B})$ 则 $(\vec{C},\overleftarrow{C})$" 型，即 if $(\vec{A},\overleftarrow{A})$ then if $(\vec{B},\overleftarrow{B})$ then $(\vec{C},\overleftarrow{C})$。
操作者在操作过程中可能遇到的各种情况的相应控制策略汇总为表 4-1。

表 4-1 动态模糊学习控制器的控制规则表

E	EC						
	NB	NM	NS	ZO	PS	PM	PB
NB	PB	PB	PB	PB	PM	O	O
NM	PB	PB	PB	PB	PM	O	O
NS	PM	PM	PM	PM	O	NS	NS
ZO	PM	PM	PS	O	NS	NM	NM
PS	PS	PS	O	NM	NM	NM	NM
PM	O	O	NM	NB	NB	NB	NB
PB	O	O	NM	NB	NB	NB	NB

建立动态模糊学习控制器的控制规则表的基本思想如下：

（1）当误差为负大时，误差有增大的趋势，为尽快消除已有的负大误差并抑制误差变大，控制量的变化取正大。

（2）当误差为负而误差变化为正时，系统本身已有减少误差的趋势，所以为尽快消除误差，应取较小的控制量。由表 4-1 可以看出，当误差为负大且误差变化为正小时，控制量的变化取为正中。当误差变化为正大或正中时，控制量不宜增加，否则造成超调量产生正误差，因此这时控制量变化取为 O 等级。

（3）当误差为负中时，控制量的变化应该使误差尽快消除，基于这种原则，控制量的变化选取与误差为负大时相同。

（4）当误差为负小时，系统接近稳态，若误差变化为负时，选取控制量变化为正中，以抑制误差向负方向变化，或误差变化为正时，选取控制量变化为正小。

（5）当误差为正时与误差为负时相类似，相应的符号变化即可。

因此选取控制量变化的原则是：当误差大或较大时，选择控制量以尽快消除误差为主；当误差较小时，选择控制量要注意防止超调，以系统的稳定性为主。

3. 动态模糊学习控制器设计算法

算法 4.1 动态模糊学习控制器设计算法（DADFLC）

（1）对于闭环动态模糊控制系统，其对象参数 $(\overleftarrow{A_i}, \overrightarrow{A_i})$ 和 $(\overleftarrow{B_i}, \overrightarrow{B_i})$ 以及它们相应的隶属函数已知，而动态模糊学习控制器参数 $(\overleftarrow{K_i}, \overrightarrow{K_i})$ 和其隶属函数 $(\overleftarrow{\mu}, \overrightarrow{\mu})_{(\overleftarrow{K_i}, \overrightarrow{K_i})}$ 是待设计的，通常选定隶属函数 $(\overleftarrow{\mu}, \overrightarrow{\mu})_{(\overleftarrow{K_i}, \overrightarrow{K_i})}$，并根据需求设计参数 $(\overleftarrow{K_i}, \overrightarrow{K_i})$。

（2）选取参数 $(\overleftarrow{K_i}, \overrightarrow{K_i})$，使得近似线性子系统均为稳定的系统。近似线性子系统为

$(\overleftarrow{x}, \overrightarrow{x})(k+1) = (\overleftarrow{w_i}, \overrightarrow{w_i})(\overleftarrow{w_j}, \overrightarrow{w_j})(\overleftarrow{Q_{ij}}, \overrightarrow{Q_{ij}})(\overleftarrow{x}, \overrightarrow{x})(k)$，

$(\overleftarrow{Q_{ij}}, \overrightarrow{Q_{ij}}) = (\overleftarrow{A_i}, \overrightarrow{A_i}) + (\overleftarrow{B_i}, \overrightarrow{B_i})(\overleftarrow{K_j}, \overrightarrow{K_j})$。

（3）寻找动态模糊正定矩阵 $(\overleftarrow{P_i}, \overrightarrow{P_i})$，使得 $(\overleftarrow{Q_{ij}}, \overrightarrow{Q_{ij}})^{\mathrm{T}}(\overleftarrow{P_i}, \overrightarrow{P_i})(\overleftarrow{Q_{ij}}, \overrightarrow{Q_{ij}}) - (\overleftarrow{P_i}, \overrightarrow{P_i}) < (\overleftarrow{0}, \overrightarrow{0})$。若对于给定的 $i^* \in \{1, 2, \cdots, m\}$，存在 $(\overleftarrow{P_{i^*}}, \overrightarrow{P_{i^*}})$，使得 $(\overleftarrow{Q_{ij}}, \overrightarrow{Q_{ij}})^{\mathrm{T}}(\overleftarrow{P_{i^*}}, \overrightarrow{P_{i^*}})(\overleftarrow{Q_{ij}}, \overrightarrow{Q_{ij}}) - (\overleftarrow{P_{i^*}}, \overrightarrow{P_{i^*}}) < (\overleftarrow{0}, \overrightarrow{0})$，则选取 $(\overleftarrow{P}, \overrightarrow{P}) = (\overleftarrow{P_i}, \overrightarrow{P_i})$；否则返回第（2）步，重新设计参数 $(\overleftarrow{K_i}, \overrightarrow{K_i})$，直至找到 $(\overleftarrow{P}, \overrightarrow{P}) = (\overleftarrow{P_i}, \overrightarrow{P_i})$ 为止。

4.4.3　仿真实例

例 4.1　关于倒立摆系统：

$$(\overleftrightarrow{x_1,\vec{x_1}})^{\cdot} = (\overleftrightarrow{x_2,\vec{x_2}})$$

$$(\overleftrightarrow{x_2,\vec{x_2}})^{\cdot} = \frac{g\sin(\overleftrightarrow{x_1,\vec{x_1}}) - (aml(\overleftrightarrow{x_2,\vec{x_2}})^2\sin(2\overleftrightarrow{x_1},2\vec{x_1}))/2 - a\cos(\overleftrightarrow{x_1,\vec{x_1}})u}{4l/3 - aml\cos^2(\overleftrightarrow{x_1,\vec{x_1}})}$$

式中，$(\overleftrightarrow{x_1,\vec{x_1}})$ 为摆杆与水平方向的夹角，rad；$(\overleftrightarrow{x_2,\vec{x_2}})$ 为摆杆的角速度，rad/s；g 为重力加速度，$g = 9.8\text{m}/\text{s}^2$。此外，$m$ 为摆杆的质量；M 为小车质量；$2l$ 为杆长；u 为施加在小车上的水平力。各参数取值如下：$m = 2.0\text{kg}$，$M = 8.0\text{kg}$，$2l = 1.0\text{m}$，$a = 1/(m+M)$。

采用如下动态模糊模型：

$R^1:$ if 　　$(\overleftrightarrow{x_1,\vec{x_1}})(t)$ 　is 　　$(\overleftrightarrow{0},\vec{0})$ 　　then

$$(\overleftrightarrow{x,\vec{x}})^{\cdot}(t) = (\overleftrightarrow{A_1},\vec{A_1})(\overleftrightarrow{x,\vec{x}})(t) + (\overleftrightarrow{B_1},\vec{B_1})u(t)$$

$R^1:$ if 　　$(\overleftrightarrow{x_1,\vec{x_1}})(t)$ 　is 　　$(\dfrac{\overleftarrow{\pi}}{2},\dfrac{\vec{\pi}}{2})$ 　　then

$$(\overleftrightarrow{x,\vec{x}})^{\cdot}(t) = (\overleftrightarrow{A_2},\vec{A_2})(\overleftrightarrow{x,\vec{x}})(t) + (\overleftrightarrow{B_2},\vec{B_2})u(t)$$

式中，

$$(\overleftrightarrow{A_1},\vec{A_1}) = \begin{bmatrix} (\overleftarrow{0},\vec{0}) & (\overleftarrow{1},\vec{1}) \\ (\dfrac{\overleftarrow{g}}{4l/3-aml},\dfrac{\vec{g}}{4l/3-aml}) & (\overleftarrow{0},\vec{0}) \end{bmatrix}$$

$$(\overleftrightarrow{B_1},\vec{B_1}) = \begin{bmatrix} (\overleftarrow{0},\vec{0}) \\ (\dfrac{\overleftarrow{a}}{4l/3-aml},\dfrac{\vec{a}}{4l/3-aml}) \end{bmatrix}$$

$$(\overleftrightarrow{A_2},\vec{A_2}) = \begin{bmatrix} (\overleftarrow{0},\vec{0}) & (\overleftarrow{1},\vec{1}) \\ (\dfrac{2\overleftarrow{g}}{4l/3-aml\beta},\dfrac{2\vec{g}}{4l/3-aml\beta}) & (\overleftarrow{0},\vec{0}) \end{bmatrix}$$

$$(\overleftrightarrow{B_2},\vec{B_2}) = \begin{bmatrix} (\overleftarrow{0},\vec{0}) \\ (\dfrac{\overleftarrow{a\beta}}{4l/3-aml\beta^2},\dfrac{\overrightarrow{a\beta}}{4l/3-aml\beta^2}) \end{bmatrix}$$

其中，$\beta = \cos 88°$。

动态模糊集合 $(\overleftrightarrow{G_1},\vec{G_1})$ 和 $(\overleftrightarrow{G_2},\vec{G_2})$ 的隶属函数为

$$(\overleftarrow{\mu_1}, \overrightarrow{\mu_1})(x) = \left(\left(1 - \frac{1}{1+\exp(-7(x-\frac{\pi}{4}))}\right), \frac{1}{1+\exp(-7(x+\frac{\pi}{4}))}, \leftarrow, \rightarrow\right)$$

$$(\overleftarrow{\mu_1}, \overrightarrow{\mu_1})(x) = (\overleftarrow{1}, \overrightarrow{1}) - (\overleftarrow{\mu_1}, \overrightarrow{\mu_1})(x)$$

则得到系数矩阵的区间表示形式为

$$(\overleftarrow{A}, \overrightarrow{A})_{\max} = \begin{bmatrix} (\overleftarrow{0}, \overrightarrow{0}) & (\overleftarrow{1}, \overrightarrow{1}) \\ (\overleftarrow{17.29}, \overrightarrow{17.29}) & (\overleftarrow{0}, \overrightarrow{0}) \end{bmatrix}, \quad (\overleftarrow{A}, \overrightarrow{A})_{\min} = \begin{bmatrix} (\overleftarrow{0}, \overrightarrow{0}) & (\overleftarrow{1}, \overrightarrow{1}) \\ (\overleftarrow{9.36}, \overrightarrow{9.36}) & (\overleftarrow{0}, \overrightarrow{0}) \end{bmatrix}$$

$$(\overleftarrow{B}, \overrightarrow{B})_{\max} = \begin{bmatrix} (\overleftarrow{0}, \overrightarrow{0}) \\ (\overleftarrow{0.18}, \overrightarrow{0.18}) \end{bmatrix}, \quad (\overleftarrow{B}, \overrightarrow{B})_{\min} = \begin{bmatrix} (\overleftarrow{0}, \overrightarrow{0}) \\ (\overleftarrow{0.005}, \overrightarrow{0.005}) \end{bmatrix}$$

$$(\overleftarrow{C}, \overrightarrow{C})_{\max} = \begin{bmatrix} (\overleftarrow{0}, \overrightarrow{0}) & (\overleftarrow{1.0002}, \overrightarrow{1.0002}) \\ (\overleftarrow{-22.46}, \overrightarrow{-22.46}) & (\overleftarrow{-8.68}, \overrightarrow{-8.68}) \end{bmatrix}$$

$$(\overleftarrow{C}, \overrightarrow{C})_{\min} = \begin{bmatrix} (\overleftarrow{0}, \overrightarrow{0}) & (\overleftarrow{1}, \overrightarrow{1}) \\ (\overleftarrow{-30.08}, \overrightarrow{-30.08}) & (\overleftarrow{-10.72}, \overrightarrow{-10.72}) \end{bmatrix}$$

对子系统进行极点配置，得子系统 1、子系统 2 的状态反馈增益分别为

$$(\overleftarrow{K_1}, \overrightarrow{K_1}) = \begin{bmatrix} (\overleftarrow{-211.3}, \overrightarrow{-211.3}) & (\overleftarrow{-45.3}, \overrightarrow{-45.3}) \end{bmatrix}$$

$$(\overleftarrow{K_2}, \overrightarrow{K_2}) = \begin{bmatrix} (\overleftarrow{-5607.5}, \overrightarrow{-5607.5}) & (\overleftarrow{-1527.9}, \overrightarrow{-1527.9}) \end{bmatrix}$$

进而有

$$(\overleftarrow{A_0}, \overrightarrow{A_0}) = \begin{bmatrix} (\overleftarrow{0}, \overrightarrow{0}) & (\overleftarrow{1}, \overrightarrow{1}) \\ (\overleftarrow{13.325}, \overrightarrow{13.325}) & (\overleftarrow{0}, \overrightarrow{0}) \end{bmatrix}$$

$$(\overleftarrow{C_0}, \overrightarrow{C_0}) = \begin{bmatrix} (\overleftarrow{0}, \overrightarrow{0}) & (\overleftarrow{1}, \overrightarrow{1}) \\ (\overleftarrow{-26.27}, \overrightarrow{-26.27}) & (\overleftarrow{-9.7}, \overrightarrow{-9.7}) \end{bmatrix}$$

$$(\overleftarrow{M}, \overrightarrow{M})(\overleftarrow{M}, \overrightarrow{M})^{\mathrm{T}} = \begin{bmatrix} (\overleftarrow{0.0001}, \overrightarrow{0.0001}) & (\overleftarrow{0}, \overrightarrow{0}) \\ (\overleftarrow{0}, \overrightarrow{0}) & (\overleftarrow{4.83}, \overrightarrow{4.83}) \end{bmatrix}$$

$$(N, N) = \begin{bmatrix} (\overleftarrow{0}, \overrightarrow{0}) & (\overleftarrow{0}, \overrightarrow{0}) & (\overleftarrow{1.952}, \overrightarrow{1.952}) & (\overleftarrow{0}, \overrightarrow{0}) \\ (\overleftarrow{0}, \overrightarrow{0}) & (\overleftarrow{0.01}, \overrightarrow{0.01}) & (\overleftarrow{0}, \overrightarrow{0}) & (\overleftarrow{1.01}, \overrightarrow{1.01}) \end{bmatrix}^{\mathrm{T}}$$

最后得到动态模糊正定矩阵：

$$(\vec{P},\overleftarrow{P})=\begin{bmatrix} (\overrightarrow{0.013},\overleftarrow{0.013}) & (\overrightarrow{1.012},\overleftarrow{1.012}) \\ (\overrightarrow{-27.462},\overleftarrow{-27.462}) & (\overrightarrow{-10.05},\overleftarrow{-10.05}) \end{bmatrix}$$

因此，倒立摆系统在动态模糊学习控制器 $(\vec{u},\overleftarrow{u})(k)=((\vec{u_1},\overleftarrow{u_1})(k)(\vec{K_1},\overleftarrow{K_1})+(\vec{u_2},\overleftarrow{u_2})(k)$ $(\vec{K_2},\overleftarrow{K_2}))(\vec{x},\overleftarrow{x})(k)$ 的控制下是渐近稳定的。

分别取初始点 $(\vec{x_1},\overleftarrow{x_1})(0)=(\overrightarrow{60^\circ},\overleftarrow{60^\circ})$、$(\vec{x_2},\overleftarrow{x_2})(0)=(\vec{0},\overleftarrow{0})$ 和 $(\vec{x_1},\overleftarrow{x_1})(0)=(\overrightarrow{89^\circ},\overleftarrow{89^\circ})$、$(\vec{x_2},\overleftarrow{x_2})(0)=(\vec{0},\overleftarrow{0})$，得到仿真曲线，如图 4-3 和图 4-4 所示。由图 4-3 和图 4-4 可知，系统在 1.01s 后稳定在平衡点 $(\vec{0},\overleftarrow{0})$ 处，即点 $(\vec{0},\overleftarrow{0})$ 是闭环系统的稳定平衡点。

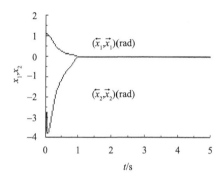

图 4-3　$(\vec{x_1},\overleftarrow{x_1})(0)=(\overrightarrow{60^\circ},\overleftarrow{60^\circ})$，$(\vec{x_2},\overleftarrow{x_2})(0)=(\vec{0},\overleftarrow{0})$ 的仿真曲线

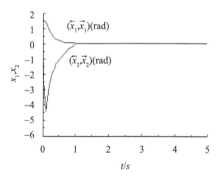

图 4-4　$(\vec{x_1},\overleftarrow{x_1})(0)=(\overrightarrow{89^\circ},\overleftarrow{89^\circ})$，$(\vec{x_2},\overleftarrow{x_2})(0)=(\vec{0},\overleftarrow{0})$ 的仿真曲线

例 4.2　考虑如下动态模糊系统

if　$(\vec{x_1},\overleftarrow{x_1})(k)$　is　$(\vec{A_1^1},\overleftarrow{A_1^1})$　then

$(\vec{x},\overleftarrow{x})(k+1)=(\vec{A_1},\overleftarrow{A_1})(\vec{X},\overleftarrow{X})(k)+(\vec{b_1},\overleftarrow{b_1})(\vec{u},\overleftarrow{u})(t),(\vec{y},\overleftarrow{y})(t)=(\vec{C_1},\overleftarrow{C_1})(\vec{x},\overleftarrow{x})(t)$

if　$(\vec{x_1},\overleftarrow{x_1})(k)$　is　$(\vec{A_1^2},\overleftarrow{A_1^2})$　then

$(\vec{x},\overleftarrow{x})(k+1)=(\vec{A_2},\overleftarrow{A_2})(\vec{X},\overleftarrow{X})(k)+(\vec{b_2},\overleftarrow{b_2})(\vec{u},\overleftarrow{u})(t),(\vec{y},\overleftarrow{y})(t)=(\vec{C_2},\overleftarrow{C_2})(\vec{x},\overleftarrow{x})(t)$

其中，

$$(\overleftrightarrow{A_1},\overrightarrow{A_1}) = \begin{bmatrix} (\overleftrightarrow{0},\overrightarrow{0}) & (\overleftrightarrow{1},\overrightarrow{1}) \\ (\overleftarrow{-0.2},\overrightarrow{-0.2}) & (\overleftarrow{-0.1},\overrightarrow{-0.1}) \end{bmatrix}$$

$$(\overleftrightarrow{b_1},\overrightarrow{b_1}) = \begin{bmatrix} (\overleftrightarrow{0},\overrightarrow{0}) \\ (\overleftrightarrow{1},\overrightarrow{1}) \end{bmatrix}$$

$$(\overleftrightarrow{C_1},\overrightarrow{C_1}) = \begin{bmatrix} (\overleftrightarrow{1},\overrightarrow{1}) & (\overleftrightarrow{0},\overrightarrow{0}) \end{bmatrix}$$

$$(\overleftrightarrow{A_2},\overrightarrow{A_2}) = \begin{bmatrix} (\overleftrightarrow{0.2},\overrightarrow{0.2}) & (\overleftrightarrow{1},\overrightarrow{1}) \\ (\overleftarrow{-0.8},\overrightarrow{-0.8}) & (\overleftarrow{-0.9},\overrightarrow{-0.9}) \end{bmatrix}$$

$$(\overleftrightarrow{b_2},\overrightarrow{b_2}) = \begin{bmatrix} (\overleftrightarrow{0},\overrightarrow{0}) \\ (\overleftrightarrow{1},\overrightarrow{1}) \end{bmatrix}$$

$$(\overleftrightarrow{C_2},\overrightarrow{C_2}) = \begin{bmatrix} (\overleftrightarrow{1},\overrightarrow{1}) & (\overleftrightarrow{0},\overrightarrow{0}) \end{bmatrix}$$

动态模糊集合 $(\overleftrightarrow{A_1^1},\overrightarrow{A_1^1})$ 和 $(\overleftrightarrow{A_1^2},\overrightarrow{A_1^2})$ 的隶属函数为

$$(\overleftrightarrow{\mu_1},\overrightarrow{\mu_1})(x) = \left(1-\frac{1}{1+\exp(-2(x-0.3))}, 1-\frac{1}{1+\exp(-2(x-0.3))} \right)$$

$$(\overleftrightarrow{\mu_2},\overrightarrow{\mu_2})(x) = (\overleftrightarrow{1},\overrightarrow{1}) - (\overleftrightarrow{\mu_1},\overrightarrow{\mu_1})(x)$$

系统矩阵的区间表示形式为

$$(\overleftrightarrow{A},\overrightarrow{A})_{\max} = \begin{bmatrix} (\overleftrightarrow{0.2},\overrightarrow{0.2}) & (\overleftrightarrow{1},\overrightarrow{1}) \\ (\overleftarrow{-0.2},\overrightarrow{-0.2}) & (\overleftarrow{-0.1},\overrightarrow{-0.1}) \end{bmatrix}$$

$$(\overleftrightarrow{A},\overrightarrow{A})_{\min} = \begin{bmatrix} (\overleftrightarrow{0},\overrightarrow{0}) & (\overleftrightarrow{1},\overrightarrow{1}) \\ (\overleftarrow{-0.8},\overrightarrow{-0.8}) & (\overleftarrow{-0.9},\overrightarrow{-0.9}) \end{bmatrix}$$

$$(\overleftrightarrow{b},\overrightarrow{b})_{\max} = (\overleftrightarrow{b},\overrightarrow{b})_{\min} = \begin{bmatrix} (\overleftrightarrow{0},\overrightarrow{0}) \\ (\overleftrightarrow{1},\overrightarrow{1}) \end{bmatrix}$$

$$(\overleftrightarrow{C},\overrightarrow{C})_{\max} = (\overleftrightarrow{C},\overrightarrow{C})_{\min} = \begin{bmatrix} (\overleftrightarrow{1},\overrightarrow{1}) & (\overleftrightarrow{0},\overrightarrow{0}) \end{bmatrix}$$

进而有

$$(\overleftrightarrow{A_0},\overrightarrow{A_0}) = \begin{bmatrix} (\overleftrightarrow{0.1},\overrightarrow{0.1}) & (\overleftrightarrow{1},\overrightarrow{1}) \\ (\overleftarrow{-0.5},\overrightarrow{-0.5}) & (\overleftarrow{-0.5},\overrightarrow{-0.5}) \end{bmatrix}$$

$$(\overleftrightarrow{H},\overrightarrow{H}) = \begin{bmatrix} (\overleftrightarrow{0.1},\overrightarrow{0.1}) & (\overleftrightarrow{0},\overrightarrow{0}) \\ (\overleftrightarrow{0.3},\overrightarrow{0.3}) & (\overleftrightarrow{0.4},\overrightarrow{0.4}) \end{bmatrix}$$

$$(\overleftrightarrow{E},\overrightarrow{E}) = \begin{bmatrix} (\overleftrightarrow{0.32},\overrightarrow{0.32}) & (\overleftrightarrow{0},\overrightarrow{0}) & (\overleftrightarrow{0},\overrightarrow{0}) & (\overleftrightarrow{0},\overrightarrow{0}) \\ (\overleftrightarrow{0},\overrightarrow{0}) & (\overleftrightarrow{0},\overrightarrow{0}) & (\overleftrightarrow{0.55},\overrightarrow{0.55}) & (\overleftrightarrow{0.63},\overrightarrow{0.63}) \end{bmatrix}$$

$$(\overleftrightarrow{C_0},\overrightarrow{C_0}) = \begin{bmatrix} (\overleftrightarrow{1},\overrightarrow{1}) & (\overleftrightarrow{0},\overrightarrow{0}) \end{bmatrix}$$

最后得到动态模糊正定矩阵：

$$(\overleftrightarrow{P},\overrightarrow{P}) = \begin{bmatrix} (\overleftrightarrow{4.2},\overrightarrow{4.2}) & (\overleftrightarrow{3.6},\overrightarrow{3.6}) \\ (\overleftrightarrow{3.6},\overrightarrow{3.6}) & (\overleftrightarrow{9.8},\overrightarrow{9.8}) \end{bmatrix}$$

4.5　动态模糊关系学习算法

在机器学习系统中，具有动态模糊关系（dynamic fuzzy relation）的数据是普遍存在的，如知识与数据的联合增强关系、数据与信息的联合增强关系等。动态模糊关系为描述和处理动态模糊现象提供了有效的方法，是动态模糊数学理论的重要组成部分之一。本节首先介绍动态模糊关系的基本内容，然后给出动态模糊关系 $(\overleftrightarrow{R},\overrightarrow{R})$ 的学习算法[2,6,7]。

4.5.1　动态模糊关系的概念

客观事物之间存在着大量具有动态模糊性的关系，它反映在一定程度上的密切或疏远，并且这种密切或疏远是动态变化的。例如，"王芳长得越来越像她妈妈""学生和老师的关系越来越融洽"等都是动态模糊关系。

定义 4.12　设 $(\overleftrightarrow{X},\overrightarrow{X})$ 为普通动态模糊数据集合，$(\overleftrightarrow{L},\overrightarrow{L})$ 为动态模糊格(dynamic fuzzy lattice)，映射 $(\overleftrightarrow{A},\overrightarrow{A}):(\overleftrightarrow{X},\overrightarrow{X}) \to (\overleftrightarrow{L},\overrightarrow{L})$ 被称为 $(\overleftrightarrow{L},\overrightarrow{L})$ 型动态模糊数据集，记为 $\mathrm{DF}(\overleftrightarrow{L},\overrightarrow{L})(\overleftrightarrow{X},\overrightarrow{X}) = \{(\overleftrightarrow{A},\overrightarrow{A}):(\overleftrightarrow{X},\overrightarrow{X}) \to (\overleftrightarrow{L},\overrightarrow{L})\}$ 。

设 $(\overleftrightarrow{A},\overrightarrow{A}),(\overleftrightarrow{B},\overrightarrow{B}) \in \mathrm{DF}(\overleftrightarrow{L},\overrightarrow{L})(\overleftrightarrow{X},\overrightarrow{X})$ ，若 $(\overleftrightarrow{A},\overrightarrow{A})(\overleftrightarrow{x},\overrightarrow{x}) \leqslant (\overleftrightarrow{B},\overrightarrow{B})(\overleftrightarrow{x},\overrightarrow{x})$ $(\forall(\overleftrightarrow{x},\overrightarrow{x}) \in (\overleftrightarrow{X},\overrightarrow{X}))$ ，称 $(\overleftrightarrow{A},\overrightarrow{A})$ 包含于 $(\overleftrightarrow{B},\overrightarrow{B})$ ，并记作 $(\overleftrightarrow{A},\overrightarrow{A}) \subset (\overleftrightarrow{B},\overrightarrow{B})$ ，则 $\left(\mathrm{DF}(\overleftrightarrow{L},\overrightarrow{L})(\overleftrightarrow{X},\overrightarrow{X}),c\right)$ 是动态模糊偏序集。

定义 4.13　若 $(\overleftrightarrow{R},\overrightarrow{R}) \in \mathrm{DF}\left((\overleftrightarrow{X},\overrightarrow{X}) \times (\overleftrightarrow{Y},\overrightarrow{Y})\right)$ ，称 $(\overleftrightarrow{R},\overrightarrow{R})$ 为 $(\overleftrightarrow{X},\overrightarrow{X})$ 到 $(\overleftrightarrow{Y},\overrightarrow{Y})$ 的 L 型动态模糊关系；若 $(\overleftrightarrow{L},\overrightarrow{L}) = [(\overleftrightarrow{0},\overrightarrow{0}),(\overleftrightarrow{1},\overrightarrow{1})]$ ，$(\overleftrightarrow{R},\overrightarrow{R}) \in \mathrm{DF}\left((\overleftrightarrow{X},\overrightarrow{X}) \times (\overleftrightarrow{Y},\overrightarrow{Y})\right)$ ，则称 $(\overleftrightarrow{R},\overrightarrow{R})$ 为 $(\overleftrightarrow{X},\overrightarrow{X})$ 到 $(\overleftrightarrow{Y},\overrightarrow{Y})$ 的动态模糊关系。

定义 4.14　所述二元动态模糊关系可以推广为 n 元动态模糊关系。

定义 4.15　设 $(\overleftrightarrow{X_1},\overrightarrow{X_1}),(\overleftrightarrow{X_2},\overrightarrow{X_2}),\cdots,(\overleftrightarrow{X_n},\overrightarrow{X_n})$ 是 n 个非空集合，则

$(\vec{R},\vec{R}):(\vec{X_1},\vec{X_1})\times(\vec{X_2},\vec{X_2})\times\cdots\times(\vec{X_n},\vec{X_n})\to[(\vec{0},\vec{0}),(\vec{1},\vec{1})]$ 称为 $(\vec{X},\vec{X})=(\vec{X_1},\vec{X_1})\times(\vec{X_2},\vec{X_2})\times\cdots\times(\vec{X_n},\vec{X_n})$ 上的 n 元动态模糊关系。

命题 4.5 设 $(\vec{R},\vec{R}),(\vec{S},\vec{S}),(\vec{P},\vec{P}),(\vec{R},\vec{R})_{(\vec{t},\vec{t})}\in\mathrm{DF}\big((\vec{X},\vec{X})\times(\vec{Y},\vec{Y})\big)$，$(\vec{t},\vec{t})\in(\vec{T},\vec{T})$，则有以下性质：

（1） $(\vec{R},\vec{R})\vee(\vec{R},\vec{R})=(\vec{R},\vec{R}),(\vec{R},\vec{R})\wedge(\vec{R},\vec{R})=(\vec{R},\vec{R})$；

（2） $(\vec{R},\vec{R})\vee(\vec{S},\vec{S})=(\vec{S},\vec{S})\vee(\vec{R},\vec{R}),(\vec{R},\vec{R})\wedge(\vec{S},\vec{S})=(\vec{S},\vec{S})\wedge(\vec{R},\vec{R})$；

（3） $((\vec{R},\vec{R})\vee(\vec{S},\vec{S}))\vee(\vec{P},\vec{P})=(\vec{R},\vec{R})\vee((\vec{S},\vec{S})\vee(\vec{P},\vec{P}))$，
$((\vec{R},\vec{R})\wedge(\vec{S},\vec{S}))\wedge(\vec{P},\vec{P})=(\vec{R},\vec{R})\wedge((\vec{S},\vec{S})\wedge(\vec{P},\vec{P}))$；

（4） $((\vec{R},\vec{R})\vee(\vec{S},\vec{S}))\wedge(\vec{R},\vec{R})=(\vec{R},\vec{R})$，
$((\vec{R},\vec{R})\wedge(\vec{S},\vec{S}))\vee(\vec{R},\vec{R})=(\vec{R},\vec{R})$；

（5） $(\vec{R},\vec{R})\wedge(\mathop{\vee}\limits_{(\vec{t},\vec{t})\in(\vec{T},\vec{T})}(\vec{R},\vec{R})_{(\vec{t},\vec{t})})=\mathop{\vee}\limits_{(\vec{t},\vec{t})\in(\vec{T},\vec{T})}((\vec{R},\vec{R})\wedge(\vec{R},\vec{R})_{(\vec{t},\vec{t})})$，
$(\vec{R},\vec{R})\vee(\mathop{\wedge}\limits_{(\vec{t},\vec{t})\in(\vec{T},\vec{T})}(\vec{R},\vec{R})_{(\vec{t},\vec{t})})=\mathop{\wedge}\limits_{(\vec{t},\vec{t})\in(\vec{T},\vec{T})}((\vec{R},\vec{R})\vee(\vec{R},\vec{R})_{(\vec{t},\vec{t})})$；

（6） $(\vec{R},\vec{R})\vee(\vec{I},\vec{I})=(\vec{I},\vec{I}),(\vec{R},\vec{R})\wedge(\vec{I},\vec{I})=(\vec{R},\vec{R})$，
$(\vec{R},\vec{R})\vee(\vec{O},\vec{O})=(\vec{R},\vec{R}),(\vec{R},\vec{R})\wedge(\vec{O},\vec{O})=(\vec{O},\vec{O})$；

式中，$(\vec{I},\vec{I}),(\vec{O},\vec{O})\in\mathrm{DF}\big((\vec{X},\vec{X})\times(\vec{Y},\vec{Y})\big)$，$(\vec{I},\vec{I})\big((\vec{x},\vec{x}),(\vec{y},\vec{y})\big)=(\vec{1},\vec{1})$ 和 $(\vec{O},\vec{O})\big((\vec{x},\vec{x}),(\vec{y},\vec{y})\big)=(\vec{0},\vec{0})$ $(\forall\big((\vec{x},\vec{x}),(\vec{y},\vec{y})\big)\in\big((\vec{X},\vec{X}),(\vec{Y},\vec{Y})\big))$ 分别称为 $(\vec{X},\vec{X})$ 到 $(\vec{Y},\vec{Y})$ 的动态模糊全称关系和动态模糊零关系。

定义 4.16 若 $(\vec{R_1},\vec{R_1}),(\vec{R_2},\vec{R_2})\in\mathrm{DF}_{(\vec{L},\vec{L})}\big((\vec{X},\vec{X}),(\vec{Y},\vec{Y})\big)$，$\forall\big((\vec{x},\vec{x}),(\vec{y},\vec{y})\big)\in\big((\vec{X},\vec{X}),(\vec{Y},\vec{Y})\big)$，记：

（1） $(\vec{R_1},\vec{R_1})\subset(\vec{R_2},\vec{R_2})\Leftrightarrow(\vec{R_1},\vec{R_1})\big((\vec{x},\vec{x}),(\vec{y},\vec{y})\big)\leqslant(\vec{R_2},\vec{R_2})\big((\vec{x},\vec{x}),(\vec{y},\vec{y})\big)$。

（2） $((\vec{R_1},\vec{R_1})\bigcup(\vec{R_2},\vec{R_2}))\big((\vec{x},\vec{x}),(\vec{y},\vec{y})\big)$
$=(\vec{R_1},\vec{R_1})\big((\vec{x},\vec{x}),(\vec{y},\vec{y})\big)\vee(\vec{R_2},\vec{R_2})\big((\vec{x},\vec{x}),(\vec{y},\vec{y})\big)$；
$((\vec{R_1},\vec{R_1})\bigcap(\vec{R_2},\vec{R_2}))\big((\vec{x},\vec{x}),(\vec{y},\vec{y})\big)$
$=(\vec{R_1},\vec{R_1})\big((\vec{x},\vec{x}),(\vec{y},\vec{y})\big)\wedge(\vec{R_2},\vec{R_2})\big((\vec{x},\vec{x}),(\vec{y},\vec{y})\big)$。

（3） $(\vec{R},\vec{R})^{-1}\big((\vec{x},\vec{x}),(\vec{y},\vec{y})\big)=(\vec{R},\vec{R})\big((\vec{y},\vec{y}),(\vec{x},\vec{x})\big)$。

定理 4.9 $(\vec{R},\vec{R})^{-1}$ 有以下性质：

（1） $(\vec{R_1},\vec{R_1})\subset(\vec{R_2},\vec{R_2})\Rightarrow(\vec{R_1},\vec{R_1})^{-1}\subset(\vec{R_2},\vec{R_2})^{-1}$；

（2） $((\vec{R},\vec{R})^{-1})^{-1}=(\vec{R},\vec{R})$；

（3） $((\vec{R_1},\vec{R_1})\bigcup(\vec{R_2},\vec{R_2}))^{-1}=(\vec{R_1},\vec{R_1})^{-1}\bigcup(\vec{R_2},\vec{R_2})^{-1}$；

（4）$((\overleftrightarrow{R_1},\vec{R_1})\bigcap(\overleftrightarrow{R_2},\vec{R_2}))^{-1} = (\overleftrightarrow{R_1},\vec{R_1})^{-1}\bigcap(\overleftrightarrow{R_2},\vec{R_2})^{-1}$。

证明： 略。

4.5.2　动态模糊关系学习

1. 问题的提出

当前，所有关系学习方法都无法解决动态模糊关系数据。有学者利用模糊数学提出了一种模糊推理规则的模糊关系的学习算法，但它的不足是：没有考虑到观测数据中可能存在的噪声干扰；只考虑了第 n 步学习对第 $n+1$ 步学习的影响，太过于局限。针对上述问题，本节介绍动态模糊关系学习(dynamic fuzzy relational learning，DFRL)算法。该算法可以解决上述问题。

考虑如下动态模糊推理公式。

动态模糊规则：

if $(\overleftrightarrow{A_1},\vec{A_1})$ and $(\overleftrightarrow{A_2},\vec{A_2})$ and $\cdots$ and $(\overleftrightarrow{A_n},\vec{A_n})$ then $(\overleftrightarrow{B},\vec{B})$

事实　　$(\overleftrightarrow{A_1},\vec{A_1})'$ and $(\overleftrightarrow{A_2},\vec{A_2})'$ and $\cdots$ and $(\overleftrightarrow{A_n},\vec{A_n})'$

结论　　$(\overleftrightarrow{B},\vec{B})' = (\overleftrightarrow{A},\vec{A})' \circ (\overleftrightarrow{R},\vec{R})((\overleftrightarrow{A},\vec{A}),(\overleftrightarrow{B},\vec{B}))$

式中，$(\overleftrightarrow{A},\vec{A})' = (\overleftrightarrow{A_1},\vec{A_1})' \wedge (\overleftrightarrow{A_2},\vec{A_2})' \wedge \cdots \wedge (\overleftrightarrow{A_n},\vec{A_n})'$；$(\overleftrightarrow{A},\vec{A}) = (\overleftrightarrow{A_1},\vec{A_1}) \wedge (\overleftrightarrow{A_2},\vec{A_2}) \wedge \cdots \wedge (\overleftrightarrow{A_n},\vec{A_n})$。$(\overleftrightarrow{A},\vec{A})$、$(\overleftrightarrow{A},\vec{A})'$、$(\overleftrightarrow{B},\vec{B})'$ 分别为论域 $(\overleftrightarrow{U},\vec{U})$、$(\overleftrightarrow{U},\vec{U})$、$(\overleftrightarrow{V},\vec{V})$ 上的动态模糊集合，$(\overleftrightarrow{R},\vec{R})((\overleftrightarrow{A},\vec{A}),(\overleftrightarrow{B},\vec{B}))$ 定义了 $(\overleftrightarrow{A},\vec{A})$ 与 $(\overleftrightarrow{B},\vec{B})$ 间的动态模糊关系，简记成 $(\overleftrightarrow{R},\vec{R})$。

在复杂的客观世界中，动态模糊推理规则中的 $(\overleftrightarrow{R},\vec{R})$ 通常难以确定；我们在已有的样本数据或借助其他手段(如专家经验或监测系统行为等)得到的数据的基础上，提出动态模糊关系学习算法来学习 $(\overleftrightarrow{R},\vec{R})$。

设已知 $(\overleftrightarrow{A},\vec{A})$、$(\overleftrightarrow{B},\vec{B})$ 的观测数据为 $(\overleftrightarrow{a},\vec{a})$、$(\overleftrightarrow{b},\vec{b})$，则有

$$(\overleftrightarrow{b},\vec{b}) = (\overleftrightarrow{a},\vec{a}) \circ (\overleftrightarrow{R},\vec{R}) \tag{4-9}$$

$$或\quad (\overleftrightarrow{b_j},\vec{b_j}) = \max_{i=1}^{N}(\overleftrightarrow{a_i},\vec{a_i}) \wedge (\overleftrightarrow{r_{ij}},\vec{r_{ij}}) \tag{4-10}$$

式中，$j = 1,2,\cdots,M$；$(\overleftrightarrow{a},\vec{a}) \in [(\overleftrightarrow{0},\vec{0}),(\overleftrightarrow{1},\vec{1})]^N$；$(\overleftrightarrow{b},\vec{b}) \in [(\overleftrightarrow{0},\vec{0}),(\overleftrightarrow{1},\vec{1})]^M$；$(\overleftrightarrow{R},\vec{R}) \in [(\overleftrightarrow{0},\vec{0}),(\overleftrightarrow{1},\vec{1})]^N \times [(\overleftrightarrow{0},\vec{0}),(\overleftrightarrow{1},\vec{1})]^M$。

另外，还可将式（4-10）表示为

$$(\overleftrightarrow{b_j},\vec{b_j}) = (\overleftrightarrow{r_j},\vec{r_j})(\overleftrightarrow{a},\vec{a}) \tag{4-11}$$

即视 $(\overleftrightarrow{b_j},\vec{b_j})$ 为非线性变换 $(\overleftrightarrow{r_j},\vec{r_j})$ 应用于 $(\overleftrightarrow{a},\vec{a})$ 的结果。

文献[4]提出的模糊关系学习算法模型如下：

$$\begin{cases} \theta(n+1) = \theta(n) + \delta\theta(n) \\ \delta\theta(n) = \varepsilon \overline{c}\, \overline{d}(x_k, \theta(k)) \\ \overline{d}(\overline{x}, \theta) = -\nabla l(\overline{x}, \theta) \\ l(\overline{x}, \theta) = \sum_{j=1}^{M} (l(b_j, \overline{r}_j(\overline{a}))) = \frac{1}{2} \sum_{j=1}^{M} (\overline{r}_j(\overline{a} - b_j)^2) \end{cases} \qquad (4\text{-}12)$$

式中，$\delta\theta(n)$ 为修正项；n、$n+1$ 分别表示学习的连续步骤；修正项依损失函数 $l(\overline{x}, \theta)$ 而定；$\overline{x}$ 的含义：设输入向量为 $a^* = [a_1^*, a_2^*, \cdots, a_N^*]$，预期输出向量为 $b^* = [b_1^*, b_2^*, \cdots, b_M^*]$，则向量 $\overline{x} = [a^*, b^*]$；$\theta$ 定义为以向量形式表示的所有模糊关系 R 的元素：$\theta = [r_{ij}]_{N \times M}$，$i = 1, 2, \cdots, N$，$j = 1, 2, \cdots, M$；$\overline{c}$ 为一个 $NM \times NM$ 维的正矩阵，通常可取单位矩阵；ε 为一个小的正数；$\overline{d}(x_k, \theta(k))$ 为一个可利用 $\overline{x}$ 和 θ 计算得到的搜索方向向量。

上述模型仅仅依据第 n 步的学习来预测第 $n+1$ 步的学习，这是非常局限的，不能有效地保证学习的正确性和收敛性，所以本书提出综合考虑前面 k 步的学习，k 的取值可根据学习的规模和系统的要求而定；另外，对于含有噪声的数据，本书也给出了相应的解决方法。

2. 动态模糊关系学习算法

由前面的分析可知，对于模型(4-12)，需要调整其学习递归式和损失函数。因此，定义如下的学习递归式：

$$(\overleftarrow{\theta}, \overrightarrow{\theta})(n+1) = \sum_{i=n-k+1}^{n} (\overleftarrow{w}_i, \overrightarrow{w}_i)[(\overleftarrow{\theta}, \overrightarrow{\theta})(i) + \Delta(\overleftarrow{\theta}, \overrightarrow{\theta})(i)] \qquad (4\text{-}13)$$

$$\Delta(\overleftarrow{\theta}, \overrightarrow{\theta})(i) = (\overleftarrow{\varepsilon}, \overrightarrow{\varepsilon})(\overleftarrow{c}, \overrightarrow{c}) \overline{d}((\overleftarrow{x}_i, \overrightarrow{x}_i), (\overleftarrow{\theta}, \overrightarrow{\theta})(i)) \qquad (4\text{-}14)$$

$$\overline{d}((\overleftarrow{x}_i, \overrightarrow{x}_i), (\overleftarrow{\theta}, \overrightarrow{\theta})(i)) = -\nabla(\overleftarrow{l}, \overrightarrow{l})((\overleftarrow{x}, \overrightarrow{x}), (\overleftarrow{\theta}, \overrightarrow{\theta})) \qquad (4\text{-}15)$$

式中，$(\overleftarrow{w}_i, \overrightarrow{w}_i)$ 为第 i 步学习对第 $n+1$ 步学习产生影响的系数大小，它的值由第 i 步学习所产生的误差决定，误差越大，则系数越小，并且满足 $\sum_{i=n-k+1}^{n} (\overleftarrow{w}_i, \overrightarrow{w}_i) = (\overleftarrow{1}, \overrightarrow{1})$；假设第 i 步学习所产生的误差为 $(\overleftarrow{e}_i, \overrightarrow{e}_i)$，则可取 $(\overleftarrow{w}_i, \overrightarrow{w}_i) = \dfrac{[\sum\limits_{i=n-k+1}^{n} (\overleftarrow{e}_i, \overrightarrow{e}_i)] - (\overleftarrow{e}_i, \overrightarrow{e}_i)}{(k-1)\sum\limits_{i=n-k+1}^{n} (\overleftarrow{e}_i, \overrightarrow{e}_i)}$；$k$ 的取值视数据规模和系统要求而定，$1 \leqslant k \leqslant n$；$(\overleftarrow{\theta}, \overrightarrow{\theta}) = [(\overleftarrow{r}_{ij}, \overrightarrow{r}_{ij})]_{N \times M}$，其中 $i = 1, 2, \cdots, N$，$j = 1, 2, \cdots, M$；$(\overleftarrow{c}, \overrightarrow{c})$ 为一个 $NM \times NM$ 维的动态模糊正矩阵，通常可取动态模糊单位矩阵；$(\overleftarrow{\varepsilon}, \overrightarrow{\varepsilon})$ 为一个小的动态模糊正数；其他变量和函数定义同式(4-12)。

当观测数据包含噪声时，将其表示为

$$\begin{cases}(\overleftarrow{a},\overrightarrow{a})=(\overleftarrow{a},\overrightarrow{a})^*+n(\overleftarrow{a},\overrightarrow{a})\\(\overleftarrow{b},\overrightarrow{b})=(\overleftarrow{b},\overrightarrow{b})^*+n(\overleftarrow{b},\overrightarrow{b})\end{cases}$$

式中，$(\overleftarrow{a},\overrightarrow{a})^*$、$(\overleftarrow{b},\overrightarrow{b})^*$分别为观测数据$(\overleftarrow{a},\overrightarrow{a})$、$(\overleftarrow{b},\overrightarrow{b})$的真值；$n(\overleftarrow{a},\overrightarrow{a})$、$n(\overleftarrow{b},\overrightarrow{b})$分别为观测数据包含的噪声，其方差分别为$(\overleftarrow{\delta},\overrightarrow{\delta})_{(\overleftarrow{a},\overrightarrow{a})}$、$(\overleftarrow{\delta},\overrightarrow{\delta})_{(\overleftarrow{b},\overrightarrow{b})}$。因此，当观测数据中包含噪声时，定义如下的损失函数：

$$(\overleftarrow{l},\overrightarrow{l})((\overleftarrow{x},\overrightarrow{x}),(\overleftarrow{\theta},\overrightarrow{\theta}))=\sum_{i=n-k+1}^{n}(\overleftarrow{l}_j,\overrightarrow{l}_j)((\overleftarrow{b}_j,\overrightarrow{b}_j),(\overleftarrow{r}_j,\overrightarrow{r}_j)(\overleftarrow{a},\overrightarrow{a})) \tag{4-16}$$

$$\begin{aligned}(\overleftarrow{l}_j,\overrightarrow{l}_j)((\overleftarrow{b}_j,\overrightarrow{b}_j),(\overleftarrow{r}_j,\overrightarrow{r}_j)(\overleftarrow{a},\overrightarrow{a}))&=\frac{1}{2}\left[\left(\frac{(\overleftarrow{r}_j,\overrightarrow{r}_j)(\overleftarrow{a},\overrightarrow{a})'-(\overleftarrow{b}_j,\overrightarrow{b}_j)}{(\overleftarrow{\delta},\overrightarrow{\delta})_{(\overleftarrow{b}_j,\overrightarrow{b}_j)}}\right)^2+\left(\frac{(\overleftarrow{a},\overrightarrow{a})'-(\overleftarrow{a},\overrightarrow{a})}{(\overleftarrow{\delta},\overrightarrow{\delta})_{(\overleftarrow{a},\overrightarrow{a})}}\right)^2\right]\\&=\frac{1}{2}\left[\left(\frac{\max\limits_{i=1}^{N}(\overleftarrow{a}_i,\overrightarrow{a}_i)'\wedge(\overleftarrow{r}_{ij},\overrightarrow{r}_{ij})-(\overleftarrow{b}_j,\overrightarrow{b}_j)}{(\overleftarrow{\delta},\overrightarrow{\delta})_{(\overleftarrow{b}_j,\overrightarrow{b}_j)}}\right)^2+\left(\frac{(\overleftarrow{a},\overrightarrow{a})'-(\overleftarrow{a},\overrightarrow{a})}{(\overleftarrow{\delta},\overrightarrow{\delta})_{(\overleftarrow{a},\overrightarrow{a})}}\right)^2\right]\end{aligned}$$

式中，$(\overleftarrow{a},\overrightarrow{a})'$为真值$(\overleftarrow{a},\overrightarrow{a})^*$的估计值。

$$\begin{aligned}&\nabla(\overleftarrow{l}_j,\overrightarrow{l}_j)((\overleftarrow{b}_j,\overrightarrow{b}_j),(\overleftarrow{r}_j,\overrightarrow{r}_j)(\overleftarrow{a},\overrightarrow{a}))\\&=\frac{\partial}{\partial(\overleftarrow{r}_{ij},\overrightarrow{r}_{ij})}\left\{\frac{1}{2}\left[\left(\frac{\max\limits_{i=1}^{N}(\overleftarrow{a}_i,\overrightarrow{a}_i)'\wedge(\overleftarrow{r}_{ij},\overrightarrow{r}_{ij})-(\overleftarrow{b}_j,\overrightarrow{b}_j)}{(\overleftarrow{\delta},\overrightarrow{\delta})_{(\overleftarrow{b}_j,\overrightarrow{b}_j)}}\right)^2+\left(\frac{(\overleftarrow{a},\overrightarrow{a})'-(\overleftarrow{a},\overrightarrow{a})}{(\overleftarrow{\delta},\overrightarrow{\delta})_{(\overleftarrow{a},\overrightarrow{a})}}\right)^2\right]\right\}\\&=\frac{1}{2}\left(\frac{\max\limits_{i=1}^{N}(\overleftarrow{a}_i,\overrightarrow{a}_i)'\wedge(\overleftarrow{r}_{ij},\overrightarrow{r}_{ij})-(\overleftarrow{b}_j,\overrightarrow{b}_j)}{(\overleftarrow{\delta},\overrightarrow{\delta})_{(\overleftarrow{b}_j,\overrightarrow{b}_j)}}\right)^2\frac{\partial}{\partial(\overleftarrow{r}_{ij},\overrightarrow{r}_{ij})}\max\limits_{i=1}^{N}(\overleftarrow{a}_i,\overrightarrow{a}_i)'\wedge(\overleftarrow{r}_{ij},\overrightarrow{r}_{ij})\end{aligned} \tag{4-17}$$

由于 max 是非连续可导的函数，故式（4-17）求偏导是有问题的。在此引入 max 的近似函数来代替 max 以解决此问题。

对于数据$(\overleftarrow{a},\overrightarrow{a})'=[(\overleftarrow{a}_1,\overrightarrow{a}_1)',(\overleftarrow{a}_2,\overrightarrow{a}_2)',\cdots,(\overleftarrow{a}_N,\overrightarrow{a}_N)']$，定义$(\overleftarrow{a},\overrightarrow{a})'$的一般化 p 平均值：

$$M_p(\overleftarrow{a},\overrightarrow{a})'=\left(\frac{1}{N}\sum_{i=1}^{N}[(\overleftarrow{a}_i,\overrightarrow{a}_i)']^p\right)^{\frac{1}{p}} \tag{4-18}$$

式中，$M_p(\overleftarrow{a},\overrightarrow{a})'$为$\max\limits_i(\overleftarrow{a}_i,\overrightarrow{a}_i)'$和$\min\limits_i(\overleftarrow{a}_i,\overrightarrow{a}_i)'$很好的近似函数，它有如下性质。

引理 4.1

（1）$M_0(\overleftarrow{a},\overrightarrow{a})'=\lim\limits_{p\to0}M_p(\overleftarrow{a},\overrightarrow{a})'=[(\overleftarrow{a}_1,\overrightarrow{a}_1)'\cdots(\overleftarrow{a}_N,\overrightarrow{a}_N)']^{\frac{1}{N}}$；

（2） $p < q \Rightarrow M_p(\vec{a},\vec{a})' < M_q(\vec{a},\vec{a})'$;

（3） $\lim\limits_{p\to\infty} M_p(\vec{a},\vec{a})' = \max[(\vec{a_1},\vec{a_1})',\cdots,(\vec{a_N},\vec{a_N})']$;

（4） $\lim\limits_{p\to-\infty} M_p(\vec{a},\vec{a})' = \min[(\vec{a_1},\vec{a_1})',\cdots,(\vec{a_N},\vec{a_N})']$;

（5）对于每个变量 $(\vec{a_i},\vec{a_i})'$ ， $M_p(\vec{a},\vec{a})'$ 连续可导，其对 $(\vec{a_i},\vec{a_i})'$ 的偏导数为

$$\frac{\partial M_p(\vec{a},\vec{a})'}{\partial (\vec{a_i},\vec{a_i})'} = \frac{1}{N}\left(\frac{(\vec{a_i},\vec{a_i})'}{M_p(\vec{a},\vec{a})'}\right)^{p-1} \tag{4-19}$$

设 $p>0$ ，用近似函数 $M_p(\vec{a},\vec{a})'$ 来近似 $\max\limits_{i=1}^{N}(\vec{a_i},\vec{a_i})'$ ，则式(4-17)可写为

$$\begin{aligned}&\nabla(\vec{l_j},\vec{l_j})((\vec{b_j},\vec{b_j}),(\vec{r_j},\vec{r_j})(\vec{a},\vec{a}))\\&=\frac{1}{2}\left(\frac{M_p(\vec{a},\vec{a})'\wedge(\vec{r_{ij}},\vec{r_{ij}})-(\vec{b_j},\vec{b_j})}{(\vec{\delta},\vec{\delta})_{(\vec{b_j},\vec{b_j})}}\right)^2\frac{\partial}{\partial(\vec{r_{ij}},\vec{r_{ij}})}M_p(\vec{a},\vec{a})'\wedge(\vec{r_{ij}},\vec{r_{ij}})\end{aligned} \tag{4-20}$$

综上所述，给出动态模糊关系学习算法如下，此算法可用于生成或修改动态模糊机器学习系统中的动态模糊规则 R^l 。

算法 4.2　动态模糊关系学习算法

输入： $(\vec{a},\vec{a})=[(\vec{a_1},\vec{a_1}),(\vec{a_2},\vec{a_2}),\cdots,(\vec{a_N},\vec{a_N})]$

$(\vec{b},\vec{b})=[(\vec{b_1},\vec{b_1}),(\vec{b_2},\vec{b_2}),\cdots,(\vec{b_M},\vec{b_M})]$

输出： $(\vec{R},\vec{R})=[(\vec{r_{ij}},\vec{r_{ij}})]_{N\times M}$

开始

（1）初始化：给定初始动态模糊关系 $(\vec{R},\vec{R})$ ，可随机建立；

（2）重复。

（2.1）给定 k 的值（初始值为 0），即考虑前 k 步学习对第 $n+1$ 步学习的影响；视系统要求和数据规模而定；

（2.2）计算第 i 次学习对本次学习（第 $n+1$ 步学习）的影响系数： $(\vec{w_i},\vec{w_i})=\dfrac{[\sum\limits_{i=n-k+1}^{n}(\vec{e_i},\vec{e_i})]-(\vec{e_i},\vec{e_i})}{(k-1)\sum\limits_{i=n-k+1}^{n}(\vec{e_i},\vec{e_i})}$ ，

其中 $(\vec{e_i},\vec{e_i})$ 为第 i 次学习所产生的误差；

（2.3）计算式(4-16)；

（2.4）由式(4-18)和式(4-19)计算式(4-20)；

（2.5）根据式(4-20)、式(4-13)和式(4-14)来修改现有的动态模糊关系矩阵 $(\vec{R},\vec{R})$ ；

直到满足给定的条件

结束

---

3. 动态模糊关系学习算法分析

动态模糊关系学习算法考虑了前 k 步学习对第 $n+1$ 步学习的影响，虽然增加了时间复杂度，但保证了学习的结果更加可信，误差更小。另外，动态模糊关系学习算法还解决了观测数据中可能存在的噪声干扰问题，克服了后者的不足。总体来说，动态模糊关系学习算法更加优越。另外，不难证明动态模糊关系学习算法是收敛的。

4.6　动态模糊机器学习的学习算法介绍

前面对动态模糊机器学习的基本概念进行简单介绍。其实除了这些内容外还有很多内容。鉴于篇幅有限，不再一一介绍。为了学习方便，对其他动态模糊机器学习算法在此以名词形式进行处理。如果有学习者要深入学习动态模糊机器学习，请参考李凡长教授在国内外出版的几部专著。

（1）动态模糊层次关系学习算法（dynamic fuzzy hierarchical relation learning algorithm）：基于动态模糊矩阵基础理论，提出了动态模糊层次关系学习算法。动态模糊层次关系学习算法包括动态模糊树层次关系学习算法、动态模糊图层次关系学习算法等。

（2）动态模糊概念学习算法（dynamic fuzzy concept learning algorithm）：基于动态模糊数学理论，给出了动态模糊概念学习算法。动态模糊概念学习算法包括动态模糊概念学习模型机制、动态模糊概念表示模型、动态模糊联络及动态模糊概念格学习算法等。

（3）动态模糊半监督学习算法（dynamic fuzzy semi supervised learning algorithm）：基于动态模糊集合的相关理论，提出了动态模糊半监督学习算法。动态模糊半监督学习算法包括动态模糊半监督多任务学习模型、动态模糊半监督多任务匹配算法、动态模糊半监督多任务自适应学习算法等。

（4）动态模糊参数学习算法（dynamic fuzzy parameter learning algorithm）：针对动态模糊高维数据，基于动态模糊集合，给出了动态模糊参数学习系列算法。

（5）动态模糊极大似然学习算法（dynamic fuzzy maximum likelihood learning algorithm）：基于动态模糊集合理论，提出了动态模糊极大似然学习算法等。

（6）动态模糊格决策树学习算法（dynamic fuzzy lattice decision tree learning algorithm）：基于动态模糊格，给出了动态模糊决策树学习模型及算法等。

（7）动态模糊几何表示学习算法（dynamic fuzzy geometric representation learning algorithm）：针对动态模糊数据特征，基于动态模糊图，建立了动态模糊几何表示学习模型及算法等。

本 章 小 结

本章首先介绍动态模糊集合基础概念，其次介绍动态模糊机器学习模型及动态模糊机器学习过程控制模型,最后介绍动态模糊层次关系学习算法、动态模糊概念学习算法、动态模糊半监督学习算法、动态模糊参数学习算法、动态模糊极大似然学习算法、动态模糊格决策树学习算法、动态模糊几何表示学习算法等内容。

思 考 题

1. 请给出动态模糊机器学习的 5 种学习算法,并举例说明。
2. 请比较李群机器学习和动态模糊机器学习之间的异同。
3. 请比较深度学习与动态模糊机器学习之间的异同。
4. 请根据数字经济的特征,利用动态模糊集合建立一个分析预测模型。
5. 请谈谈动态模糊机器学习的发展前景。
6. 请利用动态模糊机器学习算法设计一个扑克牌玩家系统。

参 考 文 献

[1] 李凡长, 朱维华. 动态模糊逻辑及其应用[M]. 昆明: 云南科技出版社, 1997.
[2] Li F Z, Zhang L, Zhang Z. Dynamic Fuzzy Machine Learning [M]. Berlin: De Gruyter, 2017.
[3] Li F Z. Dynamic Fuzzy Logic and its Applications[M]. New York: Nova Science Publishers, 2008.
[4] 李凡长, 杨季文, 张莉, 等. 动态模糊数据分析理论与方法[M]. 北京: 科学出版社, 2013.
[5] 李凡长, 沈勤祖, 郑家亮, 等. 动态模糊集及其应用[M]. 昆明: 云南科技出版社, 1997.
[6] 李凡长, 钱旭培, 谢琳, 等. 机器学习理论及应用[M]. 合肥: 中国科学技术大学出版社, 2009.
[7] 李凡长, 刘贵全, 佘玉梅. 动态模糊逻辑引论[M]. 昆明: 云南科技出版社, 2005.

第二篇 人工智能+教育

2016 年 3 月 AlphaGo 战胜世界顶尖的围棋选手李世石这一事件,将"人工智能"推到了聚光灯下。当年哥伦布用航海大发现重构整个世界的地理与政治地图,今天的人工智能技术正在用史无前例的自动驾驶重构我们头脑中的出行地图和人类生活图景;当年达·芬奇用划时代的艺术巨构激发全人类对美和自由的追求,今天的人工智能技术正在进行机器翻译、机器写作、机器绘画等大胆尝试。

人工智能在过去的六十年中已然有了长足的发展。曾几何时,它只是科幻作品中的一种想象,如今,却成为主流应用技术背后的强大驱动力,成为推动人类彻底变革的巨大潜力。今天,有不少人担心人工智能可能会变得比人类更为智能。也有人认为:"人工智能不会取代你,而一个使用人工智能的人将取代你。"未来,到底是"人类与人工智能的对决"还是"人类与人工智能的合作"?当人工智能正在不知疲倦地学习人类时,我们对于人与人工智能的关系、人与人工智能的学习过程、人类社会与人工智能的教育进程是否有足够的认知和重视呢?

本篇将分为四章来解释这些问题。第 5 章介绍脑的学习,阐述学习的定义、脑的学习机制及脑学习的启示;第 6 章分析机器与人的深度学习的关联与区别及深度学习带来的启示;第 7 章介绍人工智能教育的发展,从四次教育革命的历史到人工智能教育的发展阶段,引入人工智能教育的概念与关键技术;第 8 章展示人工智能在智能辅导系统、监督学习、心理测量和知识图谱中的应用案例,帮助读者进一步理解人工智能如何与教育相结合,从而更好地推动教育改革与创新。

第5章 脑的学习

在人工智能的发展过程中，对人类的认知、学习思考方式以及大脑结构的研究对人工智能的发展起到了重要的启示作用。大脑学习的过程包括感知、认知、思考、决策等环节。在感知阶段，大脑通过感官接收外界信息，并将其转化为能够理解的信息；在认知阶段，大脑对这些信息进行加工和处理；在思考阶段，大脑会对已有的知识进行推理和归纳，从而得出结论和判断；在决策阶段，大脑会根据已有的知识和经验做出最佳的决策。从感知阶段发展到决策阶段是一个不断学习进化的过程。要了解人工智能是如何实现学习智能的，首先要知道脑是如何学习的。

5.1 什么是学习

5.1.1 广义的学习

"学习"一词在使用中常常有不同的含义。从广义的视角来看，学习是发生于生命有机体中任何导向持久性能力改变的过程，一般是由个体所经历的某些源自对环境的感觉而产生的冲动开始的，在不同的感觉形式中常常会同时发生多个冲动[1]。学习意味着一种改变，在某种程度上是持久性的改变。杜威认为，学习是经验改造和改组的历程。在心理学中，学习被认为是个体在特定情境下由于反复练习和累积经验而产生的行为或行为潜能的持久变化。在被新的学习覆盖之前，或因为生命有机体不再使用而被逐渐遗忘之前，它就是"持久性的"。同时，这种变化不是由于生命有机体中预先已有潜能的自然成熟。

采用"有机体"这一词语作为学习主体的主要原因在于并不只有人类才能够学习。

（1）学习是人与动物共有的普遍现象，无论低级动物或高级动物乃至人类，其整个生活中都贯穿着学习。

（2）学习是有机体后天习得经验的过程，而非生物本能或是先天遗传的经验。低等动物主要凭借种群的遗传经验来生存，而人类的生存更要依赖习得的经验。

（3）学习表现为个体行为由于经验而发生的较稳定的变化，有时直接见诸行为，有时则可能要经过很长时间才能反应于行为。

有一些动物研究对于理解学习也具有重要意义[2]，如早期行为主义研究者桑代克所做的饿猫开迷箱实验、斯金纳所做的小白鼠学习实验等，发现了动物能够通过形成刺激与反应的联结而实现学习。如今，学界对动物学习行为的研究更为深入，中国科学院对哺乳动物嗅觉学习和记忆进行了研究，发现嗅觉学习与记忆的突触结构基础和相关的神经回路对于哺乳动物的学习记忆机制具有可靠的参考和借鉴意义。

5.1.2　认知科学与学习

20 世纪上半叶，学界始终坚持"学习是反应的强化"，把学习的概念定义为在刺激和反应间建立联结的过程。它强调可观察的刺激条件和与这些条件相关的行为，并试图以动物低级学习的原理推演到人的学习原理。这种倾向很难去研究诸如理解、推理和思考这些对教育来说极其重要的现象。在 20 世纪 50 年代末，人们越来越清楚地认识到人类及其生存环境的复杂性，从而诞生了一个新的领域——认知科学。

第一代认知科学将人的学习活动与"计算思维""信息加工"紧密结合，逐渐形成了以"计算隐喻"为典型特征的第一代认知科学，亦称经典认知科学。其将人脑与计算机类比，认为人的各种形式的思维过程是以符号为基础的形式运算，并倾向于将人脑的感知、记忆、推理、判断等功能解释为"符号信息的加工"。第一代认知科学的兴起，使信息加工理论进入了学习研究领域，研究者开始将学习者视为信息加工者，将教育者视为信息施予者，将学习过程简单化地视作一个信息加工的过程。也因此，第一代认知科学影响下的学习概念，仍然是从教师到学生的单向施予过程，注重知识的获得而非运用，学习者与学习情境是分离的[3]。

随着情境认知、具身认知的出现，以及新兴智能技术，特别是混合现实、触觉仿真、无线传感、人工智能等技术的日趋成熟，认知科学研究也从实验室转移到较为真实的场景中。在各种技术的支持下，智能感知、触觉仿真、混合现实等学习应用场景得以实现，为具身学习的落地实施及推广应用提供了良好的支撑[4]。研究者可以在教室环境中观察师生之间的互动，从而重视实际情境中学习者的思维与求知过程。由此，人类认知研究经历了"人—计算机"的浪潮后，进入了第二代认知科学的时代，开始重新关注真实的人、真实的人体认知机制本身，技术辅助下的大脑与神经系统研究取得了飞速的发展[3]。

认知科学为"学习"的研究提供了多学科视角，涉及人类学、语言学、哲学、社会学、计算机科学、神经系统科学和心理学等种种领域。近年来，关于学习的探索不再仅仅是各种各样的猜测，而是人们利用新的实验工具、方法论和假设理论对学习开展的实证研究，这为"学习"这一主题提供了多种观点，并不断对其进行补充和丰富。

一般有以下四种对于"学习"的理解。

第一种学习是发生在个体身上学习过程的结果。这个定义关注的是学到了些什么，或者是发生了什么样的变化。

第二种学习是发生在个体身上的心智过程，通常是学习心理学所关注的。这个过程可以导向第一种含义所指的变化或结果，常常被界定为学习过程。但是，这个学习过程并不是全部都可以直接观察到的，能够观察到的仅是学习过程的一部分结果。此外，所谓"心智"是随着人类的发展而发展的，它历经了数百万年的进化。初等生物也能够学习，但并不认为它们有什么心理或心智的生命特征，心智特征的呈现是人类学习所特有的。

第三种学习是个体与学习材料以及社会环境之间的所有互动过程。这些过程直接或间接地成为第二种学习所指的内在学习过程的前提条件。我们生活在一个自然与社会的环境中，因此只有进入这个环境的互动中，才能发挥一定的作用影响和改变它。

第四种学习被或多或少地等同于教学，这种解释在我们的日常生活中常常出现。

以上四种解释只有在进行仔细分析之后才能加以区分，在日常实践中则不会被区别使用。

5.2　脑的学习机制

学习是建立在身体功能的基础上的。人类的学习主要是通过脑与中枢神经系统这些身体的特定部分产生的。我们需要先了解一点关于大脑的结构知识，这将帮助理解脑是如何学习的。

5.2.1　学习的路径：脑

脑部组织分为三大区：大脑、小脑、脑干。大脑是人脑中最大的一部分，分为左右两个半球。大脑的最外层为大脑皮质，并可再分为 4 个区块，每个区块称为"叶"。因为大脑分为左右半球，所以每个大脑有四对脑叶，分别是额叶、颞叶、顶叶和枕叶，如图 5-1 所示。

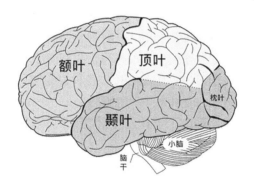

图 5-1　大脑结构图

1. 额叶（frontal lobe）

在人类大脑中，额叶是最大的脑叶，但有些动物基本没有额叶，这显示了额叶与进化可能有很大的关系。性格、管理和计划、自我意识、奖励、评判等重要的认知功能都与额叶密不可分。有了额叶，我们就不会只做出即时反应，而是可以做想做的事并联想到后果。这个区域在我们对事物的认识中发挥着决定性作用，因此也在学习中发挥着决定性作用。

在这里，前额叶皮质（prefrontal cortex，PFC）经常被授予脑"首席执行官"的称号，是最后一个发育成熟的脑区，直到 25~30 岁才能发育成熟。也就是说，很多人要在全日制教育结束很久之后才能发育成熟。

2. 颞叶（temporal lobe）

颞叶和耳朵的位置在同一个高度，不仅在听觉信息加工中具有重要作用，还具备复杂视觉与动觉的信息加工以及多种信息存储的记忆功能[5]。颞叶皮层的认知功能是复杂而重要的，在我们的学习理解中发挥着重要作用，如果这个区域损伤，我们就无法理解所听到的语言。海马体的结构也在颞叶这个区块，它最主要的功能是形成新的记忆。同时，海马体也是早期长期记忆的储存地点，在学习过程中，它会将我们的长期记忆转换成更加持续永久的记忆，没有这些结构我们就无法形成记忆。

3. 顶叶（parietal lobe）

顶叶是负责整合和处理各种感知信息（包括味觉、痛觉、触觉、空间感等）的区域。顶叶可以说是我们日常生活中的导航，右侧顶叶能够帮助我们在三维空间中定位外部物体的位置，从起床、找到学校的路，到穿衣服、上学或上班等都离不开顶叶的指引。左侧顶叶对我们的数学学习、语言理解等有着独特的作用，是能够负责数学推理、从言语文字中提取意义等功能的重要区域[6]。

4. 枕叶（occipital lobe）

枕叶在脑部的后侧，就是我们睡觉时与枕头相接处的位置。枕叶主要负责处理视觉信息，它能够处理颜色、光线等视觉刺激，并将视觉信息存储，使其与大脑的其他区域相互作用，由此构建出周围世界连续不断的图像。我们能够对环境做出感知就是由于枕叶的认知功能，它让我们在学习过程中能够接收各种视觉信息，能够"看"得到这个世界。此外，梦境中的视觉效果也是由枕叶产生的。

除了四对脑叶之外，小脑和脑干也在人的学习中发挥着重要的作用。

5. 小脑（cerebellum）

小脑可以控制肌肉活动，主要功能是维持机体平衡、控制姿势、协调骨骼肌活动，并在应激反应中发挥重要作用。它能够同时处理大脑和脊髓两边发送过来的信号，调节我们的姿势在时间和空间上的准确度。小脑能够让我们轻松地跑下楼梯，而不用意识到脚的精准动作。当我们聆听乐曲中的一串音符时，小脑还能帮助我们记住音符出现的顺序。此外，小脑还参与了最基本的学习形式，使我们适时地对线索做出习惯性反应[6]。

6. 脑干（brain stem）

脑干连接着脊髓与大脑的其他部分，包括延髓（medulla oblongata）、脑桥（pons）和网状结构（reticular formation）3个重要信息区域。脑干做着维持生命的工作，主要调控着呼吸、心跳、血压等，还负责睡眠与保持大脑清醒等任务。这一部分调节着基本的身体功能，使得一些器官的运作无须我们有意识地关注即可做出自动反应。

由此可见，脑的各部分都有自身所专长的任务，但需注意的是，脑是一个整体，诸如记忆、语言等复杂的学习行为绝非由某个脑区独立完成的，而是各个脑区功能的协同作用，从而完成心理及行为过程，共同理解并回应这个世界。

5.2.2 学习的基础：神经元放电

脑研究在近几年来有了喷发式的进展。新兴技术的发展，使人们对有关学习、思维、记忆的运行机制等有了更深刻的认识。人的大脑包含 100 亿～1000 亿个脑细胞，这给不同的大脑细胞网络与回路路径提供了无限的可能性。

神经元是脑细胞的基础构件。它们很小，10 个神经元的总宽度也只相当于人类一根头发的直径，但是它们却很长，有的比人的手臂还要长。大脑里有近千亿个神经元，大致相当于银河系中恒星的数量。神经元由胞体和突起两部分组成，突起又分为轴突和树突。神经元的树突表面常伸出许多小的突起，称树突棘，它是与其他神经元轴突末梢构成突触的接触部位。学习是通过神经元放电来完成的，即一个神经元通过跨越一道细微狭窄的间隙将一个微小的电击传递给另一个神经元，这道间隙便是"突触"。来自这个突触的"电火花"产生了一个电子信号，这个信号可以在神经元中流动，这些流动的信号就是思想。

突触通过两种基本方法连接大脑。第一种方法是突触产出过剩，然后选择性地消失。突触产出过剩和消失是大脑用以吸收经验信息的基本机制，通常出现在大脑发展的早期。在大脑控制视觉的大脑皮质层区，6 个月大的婴儿比成年人拥有更多的突触，这是因为在生命的最初几个月会快速形成越来越多的突触，接着这些突触便被"修剪"消失，有时是大批消失。这种现象所需要的运行时间因大脑的部位不同而异。有关研究显示，"修剪"行为出现在突触产出过剩和消失阶段，是因为神经系统建立起大量的链接，然后由经验作用于这个链接网络，选择合适的链接，去除不恰当的链接，由此便构成了感觉以及后期认知发展的基础。第二种方法是添加新的突触。不同于突触的过剩和消失，突触添加过程涵盖了人的一生，而在人的中晚年生命中更为重要。这一过程对经验较为敏感，事实上它是由经验驱动的。突触的添加是一部分或大部分记忆的基础。本质上，一个人接触信息的质量和习得信息的数量反映其大脑的终生结构。这一过程并不是大脑储存信息的唯一方式，但却为了解人是如何学习的提供了一个非常重要的方法[7]。

学习新事物就意味着在大脑中创造新的或更牢固的神经元链接。每个学习过程都有自己特定的过程，是以神经元之间某种电化学回路的形式发生的。学习新知识时，放电的神经元会通过突触连接在一起，组成大脑链接。刚开始学习时，大脑链接很薄弱，只有几个神经元相连。此时，每个神经元可能只有一个小树突棘和一个小突触，神经元之间的电火花不是很强大，形成的是一组弱链接。随着不断实践新知识，更多的神经元会参与其中，神经元之间的突触链接变得越来越牢固，大脑链接也进而变得更强大，可以存储更复杂的思想。因此，越是勤加练习，大脑链接就会越强大；反之，神经元的链接也会变弱，甚至断开。

5.2.3　学习的模式

神经科学家发现，基于不同的神经网络模型，我们的大脑呈现出两种不同的工作模式。芭芭拉·奥克利将这两种模式称为专注模式和发散模式[8]。在我们日常活动中，大脑会在这两种模式之间不断切换。这两种模式对学习都非常重要。

1. 专注模式（focused mode）

大脑进入了专注模式，这意味着我们正在集中注意力，让大脑的特定区域工作，根据我们的不同学习内容与方式，大脑工作的区域也有所不同。例如，当我们在做数学运算时，集中注意力所使用的大脑区域和说话时是不一样的。当我们尝试学习新事物时，首先必须专注于它，才可"打开"大脑的这些区域，启动学习过程。

若将我们的大脑比喻为弹球台，弹球台上用于弹球的缓冲器间的距离或近或远，是不一样的。缓冲器相距较近时的状态，就如同大脑正处于专注模式，把我们的精神集中在脑中已经形成紧密关联的事物上，弹球会在一个很小的区域内迅速地弹来弹去，让我们更快捷地得到一个确切的想法。然而，正因为缓冲器之间的距离太近，我们的思维也就不可能走得太远，易出现思维的定势效应。此外，我们无法长时间将注意力保持在某件事情上，这时就需要切换到发散模式。

2. 发散模式（diffuse mode）

当大脑处在放松的状态，不需要特定思考时就会进入发散模式。散步、冲澡或是望向窗外，都能帮助我们进入发散模式。当大脑处于发散模式时，其中一些区域会被温和地使用，这些区域与我们专注时使用的区域大不相同[9]。

同样地，如果将大脑的发散模式比喻为弹球台，在发散模式中，缓冲器之间的距离相较于专注模式变大，这种思维模式会让大脑以更开阔的视野俯瞰世界。发散模式可以帮助我们在各种想法之间建立充满想象力的联系，许多创意经常是在发散模式中冒出来的。

大脑必须在专注模式和发散模式之间来回切换，这样才能有效地学习。例如，在做微积分题目时，一开始进入专注模式思考曾经学过的知识点和解题技巧，但若遇到困难，我们可以暂时把注意力移到其他事物上，以切换到发散模式，开拓我们的思路，当我们重新回到数学解题上时可能就会有所突破。

5.2.4　学习的加工：记忆

近年来，依托先进的科学技术与仪器，如正电子发射体层成像（positron emission tomography，PET）和功能性磁共振成像（functional magnetic resonance imaging，FMRI），研究人员能直接观察到人的学习过程，神经科学已经部分地澄清了一些学习的机制，并能解释关于记忆加工的过程，这有助于对脑的学习的理解。

记忆不是独立的实体，也非发生在大脑独立区域的一种现象。记忆的基本加工形式有两类：陈述性记忆，即对事实和事件的记忆，主要发生在涉及海马的大脑区域；程序性或非陈述性记忆，即对技能和其他认知操作的记忆，或不能用陈述性语句表征的记忆，主要发生在涉及新纹路的大脑区域。研究表明，大脑不仅仅是事件的被动记录仪，也是主动参与信息存储和回忆的。在一个例子中，让被试者看一连串单词：酸、糖果、苦、好味道、小刀、蜂蜜、照片、巧克力、心、蛋糕、小饼干。在随后的辨认阶段，要求被试者对某个特定的字或词是否在单词列表中出现做出"是"或"否"的回答。被试者回答频度和信度最高的是"甜"字。也就是说，他们"回忆"了不正确的信息。这一发现表明人们所回忆的字是隐含而非明示的，人的经验与记忆加工有关联。还有一个研究，当询问儿童一个假的事件是否出现过时，他们会正确回答说从未发生过。然而，在一段时间之后重复讨论此事件时，儿童开始确信这些假的事件发生过。大约在讨论 12 周之后，儿童能够详述这些虚构事件，并附上大量的"证据"。这个研究表明回忆非经历事件激活了大脑直接经历事件所在的同一区域。磁共振成像表明，在询问和回答真假事件时相同的大脑区域被激活，这也解释了为什么错误记忆仍能够迫使人相信。因此，学习的一个特征是记忆加工，使之与其他信息建立相关的联系。而记忆加工既处理正确记忆事件，又处理错误记忆事件，因为它激活了相同的大脑区域，而不管所记忆的信息是否有效。可以看出，经验对大脑结构的发展十分重要，但是有些经验能够牢记，如直接经验，有些经验则不能。这给学习带来的启示便是实践促进学习。越来越多的证据显示大脑的发展和成熟随学习的发生而在结构上产生变化。因此，人们认为这些结构的变化是由大脑对学习进行编码，再由学习赋予大脑新的组织模式而形成的。有研究也显示神经细胞拥有大量的突触，通过这些突触让它们能够彼此沟通，神经细胞自身的结构也相应地发生变化。

5.3　脑学习的启示

爱因斯坦曾说："大学教育的价值不在于记住很多事实，而是训练大脑会思考。"了解了脑的学习机制后，我们应该怎么样做才能学会思考，学得更有效？

（1）形成链接，开始学习。当我们开始吸收新信息时，新的树突棘和突触就开始形成。即便只是阅读某本书的某页，新的树突棘就已经开始形成。因此，第一步便是要行动起来，开始学习。

（2）不要搞填鸭式学习。"填鸭"意味着拖延以及等到最后一分钟才开始学习，如果把学习拖到最后一分钟去做，我们用于反复练习的时间会变少，夜晚睡眠并产生新突触的时间也会变少，就无法建立起牢固的链接。

（3）持续学习。持续练习我们正在学习的东西，树突棘和突触就会进一步成长。我们越是沿着我们的神经路径进行思考，所学的东西就会越持久。大脑链接组就是这样产生的。

（4）保留足够的睡眠时间。当我们学习时，神经元会改变，最大的改变发生在学习结束去睡觉时。睡眠能帮助人们记住大脑刚接收到的信息，尤其是在帮助人们记忆大量相似信息方面特别有效。在睡眠中，大脑会演练白天所学的东西，电子信号一次又一次地穿过同一组神经元，这种睡眠过程中的"夜间练习"会让树突棘长得更大，继而让突触变得更强大，大脑的链接也变得更牢固，这也意味着思考正在学习的东西会变得更容易。睡眠就好比"砂浆"巩固了学习之墙。因此，每天花一些时间学习某个特定的项目并持续若干天。在这个学习期间就可以获得若干段时间的睡眠，能给予新的突触链接生长所需要的更多的时间，从而帮助新知识获得真正的巩固。

本 章 小 结

从广义的视角来看，学习发生于生命有机体中任何导向持久性能力改变的过程，一般是从个体所经历的某些源自对环境的感觉而产生的冲动开始的。从认知科学的视角出发，学习是发生在个体身上的学习过程的结果；是发生在个体身上的心智过程；是个体与学习材料以及社会环境之间的所有互动过程；或多或少地被等同于教学这一名词。

大脑在学习时神经元会放电。一个神经元通过跨越一道细微狭窄的间隙将一个微小的电击传递给另一个神经元，这道间隙称为"突触"。学习新事物就意味着在大脑中创造新的或更牢固的链接。学习新知识时，放电的神经元会连接在一起，组成大脑链接。

当大脑学习时神经元会改变，但是最大的改变发生在学习完去睡觉时。在睡眠中，大脑会演练白天所学的东西，电子信号一次又一次地穿过同一组神经元，让我们的树突棘长得更大，继而突触会变得更强大，大脑的链接也变得更牢固。

思 考 题

1. 当学习开始时，大脑中的神经元发生了什么？
2. 大脑的协同作用是如何体现的？
3. 大脑的学习方式有哪两种模式？举例说明在学习中应该如何运用这两种模式。
4. 睡眠是如何帮助大脑整理白天学过的知识的？

参 考 文 献

[1] 克努兹·伊列雷斯.我们如何学习: 全视角学习理论[M]. 孙玫璐, 译.北京: 教育科学出版社, 2010.

[2] 饶小平. 哺乳动物嗅觉学习与记忆的结构基础研究[D]. 武汉: 中国科学院武汉物理与数学研究所, 2013.

[3] 李曼丽, 丁若曦, 张羽, 等. 从认知科学到学习科学: 过去、现状与未来[J].清华大学教育研究, 2018, 39(4): 29-39.

[4] 赵瑞斌, 张燕玲, 范文翔, 等. 智能技术支持下具身学习的特征、形态及应用[J]. 现代远程教育研究, 2021 (6): 55-63,83.

[5] 沈政, 林庶芝. 颞叶皮层的认知功能[J]. 生理科学进展, 1993, 24(1): 49-52.

[6] 莫雷. 教育心理学[M]. 北京: 教育科学出版社, 2007.

[7] Bransford J D, Brown A L, Cocking R R. How People Learn:Brain, Mind, Experience, and School[M].

Washington D.C.：National Academy Press, 2000.

[8] Oakley B. A Mind For Numbers: How to Excel at Math and Science (Even If You Flunked Algebra)[M]. New York: TarcherPerigee, 2014.

[9] Oakley B, Sejnowski T, McConville A. Learning How to Learn: How to Succeed in School Without Spending All Your Time Studying; A Guide for Kids and Teens[M]. New York: TarcherPerigee, 2018.

第6章　机器与人的深度学习

　　人的学习需要经过大脑，机器的学习需要经过电脑。在这个过程中无论是人还是机器，其学习都需要（生物或人工）神经元的参与，神经元的参与程度也导致学习结果呈现出浅层和深度等不同的层次。随着人工智能技术的不断发展，深度学习（deep learning）一词越来越为人们所熟知，它同时存在于计算机领域与教育领域，是近年来的研究热点。计算机领域的 deep learning，又称机器深度学习，是一种机器学习技术，从属人工智能科学。教育领域中的 deep learning，译为人的深度学习或深层学习，它作为一种学习方法受到国内教育领域学者高度关注。"deep learning"一词在两个领域的具体内涵有差别，却用词相同，部分研究中存在将二者概念混用的情况。首先，我们来看一下什么是机器的深度学习。

6.1　机器的深度学习

　　计算机领域的 deep learning 一直被译为深度学习，其发展主要受到人脑科学、统计学和应用数学等领域的启发。在过去几十年的发展中，深度学习借鉴了大量关于这些领域的知识，使其能够模拟和解决各种复杂问题。近年来，深度学习的实用性和普及性得到了极大的提高，在搜索技术、数据挖掘、机器翻译、自然语言处理、多媒体学习、语音、推荐和个性化技术，以及其他相关领域都取得了很多成果。

6.1.1　深度学习概述

　　机器深度学习是机器学习的一个特定分支。机器学习是人工智能的重要标志，是计算机获取知识、具有智能的重要途径。它利用数学、统计学和计算机科学的方法和技术来实现计算机系统的自动化学习和预测能力。机器学习利用大量数据来训练和改进算法，使机器能够从数据中学习，使计算机系统能够识别、分类、预测和优化任务，而不需要明确的编程指令。因此，机器学习可以解决一些人为设计和使用确定性程序很难解决的问题。从科学和哲学的角度来看，机器学习之所以受到关注，是因为要提高我们对机器学习的认识就需要提高我们对智能背后原理的理解。

　　机器深度学习研究主要来源于 20 世纪 50 年代起对人工神经网络的研究。人工神经网络是一种由多个人工神经元组成的计算系统，是一种数学模型。它像人脑处理信息的方式一样工作，是对人脑学习处理机制的模拟。人工神经网络的数学模型最早是由尼古拉斯·拉舍夫斯基（Nicolas Rashevsky）在 20 世纪 30 年代初开发的，后来他的学生沃尔特·皮茨（Walter Pitts）于 1943 年和一位心理学家沃伦·麦卡洛克（Warren McCulloch）在合著的 "A Logical Calculus of the Ideas Immanent in Nervous Activity" 论文中提出了人工神经网络的概念及人工神经元的数学模型，从而开创了人工神经网络研究的时代。随后，人工神经网络进一步被美国神经学家弗兰克·罗森布拉特（Frank Rosenblatt）所发展。1958 年，弗兰克·罗森布拉特受到神经心理学家唐纳德·赫布（Donald Hebb）关于神经网络中的学习是通过突触修饰进行的观点和经济学家弗里德里希·哈耶克（Friedrich Hayek）关于分布式学习的启发，认为生物神经网络的学习可以被模拟为网络连接的渐变过程，因而提出了可以模拟人类感知能力的机器，并称为"感知器"（perceptron）。弗兰克·罗森布拉特所描绘的多层光电感知器在许多方面与目前最先进的图像处理神经网络相同。感知器是生物神经元的简单抽象。神经元的状态取决于从其他神经元收到的输入信号量及突触的强度。当输入信号量大于或等于某个阈值时，神经元就会通过发送信号沿着轴突并通过突触传递到其他神经元，将神经元连接为网络状，就形成了神经网络。

机器深度学习是通过建立多层神经元组成的深度神经网络（deep neural network，DNN），将输入数据传递到网络中进行处理和特征学习，然后输出结果。一个典型的人工神经网络由 3 个基本层次组成：输入层、隐含层和输出层。首先，输入层是神经网络的接口，接收来自外部环境或其他神经网络的数据。每个输入节点代表一个特征或变量，如图像中的像素或文本中的单词。其次，隐含层是神经网络的核心，负责将输入信息进行处理和转换，以生成更高级别的特征表示。一个神经网络可以包含多个隐含层，每个隐含层都有许多神经元。最后，输出层是神经网络的最终输出，输出神经元的数量取决于所需的任务类型。例如，在分类任务中，输出层可能由几个神经元组成，每个神经元代表一种可能的分类结果。在回归任务中，输出层可能只有一个神经元，它代表预测值。机器深度学习的"深度"便表现为深度神经网络的层数。

让我们通过一个例子来了解人工深度神经网络结构的工作原理（图 6-1）。在这个例子中，输入层神经元的数量取决于识别的像素个数，我们识别 3×3=9 个像素信息的图像，因此输入层由 9 个神经元构成。当神经网络要识别图片中符号是"+"还是"－"时，首先每个输出层中的神经元会分别读取图片像素上的信息并传递到隐含层，根据像素上反馈的信息值隐含层会提取输入图像的特征，将信息再传递到输出层，根据输出层的神经元的输出信号对整个神经网络进行判断，推导出它识别出的图像，即"+"。

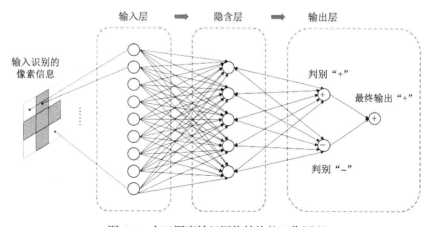

图 6-1　人工深度神经网络结构的工作原理

机器深度学习主要有以下几种特征。

第一，模型运作机制方面，其核心是对人脑神经系统的模拟与抽象。

第二，模型结构上，包含多个隐含层。人工神经元的广泛互连构成了机器学习的运作机制，即人工神经网络。

第三，机器深度学习的过程是特征学习的过程。在深度学习中，数据从一个空间映射到另一个空间，前一层的输出变为后一层的输入。原始的数据通过逐级转换，转换为更高、更抽象的表示，有了足够多的这种变换的组合，就可以学习非常复杂的函数，这一过程就是特征提取（学习）的过程。

因此，计算机领域的深度学习的实质是"通过构建具有很多隐含层的机器学习模型和海量的训练数据来学习更有用的特征，从而最终提升分类或预测的准确性"。

6.1.2　深度学习算法

深度学习算法在语音和图像识别方面取得的效果，远远超过先前相关技术。关于深度学习算法的文献、书籍很多，本节仅对 12 种深度学习算法进行简要说明。

1. 反向传播算法（back-propagation algorithm，BPA）

BPA 是多层神经元网络建立在梯度下降算法基础上的一种学习算法。反向传播（BP）神经网络的输入输出关系实质上是一种映射关系：一个 n 输入 m 输出的 BP 神经网络所完成的功能是从 n 维欧氏空间向 m 维欧氏空间中一有限域的连续映射，这一映射具有高度非线性。它的信息处理能力来源于简单非线性函数的多次复合，因此具有很强的函数复合能力。这是 BPA 得以应用的基础。BPA 主要由两个环节（激励传播、权重更新）反复循环迭代，直到网络对输入的响应达到预定的目标范围为止。

BPA 的学习过程由正向传播过程和反向传播过程组成。在正向传播过程中，输入信息通过输入层经隐含层，逐层处理并传向输出层。如果在输出层得不到期望的输出值，则取输出值的误差的平方和作为目标函数，转入反向传播，逐层求出目标函数对各神经元权值的偏导数，构成目标函数对权值向量的梯量，并作为修改权值的依据，网络的学习在权值修改过程中完成。当误差达到期望值时，网络学习结束。

2. 前馈神经网络（feedforward neural network，FNN）

前馈神经网络通常是全连接，这意味着层中的每个神经元都与下一层中的所有其他神经元相连。所描述的结构称为"多层感知器"，起源于 1958 年。单层感知器只能学习线性可分离的模式，而多层感知器则可以学习数据之间的非线性关系。

3. 卷积神经网络（convolutional neural network，CNN）

卷积神经网络的机理是模仿生物的视知觉机制构建，可以进行监督学习和非监督学习。卷积神经网络是一类包含卷积计算且具有深度结构的前馈神经网络，是深度学习的代表算法之一。卷积神经网络具有表征学习（representation learning）能力，能够按其阶层结构对输入信息进行平移不变分类（shift-invariant classification），因此也被称为"平移不变人工神经网络"（shift-invariant artificial neural network，SIANN）。

4. 循环神经网络（cyclic neural network，CNN）

循环神经网络是一类以序列（sequence）数据为输入，在序列的演进方向进行递归（recursion）且所有节点（循环单元）按链式连接的递归神经网络。其中双向循环神经网络（bidirectional RNN，Bi-RNN）和长短期记忆网络（long short-term memory network，LSTM）是常见的循环神经网络。循环神经网络具有记忆性、参数共享并且图灵完备（turing completeness）的特点，因此在对序列的非线性特征进行学习时具有一定优势。

5. 递归神经网络（recurrent neural network，RNN）

递归神经网络是两类人工神经网络（分别是时间递归神经网络和结构递归神经网络）的总称。递归神经网络也是循环神经网络的另一种形式，不同之处在于它们是树形结构。因此，叫以在训练数据集中建模层次结构。由于其与二叉树、上下文和基于自然语言的解析器的关系，它们通常用于音频到文本转录和情绪分析等自然语言处理（natural language processing，NLP）应用程序中。但是，它们往往比递归神经网络慢得多。

6. 自动编码器（autoencoder）

自动编码器是用于无监督学习高效编码的人工神经网络，属于无监督预训练网络（unsupervised pre-trained network）的一种。自动编码器的目的是学习一组数据的表示（编码），通常用于降维。自动编码器已经越来越广泛地用于生成模型的训练。

自动编码器神经网络是一种无监督学习算法，有三层神经网络：输入层、隐含层（编码层）和解码层。该网络的目的是重构其输入，使其隐含层学习到该输入的良好表征。其应用了反向传播，可将目标值设置成与输入值相等。

自动编码器主要有如下几类：

（1）去噪自动编码器（denoising autoencoder）。去噪自动编码器是最基本的一种自动编码器，它会随机地部分采用受损的输入来解决恒等函数风险，使得自动编码器必须进行恢复或去噪。

（2）稀疏自动编码器（sparse autoencoder）。稀疏自动编码器通过在训练期间对隐藏单元施加稀疏性（同时保持隐藏单元的数量比输入更多），可以在输入数据中学习有用的结构。这种对输入的稀疏表示在分类任务的预训练中很有用。一般可以通过训练期间在损失函数中添加附加项来实现稀疏性，或者手动将除了几个最重要的隐藏单元外其余的全部调零（k 稀疏自动编码器，k-sparse autoencoder）来实现稀疏性。

（3）变分自动编码器（variational autoencoder，VAE）。变分自动编码器模型继承了自动编码器体系结构，使用变分方法进行潜在表示学习。

（4）收缩/压缩自动编码器（contractive autoencoder，CAE）。收缩自动编码器在它们的目标函数中增加了一个正则项，迫使模型学习一个对输入值的细微变化具有鲁棒性的函数。

7. 深度信念网络（deep belief network，DBN）

深度信念网络由 Geoffrey Hinton 在 2006 年提出。它是一种生成模型。通过训练其神经元间的权重，可以让整个神经网络按照最大概率来生成训练数据。深度信念网络由多层神经元构成，这些神经元又分为显性神经元和隐性神经元。显性神经元用于接收输入，隐性神经元用于提取特征。因此隐性神经元也有个别名，称为特征检测器（feature detector）。最上面的两层间的连接是无向的，组成联合内存。较低的其他层之间有连接上下的有向连接。最底层代表了数据向量（data vector），每个神经元代表数据向量的一维。

深度信念网络的组成元件是受限玻尔兹曼机。训练深度信念网络的过程是一层一层进行的。在每层中，用数据向量来推断隐含层，再把这一隐含层当作下一层（高一层）的数据向量。

8. 受限玻尔兹曼机（restricted Boltzmann machine，RBM）

受限玻尔兹曼机是玻尔兹曼机（BM）的一种特殊拓扑结构。BM 的原理起源于统计物理学，是一种基于能量函数的建模方法，能够描述变量之间的高阶相互作用，BM 的学习算法较复杂，但所建模型和学习算法有比较完备的物理解释和严格的数理统计理论作基础。BM 是一种对称耦合的随机反馈型二值单元神经网络，由可见层和多个隐含层组成。网络节点分为可见单元（visible unit）和隐藏单元（hidden unit），用可见单元和隐藏单元来表达随机网络与随机环境的学习模型，通过权值表达单元之间的相关性。受限玻尔兹曼机也可被用于深度学习网络。具体地，深度信念网络可使用多个受限玻尔兹曼机堆叠而成，并可使用梯度下降法和反向传播算法进行调优。

9. 生成对抗网络（generative adversarial network，GAN）

生成对抗网络是近年来复杂分布上无监督学习最具前景的方法之一。该模型通过框架中（至少）两个模块即生成模型（generative model）和判别模型（discriminative model）的互相博弈学习产生高质量的输出。原始生成对抗网络理论中，并不要求生成模型和判别模型都是神经网络，只需要能拟合相应生成和判别的函数即可。但实际应用中一般均使用深度神经网络作为生成模型和判别模型。一个优秀的生成对抗网络应用需要有良好的训练方法，否则可能由神经网络模型的自由性导致输出不理想。

10. Transformer

Transformer 概念，是一种基于注意力机制而形成的新概念。这个概念被用来迫使网络将注意力集中在特定的数据点上。实际上，Transformer 由多个堆叠的编码器（形成编码器层），以及多个堆叠的解码器（解码器层）和一堆注意力（attention）层[自注意力（self-attention）和编码器-解码器注意力（encoder-decoder attention）]组成。

11. 图神经网络（graph neural network，GNN）

图神经网络的研究与图嵌入或网络嵌入密切相关。图嵌入旨在通过保留图的网络拓扑结构和节点内容信息，将图中顶点表示为低维向量，以便使用简单的机器学习算法（如支持向量机分类）进行处理。图嵌入算法通常是无监督的算法，大致可以分为 3 个类别，即矩阵分解、随机游走和深度学习方法。同时，图嵌入的深度学习方法也属于图神经网络，包括基于图自动编码器的算法和无监督训练的图卷积神经网络。

12. 深度强化学习（deep reinforcement learning，DRL）

深度强化学习将深度学习的感知能力和强化学习的决策能力相结合，可以直接根据输入的图像进行控制，是一种更接近人类思维方式的人工智能方法。目前主要的深度强化学习算法有以下几类。

（1）深度 Q 网络（deep Q network，DQN）算法。DQN 算法融合了神经网络和 Q 学习(Q learning）的方法。DQN 有一个记忆库用于学习之前的经历。

（2）基于卷积神经网络的深度强化学习。由于卷积神经网络对图像处理拥有天然的优势，将卷积神经网络与强化学习结合处理图像数据的感知决策任务成了很多学者的研究方向。

（3）基于递归神经网络的深度强化学习。深度强化学习面临的问题往往具有很强的时间依赖性，而递归神经网络适合处理与时间序列相关的问题。强化学习与递归神经网络的结合也是深度强化学习的主要形式。对于时间序列信息，DQN 的处理方法是加入经验回放机制。但是经验回放的记忆能力有限，每个决策点需要获取整个输入画面进行感知记忆。将长短期记忆网络与 DQN 结合，提出深度递归 Q 网络（deep recurrent Q network，DRQN），在部分可观测马尔可夫决策过程（partially observable Markov decision process，POMDP）中表现出了更好的鲁棒性，同时在缺失若干帧画面的情况下也能获得很好的实验结果。受此启发的深度注意力递归 Q 网络（deep attention recurrent Q network，DARQN）能够选择性地重点关注相关信息区域，减少深度神经网络的参数数量和计算开销。

总之，计算机领域的深度学习是机器学习的一种方法。未来，得益于更强大的计算机、更大的数据集和能够训练更深网络的技术，机器深度学习将在进一步提高并应用到新领域的过程中充满挑战和机遇。

6.2 人的深度学习

6.2.1 人的深度学习来源

人的深度学习研究起源于 20 世纪 70 年代。1976 年，瑞典歌德堡大学的两位学者费伦斯·马顿（Ference Marton）和罗杰·萨尔乔（Roger Säljö）在对学生学习方法的研究中首先发现了学生处理信息方式的定性差异[1]。他们做了一项实验，该实验选取两组学生，分别阅读相同的两部分内容，在学生阅读完第一部分内容后，让这两组学生根据其阅读结果分别作答两份问题侧重不同的试卷，然后再让学生同时阅读第二部分内容并作答两份完全相同的试卷。在该项研究中，自变量是两次测试的试卷问题，旨在测量学生在不同学习任务中的反应。实验结果表明，学生处理学习资料时，个体间学习过程的类型存在差异。其中一个小组的学生只有在认真阅读并记住了文章的一些细节内容后，才能够正确回答试卷所提出的那些表面类型的问题，同时还通过不断重复这类问题，让学生潜意识里认为这类问题还会再出现。研究者通过对"表面层次"学习小组的测试，让这些学生觉得能够复述出学习的内容是一种较好的学习方法，从而逐渐形成以表面层次为主的学习过程。另一个小组的学生则需要对所学内容有了较为深刻的理解并掌握后才能够答出试卷的问题。当这两个小组的学生同时进行第二部分内容的阅读时，所表现出的加工水平便出现了很大的差异。"表面层次"学习小组的注意力会集中在文本本身，需要依靠死记硬背才能够完成学习过程，这种加工水平为浅层处理，这样的学习过程称为浅层学习（surface learning）。而"深度层次"小组的学生有着较高的深加工水平，能够对文章作者想要表达的观点进行更加深刻的理解，这样的学习过程称为深度学习（deep learning）。由此可知，在某个定性的维度里，个体在学习过程中的注意力是可以发生转移的，会根据不同的任务要求而采用不同的学习方式，即深度学习和浅层学习。这便是最早的教育领域中关于人的深度学习研究。

国内教育领域深度学习的研究始于 2004 年，且发端于教育技术学科。2004 年美国教育传播与技术学会（Association for Educational Communication and Technology，AECT）发布了"教育技术"的新定义。AECT 组织与术语委员会对定义中涉及的关键术语"学习"进行了详细阐释："如今人们谈论求学的话题时，'学习'通常是指那些富有成效的、能主动应用的或者深层次的学习。"2004 年"教育技术"的新定义引发了国内学者的高度关注和广泛讨论，深度（层）学习也由此开始走进国内教育领域。

6.2.2　人的深度学习内涵

人的深度学习不同于机器深度学习，它是以激发学习者内在动机为前提，以学习者高度的情感投入与行为投入为基础，以多元化学习策略运用为手段，以元认知为调控，指向实际问题解决和高阶思维养成的学习方法[2]。其内涵可以分为以下 4 个维度。

第一，学习者特征维度。人的深度学习要求学习者高投入，包括情感投入与行为投入。情感投入上，表现为学习动机积极主动，强调学生出于学习兴趣和需求的自发学习、主动学习。2010 年以来学习与脑研究取得的最重要成果之一就是学习的动机基础，包括受到诸如欲望和兴趣，或者受必须性和外力强迫而激发的程度，它既是学习过程，又是学习结果的一部分。行为投入上，表现为对学习过程的深刻参与和投入，即沉浸式的投入状态。学习者的学习状态必须是高度专注的，并且愿意在学习上投入时间和精力。

第二，学习过程维度。其一，强调多元学习策略的运用。学习策略体现了学习者对学习的规划与安排，多元学习策略有助于学习者对知识的深刻加工与学习效率的提升。其二，强调元认知的参与。人的深度学习强调学习过程中的反思与元认知。学习中元认知的发挥不仅包括对所学知识有明确的了解，还包括对自我学习状态的反省与认知。这正是机器学习难以做到的。

第三，学习内容维度。集中在对学习内容的"非良构"与"良构"的探讨。例如，有学者认为人的深度学习应在真实复杂的情境中进行，这属于非良构问题。与此相对立的观点认为深度学习的内容"是经过教师精心设计、具有教学意图的结构化的教学材料"，这属于良构问题。良构问题的解决涉及认知成分（具体领域的知识、结构性知识）、元认知中"认知的知识"（一般策略），而非良构问题还会涉及元认知中的认知调节（计划、监控、评估）和非认知因素（价值观、态度与信念）。良构问题与非良构问题都属于人的深度学习需设计的学习内容。

第四，学习结果维度。有显性成果与隐性成果之分。显性成果表现为知识的获得与技能的提升。深度学习强调学习者在理解认知的基础上，能够对知识进行整体联通、创造批判，最终趋向专家型学习（专家建构），高阶思维是其固有特征。在这个过程中，具体知识的习得与现实问题的解决就是显性成果。隐性成果表现为学习者通过深层学习所形成的高阶思维。"发展高阶思维能力有助于实现和促进深度学习，同时深度学习又有助于提高学习者的思维品质和学习效能"。高阶思维在人的深度学习中既是手段，又是结果，二者相互促进。

人的深度学习与浅层学习的区别如表 6-1 所示。

表 6-1　人的深度学习与浅层学习的区别

项目	定义特征	积极作用	同义词	教育背景中的条件	例子
深度学习	新内容或技能的获得必须经过一步以上的学习和多水平的分析或加工，以便学生可以改变思想、控制力或行为的方式来应用这些内容或技能	一生中带给我们最大满足的许多东西来自复杂知识和技能背景；当深度思维首次发生时大脑可能较为活跃；一般而言，会理解、保持、应用得更好	高水平思维、综合加工、多层抽象思维、发散思维、创造性思维，批评性思维、大部分的多步习惯，以及一些程序性记忆	时间、注意力、背景知识（通常但不总是），详细而精确的加工程序。与主要发生局部学习的浅层学习相比，大脑活动将更趋于发散性	阅读、多学科性思维、设计解决方案来解答问题；创造目标和策略去实现那些目标，如何谈判，如何建造某物；辩论技巧，研究技能，召集、管理或做学术演讲或工作规划
浅层学习	没有经验的学习者可以一次学会的学问、知识或反应；不需要反馈或纠错；可以在一次活动中学会；很少有或者没有歧义	它是朴素和牢固的；它与年龄、文化、智商、身世和背景无关；它为精通和背景知识提供准备；它为未来所有学习提供基础；大多与维持生存有关	条件反射、无歧义、单步学习、简短的、片面的、机械的、孤立的、必要的、微步的	由于它很少满足内驱力，因此它需要外部动机。他人可以将之"强加"于学习者；通常发生趋于较局部的脑活动与较分散的学习	记住重要历史年代、乘法表、词组或字母表；学习一组词汇及其明确定义；记住人名、电话号码、单一路线或活动

6.2.3　人的深度学习特征

人的深度学习和浅层学习是对应的，而非完全对立的。处于浅层学习的学生把学习看作来自外界的、被迫去完成的一项任务，这种学习模式具有很强的现实性与功利性，希望通过很少的付出来牟取更大的回报，需要外力来驱动学习。同时，浅层学习着眼于局部内容，被动地、机械地接受知识，孤立地存储信息，把学习重点放在互不相关的部分。他们更专注于学习的"信号"，也就是一些相互独立的词、隔离的事实、一个个条款等。为了获得较好的考试成绩而机械记忆这些基础知识，这将会阻碍学生探究符号背后的意义和所学的结构，缺乏对知识的深入理解。长此以往，学习就变成一个与自己不相关的任务，从而出现学习的负面情绪，如焦虑、玩世不恭、厌倦等。相反，采用深度学习方法的学生倾向于自发地对内容产生兴趣，并采取将内容含义最大化的学习方法。深度学习要求人们在完成任务时严格遵循相应的操作规则，并着眼于学习内容整体来获得综合性的、系统性的认知与理解。然而，尽管浅层学习注重机械性地重复，缺乏反复思考的过程，也无法让学习者对知识进行更加深入的理解，但它仍然是深度学习的前提。前者的局部知识正是后者对全局进行整合与思考的基本单元，因为在理解论据或结论时并不排斥记忆事实。学习者只有将学习的内容记牢之后才能够在此基础上完成知识的创新。在深度学习过程中，记忆对上下文的理解也发挥了一定的作用，这就是Tang[3]在研究中所称的"深入记忆"。学习者不仅要深入理解，而且要能回想线索的细节，这些细节是互相联系的，通过正确地回想部分细节就能理解整篇文章。而如果记忆完全替代理解，则变成了一种浅层学习方法。因此，正确的学习过程是一个由"浅"入"深"的过程，这两个过程也是相互关联的。能够由浅层进入深度的学习是高效的，是有意义的。

　　人的深度学习之所以是高效的学习与其具有的 5 个特征密切相关。根据深度学习内涵的 5 个维度概括出的人深度学习的特征，包括首要特征、固有特征、本质特征、必要特征和趋向特征（primary、inherent、essential、necessary、appulsive，PIENA）[4]。

1. 首要特征：理解性认知

　　深度学习的过程首先是基于理解的学习过程。哈尔福德（G. S. Halford）教授是澳大利亚著名认知心理学家，他认为个人自主性的提高与"理解"有很大的关系，理解对于个人进行深度认知有着十分重大的意义[5]。单纯的记忆过程并不是理解的全部，还包括监控与联系的交互过程、调用与存储的交互过程、试验对照与表征建构过程以及外部世界与知识经验的印证过程等，这是一种双向的交互过程。这种交互过程不但能满足学习者的个人内在需求，促进学习者的建构性学习，还能帮助学习者具备不同情境中的灵活处理能力、推理及批判能力。理解性认知既可以是学习过程，又可以是学习结果，是深度学习所具备的首要特征。理解的过程不仅可以在原有的知识基础上增添新的要素，还可以在一个不断发展的过程中整合、生成新的认知结构。理解性认知是全脑、全身参与的加工过程。这样的教育培养学生要学会理解、欣赏、享受等，而不仅仅是知道些什么、记住了什么。

2. 固有特征：高阶思维

　　所谓高阶思维，是指发生在较高认知水平层次上的心智活动或认知能力，它在教学目标分类中表现为分析、综合、评价和创造。学习者在学习过程中可借助高阶思维将相关学习资料视为类比的、可归类的、有联系的、系统的材料，并能够通过一些判断准则与逻辑将信息组织成一个整合的体系，形成一种抽象的思维结构。相反，如果学习者不具备高阶思维，那么呈现在其大脑中的知识片段之间往往是没有关联的、随机的。深度学习的综合知识加工的过程需要学生利用抽象的思维，经过逻辑的推理与批判性思考，将片段信息组织为一个整体，而知识加工的结果便是能够利用整合的知识去解决情境中的问题。可见，深度学习的实现必然是以高阶思维为基础的。拥有高阶思维并学会运用这种思维便能达到深度学习层次，它是深度学习的固有特征。而在我们现在的学校教育中，并没有重视深度学习策略的引导和开发，教给学生的大多是线性的、连续性的思维，这会导致学生整体性、综合性思维能力的逐渐丧失。

3. 本质特征：整体联通

乔治·西蒙斯（George Siemens）认为，学习是一个对各种信息源与节点进行连接的过程[6]。在学生的意识中，各种知识就像神经元一般相互链接起来，而想要对这种链接的强弱进行调整或者重塑，必然需要通过知识的学习过程才能实现。这种联通主义思想强调知识不是储存在“库房”，而是储存在单元间的链接中，学习就是建立新的链接或改变链接间的激活模式[7]。在整体性的背景之下，学生在各种知识和现象之间建立联通关系，逐渐建构起自己的知识体系。通过这种联通关系所学到的知识往往比现有的知识体系更加全面与深入。这种学习既包括学习者的学习，又包括教师的教学。深度学习需要学习者在整个学习过程中不断学会联通，一直保持整体全局观，也需要教师能够引导学习者形成这种整体联通的学习策略。这样的学习最终可以促进人的全面发展，是深度学习过程中所具有的本质特征。

在学习过程中，学习者寻找着不同概念和场景之间的相似性，将未知事件与先前经历或先前知识联系起来，从而学习新的知识，这是一种类比学习。在计算机领域，支持向量机便是一种受到人的深度学习的启示而开发的算法。

4. 必要特征：创造批判

创造性学习（creative learning）是与传统的维持学习（maintenance learning）相对的，是能够引起变化、更新、改组，提出一系列问题的学习[8]。而传统的维持学习的本质其实是浅层学习，学生在这种学习模式下往往处于知识的被动接受状态，且所学的知识表现出很明显的单一性与封闭性。而创造性学习强调学习者的主体性、独立性、批判性和参与性。学习中的创造性是“培养当遇到意想不到的情形而能够有勇气去面对，并且具有灵活、开放和适应新事物的一种能力”[9]。深度学习过程中，不但需要进行知识的积累，同时还强调教育的互动性和创造性，主张教育过程的各要素之间动态生成的关系。通过对学生的内在学习因素加以激发，学生能够获得更多的学习经验，对自身的学习行为加以优化，从而完善自己的知识结构，并实现知识的创新与整合。学生的主体性能够通过深度学习得到充分发挥，而这对其知识的构建也有很大的帮助，同时学生解决问题的能力以及科研能力也能通过自我批判得到强化。在知识经济时代，这种富有创造性、批判性特征的学习是学校教育中必不可少的。这种创造批判能力尽管因人而异，有强有弱，却仍需要具备，是达到深度学习的必要特征。

5. 趋向特征：专家构建

早在 20 世纪 70 年代便有学者针对如何解决问题进行研究。研究发现，在解决一些学习问题时新手与专家所采用的方式有很大差异，从而得出了学习过程就是将新手塑造为专家的过程[10]。在学习新知识的过程中，专家往往侧重对新知识进行理解，从而利用新知识来对自身知识结构进行重组，体现了"知识构建"的过程。就学习过程而言，能够主动将学习的外部因素转化为自主学习的动力方式就是专家型学习，是全面而系统地理解或掌握新知识的渐进过程，并有目的地促进自己领域知识和能力的发展。在解决问题方面，专家之所以能够更加灵活、迅速且有着较高的成功率，往往是因为他们对于相关知识的掌握更加熟练，并能对其进行灵活运用；他们会自己安排、调控学习活动，在解决问题时能够准确选用最高效的策略。如果学习者在平时课堂上的教学活动与该领域专家的日常活动有着较多的共同点，学习者将更容易掌握深度知识，学习更高效，其深度学习的能力也将显著提高。学生在调整自己的学习过程时如果能够灵活使用元认知策略，也将极大地帮助其完成知识的迁移，创造性地解决问题，从而逐渐向专家型学习靠拢。专家型学习需要一个过程，达到专家的知识构建水平也必然需要一个过程，这是人的深度学习最终追求的目标，是深度学习的趋向特征。

6.3　人的深度学习启示

学习是从浅层学习开始的，但不能停留在浅层学习，最终要走向深度学习。达到深度学习的层次也需要具备浅层学习阶段所习得的基本知识、规则、定理等记忆基础。因此，从浅层学习到深度学习是人的学习过程中要经历的完整过程。要达到深度学习可以采用以下的策略。

（1）专注主动学习。学习首先要集中注意力，这听上去是显而易见的事，但告诉自己要集中注意力，告诉自己要开始进行记忆，这一点很重要，对我们会有很大帮助。尽最大可能专注于我们要记住的东西。我们越是经常练习掌控自己的注意力，就会越善于集中注意力。其次，还需要主动学习，积极地练习或者自己去做一些事情，把正在学习的东西应用到实践中去。仅仅是看着别人做、看答案，或者是去读一页书，这可以让我们起步，但是对我们建立自己的学习神经构架并没有多大作用。只有积极地运用所学的东西，才能帮助我们建立强大的大脑链接。

（2）理解学习。学生常常很少有机会去理解或搞懂主题，因为许多课程总是强调记忆，而不是理解。教科书充满了要求学生记住的事实，大多数测验也只是评估学生记忆事实的能力而已，这显然是不合适的。学生在发展学科知识概念框架的基础上，还要学会与已有知识经验建立联系，在概念框架的情境中理解事实和观念，用促进提取和应用的方式组织知识。

（3）刻意练习。要想擅长做某件事情，我们就必须不断练习。这一点适用于世界上的任何事情。因此，练习记住一些事情，无论是生物课上讲到的事实、待办事项列表，还是朋友们的电话号码。刻意练习（相对于惰性学习）意味着专注于对我们来说最难的材料。与之相反的是"惰性学习"，即反复练习最容易的东西。

（4）图像记忆。指包含图像的记忆范畴。心理学家称图像记忆为"情境记忆"，它比事实更容易储存在长时记忆中。我们对图像的记忆力比对抽象事实的记忆力要好得多。把我们正在记忆的任何东西变成我们可以在脑海中想象的画面，我们的大脑会立刻吸收这些东西。

（5）主动回忆。前面的所有步骤都是为了让信息更容易进入我们的头脑中。但是，最后主动回忆的步骤，也就是反复将信息调取到思维中的做法，才是让信息安全地储存在长时记忆中的关键。主动回忆意味着重新回想起一条信息，最好别在面前放任何笔记或书本。事实证明，回忆我们正在学习的重要内容，是一种理解它们的好方法。

本 章 小 结

计算机领域的深度学习是机器学习的一个特定分支，主要来源于 20 世纪 50 年代起对人工神经网络的研究。机器深度学习通过建立多层神经元组成的深度神经网络，将输入数据传递到网络中进行处理和特征学习，然后输出结果。

人的深度学习不同于机器深度学习。它是以激发学习者内在动机为前提，以学习者高度的情感投入与行为投入为基础，以多元化学习策略运用为手段，以元认知为调控，指向实际问题解决和高阶思维养成的学习方法。其特征包括首要特征、固有特征、本质特征、必要特征和趋向特征。

理解学习关注认知的过程。学习者在发展学科知识概念框架的基础上，还要学会与已有知识经验建立联系，在概念框架的情境中理解事实和观念，用促进提取和应用的方式组织知识。事实证明，回忆正在学习的重要内容，是一种理解它们的好方法。

思 考 题

1. 人工神经网络是如何借鉴生物神经网络的？
2. 人的浅层学习和深度学习的区别有哪些？
3. 人的深度学习应该要具备哪几项基本特征？
4. 谈一谈人的学习与机器学习的异同。
5. 为什么深度学习是当今国内外教育学界的热门研究领域？

参 考 文 献

[1] Marton F, Säljö R. On qualitative differences in learning: I —Outcome and process[J]. British Journal of Educational Psychology,1976, 46(1):4-11.

[2] 付亦宁. 深度（层）学习: 内涵、流变与展望[J]. 南京师大学报(社会科学版), 2021(2): 67-75.

[3] Tang C. Effect of two different assessment procedures on tertiary students' approaches to learning[D]. Hong Kong: The University of Hong Kong,1991.

[4] 付亦宁. 深度学习的教学范式[J]. 全球教育展望, 2017, 46(7): 47-56.

[5] 吕林海. 促进学生理解的学习: 价值、内涵及教学启示[J]. 教育理论与实践, 2007, 27(7): 61-64.

[6] 吴庭婷. 基于社会计算环境的 e-Learning 研究——以博客、维基、微博为例[D]. 上海:华东师范大学, 2013.

[7] 王佑镁, 祝智庭. 从联结主义到联通主义: 学习理论的新取向[J]. 中国电化教育, 2006(3): 5-9.

[8] 谷传华, 周宗奎, 范翠英. 用得其所: 促进创造性学习的教学模式[J]. 教育研究与实验, 2010(6): 65-69.

[9] Cropley A.Creativity in Education & Learning: A Guide for Teachers and Educators[M].London: Routledge, 2001.

[10] 张建伟, 孙燕青. 建构性学习: 学习科学的整合性探索[M]. 上海: 上海教育出版社, 2005.

第7章 人工智能教育的发展

人类的学习始于出生时，通过感官接受外界的刺激和信息，逐渐掌握语言、认知、社交和技能等方面的知识。学习是我们适应环境、发展智力和提高技能的基础，而教育则是指引和促进学习的过程，是人类文明和文化发展的基石。在人类社会发展的长河中，每次随着重大的技术变革，教育也必进行调整，以期通过教育使人类更好地适应不断变化的社会。

7.1 四次教育革命

人类的历史从某种意义上来说就是一部教育的历史。社会的每一次技术革命都会为教育领域带来新兴的教育技术，从而引发相应的教育革命。纵观漫长的人类教育史，共发生过四次教育革命，分别是以在家庭、团体和部落中向他人学习为特征的第一次教育革命，以制度化教育为特征的学校和大学的到来构成的第二次教育革命，以印刷和世俗化为主要内容的大众化教育构成的第三次教育革命，以人工智能、增强现实和虚拟现实等为主要内容的个性化教育构成的第四次教育革命。

7.1.1 第一次教育革命

第一次教育革命产生于原始社会向农业社会的过渡阶段。原始社会是人类社会的最初形式，生产力水平低下、文化科学知识落后，教育尚处于萌芽状态。同原始社会相应的是群居式"原始的集体教育"。这一时期的教育活动紧密围绕社会生产劳动进行、围绕着生存和培养下一代运转。这个时期既没有专门的教育机构，又没有从事教育的专职人员，教育内容以传授制造和使用生产工具的技能以及从事渔猎、采集和原始手工业劳动的经验为主，教育方式主要依靠年长一代的言传身教。原始社会由于教育还没有从生产和生活中分离出来，多数教育活动都是分散的、个别进行的、随时随地开展的教育活动[1]，是一种以向他人学习为特征的必要的教育。

由于历史的局限性，第一次教育革命存在众多不可忽视的缺点，但其依旧推动了人类社会向农业文明的飞跃发展，极大地丰富了人类的精神生活，推动了物质文明的进步[2]。

7.1.2 第二次教育革命

第二次教育革命产生于农业社会。最初，儿童被集中在一起，由专人进行教育，实现了教育由家庭行为和个体行为向集体行为的重大转变，由此产生了与农业文明相适应的个别化、分散式的农耕教育。随后，学校与教师的出现使教育从家庭中解放出来。现有资料显示，世界上最早的学校是苏美尔人的"泥版书舍"，而中国最早的学校出现在夏商周时期，《汉书·儒林传》记载："闻三代之道，乡里有教，夏曰校，殷曰庠，周曰序。"其中"校""庠""序"就是当时学校的名称。学校是专门进行教育的场所，随着学校以及教育专职人员的出现，教育逐步成为计划性、组织性、规范性的活动。

引发第二次教育革命产生的技术变革便是文字的出现。在文字产生以前，人们的思想、情感只能通过语言传递，但这种"口耳相传"的形式具有很大的局限性，其传递空间限于小范围的人群，其相传的效果与内容主要取决于人们的记忆，而人的记忆是有限的，并不具有恒定性。此外，在相传过程中"口传耳""人传人"的信息递送极易带有人的主观性，使得其信息的客观性、准确性有所消解。随着科学技术知识的不断积累，以及人们生产、生活和交换范围的日益扩大，人们开始用实物、书契、图形等记事的方法来代替人脑记忆，而实物、书契和图形逐渐演化为如今的文字，如苏美尔人发明的楔形文字、古代埃及发明的象形文字、中国的汉字等。在人类历史中，文字作为记录语言的符号，其发明、使用和发展实现了人类知识符号化，延展了文化传播的时空，成为人类文明传播发展的重要工具，因此产生了跨时代性的意义。

正是有了文字体系的形成，人类的知识、经验和智慧能够得以更简便、更有效地保存、继承和发展，革新了教育和人才的培养方式，主要表现[3]在以下几方面。

（1）改变了教育内容的获取，受教育者收获知识的渠道不再限于听从教师的"言传"，还可以通过"眼看"来获取教育信息。

（2）规范了教育内容的传授，教育者不再是仅凭着自己大脑的记忆传授有限的经验和技能，而是凭着自己的记忆和丰富的文字资料，向受教育者传授较为系统的科学知识。

（3）增大了教育的信息量，扩大了信息的学习渠道，受教育者的信息不再仅依靠教师的言语，还可以从有记载的文字材料里汲取知识。

（4）扩大了学习的时空范围，受教育者不再局限于在固定的场所内接受教育，而是可以在更大的范围内接受教育，文字体系的形成加速了不同地区、不同民族间的文化交流，为教育的发展开拓了更广阔的天地。

（5）提升了人才培养的效率，文字体系的形成使得受教育者可以在更大的范围内接受教育，从而增大了受教育者的数量，加速了人才培养的进程。

7.1.3　第三次教育革命

第三次教育革命产生于农业社会向工业社会的过渡期，促成这次革命的重要技术发明是造纸术和印刷术。在第二次教育革命中，教育一直是由享有特权的世俗人士和宗教人士才能享有，主要是因为欧洲的教科书必须手工抄写，所以数量受到限制。雕版印刷术从公元 7 世纪晚期开始在中国使用，《金刚经》是世界上现存最早的并且有明确时间记载的雕版印刷品。至北宋时期，毕昇发明了世界上最早的活字印刷术，活字印刷术的发明带来了印刷史上的伟大技术革命，大大提升了人类知识的复制、传播与学习速度[4]。纸与印刷技术的结合使得知识、学习和教学更加紧密地联系在一起，将知识生产、复制和传播再次推向一个新的高潮，利于书籍的出版和知识的传播，拓展了教育的空间与人数，推动教育走上规范化的道路，有效地加速了知识的传播与发展。

第三次教育革命背后所体现的是一种工业文明，技术的革新加速催生了与工业文明相适应的规模化、标准化、集中化、班级授课制的集体教育，班级授课制在一定程度上也成为第三次教育革命的重要标志。班级授课制是指学生按照年龄和接受教育的程度编成相对固定的班级，由教师对同一班级的全体学生进行内容和进度相同的教学组织形式。这种组织安排能够实现大规模教学，将个体教师原有的教学影响扩大，极大提高了教学效率，以此满足工业大生产对人才的大量需求。

这个时期现代技术的出现，例如 20 世纪 60 年代的翻印技术、20 世纪 70 年代的复印技术、20 世纪 80 年代的词处理器等成功引进了大众教育，在一定程度上提升了学习者的学习质量，推动了第三次教育革命的进展。但同时第三次教育革命也带来了一系列问题，如这一时期的教育变得同质化、大班教学使得教师工作负担加重、大班教学抑制了学习的个性化和学习广度等。

7.1.4　第四次教育革命

第四次教育革命产生于工业社会向信息社会的过渡期。1946 年，世界上第一台计算机即电子数字积分计算机（electronic numerical integrator and computer，ENIAC）在美国宾夕法尼亚大学的诞生为人类开启了一个崭新的信息时代。随着信息时代的到来，人类也开始了第四次教育革命。第四次教育革命主要由微电子技术的发展应用而引发，并随着技术的发展迈向以人工智能、增强现实和虚拟现实等为主要内容的个性化教育及智慧教育阶段。第四次教育革命体现了教育的多元化和全面化发展趋势，为学习者提供更加灵活、多样和优质的学习体验，促进了教育的创新和进步，具体体现在以下几方面[5]。

（1）个性化学习：第四次教育革命的一个核心特征是个性化学习，即基于学生的个性化需求和学习特点，为每个学生量身定制个性化的学习计划和课程内容。这种学习模式能够更好地满足学生的学习需求，提高学习效果。

（2）信息技术应用：第四次教育革命的另一个特征是广泛应用信息技术，包括网络、云计算、大数据、虚拟现实、人工智能等，这些技术为教学、学习和评估提供了新的方式和手段。

（3）跨界融合：第四次教育革命强调学科之间的融合和交叉，将不同学科的知识和技能相互关联和整合，培养学生更加全面和综合的能力。

（4）全球化视野：第四次教育革命强调全球化视野和跨文化交流，让学习者了解不同国家和地区的文化、历史和社会制度，培养其跨文化沟通和合作的能力。

在经历过以程序教学、广播电视教育和多媒体教学等为代表的电化教育阶段以及以计算机辅助教学、网络教育和数字校园等为代表的数字教育阶段之后，当前的第四次教育革命正在向智慧教育、人工智能教育阶段演变，而人工智能技术便是推动此阶段发展的核心力量。

7.2　人工智能教育发展阶段

人工智能在教育中应用的前身最早可以在 20 世纪 20 年代美国著名心理学家西德尼·普莱西（Sidney Pressey）的研究工作中一窥端倪。西德尼·普莱西设计了各种测试学生智力和知识的机器，其中制作最为精密的机器是基于机械打字机设计的。机器的内部有一个旋转的鼓，其周围包裹着一张印有问题清单的卡片，并在上面打孔以代表正确的答案。同时，外壳上有一个小窗口，显示当前问题的编号，以及五个打字机键对应答案的选项。当学生按下打字机键作答时，机器会自动反馈给学生是否回答正确，并且要回答出正确选项后才能再作答下一个问题。当时西德尼·普莱西制作出来的机器已经可以自动对学生进行测试和记分，已涉及允许学生自定学习步调和即时反馈等原则的运用。尽管当时西德尼·普莱西设计的机器并非那么"智能"，但也开启了智能教育辅导系统研究的先河。随着技术不断发展，根据人工智能在教育中应用的成熟程度，可以将其发展分为起步期、形成期、发展期三个阶段。

7.2.1　起步期（20 世纪 50～70 年代）

20 世纪 50 年代美国心理学家、新行为主义的代表人物斯金纳（B. F. Skinner）在西德尼·普莱西的研究基础上加以扩展。1958 年斯金纳在《科学》期刊上发表了《教学机器》一文，他认为在其操作性条件反射作用实验中，用于训练老鼠和鸽子的技术也可以适用于人身上，人类的学习也是一种操作反应的强化过程。斯金纳所设计的教学机器是一个带透明窗口的木箱，里面放着各种纸盘，写在纸盘上的问题会出现在第一个窗口中，学生在右边窗口的纸带上写下答案，完成作答后推进装置进入下一题，此时机器会揭示正确答案。如果学生回答正确，学生就会得到强化并进入下一个问题。如果回答不正确，学生就学习正确的答案，以增加下次得到强化的机会。相比于西德尼·普莱西所设计的机器，斯金纳的教学机器要求学生自己撰写答案，而不仅仅是做选择题，因为斯金纳发现回忆正确的答案比简单地识别答案能更有效地强化学习。斯金纳认为，他的教学机器实际上就像一个"私人导师"一样支持学生循序渐进地、自主地学习。这个过程中所运用的一些教学原则给后来人工智能教育研究人员很大的启发。斯金纳的研究也正式拉开了智能教育辅导系统发展的篇章。

之后，随着计算机技术的发展及其在教育领域的应用，出现了计算机辅助教学（computer-assisted instruction，CAI）、基于计算机的培训（computer-based training，CBT）、计算机辅助学习（computer-assisted learning，CAL）等教学形式[6]。其中，最具代表性的项目为 1960 年美国伊利诺伊大学联合科学实验室负责人 Donald Bitzer 联合教育学、心理学和电子学等多领域学者研究开发的可编程自动教学系统（programmed logic for automatic teaching operation，PLATO），利用计算机进行个性化教学的计划。至 20 世纪 90 年代，该系统已连接千台以上教育终端，可提供 200 多门课程共 10000 多学时的教学服务[7]。

这一阶段的人工智能技术应用虽然已经具备智能教育辅导系统的雏形，但是这些系统尚未能提供给学生个性化的指导，主题的顺序、提供的信息和系统对学生行为的反应是预先设定的，且对每个学生都是相同的，无法根据每位学生学习情况动态地调整教学策略。

7.2.2　形成期（20 世纪 70～90 年代）

形成期的理论基础由起步期的行为主义学习理论转变为认知学习理论，使这一阶段的应用设计更加关注于知识的结构。到了 20 世纪 70 年代，随着人工智能技术发展，尤其是专家系统应用到教育领域，出现了真正意义上的智能教育辅导系统。专家系统是人工智能领域的重要研究领域之一，是通过模拟人类专家的思维过程来解决特定领域复杂决策问题的计算机程序。1970 年 Jaime Carbonell 开发的 SCHOLAR 系统，被认为是第一个有代表性的智能教育辅导系统。与计算机辅助教学不同的是，该系统能够通过语义网络获取信息，根据对话内容，对学生做出相应的反馈。这个时期其他代表性的系统尚有：1977 年斯坦福大学 Wescourt 等设计的辅助 Basic 语言教学的 BIP 系统；1977 年麻省理工学院（MIT）开发用于逻辑学、概率、判断理论和几何学训练的 WUMPUS 游戏系统；1987年 David Merrill 开发用于辅助教学设计决策的专家系统原型 ID Expert 系统，它可以根据教学设计人员提供的信息，提出关于课程组织、内容结构、教学策略等方面的建议。

尽管这一类系统的出现使得"智能化"教学往前迈进了一大步，但是由于认知学习理论是指导这一阶段的理论基础，系统的设计关注知识的结构，学习环境的创建和非智力因素在学习过程中的作用尚未被重视。

7.2.3　发展期（20 世纪 90 年代至今）

发展期的理论基础，除了认知学习理论外，建构主义学习理论在这一时期也开始受到重视，并开始引入人工智能教育的应用设计中。20 世纪 90 年代后随着信息技术、互联网技术与人工智能技术的突破性进展，研究人员开始在智能教学中加入协作式教学模式进行研究，以支持个别化学习与协作学习[8]。协作式教学模式可为多个学习者提供对同一问题用多种不同观点进行观察比较和分析综合的机会，促进学习者对问题的理解和知识的运用。其表现形式既可以是支持多个学习者的协作小组学习系统，又可以是计算机对单个学习者进行辅导的学习系统。代表性系统有斯坦福大学协作式教学模式的教学系统 MMAP 系统、伊利诺伊理工学院的 CIRCSIM-Tutor、卡内基梅隆大学的 REAP 等。在人工智能技术的支持下，智能教育辅导系统也得到了长足的发展。生成式教学内容、动态教学策略、智能化教学环境成为这一阶段的主要特征。

至今，人工智能在教育中的应用已在多个方向上有了发展。但其在发展的过程中也陷入了低谷与瓶颈。1980 年末以符号逻辑为基础的传统人工智能遭遇了理论危机，新的人工智能理论陆续被提出，关于人工智能领域中"知识与概念化是否是人工智能的核心""认知能力能否与载体分离开来研究""认知的轨迹是否可用类自然语言描述""学习能力能否与认知分开来研究""所有的认知是否具有统一的结构"这 5 个基本问题展开了不同观点的争论。从最终目标来看，人工智能就是要制造出能够模拟人类智慧的机器。但因对这些问题的看法和认识的不同，形成了人工智能研究的多种路径。

近几年来，关于大脑的科学研究促进了大脑和认知理论、智能科学、类脑智能的信息和计算技术等研究的发展。在后基因组时代，国际人工智能专家一直在研究具有类似大脑智能的超级计算机或超级芯片。通过对算法理论的研究，他们一直试图研究和建立一个问题分析和知识获取模拟系统，以探索人脑的机制。由于协同作用是人类大脑的主要工作模式，因此神经形态协同作用学习是类脑智能领域最具挑战性和最重要的科学课题之一。此外，它也一直是计算机科学、认知科学、机器学习和机器人技术等领域的研究重点，吸引了工业界的广泛关注，特别是在大数据、物联网和云计算的时代。中国工程院院士郑南宁认为，基于人脑信息处理机制和人类智能的研究将促进一套类脑智能计算理论和技术的发展，从而引导未来信息技术走向智能化方向。因此，开发基于大脑信息处理机制的下一代智能系统已经成为人工智能研究的一个重要趋势，未来的机器智能将需要大脑科学、神经科学、认知科学和心理科学之间的深度整合。

7.3　人工智能教育的概念与关键技术

7.3.1　人工智能教育相关概念

英国工程和物理科学研究委员会将人工智能描述为旨在计算系统中重视或超越人类要执行这些任务所需的"智能"[9]。这些"智能"包括学习和适应能力、感官理解和互动能力、推理和计划能力、编程和参数优化能力、自制能力、创造力、从大量不同的数字数据中提取知识的能力，以及预测能力。人工智能与教育领域相融合，又产生了教育视角下的不同概念。

1. 人工智能+教育

人工智能+教育，又称为人工智能赋能教育，指的是人工智能辅助于教育（学）的应用、建构教育场景、重组教育中的要素或者重构教育过程，是支持学、教、管、评等教育活动的技术手段。它基于智能感知、教学算法与数据决策等技术，利用智能工具对教育系统各要素进行自动分析，实施精准干预，支持规模化教学与个性化学习，促进关键流程自动化、关键场景智能化，从而大幅提高教育工作者和学习者的效率，创新教育生态，培养适应人机结合思维方式的创新人才。人工智能+教育不是在线教育，而是体现一种变革的思路，变革教育的组织模式、服务模式、教学模式等，进而构建数字化转型背景下的新型教育生态体系。

2. 教育人工智能

教育人工智能（educational artificial intelligence，EAI）是人工智能与学习科学相结

合而形成的一个新领域。重在通过人工智能技术，更深入、更微观地窥视、理解学习是如何发生的，是如何受到外界各种因素（社会经济、物质环境、科学技术等）影响的，进而为学习者高效地进行学习创造条件[10]。教育人工智能的发展，意味着学习者能够受益于个性化教育，教育者可以实现对学习环境中交互性数据的分析，使学习系统能够与学生之间以更自然的方式进行交互，在教师缺席的状况下承担起辅助自主学习的角色。

3. 智慧教育

智慧教育作为教育信息化发展的高端形态，契合教育数字化转型的发展目标，已经成为各个国家教育期待发展的目标和全社会共同关注的话题。智慧教育是指以"人的智慧成长"为导向，运用人工智能技术促进学习环境、教学方式和教育管理的智慧转型，在普及化的学校教育中提供适切的学习机会，形成精准、个性、灵活的教育服务体系，最大限度地满足学生的成长需要。智慧教育强调的是教育的智慧化，意味着教育的目标不仅是传递知识，还包括培养学生的判断力、批判性思维、人际关系等综合素质。

技术与教育的深度融合赋予了智慧教育全新的特征，体现为一个国家或区域智慧教育生态的表现性特征即智慧教育的"发展目标"和智慧教育系统的建构性特征即智慧教育的"实践取径"[11]。其中，表现性特征应符合共识性、指向性和稳定性原则，具体表现为：①以学生为中心的教学；②全面发展的学习评估；③泛在的智慧学习环境；④持续改进的教育文化；⑤教育包容与公平的坚守。这也是智慧教育的 5 个关键特征。建构性特征应符合操作性、阶段性和多样性原则，具体表现为：①积极性学生社交社群建构；②教师发展的优先支持计划；③合乎科技伦理的技术应用；④可持续的教育改革规划；⑤有效的跨部门跨域协同。这也是智慧教育的 5 个辅助特征。

4. 智能教育

智能教育概念在 2017 年 7 月国务院发布的《新一代人工智能发展规划》中正式提出。本质上讲，智能教育是技术使能的教育，其核心构成包含智能学习、交互学习、智能校园、智能管理、智能资源建设、智能学习平台、智能教育助理，是智慧教育的组成部分与支撑条件。智能教育更强调技术在教育中的创新应用，其有以下特点。

（1）个性化学习。智能教育注重满足每个学生的独特学习需求。通过分析学生的学习数据和行为，智能系统可以为每个学生提供量身定制的学习路径、教材和练习，以适应不同学生的学习风格和速度。

（2）自适应教学。智能教育系统具备自动调整教学内容和难度的能力。根据学生的学习进度和表现，系统可以动态地调整课程内容，确保学生在适当的挑战水平上学习，避免过于简单或过于复杂的内容。

（3）学习分析与数据驱动。智能教育依赖于学习分析和数据驱动的方法。系统会收集、分析学生的学习数据，从而提供给教师和学生有关学习进展、弱点和潜在干预的信息，促进更精准的教学决策。

（4）即时反馈和评估。智能教育系统可以自动评估学生的作业和测验，并提供即时的反馈。这有助于学生及时了解自己的表现，同时帮助教师迅速了解学生的学习状态。

（5）创新的教学方法。智能教育鼓励创新的教学方法，如虚拟实验、沉浸式学习、虚拟现实等，提供更生动、趣味和互动性的学习体验。

（6）全球互联。智能教育使得学生和教师可以通过在线平台与工具进行跨地域、跨文化的交流及合作，促进了全球化的教育体验。

7.3.2 人工智能教育发展的关键技术

在人工智能教育的相关文献中，学者对人工智能教育发展的关键技术有着不同的看法与认识。其中，机器学习与深度学习是公认的底层技术。此外，还包括分类和回归树、监督学习、支持向量机与概率推理、"长短期记忆网络"（LSTM）的深度学习循环神经网络方法等底层技术，而应用型或服务型技术则包括自然语言处理、情感计算、知识表示与推理、语音识别、场景理解等。

表 7-1 展示了人工智能教育发展的关键技术框架，该框架从下往上依次包括教育数据层、技术算法层、功能应用层、教育功能应用层、教育应用层五个层级[12]。

表 7-1　人工智能教育发展的关键技术框架

层级	内容
教育应用层	学生学习；教师教学；教育管理；教育评价
教育功能应用层	基于学习者学业诊断及行为数据分析的智能推荐服务技术；基于社会性、情感性和元认知模型的学情分析服务技术；基于业务建模的监控、模拟和预测的决策支持服务技术；适应性学习策略进行形式化描述的方法与模型；教育机器人的系统架构
功能应用层	自然语言处理；知识表示与推理；语音处理；预测分析；计算机视觉；控制方法；机器人学
技术算法层	机器学习；逻辑编程；本体工程；概率推理
教育数据层	管理类数据；资源类数据；评价类数据；行为类数据（教与学）

（1）教育数据层包括管理类数据、资源类数据、评价类数据，以及教与学的行为类数据，主要负责对数据进行采集、加工处理、存储等。其中，管理类数据包括学生个人信息、学籍档案、教职工信息、一卡通数据等；资源类数据包括试卷、课件、媒体资料、案例等；评价类数据包括学业水平测试数据和综合素质评价数据等；行为类数据包括教师行为数据（如讲解与演示、指导与答疑、提问与对话、评价与激励）和学生行为数据（如信息检索、信息加工、信息交流）。

（2）技术算法层是实现各类人工智能教育应用的技术核心。该层主要包括机器学习、逻辑编程、本体工程以及概率推理。机器学习是指使用算法和统计模型的人工智能过程，允许计算机做出决定，而不需要显式的编程来执行任务，是人工智能最核心、最热门的算法。目前，机器学习在学生行为建模、预测学习表现、预警失学风险、学习支持与测评以及资源推送等方面发挥着重要作用[13]。逻辑编程指使用事实和规则做出决策，不需要具体说明额外的中间步骤，以实现特定的目标。本体工程指构建本体的方法，即特定领域中的一组概念及其关系的正式表示。概率推理是指一种将演绎逻辑和概率论相结合的人工智能方法，用于在数据不确定性条件下对逻辑关系进行建模。

（3）功能应用层是可以通过一种或多种人工智能技术实现的语音、计算机视觉等功能的应用层。自然语言处理是指利用算法分析人类（自然）语言数据，使计算机能够理解人类所写或所说的内容，并进一步与人类进行交互。知识表示与推理是指使用计算机表示信息以解决复杂任务，这些表示通常基于人类表示知识、推理和解决问题的方式。语音处理是指语音信号的分析，包括语音识别、语音合成等。预测分析是指使用各种统计技术来分析当前和历史事实，从而预测未来或其他未知事件的过程。计算机视觉的含义是研究计算机如何看到和理解数字图像与视频。控制方法是指机器自主实现其目标的方法。机器人学的含义是机器的设计、建造和操作，使其能够按照分步指令或自动执行复杂的动作，并具有一定程度的自主性。

（4）教育功能应用层是技术算法层、功能应用层与实际的教育应用层之间的桥梁。它并不是专家系统、自然语言理解、人工神经网络、机器学习等人工智能技术、算法或者功能应用，而是借助这些技术以及功能应用，结合教育学、心理学、脑科学等，探索智能时代的认知特征、学习本质与教育价值，开发出的教育功能应用关键技术。

（5）教育应用层位于人工智能教育发展的关键技术框架的最顶层，是各类人工智能技术在教育领域应用的集中体现。目前，人工智能教育应用聚焦在学生学习、教师教学、教育管理、教育评价等方面。第 8 章将具体介绍人工智能在这些方面的应用案例。

本 章 小 结

纵观人类教育史，其经历了四次教育革命，分别是以在家庭、团体和部落中向他人学习为特征的第一次教育革命，以制度化教育为特征的第二次教育革命，以印刷和世俗化为主要内容的第三次教育革命，以人工智能、增强现实和虚拟现实等为主要内容的第四次教育革命。

根据人工智能在教育中应用的成熟程度，人工智能教育的发展可分为起步期、形成期、发展期三个阶段。起步期随着计算机技术的发展，出现了计算机辅助教学、基于计算机的培训、计算机辅助学习等教学形式，具备智能教育辅导系统的雏形。形成期的理论基础由行为主义学习理论转变为认知学习理论，并将专家系统应用到教育领域，出现了真正意义上的智能教育辅导系统。发展期开始在智能教学中加入协作式教学模式进行研究，以支持个别化学习与协作学习，此阶段人工智能教育的主要特征为生成式教学内容、动态教学策略和智能化教学环境。

人工智能与教育领域相融合，产生了教育视角下的不同概念，如"人工智能+教育""教育人工智能""智慧教育""智能教育"等。人工智能教育发展的关键技术框架从下往上依次包括教育数据层、技术算法层、功能应用层、教育功能应用层、教育应用层五个层级，表明了人工智能教育发展的关键技术从数据到应用的整个过程。

思 考 题

1. 第四次教育革命有哪些主要特征?
2. 人工智能教育的发展分为哪几个阶段? 每个阶段分别有哪些特点?
3. 在了解人工智能教育发展的基础上, 你认为未来的研究热点会有哪些?

参 考 文 献

[1] 周洪宇, 鲍成中. 扑面而来的第三次教育革命[J]. 辽宁教育, 2014(16): 10-12.

[2] 章伟民. "第四次教育革命"辨析[J]. 电化教育研究, 1992, 13(4): 12-15.

[3] 蒋笃运. 从"四次教育革命"看科技与教育的辩证关系[J]. 未来与发展, 1994, 18(5): 47-50.

[4] 祝智庭, 彭红超, 雷云鹤. 智能教育: 智慧教育的实践路径[J]. 开放教育研究, 2018, 24(4): 13-24, 42.

[5] 周洪宇, 鲍成中. 论第三次教育革命的基本特征及其影响[J]. 中国教育学刊, 2017(3): 24-28.

[6] 刘清堂, 吴林静, 刘嫚, 等. 智能导师系统研究现状与发展趋势[J].中国电化教育, 2016(10): 39-44.

[7] 肖睿, 肖海明, 尚俊杰. 人工智能与教育变革: 前景、困难和策略[J]. 中国电化教育, 2020(4): 75-86.

[8] 许高攀, 曾文华, 黄翠兰. 智能教学系统研究综述[J]. 计算机应用研究, 2009, 26(11): 4019-4022, 4030.

[9] Seldon A, Abidoye O. The Fourth Education Revolution [M].London: University of Buckingham Press, 2018.

[10] 闫志明, 唐夏夏, 秦旋, 等. 教育人工智能(EAI)的内涵、关键技术与应用趋势——美国《为人工智能的未来做好准备》和《国家人工智能研发战略规划》报告解析[J]. 远程教育杂志, 2017, 35(1): 26-35.

[11] 黄荣怀, 刘梦彧, 刘嘉豪, 等. 智慧教育之"为何"与"何为"——关于智能时代教育的表现性与建构性特征分析[J]. 电化教育研究, 2023, 44(1): 5-12, 35.

[12] 腾讯研究院, 华东师范大学, 中国教育科学研究院.人工智能教育蓝皮书（2022 年）[EB/OL]. https://www.digitalelite.cn/h-nd-3435.html[2023-03-01].

[13] 余明华, 冯翔, 祝智庭. 人工智能视域下机器学习的教育应用与创新探索[J]. 远程教育杂志, 2017, 35(3): 11-21.

第8章 人工智能在教育中的应用

近年来，人工智能技术在教育领域的应用成为热点。2017 年，《新一代人工智能发展规划》明确提出发展智能教育，特别强调人工智能对教育的重要性[1]。2018 年，中国教育部发布的《高等学校人工智能创新行动计划》进一步明确了人工智能与教育融合发展，尤其是促进高等教育创新发展的总体规划[2]。2019 年 5 月，中国政府与联合国教育、科学及文化组织合作在北京举办国际人工智能与教育会议。国际人工智能与教育会议以"规划人工智能时代的教育：引领与跨越"为主题，旨在探讨人工智能与教育的结合，以推动中国教育的创新和发展。会上审议并通过成果文件《北京共识——人工智能与教育》。该文件是联合国教育、科学及文化组织首个为利用人工智能技术实现 2030 年教育议程提供指导和建议的重要文件（见本章末的"参考阅读"资料）。该成果文件提出了"三步走"的教育发展战略：第一步是实现数字化教育，即在教学过程中广泛应用数字技术，提高教学效率和教学质量；第二步是推进智能化教育，即在数字化基础上引入人工智能技术，为学生提供更加个性化、智能化的学习体验；第三步是推动教育变革，即根据人工智能技术的应用和发展，不断探索和创新教育模式，实现教育的全面升级。《北京共识——人工智能与教育》中还强调了人工智能在教育中的应用方向，包括自适应学习、个性化教学、智能评测、教学辅助和教师培训等方面。

人工智能已被教育学界和产业界视为促进教育公平，提升教育质量，实现教育个性化的重要突破口，是教育变革的重要驱动力。随着人工智能技术的不断发展与深化，与教育相结合的应用可以分为基础阶段、深化阶段和创新阶段。

基础阶段的主要特征是将人工智能技术应用于教育的基础领域，如语音识别、机器翻译、数据分析等。例如，从教育数据库中提取信息，分析学习者行为和学习结果，以发现学习者的学习行为和学习过程中存在的问题。这些技术可以帮助教育工作者更好地管理教育资源、优化教学管理等。

深化阶段是在基础阶段的基础上，将人工智能技术应用于学习和教学过程中的关键环节，如课程设计、教学内容定制、学习评价等。基于教育数据挖掘结果，通过机器学习、自然语言识别、图像识别等技术，实现智能教学，为学习者提供更加个性化、互动性更强、反馈更及时的学习体验，进一步推动教育的智能化、个性化和全球化发展。这一阶段的目标是更好地适应学生的学习需求，提高学生的学习效果和教师的教学效率。

创新阶段的主要特征是将人工智能技术与其他前沿技术如虚拟现实、增强现实、区块链等结合起来，从而创造出全新的教育模式和教育产品。

8.1　人工智能在智能辅导系统中的应用

1984 年教育心理学家本杰明·布鲁姆（Benjamin Bloom）提出了著名的"两个标准差问题"（The 2 Sigma Problem），即接受一对一辅导的学生的成绩比接受传统教学方法辅导的学生的成绩提高了两个标准差[3]。这一发现使教育者认识到了一对一辅导的重要性，但在过去若要大规模开展一对一辅导，执行起来成本太高，难以落实。时至今日，人工智能技术逐渐走向成熟，其中智能辅导系统，为这一问题的解决带来了契机。

8.1.1　智能辅导系统简介

智能辅导系统是人工智能技术在教育中最常见的应用之一，本质上是通过人工智能技术来模拟教师为学生提供一对一个性化的辅导。其辅导的内容首先是能够明确概念、规则和问题解决策略的学科（数学和物理）主题，在主题界定明确的基础上，智能辅导系统根据学生学习的内容，提供循序渐进的课程安排，全程跟踪学生的学习情况，并利用反馈机制提供个性化的辅导，自动调整内容的难易度，让学生有效地掌握学习内容。

智能辅导系统主要由三大类模型组成：领域模型（the domain model）、教学模型（the pedagogy model）及学习者模型（the learner model）。典型的智能辅导系统架构如图 8-1 所示。

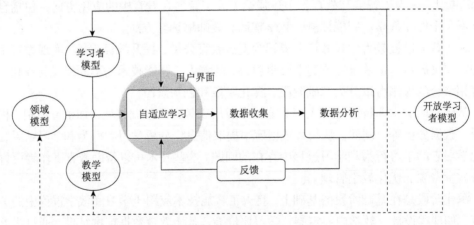

图 8-1　智能辅导系统架构[4]

（1）领域模型：包含学生所要学习的知识体系，如数学解题的过程、科学实验的知识点、第一次世界大战爆发的原因等。

（2）教学模型：包含教学的专业知识、技能和方法，并根据从领域模型和学习者模型中反馈的信息做出相对应的辅导策略。

（3）学习者模型：学习者模型是智能辅导系统中最核心部分，包含学生的认知和情感状态，如学习时的情绪、对知识的理解程度、学习误区等，这些信息会即时反馈到系统中，以推断出学生的学习状态，做出适当的辅导方式。除了根据个别学生的信息做出判断外，智能辅导系统还能结合其他学习用户反馈的信息，通过机器学习预测学生在不同学习阶段所适合的教学方法和学习内容。

8.1.2　智能辅导系统应用案例

案例一："学校大脑"：智能平台下的教育新生态。

用数据推动智慧学习，是学校走向现代化的必然选择。杭州市建兰中学借鉴"城市大脑"的核心思想，构建了智能辅导系统，为学校装上"大脑"，利用数据促进教学转型，挖掘数据背后的真相，让"学校大脑"成为一架学生成长全息摄影机。建兰中学的"学校大脑"通过沉淀、打通大数据，建成一套完善的"神经末梢（感知层）""神经网络（传输层）""脑核、皮质层、小脑（决策执行层）"即"感、知、用"的"学校大脑"架构。其是以互联网为基础设施，对学校的教育教学活动进行无感沉淀，自动形成丰富、清晰、多维度的学校数据资源，以进行即时分析、诊断、预警、监控、评价、反馈并提供管理、学习、成长支持的人工智能辅导系统[5]。

1. "学校大脑"遵循原则

1）全体学生受益的普惠性原则

"学校大脑"始终遵循全体学生受益的普惠性原则。"学校大脑"将服务对象落实到每名学生，使学校的全体学生都能够在初中的学习生活中得到帮助和指导。同时，"学校大脑"将优质的教育教学经验、资源以及优秀学生的学习习惯通过数据的形式进行沉淀，并传递给教育薄弱地区，使其成为它们的资源库，可以为打破城市教育和农村教育的壁垒，缩小重点中学和普通中学的教育差距做出更多的努力。

2）面向个体需求的差异性原则

"学校大脑"始终遵循面向个体需求的差异性原则。将每名学生作为一个独立的个体看待，重视每名学生的发展，有针对性地帮助每名学生解决实际问题，是"学校大脑"设计的初衷。"学校大脑"下的学生学习成长，教师专业发展、个人发展都呈现出个性化、精准化的特点。

3）指向健康成长的导向性原则

"学校大脑"始终遵循指向健康成长的导向性原则。学生的成长是一个长期过程，成长过程中的每步都至关重要。对于处于人生特殊时期的初中生来说，能够形成客观的自我认知和评价意识，以及自我完善和自主学习意识，对未来的成长和发展具有重要意义。在"学校大脑"运行的校园生态中，学生的日常行为规范会被有效记录，成为有效的过程性评价依据；学生的活动参与情况会被打标记录，成为有效的发展性评价依据；学生的个性发展情况会被记录，成为有效的个性化、多元化评价依据。

2. "学校大脑"打造教育新生态[6]

1）促进教学转型

"学校大脑"通过数据这个新的变量驱动了教学变革。例如，"学校大脑"为每位学生构建了一棵"知识树"。学生已掌握的、未掌握的、还需巩固的知识点，通过学生学习数据计算出来，结合学科知识图谱，就可以为学生进行个性化推送。建兰中学已经做到了每名学生有不同的个性化作业。

2）数据驱动课程变革

建兰中学拥有 100 多门课程。"学校大脑"通过数据来驱动课程体系的建设，如图 8-2 所示。首先，根据学校的核心素养分解学生能力维度；其次，通过沉淀的数据生成学生能力雷达图；最后，联结学生能力雷达图、选课热度、培养目标、课程体系目标，通过最优化求解，发现哪些课程对学生能力培养是有效的，哪些课程对学生能力培养是低效的，这样学校可以进行有针对性调整，生成新课程体系，同时为每名学生生成个性化课表，这也就意味着每名学生有私人定制的培养方案。建兰中学提倡适性教育，通过"学校大脑"所生成的数据，能让适性教育走向深入。

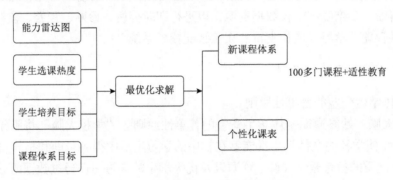

图 8-2　数据驱动课程体系的构建

3）数据驱动教研变革

教研是提升教师团队教学能力的重要手段。传统的教研更多是通过经验传授型的方式进行的。"学校大脑"进行了一种新的尝试，通过数据来做教研，如图 8-3 所示。建兰中学有自己编制的校本作业，而且每年进行定期修订。由于沉淀了学生的学习过程数据，结合学科知识图谱，"学校大脑"找出了校本作业中哪些题目是优质的题目，适合建兰中学学生的学情，哪些题目是无效的，哪些题目是需要调整的，形成报告推送给老师。老师依托校本作业修订报告，再结合自己的经验，精准快捷地完成校本作业修订工作。数据的作用不仅仅体现在校本作业修订上，还体现在备课、考试命题中。这些有益的实践大大提升了学校的教研水平。

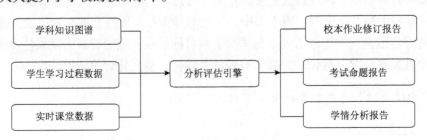

图 8-3　数据驱动教研变革

　　4）数据驱动教学变革

　　"学校大脑"打造"线下+线上"教学相融合的新生态，让学生的学习行为沉淀为数据资源，并利用新的生产要素重构教与学的关系，实现个性化的教育教学。教学从单一的线下模式变成"线下+线上"教学相融合的模式，能够优化各个时段的教育教学方式。

　　（1）课前，成为基于个性化诊断的线上"学习导助"。在课前，"学校大脑"通过对学生所有学习数据、行为数据和班级日志等的采集，在线分析学生的学习偏好、认知风格、知识结构、能力水平，为其选择合适的学习路径。例如，学生可以在"学校大脑"平台上看到自己近段时间的在校表现，了解自己做得较好的方面以及还需改进的方面，并得到"学校大脑"提供的学习攻略，有针对性地指导自己的学习。同时，"学校大脑"的"学习导助"效用还体现在学生兴趣爱好发展和选修课指引上，让学校教育更为智能、精准。

　　（2）课中，建构基于个性化表现的课堂组织新形态。"学校大脑"基于数据实施精准教学，为开展分层分类的课堂实践提供优化的线下课堂新样态：一是分层走班，促进发展。教师借助前期得到的学生数据分析报告找到每名学生的最近发展区，组织学生进行分层走班。二是分类走班，查漏补缺。基于统计的学生数据分析报告，教师针对学生的错误原因开展专题教学活动，满足每名学生的个性化需求，弥补漏洞。

　　（3）课后，化身基于个性化辅导的智能定制管家。"学校大脑"通过持续跟踪学生学习习惯的数据，计算出学生的知识点掌握情况，规划精准的学习内容和难度，在合适的时段为学生推送个性化的习题作业。利用多维的学习行为和成绩数据进行大数据分析，计算出每名学生在一个群体中的位置，为每名学生量身定制一个短期的学习目标和每次应完成的个性化习题。学生完成习题的痕迹会沉淀到"学校大脑"进行下一步的分析，形成一个提升深度学习能力的闭环。学生通过扫描难题旁的二维码，还能看到参考资料。"二维码"形式的线上小课堂正是教师、学生共建共享的成果。

　　3. 数据激发德育变革

　　"学校大脑"通过多维的数据来全面了解一名学生，把班级日志、活动实践、行为轨迹、运动健康等多源数据接入，通过 NLP 等技术进行数据清洗和处理，形成满足学习技术规范 xAPI（experience API）的数据资产。这些数据再被用来进行行为图谱和网络分析，从而描绘出学生的画像，并进行相应的行为指导和预警。

　　策略一，数据化行为表现，加强有效反馈。行为表现是学生道德品质、劳动实践和身心健康等方面的有效反映。将每名学生在校行为表现数据进行自然沉淀和分析，可以得到每名学生专属的个性化"行为表现关键词"。

　　策略二，校本化成长报告，实现扬长补短。在国家颁布的《中国学生发展核心素养》的总体框架下，学校结合校本化实践，以加德纳多元智能理论为依据，形成学生个性化成长成熟度（IGPM）评价模型。该模型主要由九大评价维度、66 条具体标准组成。其中，九大评价维度分别是问题解决和数据分析，领导和团队协作能力，艺术审美，思维与习惯，道德素养，复杂的沟通能力，全球化视角，自我实现，运动与健康、劳动与实践。学生通过成长报告，了解自己的各方面知识、能力和素养，调整发展目标，发挥长处，弥补不足，教师也可以进行针对性指导。此外，不同阶段的个人成长报告，也形成了学生的成长足迹。这种评价方式突破了原来学生综合素质报告的单一性，从而全方位评价和发展学生的核心素养，使其扬长补短。

4. 数据革新教师培养

"学校大脑"以建兰中学教师核心素养为依托，收集与沉淀教师教育教学行为数据，并以一定的权重计入对应的教师素养，最终形成教师画像。然后，以可视化的方式呈现教师的行为轨迹，从而呈现教师当下具备与欠缺的核心素养，为其指明最具增长点的发展方向，有针对性地促进教师专业发展。

总体而言，"学校大脑"有三大能力：首先是促进存量优化，通过技术支持教师教学和学生学习，助力学生提升知识点学习的效率，通过数据减少一些无用功；其次是促进多方协同，通过数据流动让学生、教师、家长三方对学生学习进展的认知处于同一平面，减少信息不对称造成的新问题，让教育参与的各方力量协同起来；最后是促进学校教育供给侧改革，解决学生想学就能学的问题，相对精准地匹配学生的需求。

案例二：小兰书童：实现精准教学与个性化学习。

随着科技的进步，人工智能在教育教学领域的应用中不断普及，科技推动着教育工作的持续发展。在传统的教学中，学情分析主要依靠教师的教学经验，但其在精准度上有所欠缺，不能精准地反映学生的整体学习状况，也不能准确地反映个体的差异。因此教学内容的选择、教学策略的运用、教学组织形式的变化等不能较好地顾及不同层次、不同类别学生的学习需要。杭州建兰中学依托"小兰书童"这一人工智能平台为教师的"教"和学生的"学"提供多方位的技术服务，帮助教师由原来的大一统教转向基于数据有针对性教，帮助学生由原来重复性学转向基于自我画像学，促进学与教之间更好地匹配和融合。

小兰书童是以适性教育理念为指导，基于互联网人工智能技术的支持设备，通过全域全息采集所感知的以学生为核心的教育教学活动数据，经数据平台无感沉淀而组成数据资源，并以此做出全局即时分析诊断、即时评价反馈，智能化、个性化地提供学业自主辅助服务和大数据智能处理服务，从而形成一个提升学校教育教学治理、优化学校教学方式及评价方式的教育智能体。

1. 小兰书童的设计原则

1）人机协同

与人相比，人工智能更擅长记忆、基于规则的推理、逻辑运算等程序化的工作，擅长处理目标确定的事务。而在人工智能正式处理目标事务之前，是需要有经验的教师收集、整理历史资料和数据，将资料、数据作为系统运行的养料，并辅助人工智能开展后续的工作。另外对于主观的事务，目前的人工智能技术还不足以承担这部分工作，仍然需要教师主导学生的学习过程，关注学生的学习情感，生动地演绎新知识，向学生传授有意义的学习方法。对于重复的、机械的、烦琐的事务，可以通过特定的设置让机器来完成，将教师从这部分工作中解放出来，以使其有充裕的时间投入更有意义的工作中，如实现更优的教学设计等，以更好地提高学生的学习效果。

2）"学"为中心

以学习者为中心的学习环境设计为学习者提供了互动性、鼓励性的活动，能够满足学习者的学习兴趣和学习需求，实现不同程度下的学习，并加深对学习的理解。平台的设计应围绕学习者展开，关注学习者的学习目标、学习情境、学习方法、学习进度等，并更多地去关注和评价学生在教育教学过程中所呈现出来的个人素养。关注学习者不同阶段的不同学习基础、能力、知识点掌握情况等，对此数据进行及时分析和科学诊断，为每个学习者精准提供有效的学习任务、作业、讲评、检测、个别化对策等。改变传统千篇一律的教学方式和教学策略，提供精准策略和追踪监测，以提升学习者的核心素养，让每个学习者体验到成长的满足感和成就感。

3）动态智能

"人工智能+教育"所提供的教育服务是动态的、智能的，能够理解周围的教学环境，随着教学环境的变化而做出适时、恰当的反应。平台通过感知物、感知事、感知人，采集多方面的数据，通过计算，为在学校发生的事件提供预测和监控，解决学校与个性化适应教育平台的信息不对称、不共享的问题，并发现教育教学的最优路径。平台需要不断根据数据的输入和分析进行自我的学习，不断提升平台的智能化、自主化。对于不同的使用者，平台亦能进行动态的自我调节，以满足不同使用者的不同需求。随着平台使用的数据不断累积，平台能够持续进行智能化提升，以不断提高平台用户的满意度。

2. 小兰书童的基本框架

小兰书童系统由管理后端、用户前端、可视化展示端组成，如图 8-4 所示。

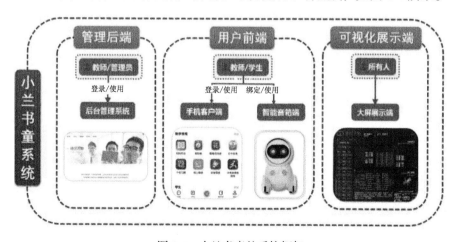

图 8-4　小兰书童的系统框架

1）管理后端

在管理后端，管理员或者教师通过账号和密码登录网页版的后台管理系统，在该系统的"同同K题"部分管理员或者教师可以分学科地将以往所有的考试试题和每年的校本试题整理输入，设置每个题目的知识点和难易程度。另设有自选题部分，由有经验的任课教师、教研员挑选组成该部分题库。在学生考试后或完成作业提交后，教师亦可在该系统中进行"考试分析"，了解学生对各科具体知识点的掌握情况，以辅助自己的课堂讲解。在"智能阅卷"部分，教师可以选择性地进行组卷，形成有针对性的完整试卷。在"实时课堂"部分，教师可以在此查看学生在课堂上所形成的多维度的数据，真实地了解学生在课堂上的表现等。

2）用户前端

在用户前端，主要依托手机客户端和智能音箱端。在手机客户端，所有的功能整合在一个APP，教师或者学生通过自己的账号和密码登录APP。教师登录之后可以在"同同作业"中查看学生的个性化作业完成情况，通过"码上微课"可以制作和发布重点知识点的微课，通过"家校册"与自己班级的家长进行沟通等。而学生登录之后可以在"学生日志"部分上传自己的个性化作业的完成情况，在"学生画像"部分查看自己的学习结果分析，了解自己的长处和不足等。在智能音箱端，配备有一智能终端——"云小童"。基于学校系统强大的中枢引擎，"云小童"可以协助老师布置作业，帮助学生完成听说类作业练习，解决了电子产品多、对视力影响大的问题；小童知识闹铃和提醒功能，能帮助学生更好地准备一天的学习；当学生被老师表扬时，"云小童"给学生以肯定，当学生被批评时，"云小童"给学生以鼓励。

3）可视化展示端

在可视化展示端，经过一段时间的数据积累之后，在学校的可视化大屏可以查看数据分析的可视化结果。所有的可视化结果是动态变化的，学生的表现通过班级日志的点滴记录在学校的大屏中得到体现。在大屏中，可以看到每个年级、每个班级、每名学生的画像特征，根据不同的评估维度对学生进行多角度的综合评价，也可查看学生对不同知识点的掌握情况，帮助教师更加清晰明了地进行有针对性教学。

3. 小兰书童助力学与教的转型

1）助力个性化学习

传统课堂对学习者的关注不足，不能精准反映学生动态的学习状态，无法满足学生个性化的发展需求。小兰书童基于学习者的个性特征差异为其提供个性化学习服务，通过记录、挖掘和深入分析学习行为的历史数据信息，以可视化的方式呈现数据分析结果，评估学习过程、发现潜在问题和预测未来表现，并对学习者进行个性化指导，以促进有效学习的发生，如图8-5所示。小兰书童是基于人工智能技术的全时空教学助手，依托学校资源库和学校资深教师的大数据，承担私人定制教师角色，学生根据自我需求，可以随时随地寻求小兰书童的帮助，从而得到私人定制式的学习服务。

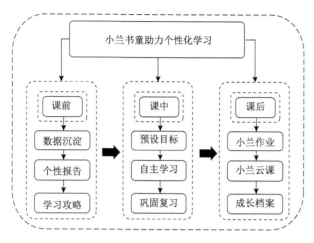

图 8-5　小兰书童助力个性化学习

　　课前，学生从自己的人工智能教师那获取自己的个性报告，了解自己的薄弱知识点和擅长知识点，在预习时就能制定自己的学习攻略。课堂上，根据自己的学习基础、能力、兴趣等信息选择学习内容、提出疑问、巩固复习等。课后，学生会收到针对自己个人情况而定制的个性化习题作业，学生在完成作业后，可自主选择微课内容进行学习。每名学生收到的作业任务不同，每天练习的习题不同，再次巩固的知识点不同，记录在成长档案的数据亦不同。

　　2）助力精准教学

　　传统的课堂教学容易陷入反复操练的误区，学生的作业负担增加，但学习效果往往不佳。小兰书童通过精准的教学数据分析，了解学习者的需求，帮助教师捕捉有意义的信息，对于学生学习出现的问题及时干预并优化教学内容和方法，从而达到减轻学生作业负担、提升学生学业水平的效果。

　　小兰书童是一个全时空的助学平台，没有时空的限制，帮助教师实现精准教学，如图 8-6 所示。从教师的角度出发，在课前，小兰书童通过分析学生的学习、成长数据，

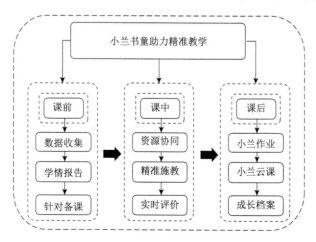

图 8-6　小兰书童助力精准教学

针对学生的学习现状，提供学情报告，帮助教师有针对性地备课。在课堂上，小兰书童通过分析学生学习进度、对知识点的掌握情况等，提前对任课教师发出提醒，让教师了解学生对知识点的掌握情况，以调整教学的进度及侧重的教学内容。在课后，教师可以为校本的难题拍摄小课堂，学生可以通过扫描二维码的方式进行补偿式的跟学。教师可以录制学科重点知识点的微课视频，学生可以根据自己的学习进度，选择适合自己的学习进度和材料，在一定程度上实现分学力教学。

8.2 人工智能在监督学习中的应用

8.2.1 监督学习简介

监督学习是从有标记的训练数据集中学习规律，并利用学到的规律预测训练集外的数据的标记，常用于解决分类或回归问题，应用于计算机视觉、自然语言、语音识别、目标检测、药物发现和基因组学等多个领域，是目前研究和应用较为广泛的一种机器学习方法。

8.2.2 案例：AI Trainer——机器学习训练平台

1. 平台介绍

江苏禾蒙教育科技有限公司开发的 AI Trainer 是一款根据监督学习原理开发的人工智能机器学习训练平台。用户在不需要专业知识和撰写程序代码的情况下，通过 AI Trainer 就可以直观地理解机器判别各类图像、音频、姿势规则，能够为网站和应用程序便捷地训练机器学习模型。

AI Trainer 的模型训练，如同第 2 章所介绍的机器学习特征，是利用人工神经网络模拟人脑信息处理机制的算法，经历了输入层、隐含层、输出层三个阶段的处理过程。首先通过摄像头、麦克风或用户上传的样本采集信息，输入层中的神经元读取信息传递到隐含层，根据反馈的信息值，隐含层会提取输入的样本信息特征，将信息再传递到输出层，根据输出层的神经元的输出信号对整个神经网络进行判断，并通过不断训练优化模型，提升识别准确率。

AI Trainer 平台支持通过摄像头和麦克风识别镜头中的物体、音频及人体的姿势，并以一键操作的方式训练模型，用户可以导出模型，将其应用到网站、应用程序甚至是实体机器上进行二次开发。AI Trainer 主界面如图 8-7 所示。

2. 案例演示与场景应用

在 AI Trainer 中，用户可以上传自己的数据文件，也可以通过摄像头以及麦克风实时捕捉数据，实现采集。AI Trainer 共有 3 个模块，分别是图像识别、姿势识别和音频识别。

图 8-7　AI Trainer 主界面

1）图像识别

图像识别是通过上传图片格式的文件或摄像头采集来训练模型，从而对图像进行分类。图 8-8 显示用户分别上传了"杯子"与"鼠标"两种物体不同角度、材质的图像样本。

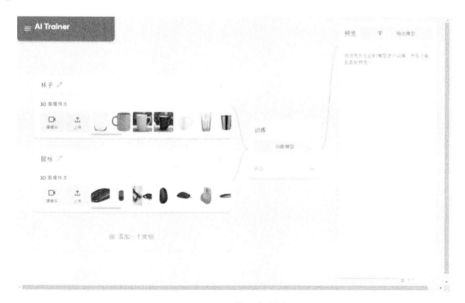

图 8-8　上传图像样本

用户点击"训练模型"按钮后，平台便自动开始模型训练，如图 8-9 所示。

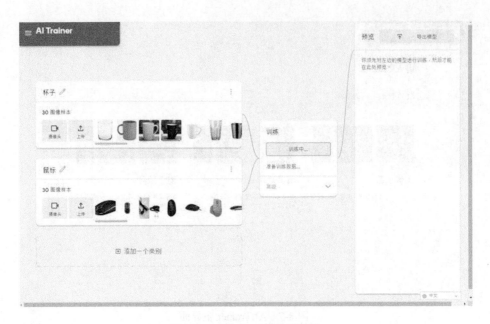

图 8-9　AI Trainer 模型训练中

　　模型训练好之后，用户可以直接测试模型的识别能力，并调校直到满意为止。如图 8-10 和图 8-11 所示，用户将物体放置到摄像头前，测试模型的识别准确度。

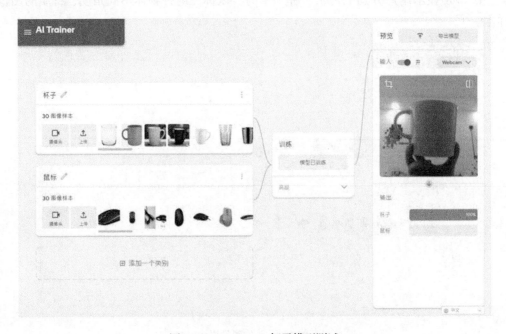

图 8-10　AI Trainer 杯子模型测试

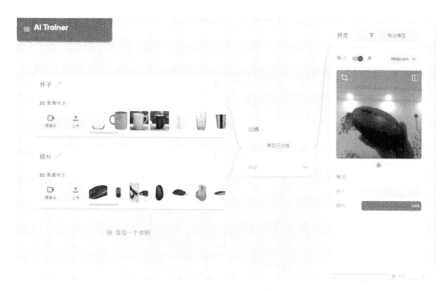

图 8-11　AI Trainer 鼠标模型测试

训练好模型后，用户可以将模型以 Tensorflow.js 格式导出，如图 8-12 所示。

图 8-12　AI Trainer 模型导出

在支持这些库的平台上（p5.js、Scratch 扩展组件），学习者可以根据自己的创意与想法进行各种应用开发。例如，可以在课堂上训练出识别有无佩戴口罩模型，结合 Scratch 扩展组件制作出口罩佩戴识别警示系统，并将此系统设置在校园入口、图书馆门口、会议室门口、教室门口等场所，当识别到正常佩戴口罩的图像时，系统可以播放出录制的"很棒！请顺利通行"的语音；当识别到无佩戴口罩的图像时，系统则可以播放出"请佩戴口罩"的语音，以提醒进入场所的学生及教职员工及时佩戴口罩。

2）姿势识别

姿势识别项目根据文件或摄像头中摆出的姿势训练模型，对身体姿势进行分类。用户通过摄像头录制不同姿势的运动过程作为训练样本，如举手、叉腰等（图 8-13）。

图 8-13　录制姿势训练样本

不同姿势的运动过程录制好后点击"训练模型"。学习者可以根据自己的创意与想法和软件相结合，实现各类姿势识别应用。例如，制作一款学生版"AI 智能教练"应用。首先将需要训练的健身姿势（深蹲、抬腿、侧卷腹等）通过 AI Trainer 建立健身运动模型，将训练好的模型结合软件，通过摄像头捕捉实时辨识学生当前健身姿势是否正确。学校可将装有"AI 智能教练"应用的装置设置在体育馆、走廊或宽敞的教室内，亦可在寒暑假期间对学生开放，让学生在家进行正确且有效的健身训练，使其养成良好的健身习惯和健康意识。

3）音频识别

音频识别项目是通过录制较短的音频样本，训练模型对音频进行分类。音频识别项目与图像识别项目和姿势识别项目不同的是，音频识别项目首先需要录制一段背景噪声样本，以排除音频识别过程中背景噪声的干扰，如图 8-14 所示。

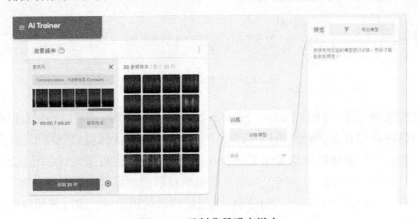

图 8-14　录制背景噪声样本

　　录制好背景噪声样本后，通过电脑麦克风分别录制拍手声和敲门声两个分类音频作为模型训练样本，如图 8-15 和图 8-16 所示。

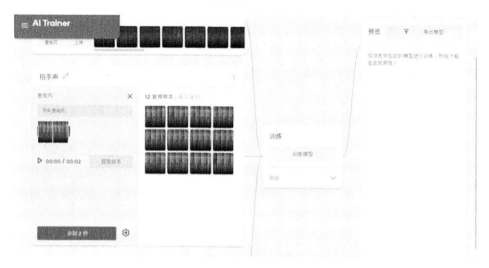

图 8-15　录制拍手声样本

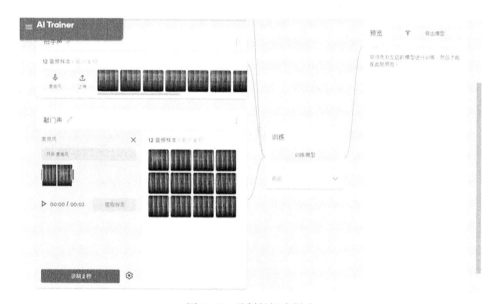

图 8-16　录制敲门声样本

　　两个分类的音频样本都录制好后便可以点击"训练模型"，从而完成音频的识别。学习者可以根据自己的创意与想法和 Arduino、NodeMCU-32、树莓派等常见的创客开发板进行各种应用开发。例如，制作会议室、教师办公室物联网声控装置，训练出识别不同指令分类（开灯、关灯、打开窗帘、关上窗帘）的音频识别模型，结合开源硬件、结构件及其他材料实现办公室物联网声控的应用。

8.3　人工智能在心理测量中的应用

8.3.1　心理测量简介

心理测量是指用各种科学的方法和工具来度量个体的心理特征、行为和体验，以便对个体的心理状态和行为进行客观的、科学的描述和解释。心理测量包括对个体进行测试、问卷调查、观察、采访、心理测验等方法，旨在量化和评估个体的心理特征和行为表现，如认知、情感、人格、兴趣、能力等。

心理测量是心理学的重要分支之一，它不仅可以用于科学研究，如评估心理障碍、评价教育效果、测量人格特征等，还可以用于实际应用，如招聘、选拔、评估和治疗等领域。心理测量方法的发展，也为人们提供了更多的心理健康服务，帮助人们更好地认识自己，改善自己的心理状况。

8.3.2　案例：人工智能心理干预机器人"小欣"

心理健康是整个社会都需要正视的问题，目前心理健康诊断主要依靠心理量表和心理咨询师，存在心理专业人才短缺，单次诊断时间长，无法做到实时、高频、大数据筛查测评等痛点。结合人工智能、大数据与心理干预机器人"小欣"及其配套系统能够弥补心理专业人才不足的问题，提高诊断效率，快速筛查出测试者心理健康状况并对其进行疏导，这对于心理健康问题的筛查、预警及干预具有重大意义。

在政府扶持、科大讯飞支持下，苏州大学心理人工智能协同创新中心联合加拿大多伦多大学、清华大学、北京科技大学、北京师范大学、韩国 MEDICORE 公司等专业团队成功研发了世界上第一台人工智能心理干预机器人"小欣"（图 8-17），并在学校和强制隔离戒毒所两个应用场景验证了其有效性，目前其已应用在中小学、高校、社区、机关企事业单位等。

图 8-17　人工智能心理干预机器人"小欣"

1. 人工智能心理干预机器人"小欣"的工作原理

人工智能心理干预机器人"小欣"运用了人工智能、生物传感、物联网和大数据等技术。主要使用了 3 种生物传感技术：一是应用血谱成像技术，通过普通摄像头采集分析皮下血流数据，经情感计算，获得交感、副交感数据和心理压力值；二是应用情绪手环技术，通过手环获得血流信息，经情感计算，获得 5 种情绪状态值；三是应用指尖血流分析技术，通过压力分析仪获得指尖血流数据，经情感计算，获得身体压力、精神压力、抗压能力、交感、副交感、血管弹性、末梢血管循环、血管通畅度等结果值。人工智能心理干预机器人"小欣"在评估时，采用的是第一种技术和第三种技术；在心理干预时，采用的是第二种技术。图 8-18 呈现了机器人"小欣"系统工作的流程。人工智能心理干预机器人"小欣"根据这些数据再对用户进行下一步的评估及干预。

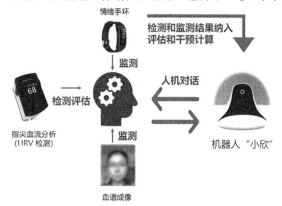

图 8-18　人工智能心理干预机器人"小欣"系统工作流程

2. 人工智能心理干预机器人"小欣"的工作流程

首先，前测。人工智能心理干预机器人"小欣"会邀请来访者坐在对面的椅子上，先指导来访者戴上情绪感知手环，情绪感知手环可以实时捕捉来访者心率变异性数据，掌握其情绪波动状态。图 8-19 呈现了压力分析仪及测量结果的部分报告截图。

图 8-19　压力分析仪及测量结果的部分报告截图

其次，评估。这些前测数据会实时同步给人工智能心理干预机器人“小欣”，人工智能心理干预机器人“小欣”根据了解到的数据，发起和来访者的初始访谈，并进行评估。这个初始访谈是一个自然语言评估访谈，主要针对依恋、支持、自我、情绪、睡眠等维度，评估来访者压力水平、情绪状态、应对方式和危机风险。人工智能心理干预机器人“小欣”通过文字转语音技术，将根据算法输出的回答文字信息转化成语音，“说”给来访者听到，然后用语音识别技术，捕捉来访者的回答，识别关键词，理解语义，再通过算法输出合适的回答，完成人工智能的交互过程。访谈结束后，云端会根据算法生成评估报告，供人工智能心理干预机器人“小欣”协助的心理咨询师或心理老师参考。图 8-20 呈现的是经过压力分析测量和自然语言评估访谈后生成的心检报告。

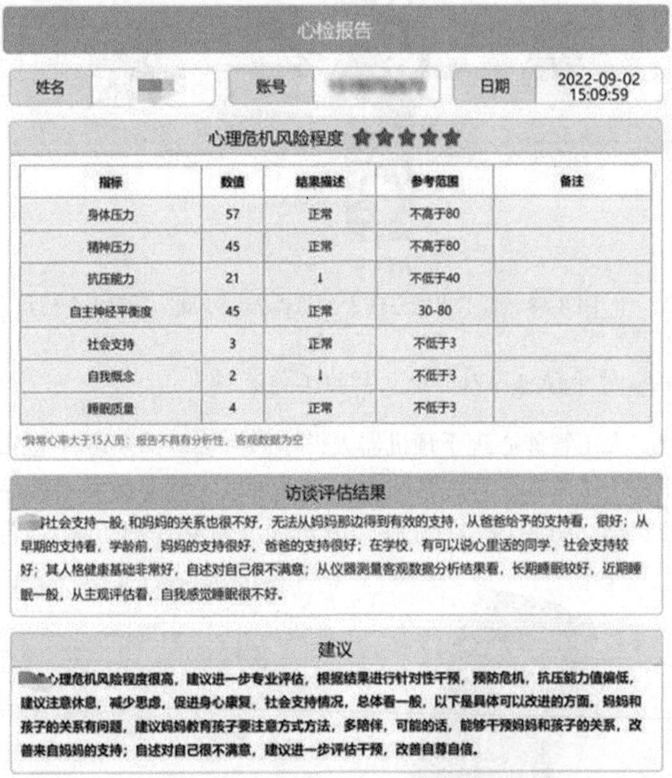

心检报告

姓名		账号		日期	2022-09-02 15:09:59

心理危机风险程度 ★★★★★

指标	数值	结果描述	参考范围	备注
身体压力	57	正常	不高于80	
精神压力	45	正常	不高于80	
抗压能力	21	↓	不低于40	
自主神经平衡度	45	正常	30-80	
社会支持	3	正常	不低于3	
自我概念	2	↓	不低于3	
睡眠质量	4	正常	不低于3	

*异常心率大于15人员：报告不具有分析性，客观数据为空

访谈评估结果

社会支持一般，和妈妈的关系也很不好，无法从妈妈那边得到有效的支持，从爸爸给予的支持看，很好；从早期的支持看，学龄前，妈妈的支持很好，爸爸的支持很好；在学校，有可以说心里话的同学，社会支持较好；其人格健康基础非常好，自述对自己很不满意；从仪器测量客观数据分析结果看，长期睡眠较好，近期睡眠一般，从主观评估看，自我感觉睡眠很不好。

建议

心理危机风险程度很高，建议进一步专业评估，根据结果进行针对性干预，预防危机，抗压能力值偏低，建议注意休息，减少思虑，促进身心康复，社会支持情况，总体看一般，以下是具体可以改进的方面，妈妈和孩子的关系有问题，建议妈妈教育孩子要注意方式方法，多陪伴，可能的话，能够干预妈妈和孩子的关系，改善来自妈妈的支持；自述对自己很不满意，建议进一步评估干预，改善自尊自信。

图 8-20　心检报告

再次，干预。人工智能心理干预机器人“小欣”通过与来访者的多层次语音交互进行干预，理解并引导来访者把注意力聚焦到一个困扰他的关系上。例如，人工智能心理干预机器人“小欣”会运用角色理论和空椅技术，请来访者去探索这个困扰他的关系。人工智能心理干预机器人“小欣”会转动自己的方位，并邀请来访者坐到面前的椅子上，进入困扰自己的那个角色。人工智能心理干预机器人“小欣”引导来访者想象另外一个人坐在对面椅子上，然后鼓励来访者把心里话都说出来。这个过程中人工智能心理干预机器人“小欣”如果识别到来访者出现了情绪波动，就会鼓励来访者将情绪表达出来。

然后请来访者再次进行角色交换，扮演对方角色去体会和表达。类似这样的角色交换，可能会做好多轮，随后请来访者进入未来自己的角色，站在多年以后的视角去体会与觉察当前困扰自己的这个关系，引发来访者产生新的领悟并能转化出行动计划。需要的话，人工智能心理干预机器人"小欣"还会请来访者到赋能椅上（图 8-21），引导来访者放松并联结内在温暖支持的力量。之后请来访者角色交换，回到来访时坐的座位上，评估来访者的状态并结束干预过程。这个过程需要根据数据不断迭代中的算法模型，才能准确把握来访者的心理活动，保证干预的质量和效果。

图 8-21　人工智能心理干预机器人"小欣"干预赋能椅

最后，人工智能心理干预机器人"小欣"会自动生成一份干预报告，为协助的心理咨询师或心理老师提供参考，如图 8-22、图 8-23 所示。

图 8-22　人工智能心理干预机器人"小欣"干预报告截图 1（已隐去来访者信息）

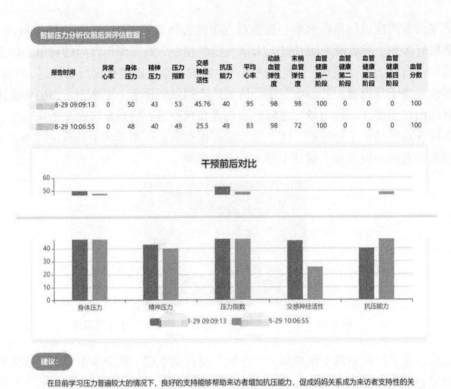

建议:

在目前学习压力普遍较大的情况下，良好的支持能够帮助来访者增加抗压能力，促成妈妈关系成为来访者支持性的关系，将对其更好的应对当下的压力和挑战带来积极的作用。

图 8-23　人工智能心理干预机器人"小欣"干预报告截图 2（已隐去来访者信息）

3. 人工智能心理干预机器人"小欣"的应用场景

压力监测系统结合人工智能心理干预机器人"小欣"形成了从智能评估到智能干预的闭环能力，可以提供不同应用场景的服务。

（1）基于生物传感技术结合大数据技术开展心理健康监测并提供心理健康教育及自助导引服务。科学、系统、持久地跟踪测量群体的综合压力状况，并根据群体压力的综合发展趋势，结合群体背景、文化层次、过往历史、主观问卷等维度划分特质小组，发现高危倾向，提出预警并准备深度干预方案。基于群体大数据的压力监测与预警系统能够在 3min 内同时测量大量人员的综合压力状况，测量结束后，测试者能够实时看到反馈报告和自助导引建议。个人报告和建议是保密的，每个参加压力监测计划的个人在单位公众号有一个专属页面，接收反馈报告，连续监测变化曲线，自助导引文字、音频、视频信息。通过这个系统，实现监测和自我干预改善的功能。

（2）基于心理评估与心理干预闭环的减压赋能机器人系统。减压赋能机器人可以与来访者进行一对一交流，感知来访者的心理压力状态和情绪变化，并通过行动式的干预流程对来访者进行减压或赋能，为有需要的人员提供一对一的测评和干预服务，协助专业心理咨询师进行专业工作。减压赋能机器人更容易获得信任，很适合用于中小学场景，在 40 多所学校的应用中取得较好的效果，但仍不能完全替代真人咨询师，需要通过不断地大数据学习迭代提升专业能力。

（3）人工智能心理干预集成舱系统。为了减少外界环境的干扰以及帮助减压机器人更好地深入用户的潜意识进行干预，设计了一个带有医疗级新风消杀系统的隔音舱，让来访者可以私密舒适地与减压机器人交互。人工智能心理干预集成舱系统已部署在苏州市田家炳实验中学，运行半年后取得了显著的成效。从减压效果看：入舱后，干预组减压效果明显、考前压力显著降低；未入舱的对照组压力指数前后持平。如图 8-24 所示，从赋能效果看：入舱后，干预组考前抗压能力显著增加（+70.7%），而且效果持续到考试后（+41.4%）；未入舱的对照组压力指数前后持平（+8.5%；+12.9%）。该结果发表在了国际期刊 *International Journal of Neuropsychopharmacology* 上。

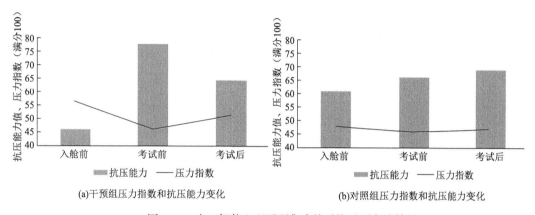

图 8-24　人工智能心理干预集成舱系统干预实验结果

4. 人工智能心理干预机器人"小欣"的优势

与传统的心理干预或咨询方式相比，人工智能心理干预拥有三大优势：一是与人类咨询师主要依赖过往经验和主观判断不同，人工智能心理干预系统主要是通过各类传感器件客观地测量群体和个案的生理-神经指标数据，评估和干预都客观量化。二是与传统咨询中咨询效果受到咨询师个人因素影响不同，人工智能心理干预系统能始终保持价值观中立，不易出错，效果稳定。三是与人类咨询师积累的经验很难打通不同，人工智能心理干预系统可以从海量数据中不断学习完善干预技术，提升干预效果，复制干预服务，也能降低服务费用。

8.4　人工智能在知识图谱中的应用

8.4.1　知识图谱的定义

知识图谱（knowledge graph）的概念最早是由谷歌于 2012 年正式提出的。知识图谱用于提高搜索引擎的能力，提升搜索质量和用户搜索体验。根据我国学者对知识图谱的定义，知识图谱是结构化的语义知识库，用于以符号形式描述物理世界中的概念及其相互关系，构成一种典型的多边关系图[7]。

通过知识图谱，用户不再局限于关键字的搜索匹配，从而真正实现语义检索，搜索将根据用户查询的情境与意图进行推理，实现概念检索。基于知识图谱的搜索引擎，能够以图形方式向用户反馈结构化的知识。例如，用户搜索的关键词为梵高，搜索引擎能以知识卡片的形式提供梵高的人物简介、代表作品等相关信息[8]。

知识图谱的一种通用表示形式是三元组形式，即 $G=(E,R,S)$，其中 $E=\{E_1,E_2,\cdots,E_n\}$ 是知识库中的实体集合，共包含 n 种不同实体；$R=\{R_1,R_2,\cdots,R_n\}$ 是知识库中的关系集合，共包含 n 种不同关系；$S \subseteq E \times R \times E$ 代表知识库中的三元组集合。三元组的基本形式主要包括实体1、关系、实体2以及概念、属性、属性值等，实体是知识图谱中的最基本元素，不同的实体间存在不同的关系。属性指对象可能有的特征、特性、特点和参数，如国籍、生日等；属性值指对象指定属性的值，例如一个文档的属性值可能包括"大小=7MB""创建时间=2022 年 11 月 19 日""字符数= 5000"等。

8.4.2　知识图谱的构建技术

知识图谱的逻辑结构分为数据层和模式层两个层次。数据层存储的是具体数据信息，而模式层是知识图谱的核心，在模式层存储的是经过提炼的知识，通常通过本体库来管理；借助本体库对公理、规则和约束条件的支持能力来规范实体、关系以及实体的类型和属性等对象之间的联系[7]。

知识图谱的构建是从原始数据出发提取出知识要素，并将其存入知识图谱的数据层和模式层的过程，其技术框架如图 8-25 所示。这一过程是知识图谱的构建过程，同时也是知识图谱更新的过程，每轮更新包含知识抽取、知识融合以及知识加工 3 个重要的阶段。知识抽取，即在各个类型的数据中获取有用的信息。知识融合，会将来自不同数据源的知识在同一个框架下进行消歧、加工、整合等，达到数据、信息等多个角度的融合。知识加工，则是在已有的知识库基础上进一步挖掘隐含的知识，进一步丰富知识图谱[9]。

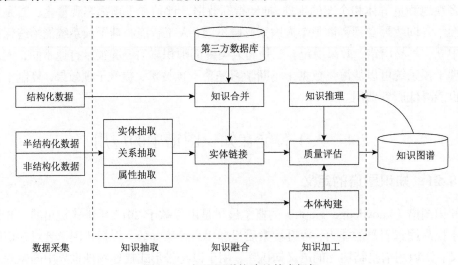

图 8-25　知识图谱构建的技术框架

1. 知识抽取

知识抽取是指从不同来源、不同数据中进行知识提取，形成知识存入知识图谱的过程。在真实世界中的数据类型是多样化的，如何从不同的数据源进行数据接入至关重要，这将直接影响到知识图谱中数据的有效性[10]。知识抽取是一种自动化地从半结构化和非结构化数据中抽取实体、关系以及实体属性等结构化信息的技术[11]，其关键技术包括实体抽取、关系抽取和属性抽取。

（1）实体抽取：实体抽取又称为命名实体识别（named entity recognition，NER），是指从文本数据集中自动识别出命名实体。实体是知识图谱中最基本的元素，因此其抽取的质量对知识库后续的知识获取效率和质量影响极大，是知识抽取中最为基础和关键的一步。早期实体抽取主要面向单一领域，关注如何识别出文本中的人名、地名等专有名词和有意义的时间等实体信息。随着实体抽取技术的发展，现在学者开始关注开放域（open domain）的信息抽取问题，不再局限于特定的知识领域，而是面向开放的互联网，研究和解决全网知识抽取问题[7]。

（2）关系抽取：关系抽取是从文本中抽取实体之间的语义关系，通过关系将实体联系起来，才能够形成网状的知识结构。关系抽取的方法可以分为"基于模板的关系抽取方法""基于监督学习的关系抽取方法""基于弱监督学习的关系抽取方法"[12]。

（3）属性抽取：属性抽取的目标是从不同信息源中采集特定实体的属性信息，通过属性可以形成实体的一个完整画像。采用数据挖掘的方法挖掘实体属性和属性值之间的关系模式，据此实现对属性名称和属性值在文本中的定位。

2. 知识融合

通过知识抽取，从原始数据中获取了实体、关系以及实体属性的信息。然而，这些结果中可能包含大量的冗余信息和错误信息，数据之间的关系也缺乏层次性和逻辑性，因此需要对不同来源的知识进行"实体链接"和"知识合并"的工作，形成全局统一的知识标识和关联。良好的融合方法能有效地避免信息孤岛，使得知识的链接更加稠密，提升知识应用价值，是构建知识图谱过程中的重点研究问题。

（1）实体链接：针对非结构化和半结构化数据处理。实体链接的流程是通过给定的实体指称项，通过相似度计算进行实体消歧和共指消解，确认正确实体对象后，再将该实体指称项链接到知识库中对应实体。在实体链接过程中将进行实体消歧和共指消解，其中实体消歧解决同名实体产生歧义的问题，共指消解解决多个指称对应同一实体对象的问题。

（2）知识合并：针对结构化数据处理。构建知识图谱时，会将第三方知识库融合到本地知识库，这时就需要处理数据层和模式层的融合。数据层和模式层的融合包含概念合并、概念上下位关系合并以及概念的属性定义合并，以避免实体与关系的冲突问题，防止不必要的冗余。另外，数据层的融合，主要涉及实体的指称、属性、关系以及所属类别等方面。在此过程中，主要挑战在于如何有效避免实例及其关系之间的冲突问题，从而减少不必要的数据冗余。通过模式层的融合将新得到的本体融入本体库中。

3. 知识加工

通过知识融合，可以消除实体指称项与实体对象之间的歧义，得到一系列基本事实表达或初步的本体雏形。然而，事实并不等同于知识，事实只是知识的基本单位，要形成结构化、网络化的知识体系，还需要经历知识加工的过程。知识加工主要包括本体构建、知识推理和质量评估三方面内容。

（1）本体构建：本体是对概念进行建模的规范，是描述客观世界的抽象模型，以形式化方式给出概念及其之间的联系的明确定义。许多学者都给出本体不同的定义，但即使表述有所不同，其内涵是一致的，即本体是同一领域内的不同主体之间进行交流的语义基础[13]。本体构建可以采用人工编辑的方式手动操作，也可以通过数据驱动的方式自动构建。当前的全局本体库都是从现有一些特定领域的本体库出发，采用自动构建技术逐步扩展得到。数据驱动的构建技术即通过实体并列关系相似度计算、实体上下位关系抽取、本体的生成，完成自动化的本体构建。

（2）知识推理：在完成本体构建后，知识图谱的基本框架已初步形成。然而，此时图谱中的关系往往存在较多缺失。为弥补这一不足，可借助知识推理技术，挖掘潜在知识并完善图谱。知识推理主要围绕实体关系的推理展开，即基于知识图谱中已有的事实或关系，推断出未知的事实或关系，进一步挖掘隐含知识，以丰富和扩展知识库。知识推理通常分析实体、关系及图谱结构三方面的特征信息。知识推理的方法主要包括基于逻辑的推理、图的推理以及深度学习的推理。

（3）质量评估：受现有技术水平的限制，采用开放域知识抽取得到的实体、关系以及实体属性可能存在错误，无法确保经过知识推理过程所得到的知识的质量，因此在将其加入知识库之前，需要有一个质量评估的过程。质量评估一般是和知识融合一起进行的，其意义在于，可以对知识的可信度进行量化，舍弃置信度较低的知识，保留置信度较高的知识，以确保知识库的质量。

4. 知识更新

在知识图谱实际应用后，将有大量数据涌入和更新，因此，知识图谱的内容也需要与时俱进。根据知识图谱的逻辑结构，知识更新包括模式层的更新和数据层的更新。模式层的更新是指获得新数据后，对模式层的概念进行增加、修改、删除，概念属性的更新以及概念之间上下位关系的更新等。数据层的更新是指新增或更新实体、关系和属性值，对数据层进行更新需要考虑数据源的可靠性、数据的一致性（是否存在矛盾或冗杂等问题）等可靠数据源。由于数据层的更新一般影响面较小，因此通常以自动的方式完成。

8.4.3 案例："高等数学 AI" 课程

近年来，对知识图谱在教育教学领域的探索层出不穷，集中在语义搜索、精准推荐、用户画像、智能问答、行为预测、学情分析、决策支持等。由智慧树网构建的基于知识图谱的"高等数学 AI"课程，便是知识图谱在教学应用中的一次有效尝试。它以一种可视化的方式展现知识关系网络，以结构化的形式描述了课程包含的知识点、教学资源、教学活动、测评方式之间的关系，是教育信息化背景下学校信息化、智能教学系统的核心"引擎"，具有知识管理、学习导航、学习评估等功能。通过知识图谱可以帮助老师对教学进行更加细致深入的"分析和思考"，提升教学设计的内在逻辑，增强老师教学的针对性和有效性，促进"因材施教"；课程知识地图能够表征学习者知识结构与认知状态，学习者知识学习目标的可视化知识模型能够为学习者个性化学习提供学习路径、学习资源、学习测评和目标掌握分析的自适应服务；基于知识地图的课程学习能够充分表示学习内容及学习内容间的关系，促进学生对知识的理解，帮助学生记忆学习内容，降低焦虑感，增强学习动机，提升学习效率。

1. 构建课程知识图谱，实现知识体系化，资源结构化

课程知识图谱的构建过程主要分为资料收集整理、知识图谱梳理、知识关系连接、认知目标设定和学习资源整合，具体如图 8-26 所示。

图 8-26　课程知识图谱构建流程

首先，在"高等数学"教学大纲的基础上，重新梳理"高等数学"的知识体系，设置知识点的推荐度，构建知识点之间的相互关联，并以一种可视化的知识关系网络方式呈现，即课程知识图谱，如图 8-27 所示。课程知识图谱为实现学生个性化的学习路径、学习资源推荐提供了基础。

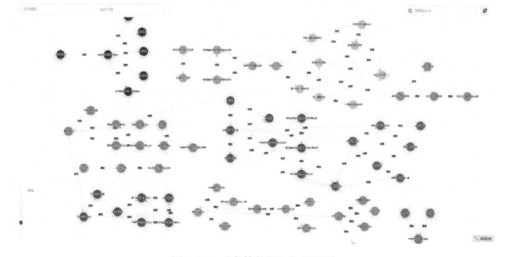

图 8-27　"高等数学"知识图谱

"高等数学"知识图谱中的每个知识点，都以结构化的方式整合了丰富的教学资源、认知目标、教学活动、测评试题等内容，具有知识管理、学习导航、学习评估等功能。"高等数学"知识点资源整合图如图 8-28 所示。

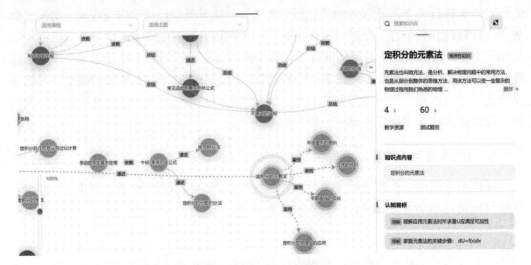

图 8-28　　"高等数学"知识点资源整合图

2. 学、练、测一体化的完整学习流程

学生在进行"高等数学 AI"课程的知识点学习时，能够体验到学、练、测一体化的完整学习闭环，基于知识图谱的"高等数学 AI"课程如图 8-29 所示。从实际案例出发，了解此知识点在生活中的应用；通过生动有趣的教学引例，激发学习兴趣；基于知识点的多元化教学资源，学习内容更丰富；探索知识点之间的关联关系，创建个性化的学习路径；基于学情的自适应测评体系，了解自身对知识点的掌握程度，使学习更有针对性。

图 8-29　基于知识图谱的"高等数学 AI"课程

3. 基于目标的智能化测评

在人工智能技术的支持下，基于不同学生所学知识的差异，通过自然语言处理、数据挖掘等技术手段，智能生成有针对性的习题，随时检测，即时反馈当前所取得的学习成果，并结合"知识图谱"可视化定位"高等数学"课程下全部知识点及其掌握情况，主动评估当前学习状态与预期的学习目标之间的差距，进行知识点掌握度预测，具体如图 8-30 所示。

图 8-30　知识点掌握度预测图

4. 基于知识图谱的教学资源智能推荐

在学习过程中遇到困难时，系统会基于语义搜索、知识点关系等底层逻辑，提供知识点提升助力包（图 8-31）。知识点提升助力包可以定位学生学习的薄弱环节，推荐对应的教学资源，包含名师讲解、课件教材、经典例题等，帮助学生查漏补缺，提升学习成绩。

图 8-31　知识点提升助力包

本 章 小 结

　　本章主要讲述人工智能技术在教育中应用的三个阶段以及人工智能在智能辅导系统、监督学习、心理测量和知识图谱中的应用案例。通过阅读本章内容,相信读者已经对人工智能技术融入教育核心问题与场景有了初步的了解。目前,人工智能在教育领域的技术创新仍然在持续发展,我们也期待不远的未来,人工智能技术将助力教育实现核心素养导向的人才培养,迈向人机协作的高质量教育新时代。但要注意在人工智能与教育结合时,需要平衡技术创新和教育本身的价值观,注重个性化、智能化和人性化的教育模式设计与实践,保护教师和学生的隐私与信息安全。同时,需要注意人工智能技术的可解释性和公正性,以避免不合理的结果和决策对学生造成不良影响。只有这样,才能真正实现人工智能技术在教育中的创新和应用,推动教育的全面升级和发展。

思 考 题

1. 人工智能对教育产生了什么影响?
2. 智能辅导系统对学生和教师分别有什么样的影响?
3. 除了本章所提及的应用,你还知道哪些人工智能在教育中的应用?
4. 你是如何看待"人工智能+教育"的? 你认为未来的教育会有什么样的发展趋势?

参 考 文 献

[1] 国务院.国务院关于印发新一代人工智能发展规划的通知[EB/OL]. http://www.gov.cn/zhengce/content/2017-07/20/content_5211996.htm[2022-11-21].

[2] 中华人民共和国教育部.教育部关于印发《高等学校人工智能创新行动计划》的通知[EB/OL]. http://www.moe.gov.cn/srcsite/A16/s7062/201804/t20180410_332722.html?eqid=b992307e00003f7d000000066498ffc3[2022-11-21].

[3] Bloom B S. The 2 sigma problem: the search for methods of group instruction as effective as one-to-one tutoring[J]. Educational Researcher,1984,13(6):4-16.

[4] Holmes W, Bialik M, Fadel C. Artificial Intelligence in Education: Promises and Implications for Teaching and Learning [M]. Boston: Center for Curriculum Redesign, 2019.

[5] 饶美红. 学校大脑: 构建线上线下教学融合新形态[J]. 教育文汇, 2020(12): 11-13.

[6] 饶美红, 陆韵, 金敏. "学校大脑"智能系统下教育新生态研究[J]. 创新人才教育, 2022(1): 6-9.

[7] 刘峤, 李杨, 段宏, 等. 知识图谱构建技术综述[J]. 计算机研究与发展, 2016, 53(3): 582-600.

[8] 徐增林, 盛泳潘, 贺丽荣, 等. 知识图谱技术综述[J]. 电子科技大学学报, 2016, 45(4): 589-606.

[9] 张吉祥, 张祥森, 武长旭, 等. 知识图谱构建技术综述[J]. 计算机工程, 2022, 48(3): 23-37.

[10] 中国中文信息学会, 语言与知识计算专委会. 知识图谱发展报告(2018)[R]. 北京: 中国中文信息学会, 2018.

[11] Cowie J, Lehnert W. Information extraction[J]. Communications of the ACM, 1996, 39(1): 80-91.

[12] 王昊奋, 漆桂林, 陈华钧. 知识图谱: 方法、实践与应用[M]. 北京: 电子工业出版社, 2019.
[13] Studer R, Benjamins V R, Fensel D. Knowledge engineering: principles and methods[J]. Data & Knowledge Engineering, 1998, 25: 161-197.

参考阅读:《北京共识——人工智能与教育》

"规划人工智能时代的教育:引领与跨越"

序言

1. 我们——国际人工智能与教育大会与会者,包括 50 名政府部长和副部长、来自 100 多个会员国以及联合国机构、学术机构、民间社会和私营部门的约 500 名代表,于 2019 年 5 月 16~18 日齐聚中国北京。我们衷心感谢联合国教育、科学及文化组织和中华人民共和国政府合作举办此次大会,以及北京市政府的热情欢迎和盛情款待。

2. 我们重申了《2030 年可持续发展议程》中的承诺,特别是可持续发展目标 4 及其各项具体目标,并讨论了教育和培训系统在实现可持续发展目标 4 时所面临的挑战。我们致力于引领实施适当的政策应对策略,通过人工智能与教育的系统融合,全面创新教育、教学和学习方式,并利用人工智能加快建设开放灵活的教育体系,确保全民享有公平、适合每个人且优质的终身学习机会,从而推动可持续发展目标和人类命运共同体的实现。

3. 我们回顾 2015 年通过的关于利用信息通信技术(信通技术)实现可持续发展目标 4 的《青岛宣言》,其中指出必须利用新兴技术强化教育体系、拓展全民受教育机会、提高学习质量和效果以及强化公平和更高效的教育服务供给;当我们步入人工智能广泛应用的时代时,我们认识到重申并更新这一承诺的迫切需要。

4. 我们研究了人工智能演变的最新趋势及其对人类社会、经济和劳动力市场以及教育和终身学习体系的深远影响。我们审视了人工智能对于未来工作和技能培养的潜在影响,并探讨了其在重塑教育、教学和学习的核心基础方面的潜力。

5. 我们认识到人工智能领域的复杂性和迅猛发展速度、对人工智能的多元化理解、宽泛的外延和各种差异较大的定义,以及在不同场景中的多样化应用及其引发的伦理挑战。

6. 我们还认识到人类智能的独特性。忆及《世界人权宣言》中确立的原则,我们重申联合国教科文组织在人工智能使用方面的人文主义取向,以期保护人权并确保所有人具备在生活、学习和工作中进行有效人机合作以及可持续发展所需的相应价值观和技能。

7. 我们还申明,人工智能的开发应当为人所控、以人为本;人工智能的部署应当服务于人并以增强人的能力为目的;人工智能的设计应合乎伦理、避免歧视、公平、透明和可审核;应在整个价值链全过程中监测并评估人工智能对人和社会的影响。

　　我们建议，联合国教科文组织会员国政府及其他利益攸关方根据其法律、公共政策和公共惯例，考虑实施以下行动，应对人工智能带来的相关教育机遇和挑战：

规划教育人工智能政策

　　8. 认识到人工智能的多学科特性及其影响；确保教育人工智能与公共政策特别是教育政策有机配合；采取政府全体参与、跨部门整合和多方协作的方法规划和治理教育人工智能政策；根据本地在实现可持续 发展目标 4 及其具体目标以及其他可持续发展目标的工作中遇到的挑战，确定政策的战略优先领域。从终身学习的角度规划并制定与教育政策接轨和有机协调的全系统教育人工智能战略。

　　9. 意识到推行教育人工智能政策和工程的巨大投资需求。审慎权衡不同教育政策重点之间的优先级，确定不同的筹资渠道，包括国家经费（公共和私人）、国际资金和创新性的筹资机制。还要考虑到人工智能在合并和分析多个数据来源从而提高决策效率方面的潜力。

人工智能促进教育的管理和供给

　　10. 意识到应用数据变革基于实证的政策规划方面的突破。考虑整合或开发合适的人工智能技术和工具对教育管理信息系统（EMIS）进行升级换代，以加强数据收集和处理，使教育的管理和供给更加公平、包容、开放和个性化。

　　11. 还考虑在不同学习机构和学习场景中引入能够通过运用人工智能实现的新的教育和培训供给模式，以便服务于学生、教职人员、家长和社区等不同行为者。

人工智能赋能教学和教师

　　12. 注意到虽然人工智能为支持教师履行教育和教学职责提供了机会，但教师和学生之间的人际互动和协作应确保作为教育的核心。意识到教师无法被机器取代，应确保他们的权利和工作条件受到保护。

　　13. 在教师政策框架内动态地审视并界定教师的角色及其所需能力，强化教师培训机构并制定适当的能力建设方案，支持教师为在富含人工智能的教育环境中有效工作做好准备。

人工智能促进学习和学习评价

　　14. 认识到人工智能在支持学习和学习评价潜能方面的发展趋势，评估并调整课程，以促进人工智能与学习方式变革的深度融合。在使用人工智能的惠益明显大于其风险的领域，考虑应用现有的人工智能工具或开发创新性人工智能解决方案，辅助不同学科领域中明确界定的学习任务，并为开发跨学科技能和能力所需的人工智能工具提供支持。

15. 支持采用全校模式围绕利用人工智能促进教学和学习创新开展试点测试，从成功案例中汲取经验并推广有证据支持的实践模式。

16. 应用或开发人工智能工具以支持动态适应性学习过程；发掘数据潜能，支持学生综合能力的多维度评价；支持大规模远程评价。

培养人工智能时代生活和工作所需的价值观和技能

17. 注意到采用人工智能所致的劳动力市场的系统性和长期性变革，包括性别平等方面的动态。更新并开发有效机制和工具，以预测并确认当前和未来人工智能发展所引发的相关技能需求，以便确保课程与不断变化的经济、劳动力市场和社会相适应。将人工智能相关技能纳入中小学学校课程和职业技术教育与培训（TVET）以及高等教育的资历认证体系中，同时考虑到伦理层面以及相互关联的人文学科。

18. 认识到进行有效的人机协作需要具备一系列人工智能素养，同时不能忽视对识字和算术等基本技能的需求。采取体制化的行动，提高社会各个层面所需的基本人工智能素养。

19. 制定中长期规划并采取紧急行动，支持高等教育及研究机构开发或加强课程和研究项目，培养本地人工智能高端人才，以期建立一个具备人工智能系统设计、编程和开发的大型本地人工智能专业人才库。

人工智能服务于提供全民终身学习机会

20. 重申终身学习是实现可持续发展目标 4 的指导方针，其中包括正规、非正规和非正式学习。采用人工智能平台和基于数据的学习分析等关键技术构建可支持人人皆学、处处能学、时时可学的综合型终身学习体系，同时尊重学习者的能动性。开发人工智能在促进灵活的终身学习途径以及学习结果累积、承认、认证和转移方面的潜力。

21. 意识到需要在政策层面对老年人尤其是老年妇女的需求给予适当关注，并使他们具备人工智能时代生活所需的价值观和技能，以便为数字化生活消除障碍。规划并实施有充足经费支持的项目，使较年长的劳动者具备技能和选择，能够随自己所愿保持在经济上的从业身份并融入社会。

促进教育人工智能应用的公平与包容

22. 重申确保教育领域的包容与公平以及通过教育实现包容与公平，并为所有人提供终身学习机会，是实现可持续发展目标 4——2030 年教育的基石。重申教育人工智能方面的技术突破应被视为改善最弱势群体受教育机会的一个契机。

23. 确保人工智能促进全民优质教育和学习机会，无论性别、残疾状况、社会和经济条件、民族或文化背景以及地理位置如何。教育人工智能的开发和使用不应加深数字鸿沟，也不能对任何少数群体或弱势群体表现出偏见。

24. 确保教学和学习中的人工智能工具能够有效包容有学习障碍或残疾的学生，以及使用非母语学习的学生。

性别公平的人工智能和应用人工智能促进性别平等

25. 强调数字技能方面的性别差距是人工智能专业人员中女性占比低的原因之一，且进一步加剧了已有的性别不平等现象。

26. 申明我们致力于在教育领域开发不带性别偏见的人工智能应用程序，并确保人工智能开发所使用的数据具有性别敏感性。同时，人工智能应用程序应有利于推动性别平等。

27. 在人工智能工具的开发中促进性别平等，通过提升女童和妇女的人工智能技能增强她们的权能，在人工智能劳动力市场和雇主中推动性别平等。

确保教育数据和算法使用合乎伦理、透明且可审核

28. 认识到人工智能应用程序可能带有不同类型的偏见，这些偏见是训练人工智能技术所使用和输入的数据自身所携带的以及流程和算法的构建和使用方式中所固有的。认识到在数据开放获取和数据隐私保护之间的两难困境。注意到与数据所有权、数据隐私和服务于公共利益的数据可用性相关的法律问题和伦理风险。注意到采纳合乎伦理、注重隐私和通过设计确保安全等原则的重要性。

29. 测试并采用新兴人工智能技术和工具，确保教师和学习者的数据隐私保护和数据安全。支持对人工智能领域深层次伦理问题进行稳妥、长期的研究，确保善用人工智能，防止其有害应用。制定全面的数据保护法规以及监管框架，保证对学习者的数据进行合乎伦理、非歧视、公平、透明和可审核的使用和重用。

30. 调整现有的监管框架或采用新的监管框架，以确保负责任地开发和使用用于教育和学习的人工智能工具。推动关于人工智能伦理、数据隐私和安全相关问题，以及人工智能对人权和性别平等负面影响等问题的研究。

监测、评估和研究

31. 注意到缺乏有关人工智能应用于教育所产生影响的系统性研究。支持就人工智能对学习实践、学习成果以及对新学习形式的出现和验证产生的影响开展研究、创新和分析。采取跨学科办法研究教育领域的人工智能应用。鼓励跨国比较研究及合作。

32. 考虑开发监测和评估机制，衡量人工智能对教育、教学和学习产生的影响，以便为决策提供可靠和坚实的证据基础。

我们建议活跃在这一领域的国际组织和伙伴考虑实施下列行动：

筹资、伙伴关系和国际合作

33. 基于各国自愿提交的数据，监测并评估各国之间人工智能鸿沟和人工智能发展

不平衡现象,并且注意到能够获取使用和开发人工智能和无法使用人工智能的国家之间两极分化的风险。重申解决这些忧虑的重要性,并特别优先考虑非洲、最不发达国家、小岛屿发展中国家以及受冲突和灾害影响的国家。

34. 在"2030 年教育"的全球和地区架构范围内,协调集体行动,通过分享人工智能技术、能力建设方案和资源等途径,促进教育人工智能的公平使用,同时对人权和性别平等给予应有的尊重。

35. 支持对与新兴人工智能发展影响相关的前沿问题进行前瞻性研究,推动探索利用人工智能促进教育创新的有效战略和实践模式,以期构建一个在人工智能与教育问题上持有共同愿景的国际社会。

36. 确保国际合作有机配合各国在教育人工智能开发和使用以及跨部门合作方面的需求,以便加强人工智能专业人员在人工智能技术开发方面的自主性。加强信息共享和有良好前景应用模式的交流,以及各国之间的协调和互补协作。

37. 通过联合国教科文组织移动学习周等方式并借助其他联合国机构,为各国之间交流有关教育人工智能领域的监管框架、规范文本和监管方式提供适当的平台,从而支持在发掘人工智能潜力促进可持续发展目标 4 方面开展南南合作和北南南合作,并从中受益。

38. 建立多利益攸关方伙伴关系并筹集资源,以便缩小人工智能鸿沟,增加对教育人工智能领域的投资。

我们请联合国教科文组织总干事努力实施下列行动:

39. 建立一个"人工智能服务于教育"的平台,作为开源人工智能课程、人工智能工具、教育人工智能政策实例、监管框架和最佳做法的信息交流中心,以期推动利用人工智能促进可持续发展目标 4,支持就教育和学习的未来开展辩论,并使开源人工智能资源和课程向所有人开放。

40. 在与会员国开展咨询的基础上制定教育人工智能指导纲要并开发资源,以支持会员国制定促进教育领域有效和公平应用人工智能的政策和战略。支持对教育政策制定者的相关能力建设。

41. 通过强化相关部门及处室并动员联合国教科文组织的机构和网络,加强联合国教科文组织在教育人工智能领域的引领作用。

42. 支持将人工智能技能纳入教师信通技术能力框架,支持各国就教职人员如何在富含人工智能的教育环境下工作开展培训。

43. 在教育人工智能方面,进一步扩大联合国教科文组织与相关联合国机构和多边合作伙伴、地区开发银行和组织以及私营部门的合作。

44. 此次大会之后,采取适当的地区和国际性后续行动,与活跃在这一领域的发展伙伴合作,巩固并扩大本共识的影响。

第三篇　人工智能+医疗

　　本篇主要介绍人工智能技术在医学领域的应用，包括药物研发、医疗机器人和精准医疗等方面。人工智能技术深度参与了药物研发各个环节，大幅提高了药物研发效率，并克服了传统医药生产成本高昂、盈利慢的缺点。在医疗机器人和精准医疗方面，人工智能也提供了更为个性化和高效的治疗方案，有望在罕见病和复杂病的治疗方面取得更有效的成果。在医学影像方面，人工智能推动了医学影像从定性分析向定量分析的转变，提高了医学影像的分析准确性，并在医学影像辅助诊断和编程方面得到了广泛应用。

第9章　人工智能在医疗领域的应用

随着计算能力的不断提高和神经网络算法的改进，人工智能正在趋于成熟。几乎每个学科都在使用人工智能来改进其研究并获得收益，包括医疗领域。人工智能已被广泛应用到医疗领域，涉及药物研发、医疗机器人和精准医疗等方面。表 9-1 列出了人工智能在医疗领域的主要应用场景及应用价值。

表 9-1　人工智能在医疗领域的主要应用场景及应用价值

主要应用场景	主要细分类别	应用价值
药物研发	研究开发	用于靶点发现、化合物快速匹配等，大幅缩短研发周期、降低成本、提高研发成功率
	临床试验	提升临床试验效率，实现临床数据的智慧化管理
医疗机器人	康复机器人	缓解康复医疗资源稀缺，提高患者康复质量
	手术机器人	提升手术精确度，增强手术成功率
	辅助机器人	缓解医疗资源分布不均等问题，辅助医生诊断，提升医护质量
	服务机器人	用于智能导诊、消毒杀菌等环节，实现降本增效
精准医疗	精准预防	在疾病发生前进行防范，降低疾病发生的可能性
	精准诊断	提升诊断准确率，为精准治疗提供依据
	精准治疗	采取合适的治疗策略，提升临床疗效
	精准预后	预测疾病发展结果，辅助医生进行预后指导

9.1　药　物　研　发

9.1.1　应用方向概述

一种新药从研发到上市是一项很复杂的工程，通常分为新药开发、药物临床前研究、药物临床试验、新药申报、批准上市以及药物上市后监测这六个阶段。传统的新药研发不但过程漫长，而且成功率非常低，导致投资回报率逐年下降，许多药物还有显著的副作用，需要不断寻找更安全的新药物分子来代替，因此如何提高研发效率成为各大药企亟须解决的问题。表 9-2 分析了人工智能在新药研发过程中做出的贡献。

表 9-2　人工智能解决新药研发问题流程

项目	生命科学研究	新药开发	药物临床前研究	药物临床试验	药物上市后监测
流程		确定靶点、确定先导化合物、获得临床候选药物	文献研究、药物工艺学研究、药理学研究	人体安全性初步评价、治疗作用初步评价、治疗作用确证	药物疗效及不良反应研究
痛点	海量异质数据分析效率低	新靶标难发现	难以根据靶标筛选候选药物	受试人群识别难	难以监测不良反应
人工智能赋能	大数据整合、分析与挖掘	疾病机理分析与靶标挖掘	分子设计、分子筛选定向智能监控	患者精准招募与临床追踪	数字化评审不良反应监测

　　人工智能领域中的机器学习等关键技术，能够有针对性地解决新药研发过程的各环节痛点，减少传统药物研发的弊端。此外，与生物化学、计算机科学等专业领域相结合，可以统计、建模和预测靶蛋白与配体药物之间的相互反应，从而评估新药的分子与其生物活性、毒性以及代谢之间的关系，以发现和优化药物分子。图 9-1 列出了机器学习算法和深度学习算法在药物研发的各个阶段的应用。下面，本节将对包括药物靶点的发现、先导化合物的发现、药物再利用、药物合成、临床前研究以及临床研究几个主要方向进行详细介绍。

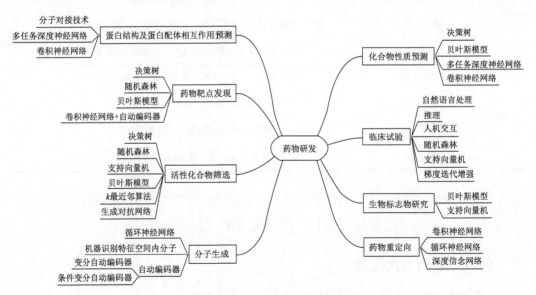

图 9-1　药物研发涉及的人工智能技术

1. 药物靶点的发现

　　药物靶点通常是在疾病病理生理学中起关键作用的酶和细胞。由于种族、文化、生活方式、年龄、体重指数、性别、气候不同等，基于人群的生物分子筛查所得的大量数据中产生了与疾病异质性相关的变异[1]。因此，应用概率推理手动确定可能的药物靶点是一个挑战。而无监督聚类的机器学习方法具有识别不同人群的潜力，这些机器学习算法在未标记的数据中找到一个结构，并使用不同的规则（如分区、层次聚类和基于模型的聚类）根据它们的相似性在所研究的群体中进行分组。

Kumari 等[2]比较了不同的机器学习算法，成功地识别和区分出人类药物靶蛋白和人类非药物靶蛋白，其中随机森林算法的表现最好。

Zeng 等[3]开发了一种用于识别药物靶点的深度学习模型。该模型充分利用包括基因组网络在内的 15 种网络类型，并应用深度神经网络算法来学习每个节点特征的低维向量表示。该网络能够把最大的生物医学网络信息资源整合到一起，对现有药物进行靶标识别，以促进现有药物的重复使用。

2. 先导化合物的发现

在药物研发过程的不同阶段都需要查找大量的数据，以筛选出可能的潜在先导药物。化合物数据库主要来源于公共数据库和私人数据库，这些库包含虚拟化合物、设计化合物和合成化合物以及它们各自的性质与分布信息。因此，这些数据源非常庞大，药物的化学结构、化学分析、靶结构、临床数据等为药物的研究和开发提供了一系列多维数据。随着时间的推移，这些数据源的数量和质量呈指数级增长，为利用人工智能寻找快速有效的药物研发方案开辟了道路[4]。

利用长期和短期记忆人工神经网络模型，Yang 等[5]设计了 p300/CBP 组蛋白乙酰转移酶抑制剂，并对先导化合物进行优化，研制成了新型 p300/CBP 组蛋白乙酰转移酶抑制剂 B026，该抑制剂具有纳摩尔活性抑制、优异的药代动力学特性和选择性。

3. 药物再利用

随着人工智能的发展，药物再利用过程变得更具吸引力和实用性。

Gysi 等[6]依赖人工智能，构建出一种药物再利用网络框架。通过网络距离算法比较新型冠状病毒肺炎（COVID-19，现更名为"新型冠状病毒感染"）与其他 299 种疾病之间的相关性，进而评估现有药物对严重急性呼吸综合征（SARS）的预期疗效。该方法不仅从 918 种现有药物中成功地预测出了 6 种候选药物（其中 4 种能够直接用于治疗新型冠状病毒感染），而且提出了一种快速确定药物治疗方案的算法工具集，旨在为传统的长周期药物开发填补疾病治疗空白。

Delijewski 和 Haneczok[7]用一个基于梯度增强树集成的机器学习模型，根据预测出的 SARS 抗病毒活性，确定最佳的再利用候选药物。通过使用预测的活性概率对再利用候选药物进行排序，最终发现扎鲁司特是治疗新型冠状病毒感染最有潜力的药物，其次为六氯酚和甲氧沙林。

4. 药物合成

研究者通过建立一个由机器学习算法控制的系统，开发出能够独立进行化学反应的智能机器。它可以帮助化学合成工作者进行重复性、高成本和高风险的药物合成实验，降低合成反应的成本，提高效率。

Coley 等[8]结合反合成软件 ASKCOS 和机械臂，设计了一个自动连续流动平台。该平台可以实现包括合成路线、ASKCOS 提供的反应条件和化学家提供的其他策略在内的信息。2019 年，已有 15 种药理活性分子在该平台上合成。

5. 临床前研究

在人体测试药物之前，科学家需要在临床前的研究中利用体外和体内动物模型来计算其最安全的剂量。

临床前研究除了了解药物的药效学和药代动力学外，还旨在预测一种新药对人体可能的毒性。然而，传统的临床前研究是使用低通量技术进行的，这些技术往往有限，无法准确预测药物对人体的影响。因此，高通量技术正在更多地和生物信息学融合应用，解决了预测药物毒性的问题。

Xu 等[9]开发了一种改进的分子图编码卷积神经网络（molecular graph encoding convolutional neural network，MGE-CNN）架构来构建回归模型、多分类模型和多任务模型 3 种模型，这 3 种模型自动提取出化学特征来预测急性口服毒性。回归模型用于预测毒性值，多分类模型用于预测毒性类别，多任务模型用于提高回归模型和多分类模型的一致性，最终预测准确率达到 95.0%。

6. 临床研究

传统的临床试验很难将合适的患者带入试验中，并且缺乏技术基础设施。而人工智能技术可以帮助解决传统临床试验的问题，为计算机和人类之间自然地交换信息提供极大的帮助。可穿戴设备和远程监控可用于自动收集患者数据，如药物摄入量、身体功能和药物反应等，以更有效地访问实时数据。人工智能也可以帮助从特定的队列中招募患者，通过监测患者对药物的反应，重新规划患者治疗方案，确定药物的最终疗效[10]。这些技术为临床试验研究的各个步骤做出了巨大贡献。

9.1.2　国内外企业研究成果

随着人工智能技术在医疗领域的迅速渗入，近几年来制药公司与人工智能公司通力合作，成功地将人工智能应用于药物研发过程，有力地促进了结合人工智能的现代医疗进步。表 9-3 列出了一些具有代表性的人工智能公司与制药公司相互合作，利用人工智能技术研发新药的现状。

表 9-3　代表性的人工智能公司与制药公司合作研发情况

人工智能公司	制药公司	主要产品	研究方向
Atomwise	默克、豪森、辉瑞、默沙东	AtomNet	抗肿瘤药、帕金森病治疗药物、抗埃博拉病毒药、新型冠状病毒感染治疗药物

续表

人工智能公司	制药公司	主要产品	研究方向
Benevolent AI	礼来、阿斯利康、强生	Benevolent Platform、判断增强认知系统	帕金森病治疗药物、新型冠状病毒感染治疗药物
Cyclica	默克、拜耳、药明康德	配体表达（ligand express）	抗精神病药
望石智慧	昆药、泰森	智能化药物分子设计平台、知识图谱平台	抗肿瘤药物、小分子药物
冰洲石生物科技	依图科技	Chemi-Net、Orbital	乳腺癌治疗药物、前列腺疾病治疗药物
晶泰科技	辉瑞、正大天晴	Renova	肿瘤治疗药物、小分子药物

2012 年于美国成立的 Atomwise 公司，是利用人工智能进行药物研发的初创公司。该公司研发出了全球首个基于深度学习技术识别新的分子以及首个结构化的虚拟药物发现平台——AtomNet 系统，该系统利用卷积神经网络可以在数周内筛选出候选药物或靶点。与哈佛大学等顶尖科研机构以及生物制药公司合作，找到了 27 种疾病的候选药物。另外，该公司还利用国际商业机器公司（International Business Machines Corporation，IBM）的超级计算机分析数据库，在药物开发的早期评估药物风险。

英国的 Benevolent AI 公司是欧洲最大的人工智能公司。其开发的 Benevolent Platform 平台可以模拟人类大脑皮质的认知和学习方式，利用文本挖掘分析数据，以及扫描生物和基因信息，可以在大量数据和信息源之间构建新型关联，从而加快药物开发过程。2020 年 2 月，该公司与礼来制药公司合作，成功地找到了一种治疗新型冠状病毒感染的潜在药物，它可以诱导抗细胞因子效应并抑制病毒在宿主细胞中的传播，从而推测出它可以用于新型冠状病毒感染的治疗。此外，该公司与阿斯利康合作，为慢性肾病确定了一个新的靶点，并发现了许多特发性肺纤维化的潜在靶点。

加拿大的 Cyclica 公司将生物物理学和人工智能技术结合来加速新药研发过程。该公司与拜耳集团合作，使用了名为配体表达（ligand express）的云技术，该云端平台能够筛选出与药物相结合的所有蛋白靶点。同时，以图像的形式向药物开发者展现药物与蛋白的相互作用关系，并分析相关的副作用。

鉴于"人工智能制药"的广泛应用前景，国内企业也不甘落后。中信证券数据显示，2020 年，国内的人工智能制药的投融资额超过 31 亿元，同比增长近 7 倍。到 2021 年，热度继续保持上升状态。2021 年 1～10 月，国内人工智能药物研发领域的公开融资总额超过 80 亿元，诸多人工智能制药初创公司成绩亮眼。

望石智慧以 6.494 亿元领跑融资榜单。据悉，这家公司是百度原主任架构师周杰龙在 2018 年成立的，发展时间不到 3 年，已经完成 4 轮融资。目前，主攻"人工智能平台赋能小分子药物研发"。该人工智能平台在靶点发现、分子生成与设计、性质预测等早期药物开发领域已初显突出的特色。与昆药集团合作，双方共同开发抗肿瘤领域的小分子药物。

冰洲石生物科技创立于 2015 年，该公司一直致力于使用人工智能和高性能的计算技术提升药物筛选的准确度和效率，并建立了两个算法平台：Chemi-Net 和 Orbital。Chemi-Net 是一个基于分子的图卷积网络，用于精准预测药物性质；Orbital 是一个基于深度神经网络的分子对接平台，对先导化合物进行分子对接，其预测精度显著高于市场现有标准。

晶泰科技于 2014 年创立，是一家以计算带动技术创新的药物研发企业，也是中国最早一批人工智能制药初创公司之一。该公司采用先进的统计物理学、量子化学、新一代人工智能和云计算技术，可以预测药物的各种关键特征，为全球的药企提供智能化药物开发服务。目前，该公司已与辉瑞集团签署了战略研发合作协议，共同搭建小分子药物模拟与计算平台，驱动小分子药物开发的技术创新。

9.1.3　应用价值与展望

在过去的 5 年中，现代人工智能技术已经发展到了一定程度，而且在医药领域中进行了更深入的探索，主要涉及新药开发、药物临床前研究和药物临床试验，人工智能已经在制药行业显示出了潜在的优势。人工智能技术可深入参与药物研发的各个环节，这将深度协助改变传统药物研发的方法，大幅提高药物研发效率，并有效克服传统医药企业的生产成本高昂、盈利慢的痛点，并且减少了与药物临床前研究相关的健康危害。随着国家政策的扶持，人工智能制药初创企业和人工智能公司激增，各种制药公司与人工智能公司合作，在药物开发领域中取得了更快的进展。

与此同时，制药领域仍然是监管最严格和规避风险的行业之一。人工智能虽然在药物发现和开发的各个领域都得到了迅速发展，并显示出优秀的预测精度和性能，但作为一门新兴学科，仍然面临着许多挑战。

人工智能在新药研发中应用的主要障碍首先是缺乏针对特定问题的高质量数据，因为高质量的数据库对于合成路线的设计和治疗效果的预测至关重要。其次，设计路线的准确性和完整性非常重要。然而，人工智能设计的路线的准确性存在缺陷，因此需要化学家对这些路线进行筛选。由于对保护剂添加和去除的逻辑不完善，预测数据库之外的未知反应或实现天然产物的完全合成仍然是一个巨大的挑战。再次，在数据量不足的情况下，算法模型面临着从较少的数据库中获取更多信息的挑战。最后，高通量自动合成系统和自动合成机器人实现的化学反应是有限的，并且成本较高。尽管存在以上局限性，人工智能已经改变了药物发现的格局，随着药物需求量的增加，人工智能将很快成为制药行业寻找新药及其靶点不可或缺的工具。未来，随着化学合成自动化、反应数据生成、计算机硬件和算法模型的进一步发展，人工智能在药物发现和开发中的应用将逐步增加，药物发现和开发的速度将进一步加快。

目前，全球人工智能新药研发模式已经进入快速成长期，多家国内本土企业已崭露头角。未来，随着分子生物学的发展，将产生更多高质量的数据，以提高药物分子设计的准确性。此外，还应考虑合理挖掘现有数据，扩大人工智能技术的应用范围，以满足疗效预测等方面的需要。

9.2　医疗机器人

9.2.1　应用方向概述

机器人技术诞生于 20 世纪 60 年代，伴随着计算机处理、人工智能、传感器、互联网等技术的快速更新和发展，机器人技术也得到迅速发展，其中医疗机器人技术成为新兴的发展方向，全球的人工智能产业掀起了一股群雄逐鹿的新浪潮[11]。

医疗机器人的应用场景覆盖诊前、诊中、诊后全流程，它缓解了医疗资源紧张的情况，有效地辅助医护人员实施高效率的医疗服务，具备较高的行业价值。根据国际机器人联合会的标准，医疗机器人按使用场景主要分为康复机器人、手术机器人、辅助机器人和服务机器人。表 9-4 介绍了医疗机器人的主要类型，以及各自的功能场景、优势、在国内的市场占比等。

表 9-4　医疗机器人主要类型及详细信息

类型	功能场景	细分类别	优势	市场占比/%
康复机器人	辅助人体完成肢体动作，用于损伤后康复以及提升老年人/残疾人的运动能力	牵引康复机器人；悬挂式康复机器人；外骨骼康复机器人	持续稳定地进行高重复度工作，保障牵引康复机器人运动一致性；根据患者损伤程度与恢复程度提供定制化训练计划，缩短恢复周期；对患者康复训练过程中的生理学数据进行监测，及时反馈康复进度，协助医生调整治疗方案	47
手术机器人	由外科医生控制，用于手术影像引导和微创手术末端执行，协助医生进行术前规划、术中定位与导航及手术操作	腹腔镜手术机器人；神经外科手术机器人；骨科手术机器人；神经介入手术机器人	机械臂活动自由度高，手术操作精度高，损伤率低，减少失血及术后并发症风险；过滤医生生理性震颤，稳定性高，降低术中风险；三维高清图像及数字变焦功能提供更流畅的视觉效果，提高手术精度及稳定性	23
辅助机器人	在医疗过程中起到辅助、补充作用	胶囊机器人；采血机器人；远程医疗机器人	减少人员接触，提升医疗过程的安全性；提升医疗服务效率，促进医疗资源合理配置；人工智能精确控制，提高血液采集、胃镜检查等就医过程安全性与准确性	17
服务机器人	提供非治疗辅助服务，减轻医护人员重复性劳动	医用运输机器人；杀菌消毒机器人；配药机器人	减少人员接触，避免疫情期间发生交叉感染；高效率、高精度工作，提升杀菌、清洁、配送等服务工作频率与质量	13

1. 康复机器人

康复机器人通常以假肢的形式帮助神经损伤（最常见的是中风和脊髓损伤）的患者恢复自理能力，如帮助日常行走等，减轻自身负担。这些机器人设备通过特定的指令，能够以诱导或促进神经可塑性的方式执行伸手、抓取、行走和脚踝运动，从而恢复患者运动范围和运动协调性。

2. 手术机器人

手术机器人是指在手术过程中由医生操纵共同工作，或辅助医生使用影像技术增强手术效率和效果的机器人。如今机器人辅助手术已经被许多显微外科手术室采用，其应用领域包括骨科、神经外科、整形外科、眼科等。

手术机器人的主要优点是快速、精确地重复动作，它们可以工作很长时间，而不会产生手颤和疲劳等反应。此外，这些动作可以进行电子缩放，以提高准确性和精确度，而不增加外科医生的工作量。这些技术的进步在支持和提高外科医生专业能力方面发挥了关键作用。但机器人在外科手术中的应用并不是为了取代外科医生，而是为其提供新的、多功能的仪器，从而提高治愈患者的可能性。

3. 辅助机器人

辅助机器人有多种类型，主要包括采血机器人、远程医疗机器人等，可以帮助医生诊断，提升医护质量。

采用计算机视觉和智能导航控制技术研发出的采血机器人能够精准识别不同个体的血管位置，以及完成血液标本采集任务。用采血机器人代替人工采血，不但减少了患者排队等候时间，实现便捷、高效的采血过程，还减少了人与人之间的密切接触，避免医护人员暴露于过敏原。

远程医疗机器人可以解决医疗机构容纳有限、医疗资源分布不均、患者看病就医难等问题。由于人口日益老龄化，远程医疗机器人广泛用于对老年人的健康监测，减轻了家庭聘请专业人员的经济压力，实现多功能、多元化的生活场景应用。

4. 服务机器人

为了减轻医护人员的重复性劳动，同时减少人员接触，提高其工作效率，研发出了服务机器人，包括配药机器人和沐浴机器人等。

Sharma 等[12]在 SolidWorks 软件上设计了一种配药机器人，如图 9-2 所示。该模型包括以下功能：健康监测系统——测量并存储心率、体温和血氧饱和度的日志，全球移动通信系统（GSM）模块用于在紧急情况下向联系人发送紧急信息；图像识别——能够识别人脸，也能够检测面具；智能配药器——可编程的自动配药器设计使得看护人无须在每次配药时在场；语音控制——该功能允许机器人阅读报纸和任何文本，还允许用户通过警报设置提醒。

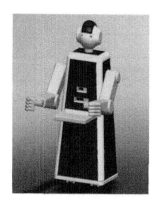

图 9-2　配药机器人模型

服务机器人也可以用于帮助体弱的老年人进行基本的日常活动，如洗澡、散步、清洁等。I-Support 沐浴机器人[13]也旨在协助日常活动。它有四个模块：电动座椅——用于帮助老年人安全进出浴室；人机交互——使用 Kinect V2 RGB-D 摄像头进行音频手势命令、动作识别以及身体姿势估计；环境感知系统——使用不同的传感器获取有关环境的信息，如水流和温度；软机械臂——在需要时可以有效地增大或减小其尺寸，帮助老年人洗澡。

服务机器人还包括社交机器人。社交机器人通过社会互动在医疗场景下提供认知支持，帮助患者与医护人员保持自然互动，也可用来帮助老年人对抗孤独感。而相比于成年人，儿童对社交机器人的接受程度更高，因此在治疗时应用社交机器人可以帮助其应对疼痛和不适。

例如，Robin 是一个具有自主认知的情感机器人，患有"机器人糖尿病"，是糖尿病儿童的伴侣。它可以提供合适的糖尿病管理经验，有能力模拟经历糖尿病症状的状态，并且可以满足儿童的情感需求[14]；Murphy Miserable 机器人在特定医疗程序（如抽血）中，通过讲述自己的悲惨故事并分享自己的感受分散儿童的注意力，从而减轻与医生就诊相关的压力和焦虑情绪[15]；Therabot 是一种类似狗的机器人，旨在帮助患有创伤后应激障碍和其他疾病的儿童与成年人[16]。

9.2.2　国内外企业研究成果

根据时间进展，表 9-5 分三个阶段整理了国外的医疗机器人研发成果及应用方向[17]，其中大多数为手术机器人。

表 9-5　国外医疗机器人发展史

阶段	机器人系统	公司	诞生年份	应用方向
阶段 I （1987～2000 年）	NeuroMate	Renishaw（英国）	1987	脑深部电刺激、立体定位脑电图
	ROBODOC 手术机器人	Think Surgical（美国）	1992	全髋关节置换术、全膝关节成形术

续表

阶段	机器人系统	公司	诞生年份	应用方向
阶段 I （1987～2000 年）	AESOP 手术机器人	Computer Motion（美国）	1993	泌尿外科、胸外科、心脏外科等
	CyberKnife	Accuray（美国）	1994	放射外科、立体定向放疗、下丘脑错构瘤治疗
	Zeus 手术机器人	Computer Motion（美国）	1995	黏膜免疫系统、心脏手术
	CASPAR	Orto-Manquet（德国）	1997	髋和膝关节置换、前交叉韧带修复
	达芬奇手术机器人	Intuitive Surgical（美国）	1999	微创手术
阶段 II （2000～2010 年）	AcuBot	Urobotics 实验室（美国）	2001	经皮穿刺、经皮放射学介入治疗
	PathFinder	Prosurgics（英国）	2001	立体定向神经外科、脑瘤、帕金森病和癫痫
	InnoMotion	DePuy Synthes（美国）	2001	磁共振成像（magnetic resonance imaging，MRI）引导下的经皮介入治疗
	Niobe 电磁导航系统	Stereotaxis（美国）	2003	心律失常的治疗、导管干预、内镜检查
	Raven 手术机器人	华盛顿大学和加利福尼亚大学（美国）	2005	微创手术
	Sensei	Auris Health（美国）	2005	导管干预、心房颤动
	NeuroArm	IMRIS（加拿大）	2006	显微外科、立体定向放疗、神经外科、神经胶质瘤治疗
	FreeHand v1.2	Free hand（英国）	2008	腹腔镜检查、黏膜免疫系统
	Telelap ALF-X	TransEtrix Surgical（美国）	2008	妇科手术、内镜检查
	ROSA	Zimmer Biomet（法国）	2008	颅骨手术、脑深部刺激
	Novalis	BrainLab（德国） Varian Medical Systems（美国）	2010	放射外科、放射治疗
阶段 III （2010～2020 年）	Renaissance	Medtronic（爱尔兰）	2011	活检、截骨术、脊柱畸形
	ROSA	Zimmer Biomet（法国）	2012	活检
	Flex	Medrobotics（美国）	2013	腹腔镜单口手术、经口手术
	MAKO	Stryker（美国）	2015	全髋关节置换术、全膝关节置换术、单室膝关节置换术
	Senhance 手术机器人	TransEtrix Surgical（美国）	2015	腹腔镜检查、妇科手术、子宫切除术
	Preceyes 手术机器人	Preceyes BV（荷兰）	2016	视网膜手术、眼内手术
	Versius 手术机器人	CMR Surgical（英国）	2016	微创手术、锁孔手术、结肠直肠手术
	Navio 手术机器人	Smith and Nephew（英国）	2017	膝关节假体定位、单室膝关节置换术
	Sport 手术机器人	Titan Medical（加拿大）	2017	微创手术、腹腔镜单口手术
	Ion 机器辅助平台	Intuitive Surgical（美国）	2017	微创活检
	Monarch	Auris Health（美国）	2018	外周性支气管镜检查、内窥镜检查
	Mazor X-Stealth	Medtronic（爱尔兰）	2019	脊柱手术、微创手术

NeuroMate 是一种设计用于执行神经外科手术的机器人,由美国综合外科系统公司(目前归英国 Renishaw 公司所有)开发。它是市面上最古老的运行系统之一。根据设计,它有 6 个自由度和 1 个立体定向系统,使其能够执行各种神经科检查,如神经内镜检查、脑深部电刺激、活检、经颅磁刺激、放射手术和脑肿瘤切除。

1993 年 Computer Motion 公司发布了伊索(Automated Endoscope System for Optimal Positioning,AESOP)手术机器人。在腹腔镜手术中,医生根据语音命令操纵腹腔镜摄像机的位置,帮助减少了由外科医生和辅助外科医生之间的错误沟通而导致的手术时间延迟。

1999 年美国 Intuitive Surgical 公司推出的达芬奇手术机器人是全球范围内应用最为普遍的智能化手术平台之一,目前已经发展到第五代。该机器人适用于对泌尿外科、胸外科、妇科和腹部外科等范畴的微创手术。先进的成像技术向医生提供了高清晰度的三维影像并将手术视野放大了 10～20 倍,使得手术的准确性大大提高;系统化的设计消除了主刀医生的手颤给手术带来的影响;腕部可自由旋转的手术器械可以成功复现主刀医生的动作。

AcuBot 由美国约翰斯·霍普金斯大学的泌尿外科实验室开发,用于经皮穿刺手术。AcuBot 的手臂具有 7 个自由度,使用激光标记器精确引导和定位针头,以完成手术。在涉及使用透视或 CT 的危险操作过程中,AcuBot 可以取代手术室的外科医生和其他工作人员,这将有助于减少员工的辐射暴露。

Flex 机器人由美国 Medrobotics 公司设计,用于在普通手术和微创手术中提供可视化辅助。

Versius 手术机器人由英国 CMR Surgical 公司设计,主要用于微创手术,是目前世界上最小的外科手术机器人。Versius 手术机器人仅有达芬奇机器人的 1/3 大小,更易转移及运送。该机器人可以用于执行各种锁孔手术,包括子宫切除术、前列腺切除术、耳鼻喉手术等。该机器人如图 9-3 所示。

图 9-3 Versius 手术机器人
左边是外科医生控制台,其上安装有监视器;右边是床边装置

Ion 机器辅助平台也是由美国 Intuitive Surgical 公司设计的,用于微创活检和支气管镜检查,可以根据患者的 CT 数据生成 3D 影像。

最近几年,我国已明确提出要快速发展"医用机器人等高性能诊疗设备"。表 9-6 整理了国内医疗机器人代表性企业及主要产品。

表 9-6　国内医疗机器人代表性企业及主要产品

领域	代表性企业	主要产品	应用方向
康复机器人	卓道医疗	ArmGuider 上肢康复机器人、Nimbot 上肢康复机器人、SmartSling 下肢康复训练机器人	上下肢综合康复训练
	钱璟康复	多体位智能康复机器人系统 Flexbot	步态分析、康复评定
	上海金矢	iReGo 下肢康复运动训练机器人	步态分析、行走训练
	大艾机器人	AiLegs 系列、AiWalker 系列外骨骼机器人	脑损伤、脊髓损伤患者
手术机器人	天智航	天玑骨科手术机器人	脊柱外科手术、创伤骨科手术
	威高集团	"妙手 S"微创手术机器人、"玛特 I"骨科手术机器人	微创手术、骨科手术
	思哲睿	微创外科手术机器人	腹腔、盆腔等外科手术
	华科精准	神经外科手术机器人	癫痫、帕金森、脑出血等疾病手术
辅助机器人	安翰科技	NaviCam 胶囊内镜机器人	胃部检查
	迈纳士	采血机器人	智能采血
服务机器人	钛米机器人	自动导引车(automated guided vehicle, AGV)物流机器人	物流配送
	艾信智慧医疗	智能消毒机器人	自主导航消毒

卓道医疗成立于 2015 年,成立以来的主要成果有 ArmGuider 上肢康复机器人、Nimbot 上肢康复机器人和 SmartSling 下肢康复训练机器人。其中,ArmGuider 上肢康复机器人具有高度灵活的悬浮式机械臂结构,Nimbot 上肢康复机器人由机械驱动的外骨骼结构组成,该结构为全球首款实现肩部复合体五自由度的设计。

上海金矢公司主要致力于康复机器人的研发、制造与销售,其生产的 iReGo 下肢康复运动训练机器人集步态分析、行走训练、游戏训练于一体,通过双侧急停开关、减重绷带和防摔机制等独特设计,为患者带来可靠的安全保护。

2010 年天智航研发制造出我国第一台骨科手术机器人——天玑骨科手术机器人,填补了国内空白。该机器人被用来进行脊柱外科手术以及创伤骨科手术,利用机械臂辅助完成手术器械或植入物的定位,其定位精度为亚毫米级,达到国际领先水平。

安翰科技公司开发出的 NaviCam 胶囊内镜机器人,主要由磁场控制系统、智能胶囊内镜、便携记录仪和胶囊定位器四大部分构成。患者吞服一颗重 5g、尺寸接近口服胶囊大小的胶囊胃镜,就能通过磁场精确控制及光电成像对胃内六大解剖部位进行全方位系统化检查。

新型冠状病毒主要通过空气、接触等方式传播感染,而服务机器人可以从根源上避免人员直接暴露于传染源,从而有效减缓疫情传播。钛米机器人的自动配送物流机器人(AGV 物流机器人)代替医护人员为方舱医院的患者送药,并且提供线上实时回答病患疑问等服务;艾信智慧医疗的智能消毒机器人对指定区域范围实施自动化消毒,防止病毒通过空气、接触等方式传播。

9.2.3　应用价值与展望

近年来,医疗机器人的高速发展源于以下两方面:一是,需求的增长。国家统计局数据表明,2050 年我国的老年人口规模预计将会达到 5 亿人。如此庞大的老龄人口数量,将进一步加剧医护人员供给不足的问题,高质量医疗服务需求更加迫切。随着医疗机器人的投入生产,康复机器人、手术机器人、服务机器人等医疗机器人已成为智能化养老社会的首选医疗设备。二是,技术的进步。生物医学、计算机科学、自动化技术、材料科学等领域的发展和高度集成,催生出了大量创新技术;成像技术的改进为主刀医生带来了高清三维手术视野。因此,各大企业不断投入医疗机器人的研发和应用,这持续地改变着临床诊断治疗过程,并逐步形成了有着广阔发展前景的新兴产业。

目前,有许多机器人系统可用于医疗程序,但这些系统上还没有足够的数据。面对复杂、狭小的工作环境和多人-多机协作的使用场景,仍需要精确的建模方法与合理的机械操纵方法,才能实现最终的精确操作效果[18]。

未来,医疗机器人将按照如下趋势发展。提高人机交互、感知认知能力:医疗机器人强调人和机器之间的互动,利用人工智能技术,人与机器之间相互反馈,不断提高现实感和真实性。深入开发人工智能机器人的自主治疗技术:目前,全自动机器人手术尚不可能实现。在未来,可能存在由人工智能操作的机器人系统,可以在不需要外科医生在场或担任监督角色的情况下进行手术。辅助、服务机器人将成为重点发展领域:测温机器人、消毒机器人、物流机器人、护理机器人等医疗机器人在疫情防控中发挥了巨大的作用。可以预见在未来,辅助、服务机器人可以替代医护人员,为患者提供服务,在保障患者健康的前提下减少医护人员与患者接触的时间,提升服务质量和效率。此外,体弱的老年人使用这类机器人可以方便日常生活,减轻家庭聘请专业人员的经济压力。

总体而言,在未来,智能化的医疗机器人将带来一场全新的医疗科技变革。更多的公司将参与到研发医疗机器人的行列中,医疗机器人商业化、市场化的进程将持续推进。

9.3　精 准 医 疗

9.3.1　应用方向概述

2015 年,美国总统奥巴马公布了精准医疗计划,并推出了"精准医疗"白皮书,自此精准医疗迅速受到全球医疗界的瞩目。

精准医疗分为对患者的病情实施精准预防、精准诊断、精准治疗和精准预后四个环节，旨在为患者提供个性化的治疗方案，并将医疗技术提高到病前预防水平。

1. 精准预防

精准预防是依赖于基因检测与大数据分析，以生物信息数据为基础，进行大规模的疾病早期筛查的新型预防方式，如肿瘤的 DNA 检测、风险评估、传染性疾病预防等。相较于传统的预防方式，精准预防具有个性化、连续性、预警性等特征。

Akselrod-Ballin 等[19]提出的根据 9611 名女性的 38444 张乳房 X 射线照片训练的乳腺癌预测算法，是第一个将成像和预测相结合的算法。该算法能够预测活检恶性度，并区分正常和异常筛查结果。其评估乳腺癌的水平与放射科医生相当，并且很大程度上减少了乳腺癌的漏诊。

此外，结合主动检测或特定病情监测的可穿戴设备也可用于精准预测疾病，如糖尿病、癫痫、帕金森病、心血管疾病等。这些设备可以提供预测生物性分析，检测患者的数据，监测疾病进展并提供及时的治疗干预，提高药物疗效，避免因延误治疗而产生的潜在危险，扩大药物使用在时间和空间上的灵活性。

2. 精准诊断

疾病的准确判断以及分析都有赖于高质量、精准的病理诊断，不同患者情况不一，需要针对具体患者数据做出精准的诊断。精准诊断是精准治疗的基础，只有诊断精准，医生才可能提出恰当的治疗方案。

在脑肿瘤领域，恶性肿瘤与良性肿瘤的分类，对于制定肿瘤患者的治疗方法和预后预测具有重要意义，而这都依赖于疾病诊断的准确性。

在心血管疾病领域，使用人工智能的大数据分析可能有助于识别异质性综合征的新基因型或表型，如 HFpEF、Takotsubo 心肌病、肥厚型心肌病、原发性肺动脉高压、高血压和冠状动脉疾病，从而实现个性化的靶向治疗；使用人工智能的大数据分析也可以支持重要的临床决策，例如在经皮冠状动脉介入术后的个体中选择使用抗血小板药物，在非瓣膜性心房颤动的个体中选择使用抗凝药物。

3. 精准治疗

按照传统的治疗方式，医生会对症状相同的患者制订相同的治疗方案。而精准治疗的出现使得医生可以结合患者自身的特异性，为患者提供个性化的治疗方案，大大提高了治疗的效率。全球癌症患者的生存率极低，尤其是肝癌患者，他们更需要接受精准治疗。随着下一代基因测序技术的迅猛发展，临床医生可以迅速掌握肿瘤的原始基因组成，并根据患者的基因组对肿瘤进行分类，以优化治疗策略。

由于在癌症早期诊断困难、恶性病变迅速以及缺少靶向药物，肝癌患者的生存率极低。不同患者的遗传易感性、肿瘤形态多样性和微环境差异等异质性的存在极大地影响着癌症早期筛查、诊断以及靶向治疗的进展。基于单个患者的异质性，精准医学对大量临床数据进行分析，为癌症的个性化诊断和治疗提供了全新的维度，甚至可以在高危群体中开展临床前筛查。

4. 精准预后

在精准治疗以后，有组织、有计划的生命体征监测和药物治疗对恢复患者身体功能至关重要。精准预后基于患者的病史，借助人工智能技术，构建预后风险预测模型及风险分类模型，有助于医生对患者实施更有效的预后指导。

在一项研究中，Chiu 等[20]比较了人工神经网络、支持向量机、高斯过程回归和多元线性回归模型，来预测肝切除术后患者的生活质量。结果显示，在术前和术后的医疗咨询后，人工神经网络模型比其他 3 个模型能更好地预测肝癌患者术后 6 个月的生活质量，并且预测的结果与术前功能状态、手术量、住院时间和患者年龄等密切相关。

Molinari 等[21]使用机器学习方法，提出了一个加权评分系统。该系统可以根据患者的术前特征预测肝移植术后不良后果的风险是否增加。此外，该系统也可以预测术后 90天内死亡率超过 10%的患者[受试者工作特征曲线下面积（AUC）为 0.952]，术后 1 年内的死亡率和术后 5 年内的存活率也能预测出。基于人工智能的评分系统可以预测患者的短期和长期预后以及术后复发的风险，帮助临床医生和研究人员做出更精确的预后决策。

9.3.2　国内外企业研究成果

过去几十年以来，许多国内外企业都对精准医疗产生了极大的兴趣。表 9-7 列出了在基因测序、精准诊断、精准治疗和精准预后等领域的部分代表性企业及主要产品/研究方向。

表 9-7　精准医疗代表性企业及研究方向

主要领域	代表性企业	主要产品/研究方向
基因测序	Illumina	基因测序平台、基因检测
	Tango Therapeutics	新型 DNA 测序技术
	IBM Waston	IBM Waston 基因解决方案
	华大基因	肺癌组织个体化诊疗基因检测、基因自主测序平台
	诺禾致源	数字 PCR 技术平台、Falcon 智能交付平台
精准诊断	金域医学	第三方医学检验及病理诊断
	Dyno Therapeutics	CapsidMap 基因疗法平台
精准治疗	Celator	CombiPlex 肿瘤制药平台
	药明巨诺	CAR-T 细胞免疫疗法技术研发
精准预后	Agendia	MammaPrint、BluePrint 检测

　　1998 年成立的 Illumina 公司，集生命科学工具的开发、制造和销售于一体。该公司主要提供脱氧核糖核酸（DNA）和核糖核酸（RNA）的基因组分型、基因测序等服务。其主打产品有 MiSeq 测序仪、HiSeq X Ten 测序仪、MiSeq FGx 测序仪、NextSeq 500/550 桌上型测序仪、MiniSeq 台式型测序仪等。

　　Tango Therapeutics 公司结合新型 DNA 测序技术和 CRISPR 基因编辑技术来寻找药物靶点，致力于发现和提供下一代靶向癌症治疗。

　　IBM Watson 开发的 IBM Waston 基因解决方案使用基因测序技术，对肿瘤患者进行个性化医疗。该平台可以根据肝癌患者的关键临床数据，为指导手术决策提供相应的理论依据。此外，该公司还开发了 Waston 肿瘤解决方案和 Waston 临床试验匹配解决方案。前者可以提供多种治疗方案，扩充肿瘤专家的专业知识；后者有助于将患者与可能挽救生命的临床试验进行匹配。

　　创建于 1999 年的华大基因是一家知名的基因组学研究机构。作为国内基因行业的奠基者，华大基因已成为一家技术和设施齐全的全球大型基因公司。该公司主要利用基因检测、质谱检测、生物信息分析等大数据分析技术，为医院、科研组织等机构提供精准诊断的方案。其研发的基因测序仪 DNBSEQ-T7 和 MGISEQ-2000，以及推出的基于高通量测序平台的肺癌多基因检测等产品旨在提高肿瘤防控，遏制重大疾病对人体健康的危害，从而实现精准治疗。

　　诺禾致源也专注于基因组学领域，其所打造的数字 PCR 技术平台适用于稀有等位基因检测、下一代测序文库绝对定量、下一代测序技术验证等方面。2020 年，该公司发布了高通量测序应用领域多产品并行的 Falcon 智能交付平台，完成了从样本获取、基因检测、数据库构建到生物信息分析的全流程智能化操作，打造出安全精准的一站式解决方案，创造了更短的交付周期和更稳健的交付质量。

　　金域医学是一家以第三方医学检验及病理诊断服务为核心的高新技术公司。该公司主要提供包括质谱检验、基因组检测、疾病诊断、生化发光检验、生物免疫学检验、其他综合检验六大类外包和研发技术的服务。它还拥有一套完善、全面的检验诊断技术体系，用于检测包括癌症、感染性疾病、内分泌疾病、妇科疾病、肾脏疾病等在内的疾病。

　　Dyno Therapeutics 基于 Dyno 大量数据构建的先进搜索算法以及人工智能技术，开发出 CapsidMap 基因疗法平台。该平台通过运用人体内的实验数据和机器学习方法来制造新一代腺相关病毒（adeno-associated virus，AAV）衣壳，即病毒载体的细胞靶向蛋白壳，它不仅可以改善 AAV 衣壳的细胞靶向功能和免疫逃逸功能，还可以改善 AAV 衣壳的细胞负载能力和可制造能力。

　　Celator 是一家致力于癌症治疗的生物制药企业，其独有的技术平台 CombiPlex 肿瘤制药平台可以合理设定并快速评估抗癌药物的组合方式，将传统化疗和小分子靶向药物相结合，从而产生更强的抗肿瘤活性。

　　除了各大人工智能企业以外，互联网科技巨头也纷纷布局"AI+精准医疗"。阿里云发布的 ET 医疗大脑在虚拟助理、药物研发、医学成像、精准医疗等方面扮演着医生助手的角色。医生在判断甲状腺结节点时，ET 医疗大脑利用人工智能技术直接在甲状腺 B 超影像上圈出结节点，并给出良性或者恶性的分类。在此之前，医生判断甲状腺结节点的准确率为 60%～70%，而采用 ET 医疗大脑的诊断准确率可达 85%。此外，ET 医疗大脑与华大基因合作，收集并分析大量肺癌患者的 DNA 序列，从而寻找致病基因。

9.3.3　应用价值与展望

1. 应用价值

随着人类基因组测序的快速发展，分子医学指出了人体、疾病和治疗方案的巨大复杂性，以及遗传因素和风险因素之间的相互联系。在不同的受试者中，相同的风险因素可能导致不同的疾病，相同的治疗方案获得的效果也因人而异。精准医疗能通过克服这些问题来达到精准治疗，因为它能够根据患者的特点进行个性化调整。而人工智能的处理能力提高了精准医疗这些看似不可克服的问题的可能性。

运用人工智能技术，在症状出现之前预测疾病风险，并设计定制的治疗计划，可以最大限度地提高安全性和效率。

将人工智能运用于疾病诊断阶段，其价值体现在两方面：一是利用人工智能的感知能力和学习能力从患者的影像中提取关键信息，这能够为缺乏经验的医生提供帮助，提升其判读影像的准确率和效率；二是利用大量现有的影像数据和临床信息来训练出特定的人工智能模型，使该模型能正确诊断出疾病，减少漏诊或误诊的概率，从而辅助临床治疗。

在精准治疗阶段，把患者的个人基因、生活环境、饮食状况等信息纳入分析的范畴，为不同的患者制订个性化的治疗方案。通过基因测序可以找出患者的突变基因，从而可以快速选择对症药物，节省了医生尝试不同治疗方案的时间，大大提升了治疗效果和效率。

2. 挑战

在精准医疗中进行人工智能的尝试正在不断增加，以执行疾病诊断、风险预测和治疗反应等任务。虽然大多数研究都取得了有价值的实验成果，但精确医疗要想达到完美还有很多挑战。

数据偏差：在构建和处理数据集时，健康数据可能存在偏差，如缺乏多样性的采样、数据缺失等问题。根据数据训练的人工智能模型可能会放大这种偏差，并对具有年龄、性别、种族、地理位置或经济水平特征的特定人群存在无法避免的误差。这种无意识的偏差可能会降低临床适用性和健康质量。因此，检测和缓解数据与模型中的偏差至关重要。

社会环境因素：人工智能模型部署的环境因素和工作流程可能会影响模型性能和临床疗效。

数据安全和隐私：数据对于人工智能驱动的系统至关重要。随着人工智能和精准医疗的融合，数据（如基因组学、病史、行为和涵盖人们日常生活的社会数据）将越来越多地被收集和整合。个人对数据隐私的担忧与使用人工智能服务时的信任密切相关。为数据存储、管理和共享构建一个安全、可控的生态系统至关重要，需要采用新的技术和协作，以及创建新的法规和业务模式。

3. 展望

全球的疾病防治工作面临着严峻挑战，而精准医疗涵盖了精准预防、精准诊断、精准治疗和精准预后四方面，将成为整个社会的需求。同时，随着人口老龄化增加以及市场经济的发展，人们对个性化、精准的医疗服务需求日益增长，医疗消费水平的提升将进一步推动精准医疗市场的拓展。

人工智能和精准医疗领域的积极研究正在展示一个未来，即患者的健康相关任务将通过高度个性化的医疗诊断和治疗方案得到改善。这两种力量之间的协同作用颠覆了传统医疗体系，未来罕见病、复杂病都将能得到有效治疗，精准医疗将有望引领新的医学时代。

本 章 小 结

药物研发。人工智能技术深入参与新药研发的众多环节，如药物靶点的发现、先导化合物的发现、药物再利用、药物合成、临床前研究以及临床研究等，深度协助改变传统药物研发的方法，大幅提高药物研发效率，并有效克服了传统药物生产成本高昂、盈利慢等缺点。

医疗机器人。医疗机器人是在医院或康复中心等医用场合中，用于手术、康复、辅助服务的半自主或全自主工作的机器人产品。其应用场景覆盖诊前、诊中、诊后全流程。缓解医疗资源的紧张，大大提高了实施医疗服务的效率。

精准医疗。人工智能利用高性能的计算能力，基于患者的个人数据、基因信息、诊断情况和治疗疾病的环境，辅助医师量体裁衣式地为患者定制个性化的治疗方案。患者的健康将通过高度个性化的医疗诊断和治疗方案得到改善，有望对罕见病、复杂病施加有效治疗。

思 考 题

1. 简要分析人工智能在药物研发方面的主要应用场合与应用价值。

2. 一款新药从研发到上市是一项很复杂的工程，主要由哪些阶段组成，人工智能在研发过程中做出哪些贡献？

3. 人工智能在药物研发等领域中，包括药物靶点的寻找、分子生成、活性预测等场景，如何保障和鉴别数据质量？

4. 人工智能医疗机器人是应重视高危险和高技术性工作，还是应侧重于非低端重复工作？阐述原因。

5. 自 2015 年起精准医疗迅速引得全球医疗界的瞩目，阐述精准医疗对患者的病情治疗相较于之前在哪些方面有所提升。

6. 结合实际，列举精准医疗概念在生活中的实际体现。

参 考 文 献

[1] Khan S R, Al Rijjal D, Piro A, et al. Integration of AI and traditional medicine in drug discovery[J]. Drug Discovery Today, 2021, 26(4): 982-992.

[2] Kumari P, Nath A, Chaube R. Identification of human drug targets using machine-learning algorithms[J]. Computers in Biology and Medicine, 2015, 56: 175-181.

[3] Zeng X X, Zhu S Y, Lu W Q, et al. Target identification among known drugs by deep learning from heterogeneous networks[J]. Chemical Science, 2020, 11(7): 1775-1797.

[4] Tripathi M K, Nath A, Singh T P, et al. Evolving scenario of big data and Artificial Intelligence (AI) in drug discovery[J]. Molecular Diversity, 2021, 25: 1439-1460.

[5] Yang Y X, Zhang R K, Li Z J, et al. Discovery of highly potent, selective, and orally efficacious p300/CBP histone acetyltransferases inhibitors[J]. Journal of Medicinal Chemistry, 2020, 63(3): 1337-1360.

[6] Gysi D M, do Valle Í, Zitnik M, et al. Network medicine framework for identifying drug-repurposing opportunities for COVID-19[J]. Proceedings of the National Academy of Sciences of the United States of America, 2021, 118(19): e2025581118.

[7] Delijewski M, Haneczok J. AI drug discovery screening for COVID-19 reveals zafirlukast as a repurposing candidate[J]. Medicine in Drug Discovery, 2021, 9: 100077.

[8] Coley C W, Thomas III D A, Lummiss J A M, et al. A robotic platform for flow synthesis of organic compounds informed by AI planning[J]. Science, 2019, 365(6453): 557.

[9] Xu Y J, Pei J F, Lai L H. Deep learning based regression and multiclass models for acute oral toxicity prediction with automatic chemical feature extraction[J]. Journal of Chemical Information and Modeling, 2017, 57(11): 2672-2685.

[10]Harrer S, Shah P, Antony B, et al. Artificial intelligence for clinical trial design[J]. Trends in Pharmacological Sciences, 2019, 40(8): 577-591.

[11]任佳妮, 杨阳. 全球医疗机器人技术领域创新态势分析[J]. 计算机技术与发展, 2021, 31(4): 158-163.

[12]Sharma A, Rathi Y, Patni V, et al. A systematic review of assistance robots for elderly care[C]//2021 International Conference on Communication information and Computing Technology (ICCICT). Mumbai : IEEE, 2021: 1-6.

[13]Zlatintsi A, Dometios A C, Kardaris N, et al. I-Support: a robotic platform of an assistive bathing robot for the elderly population[J]. Robotics and Autonomous Systems, 2020, 126: 103451.

[14]Cañamero L, Lewis M. Making new "New AI" friends: designing a social robot for diabetic children from an embodied AI perspective[J]. International Journal of Social Robotics, 2016, 8(4): 523-537.

[15]Ullrich D, Diefenbach S, Butz A. Murphy Miserable Robot: a companion to support children's well-being in emotionally difficult situations[C]//Proceedings of the 2016 CHI Conference Extended Abstracts on Human Factors in Computing Systems. San Jose: Association for Computing Machinery, 2016: 3234-3240.

[16]Duckworth D, Henkel Z, Wuisan S, et al. Therabot: the initial design of a robotic therapy support system[C]//Proceedings of the Tenth Annual ACM/IEEE International Conference on Human-Robot

Interaction Extended Abstracts. Portland: Association for Computing Machinery,2015: 13-14.

[17] Ginoya T, Maddahi Y, Zareinia K. A historical review of medical robotic platforms[J]. Journal of Robotics, 2021, 2021: 1-13.

[18] 赵思洁. 医疗机器人的发展与应用[J]. 中国高新区, 2019(3): 58,60.

[19] Akselrod-Ballin A, Chorev M, Shoshan Y, et al. Predicting breast cancer by applying deep learning to linked health records and mammograms[J]. Radiology, 2019, 292(2): 331-342.

[20] Chiu C C, Lee K T, Lee H H, et al. Comparison of models for predicting quality of life after surgical resection of hepatocellular carcinoma: a prospective study[J]. Journal of Gastrointestinal Surgery, 2018, 22: 1724-1731.

[21] Molinari M, Ayloo S, Tsung A, et al. Prediction of perioperative mortality of cadaveric liver transplant recipients during their evaluations[J]. Transplantation, 2019, 103(10)：e297-e307.

第 10 章　医学影像人工智能处理与分析

人工智能在医学影像成像、去噪增强和量化分析方面都发挥了相当大的作用。医学影像成像是一种通过发掘和利用可以穿透人体的物质，观察人体内部以判断病情的方法。这种方法可以采用多种手段和方法，如 X 射线、X 射线计算机断层成像（X-CT）、磁共振成像（MRI）、超声波和光学相干断层成像（OCT）等。医学影像去噪增强是保证医学影像质量的重要因素，因为医学影像成像的复杂性，所以去噪增强是必不可少的。为了提高医学影像的清晰度和准确性，医学影像量化分析也变得越来越重要。人工智能的发展推动了病理切片性质特点分析方式的革新，实现了从传统的定性分析向更为精确、客观的定量分析的飞跃。这一转变有效减少了主观因素的干扰，显著提升了诊断的准确性和客观性。

10.1　医学影像成像方法

医学成像是发展迅速的一门交叉学科，是现代医学的重要组成部分和衡量医学水平的主要标志。在本质上，各种医学影像技术旨在深入探索人体内部的奥秘，揭示其复杂的结构与功能，从而帮助我们更好地判断病情和后续治疗。对于没有透视眼的我们来说，直接通过肉眼观察当然做不到，因为可见光的穿透力太小。因此，一系列可以穿透人体的物质被人们发掘和利用，从而帮助我们更好地观察病灶。

10.1.1　X 射线

1. 基本介绍

X 射线是由德国物理学家伦琴于 1895 年 11 月 8 日进行阴极射线的研究时发现的。它是一种频率极高、波长极短、能量很大的电磁波。X 射线的频率和能量仅次于伽马射线，频率范围为 30PHz～30EHz，对应波长为 10nm～0.01nm，能量为 124eV～124keV，目前 X 射线诊断常用的波长范围在 0.008～0.03nm。X 射线具有穿透性，但人体组织间有密度和厚度的差异，当 X 射线透过人体不同组织时，被吸收的程度不同，经过显像处理后即可得到不同的影像。

2. 原理

产生 X 射线的最简单方法是用加速后的电子撞击金属靶。撞击过程中，电子突然减速，其损失的动能（其中的 1%）会以光子形式放出，形成 X 射线光谱的连续部分，称为轫致辐射。通过加大加速电压，电子携带的能量增大，则有可能将金属原子的内层电子撞出。于是内层形成空穴，外层电子跃迁回内层填补空穴，同时放出波长在 0.1nm 左右的光子（相当于 3EHz 频率和 12.4keV 能量）。由于外层电子跃迁放出的能量是量子化的，因此放出的光子的波长也集中在某些部分，形成了 X 射线光谱中的特征线，称为特性辐射。

3. 特性

1）物理特性

穿透作用：X 射线因其波长短，能量大，照在物质上时，仅一部分被吸收，大部分经由原子间隙而透过，表现出很强的穿透能力。X 射线穿透物质的能力与 X 射线光子的能量有关，X 射线的波长越短，光子的能量越大，穿透力越强。X 射线的穿透力也与物质密度有关，利用差别吸收这种性质可以把密度不同的物质区分开。对人体来说，不同人体组织对 X 射线的透射能力如表 10-1 所示。

表 10-1　不同人体组织对 X 射线的透射能力

易透射性组织	中等透射性组织	不易透射性组织
气体、脂肪组织	结缔组织、肌肉组织、软骨、血液	骨骼、牙齿、体内金属异物

电离作用：物质受 X 射线照射时，可使核外电子脱离原子轨道产生电离。利用电离电荷的多少可测定 X 射线的照射量，根据这个原理制成了 X 射线测量仪器。电离作用也是 X 射线损伤和治疗的基础。

荧光作用：X 射线是肉眼看不见的，但当照射某些物质如磷、铂氰化钡、硫化锌镉、钨酸钙等时，可使物质发出荧光。医学中，透视用的荧光屏、增感屏等都是利用 X 射线的荧光作用制作成的。

干涉、衍射、反射、折射作用：主要应用于 X 射线显微镜、波长测定和物质结构分析中。

2）化学特性

感光作用：X 射线同可见光一样能使胶片感光。胶片感光的强弱与 X 射线量成正比，当 X 射线通过人体时，因人体各组织的密度不同，对 X 射线量的吸收不同，胶片上所获得的感光度不同，从而获得 X 射线的影像。

着色作用：X 射线在照射如铂氰化钡、铅玻璃、水晶等物质时，可使其结晶体脱水而改变颜色。

3）生物特性

X 射线照射到生物机体时，可使生物细胞受到抑制、破坏甚至坏死，致使机体发生不同程度的生理、病理和生化等方面的改变。不同的生物细胞，对 X 射线表现出不同的敏感度，可用于治疗人体的某些疾病，特别是肿瘤的治疗。在利用 X 射线的同时，人们发现了导致患者脱发、皮肤烧伤、工作人员视力障碍、白血病等射线伤害的问题，在应用 X 射线的同时，也应注意其对正常机体的伤害，注意采取防护措施[1]。

10.1.2　X-CT

1. 原理

X-CT 基本原理有两个：一个是能使人体的组织、器官产生不同的衰减射线投影的物理学原理；另一个则是任何物体均可以通过其无数投影的集合重建图像的数学原理。该技术主要通过单一轴面的 X 射线旋转照射人体，由于不同的组织对 X 射线的吸收能力（或称阻射率）不同，可以用电脑的三维技术重建出断层影像。经由窗宽、窗位处理，可以得到相应组织的断层影像。将断层影像层层堆叠，即可形成立体影像。

2. 优缺点

X-CT 能够为医生提供完整的 3D 信息，相对于普通 X 片能够提供各方面的信息。同时由于加入了计算机断层技术，实现了高分辨率，即使是小于 1%的差异也可以识别出来。但这种诊断技术，增加了辐射的剂量，并不适合将其作为日常常规诊断手段，可以在 X 射线发现可疑病变后，进行 CT 加强辅助诊断。

3. 应用

1）头部断层诊断

对于脑血管病变、颅内出血的患者，可通过 X-CT 进行诊断；对于肿瘤患者，X-CT 检查并不常用，但可用于检查颅内压是否增加。同时对于颜面骨折、存在外伤的患者，利用 X-CT 可以进行术前评估。

2）胸腔断层检查

X-CT 在肺部组织检查上具有很大的诊断价值，通过 X-CT 可以观察体内的空气变化，对于一些间质组织的变化（肺实质、肺纤维等），可以用薄切面的高解析设定来重建。

3）腹部断层检查

对于腹部的疾病，如阑尾炎、肠梗阻、胰脏炎等，X-CT 都可以有效地进行快速诊断，常用于内部脏器外伤的诊断，同时它还可以有效地对肿瘤进行定位和追踪。

4）四肢检查

当出现骨折情况时，X-CT 可以利用对图像的立体渲染进行重建，帮助医生更好地了解病情，制订更加合适的有效的治疗方案。

10.1.3　MRI

1. 原理

MRI 是一种非侵入性成像技术,可产生三维详细的解剖图像。它通常用于疾病检测、诊断和治疗监测。它基于复杂的技术，可以激发并检测在组成活体组织的水中发现的质子旋转轴方向的变化。

MRI 基本原理：利用特定频率的电磁波，向外对磁场中的人体进行照射，人体内各种不同组织的氢核在电磁波的作用下会发生核磁共振，并吸收电磁波的能量，随后再发射出电磁波。

MRI 成像过程如图 10-1 所示，与 CT 相似，把检查层面分成 N_x、N_y、N_z 等一定数量的小体积，又称为体素，之后用接收器收集信息，数字化后输入计算机处理，获得每个体素的 $T1$ 值（或 $T2$ 值），进行空间编码。最后用转换器将每个 T 值转为模拟灰度，从而重建图像。

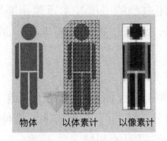

图 10-1　MRI 成像过程

MRI 系统主要由主磁体系统、梯度磁场系统、射频系统、计算机处理系统和辅助设备组成（图 10-2）。

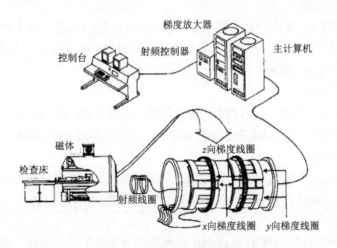

图 10-2　MRI 系统构成示意图

2. 优缺点

MRI 与 CT 比较，其主要优点是：①离子化放射对脑组织无放射性损害，也无生物学损害。②可以直接做出横断面、矢状面、冠状面和各种斜面的体层图像。③没有 CT 图像中那种射线硬化等伪影。④不受骨像干扰，能满意显示后颅凹底和脑干等处的小病变，对颅骨顶部和矢状窦旁、外侧裂结构和广泛转移的肿瘤有很高的诊断价值。⑤显示疾病的病理过程较 CT 更广泛，结构更清楚。能发现 CT 显示完全正常的等密度病灶，特别是能发现脱髓鞘性疾病、脑炎、缺血性病变及低度胶质瘤。

3. 应用

1）神经成像

MRI 是诊断神经系统癌症的首选研究工具，因为它可以更好地显示颅后窝，包括脑干和小脑之间的对比灰色和白色物质，使 MRI 成为诊断许多中枢神经系统疾病的最佳选择，包括脱髓鞘疾病、老年痴呆症、脑血管疾病、感染性疾病、阿尔茨海默病和癫痫。由于许多图像相距毫秒，因此可以显示大脑对不同刺激的反应，从而使研究人员能够研究心理疾病中大脑的功能和结构异常。MRI 还用于引导性立体定向手术和放射外科中，使用称为 N-localizer 的设备治疗颅内肿瘤、动静脉畸形和其他可手术治疗的疾病。

2）心血管

心脏 MRI 是其他成像技术如超声心动图、心脏 CT 和核医学的补充。它可以用来评估心脏的结构和功能。它的应用包括评估心肌缺血和生存能力，以及心肌炎、铁超负荷、血管疾病和先天性心脏病。

3）血管造影

磁共振血管成像（MRA）生成动脉的图像，以评估它们的狭窄程度（异常变窄）或动脉瘤（血管壁扩张，有破裂的危险）。MRA 通常用于评估颈部和大脑、胸主动脉和腹主动脉、肾动脉和腿部的动脉。可以使用多种技术如顺磁性造影剂或称为"流量相关增强"的技术（如 2D 飞行时间序列和 3D 飞行时间序列）来生成图片，其中图像上的大部分信号是最近进入该平面的血液所致。

10.1.4　超声波

1. 原理

产生超声波有两个必要条件：一是高频声源，二是传播超声的介质。在固体中，超声振动可以纵波的形式传播，也可以横波的形式传播；但在气体和液体中，因为介质没有切变弹性，超声只能以纵波的形式传播。由于这种特性，超声波在不同介质中传播时会产生波形的转换。

超声波成像需要 3 个步骤：发射声波、接收反射声波，以及信号分析处理得到图像。

超声波探头是通过压电陶瓷换能器发射超声波，不同的探头能够发射的声波频率不同。医学超声波频率一般是 2~13MHz，声波频率越高，衍射越弱，成像分辨率越高；但与此同时，频率越高，声波衰减也越快，穿透深度就小。依旧是同一个超声波探头接收反射波，压电陶瓷换能器将声波信号转换成电信号，之后电脑上的系统进行信号处理成像。

2. 超声波探测技术

超声波探测技术可以分为两大类，即基于回波扫描的超声探测技术和基于多普勒效应的超声探测技术。

基于回波扫描的超声探测技术主要用于解剖学范畴的检测、了解器官的组织形态学方面的状况和变化。

　　基于多普勒效应的超声探测技术主要用于了解组织器官的功能状况和血流动力学方面的生理病理状况，如观测血流状态、心脏的运动状况和血管是否栓塞检查等方面。

　　相比于 X 射线和 CT，超声波对人体没有损伤，因此常用于产检。超声波的穿透力不如 X 射线等，因此更适合浅表组织的扫描。超声波探测技术虽然图像信噪比较低，但是具有较高的时间分辨率，能够实时进行拍摄。同时超声波能够测出血流流速等功能参数，对于一些血管疾病的诊断意义重大。

10.1.5　OCT

1. 原理

　　OCT 是一种可以实现实时、高分辨、大深度、非接触、无创伤的光学成像方法，结合光束扫描技术，能够提供实时的一维深度、二维横截面和三维形貌图像，可以实现在生物组织内对毫米量级的深度范围提供微米量级分辨率的图像。由于 OCT 可以在毫米量级的深度范围内实现轴向分辨率达到微米量级的实时无损非接触成像，因此其可以有效地填补在超声波和共焦显微之间的断层。

　　OCT 的概念于 1991 年由来自麻省理工学院（MIT）的 J. G. Fujimoto 团队首次提出，他们以迈克耳孙干涉仪作为基础光路、以超辐射发光二极管（super luminescent diode，SLD）发出的低相干宽谱光作为光源，利用宽谱光源的低相干特性，基于迈克耳孙干涉仪对来自生物组织的背向散射光进行微弱光信号的采集和检测，从干涉图样中解算得到生物组织的微观二维或者三维结构图像，在成像深度具有毫米量级的同时，分辨率也可达到微米量级。

　　如图 10-3 所示，其原理简单来说，光可以照到不同深度的组织，而不同组织对光的背向散射强度不同，通过移动参考镜可以让不同深度处的参考光形成各自深度的干涉条纹，从而探测出与组织相关的散射系数。

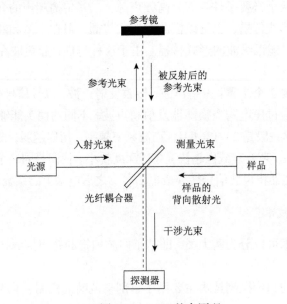

图 10-3　OCT 基本原理

2. 应用

OCT 操作简单，易掌握，无须患者进行检查前准备。并且 OCT 技术无须介入患者体内，具有高探测灵敏度和较高的分辨率，检查方便快速，可以进行量化分析。OCT 在很多领域都有着较深入的应用。

（1）眼科：可提供高精度的视网膜 OCT 影像，借以诊断眼底疾病。

（2）牙科：通过 OCT 可发现连 X 射线都无法发现的早期龋齿以及其他牙龈疾病，方便更加有效地预防和治疗。

（3）动脉疾病：应用于临床上对动脉粥样硬化斑块进展的研究，以及一些介入治疗与药物干预的临床结果。

（4）肿瘤手术：OCT 能够实时、准确地鉴别出患者的肿瘤组织，外科医生可以借此更加安全、有效地切除患者的肿瘤。

10.2　医学影像去噪增强

在医学领域，随着科技的发展，以及许多新型成像技术的成熟和拍摄设备的出现，对医学影像的分析已经成为医学研究中的重要方法。医学影像呈现了丰富的生理结构信息，带来了直观的视觉体验，对临床实践的作用和影响日益增加。对医学影像的分析结果使临床医生对人体内部病变部位的观察更清晰，有效地提高了诊断准确率，并辅助医生对患者的前期诊断，为诊时治疗和预后追踪提供重要帮助。

医学影像由于成像复杂性，通常会伴随着噪声的出现，对后续的处理造成影响，因此对医学影像进行去噪增强是医学影像分析不可缺少的一环。

10.2.1　噪声

噪声在图像上常表现为引起较强视觉效果的孤立像素点或像素块。一般来说，噪声信号与要研究的对象不相关，并且会扰乱图像中待研究对象的信息，妨碍人们对图像信息的接收。通俗地说就是噪声使得图像不清晰。并且噪声在理论上可以定义为不可预测的，只能用概率统计的方法来进行描述。

在图像的获取过程中和图像的信号传输过程中都有可能产生噪声，如采集过程中的传感器材料、工作环境、电子元器件和电路结构等，又或者传输过程中的传输介质和记录设备之间的不完善等。

噪声按照不同的分类标准可以有不同的分类方式，如可以按照产生的原因、噪声与信号的关系和基于统计后的概率密度等分类。本书按照噪声与信号的关系将噪声分为加性噪声、乘性噪声和量化噪声三类。

1）加性噪声

此类噪声与输入图像信号无关，它们与信号的关系是相加，不管有没有信号，噪声都存在。一般指热噪声、散弹噪声等。一般把加性随机性看成系统的背景噪声。

典型的加性噪声如高斯白噪声，它的幅度分布服从高斯分布，而它的功率谱密度又是均匀分布的。

2）乘性噪声

此类噪声与输入图像信号有关，它们一般由信道不理想引起。它们与信号的关系是相乘，有信号则有噪声，而信号不存在时，噪声也就不存在。乘性噪声普遍存在于现实世界的图像应用中。

3）量化噪声

此类噪声与输入图像信号无关，是量化过程存在量化误差，再发送到接收端而产生。由增量调制原理可知，译码器恢复的信号是阶梯形电压经过低通滤波器平滑后的调节电压，它与编码器输入的模拟信号波形近似，但是存在失真，这里的失真便是量化噪声。

10.2.2　去噪方法

目前，越来越多的学者在图像去噪方面提出了许多行之有效的方法。将其主要分为基于人工特征的传统去噪方法和基于深度学习的去噪方法。

1. 基于人工特征的传统去噪方法

基于人工特征的传统去噪方法又可以分为基于数字滤波器的方法和基于稀疏变换的方法等。基于数字滤波器的方法如均值滤波[2]、中值滤波[3]及三维块匹配（block matching 3D，BM3D）[4]。均值滤波是在空域中进行相应的操作，在滤波的过程中选定一个模板，图像中每点的像素都由这个模板中所有像素的均值代替。该方法计算速度比较快，但随着模板尺寸的增加会在去噪的同时损坏图像的细节信息。与之类似的是，在模板中进行排序，选择序列中的像素中值作为模板中新的像素的中值滤波方法。BM3D是一种提高了图像在变换域的稀疏表示的去噪方法。首先将一幅图像分割成尺寸较小的小像素块，在选定参考像素块之后，寻找与参考像素块相似的像素块组成3D像素块，将所有相似的3D像素块进行3D变换，将变换后的3D像素块进行阈值收缩，这就是去除噪声的过程，然后进行3D逆变换，最后将所有的3D像素块通过加权平均后还原到图像中得到最终的去噪后图像。

基于稀疏变换的方法如小波变换、轮廓波（contourlet）变换等。小波变换是在变换域进行处理的去噪方法。首先对输入图像采用小波变换，会得到一系列小波系数，区别于有用信息信号的小波系数，噪声的小波系数通常较小，可以从这个角度入手，设置合适的阈值，区分开信号与噪声，去掉较小的噪声小波系数，将剩下的噪声信号进行小波重构，最终得到去噪后的图像。轮廓波变换是一种多分辨率多方向的图像稀疏表示方法，它能够用少量的系数有效地表示图像中的轮廓等重要特征，主要利用了拉普拉斯塔形分解和方向滤波器组来实现图像的稀疏表示。

但传统的方法在对图像特征进行编码时更为依赖对原始图像的假设，编码特征在实际应用中的性能和灵活性有所降低，并且图像特征提取的过程更为烦琐、费时且计算量大，在对测试阶段的优化过程中，更需要手动设置参数以及单个去噪任务的某个模型，不适用于对实时反馈有极高要求的医学影像。

2. 基于深度学习的去噪方法

相对于传统去噪方法，基于深度学习的去噪方法具有更为强大的学习能力，不仅可以拟合复杂的噪声分布，还节省了大量的时间。

最初的深度学习首先是在 20 世纪 80 年代的图像处理中使用[5]。Zhou 等率先在图像去噪中使用了深度学习，并从此拉开了基于深度学习图像去噪的序章[6,7]，他们提出了使用神经网络来恢复由于已知的平移不变模糊函数和加性噪声而含噪的灰度图像，该神经网络主要使用加权的方式来去除噪声。为了降低计算成本，Tamura[8]提出了一种前馈网络来平衡去噪的效率和性能之间的关系。前馈网络可以通过卷积中的 Kuwahara 滤波器，对给定的噪声图像进行平滑处理，一些优化算法被用于加速训练网络的收敛和提升去噪性能。例如，结合最大熵和拉格朗日乘数的组合来增强神经网络的效果或者通过增加网络深度改变激活函数[9]。但是这些网络不能在其中增加新的结构，从而限制了它的后续应用。

由于上述原因，卷积神经网络在手写数字识别等方面得到了普遍应用。但是深层次的卷积神经网络很可能导致梯度消失或者梯度爆炸等问题。在 ImageNet 大规模视觉识别挑战赛之后，VGG[10]、GoogleNet[11]等的深度网络体系结构在图像处理、自然语言处理以及视频等方面得到广泛应用，通过使用多卷积和反卷积来抑制噪声，并恢复清晰图像。为了使模型能够同时处理多个任务[12]，由卷积层、批量归一化层、ReLU 和残差学习块组合的 DnCNN 被提出来进行图像去噪、图像增强等任务。考虑到图像去噪性能和速度之间的平衡，Lefkimmiatis[13]提出将彩色非局部网络（CNLNet）、非局部自相似（NLSS）和卷积神经网络结合起来，有效地去除彩色图像噪声。

为了能够更直接地去噪，以及在没有其他信息情况下对图像去噪，提出了运行速度极快并且去噪性能更好的 FFDNet[14]。它采用了不同水平的噪声和噪声图像块作为去噪网络的输入，以提高去噪速度。而不同成像设备对不同物体拍摄的图像，所含噪声不同。以眼底 OCT 图像为例，在眼部 OCT 图像上，由于 OCT 成像原理和眼底复杂结构，OCT 图像会受到颗粒状散斑噪声的影响。OCT 图像中散斑噪声的存在使得专家难以对其进行临床分析，同时用于检测眼部疾病的计算机辅助诊断系统的开发也存在同样的问题。为了解决这个问题，Gour 和 Khanna[15]提出了一种使用残差卷积神经网络的 OCT 去噪方法，该方法不仅可以帮助专家分析 OCT 作为构建眼部疾病辅助诊断系统的图像预处理步骤，而且基于视觉和参数观察，在 Duke（SD-OCT）和 Topcon（3D-OCT）图像数据库中，峰值信噪比、结构相似度、对比度和边缘保持系数等参数的性能优于最先进的散斑去噪方法。在 CT 成像方面，降噪器可以有效提高图像质量。基于深度学习的降噪器已显示出最先进的性能，并正在成为主流方法之一。然而，基于深度学习的降噪器存在一些挑战。首先，经过训练的模型通常不会生成具有不同噪声分辨率的图像，但这有时是不同临床任务所需要的。其次，当测试图像中的噪声水平与训练数据集中的噪声水平不同时，模型的泛化性可能是一个问题。为了解决这些问题，Bai 等[16]在现有的基于深度学习的降噪器中引入了轻量级优化过程,以实时生成具有不同噪声分辨率权衡图像,适用于不同的临床任务。该方法允许用户与降噪器进行交互,用户可以有效地查看各种候选图像并快速选择所需的图像。实验结果表明,该方法可以提供具有不同噪声分辨率权衡的多个候选图像,并且在各种网络架构以及具有各种噪声水平的训练和测试数据集方面显示出很好的适用性。

而这些方法的实践都离不开高质量的图像标注。但是在医学影像上,由于医学影像数据难得、类别不平衡,以及涉及患者隐私等,图像标注十分困难。除此之外,医学影像的标注对标注人员的医学知识的要求更高,需要同时具备医学和医学成像相关方面的知识储备,通常由专业的医师进行,导致标注的过程十分耗时且造价昂贵。这样的数据不适用于上述的普通深度学习网络训练。

然而,生成对抗式网络的出现,为医学影像去噪提供了新的思路。生成对抗式网络主要由生成器和判别器两部分组成。生成器用于学习数据的分布,而判别器则用于判别样本是来自真实数据还是来自生成器生成的数据(生成样本)。生成器尽可能地学习真实数据的特征,尽可能生成接近真实数据的样本,而判别器则用来尽可能区别真实数据和生成样本。二者通过交替优化的方式进行学习,最终使得判别器无法判断样本是来自真实数据还是生成器。

在图像去噪过程中,需要将含噪的图像重建到近似理想的图像,同时保留图像中的重要细节。Wolterink 等[17]提出了一种基于体素损失和对抗性损失的生成对抗式网络,其用于从低分辨率 CT 图像恢复到高分辨率图像。Liu 等[18]提出了 TomoGAN,其用于在低质量成像条件下提高重建 X 射线图像的质量。You 等[19]提出了一种以生成对抗式网络为基础的半监督方法 GAN-CIRCLE,以从低分辨率图像中恢复高分辨率图像,该方法基于 Wasserstein 距离强制执行循环一致性,并在损失函数中引入联合约束,以保持图像的几何结构。

10.2.3　超分辨率增强

超分辨率问题在医学成像中被广泛讨论。由于图像采集时间、辐射剂量以及硬件等限制,医学图像的空间分辨率不足,从而影响图像质量。随着深度学习的蓬勃发展,越来越多的方法利用深度学习来解决超分辨率问题,并取得了不错的效果。

1. 超声成像

合成发射孔径(synthetic transmit aperture,STA)波束成形中的双向动态聚焦有利于具有更高横向空间分辨率和对比度分辨率的高质量超声成像,然而 STA 需要以相对较低的帧速率和发射功率进行波束成形的完整数据集。Chen 等提出了一种深度学习网络,以实现具有双向动态聚焦的高帧率 STA 成像。该网络由一个编码器和解码器组成,编码器训练一组二进制权重作为高帧率平面波传输的变迹,解码器可以从获取的信道数据中恢复完整的数据,以实现动态发射聚焦。通过对人类肱二头肌和颈总动脉进行不同噪声水平的模拟和体内实验来评估所提出的方法,实验结果表明该网络为高帧率 STA

成像提供了一种有前途的策略，在体内实验中获得了较高的横向分辨率和对比度分辨率，帧率是传统 STA 成像的 4 倍。特别是与模拟体内实验中的其他高帧率方法相比，该网络以更短的计算时间提高了低回声目标的对比度分辨率。

2. 荧光断层成像

荧光断层成像（fluorescence molecular tomography，FMT）是一种很有前途的高灵敏度成像方式，可以重建内部荧光源的三维分布。然而，由于简化的正向模型和严重不适配的逆问题，FMT 的空间分辨率无法大幅度提高。为了解决这个问题，Zhang 等[20]提出了一种 3D 融合双采样卷积神经网络，以实现 FMT 的超高空间分辨率重建。该网络不需要显式地解决 MT 正反问题，它直接建立一个端到端的映射模型来重建荧光源，这可以极大地消除建模错误。此外，该网络的跳跃连接模块中引入了一种融合双采样策略和激励压缩模块的新型融合机制来显著提高空间分辨率。实验结果表明，所提出的网络优于当前方法，能实现 FMT 的超高空间分辨率重建，具有强大的区分相邻目标的能力。

3. OCT

OCT 是一种常用于眼科疾病的诊断工具。然而，OCT 图像的散斑噪声和低分辨率会影响其诊断能力。因此，去噪和超分辨率技术为提高 OCT 图像质量提供了一种潜在的解决方案。大多数方法依赖成对的低分辨率和高分辨率图像进行训练，但是成对图像的大规模采集在临床中具有一定难度。为了解决这个问题，Das 等[21]提出了一个基于生成式对抗网络的无监督网络来实现快速、可靠的超分辨率，而不需要对齐的图像对。该网络使用具有循环一致性和恒等映射先验的对抗性学习，来保留干净高分辨率图像中的空间相关性、颜色和纹理细节。在临床级 OCT 图像上的实验结果表明，他们所提出的方法在超分辨率性能和计算时间方面都优于现有方法。

10.3　医学影像量化分析

临床上，医生通过病理切片来进行病理诊断和预后评估，这个过程通常费时费力。在病理切片数字化的背景下，人工智能技术走进病理领域，并推动病理分析逐渐从定性分析向定量分析转变。定性分析是对切片性质特点的一种概括，并没有形成量化指标，因此定性分析的结果不可复现，且受主观因素影响较大。定量分析是指依据统计数据，建立数学模型，从而计算出与病变相关的各项量化指标，并根据量化指标给出病理诊断，使得诊断更加智能化，诊断结果更加精准和客观。

本节主要以医学影像分割为例介绍医学影像中的量化分析。

10.3.1　医学影像分割

医学影像分割是医学影像处理与分析领域复杂而关键的步骤，其目的是将医学影像中具有某些特殊含义的部分分割出来，并提取相关特征，为临床诊疗和病理学研究提供可靠的依据，辅助医生做出更为准确的诊断。作为医学影像处理过程中的关键组成部分之一，医学影像分割已经成为医学影像处理应用领域的热点问题。影像分割是把整个影像空间划分为若干区域，这些区域都有着某些共同的特点。简单地说，就是将影像中的目标与背景分开。目前，通过利用各类新理论与技术，影像分割方法正朝着更迅速、更精确的方向发展。由于新一代人工智能，尤其是深度学习的迅速推广，使用深度学习的影像分割方式已经在影像分割应用领域中取得了明显的成效。与传统的机器学习方法相比，深度学习在切割精度和速度方面都有着一定的优越性。因此，运用深度学习技术对医学影像进行分割，能够更有效地协助医师确定病灶的大小，从而量化评估疗效。同时，医师也能够对病灶或者感兴趣区域做出定性或者定量分析，进而提高医学诊断的精确度和可信度。

2012 年，Ciresan 等[22]首次将神经网络应用在医学图像分割领域，实现了电子显微镜（EM）图像堆栈中描绘的结构的自动分割，这是神经解剖学的一个核心问题。他们提出了一个深度神经网络（DNN）架构，它由一系列卷积层、最大池化层和全连接层组成。这个方法首先由一个滑动窗口将图像的特征提取出来，其次将提取的特征映射成特征向量，最后由全连接层进行分类，它通过分类误差最小化来优化参数。如图 10-4 所示，在全卷积网络（fully convolutional network，FCN）结构的基础上，2016 年 Korez 等[23]提出了 3D FCN 网络结构，将其用于监督基于三维（3D）磁共振（MR）脊柱图像的椎体分割，将从 3D FCN 网络划分出的脊柱结构用形变模拟计算加以优化，从而提高 MR脊柱图像的划分精确度。

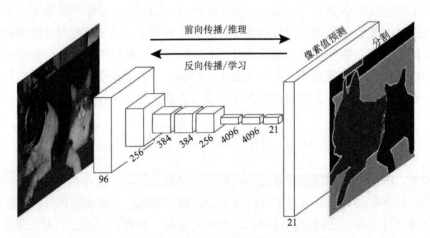

图 10-4　全卷积网络 FCN
图上数据表示特征图的通道数

2015 年，一个关于生物医学图像分割技术的 U 形的卷积神经网络（U-Net）由Ronneberger 等[24]提出，如图 10-5 所示。U-Net 是一种编解码结构，由编码器提取图像的高级特征表示，由解码器实现图像像素级分类也就是分割。由于在上采样时会损失图像细节信息，U-Net 网络采用了跳跃结构，将下采样的浅层结构与上采样结构连接起来。U-Net 网络在生物医学图像分割上也产生了相当好的成果，U-Net 网络从诞生到现在始终是生物医学图像分割的首选网络框架。

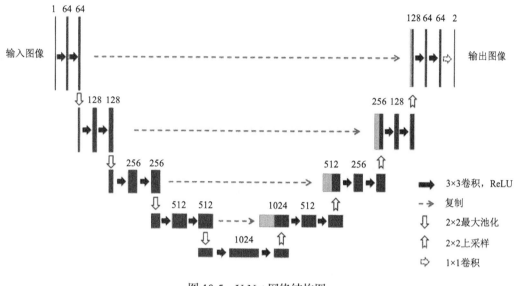

图 10-5　U-Net 网络结构图

　　人体有多个器官和组织，不同的部分有其特殊性。例如，诊断脑肿瘤和肺结节的分割区域比较大，而视网膜血液图像则需要对血管进行分割，后者需要更高的分割精度。研究人员从这些信息中提取想法，并为不同器官设计分割算法，以提高分割的准确性，从而可以为医生提供量化数据信息，为精确诊断提供了保障。

　　脑病变的分析往往必须依靠 MRI，它被广泛用于脑部疾病分析，如阿尔茨海默病、癫痫、精神分裂症、多发性硬化症、恶性肿瘤以及中枢神经系统退行性病变。从 3D MRI 自动分割脑肿瘤，对患者的检查、监测和医疗计划都是必不可少的，但由于手动描绘实践中通常需要大量解剖学专业知识，标注的成本昂贵。为了解决这个问题，Myronenko[25] 提出了一种语义分割网络，用于基于编码器-解码器架构的 3D MRI 肿瘤子区域分割。由于训练数据集的大小有限，添加了一个自动编码器分支来重建输入图像本身。Giacomello 等[26]提出了一种基于对抗网络的 MRI 脑肿瘤分割的端到端网络。在该方法中，他们使用不同的模型输入和修改后的损失函数来训练模型。在脑肿瘤图像分割基准提供的两个大型数据集上测试了该方法，实验结果表明该方法具有很好的性能。此外，他们还建议在不同的对比模态中应用迁移学习，以提高这些单模态模型的性能。

　　视网膜图像的血管分割是视网膜病理学研究中的一个具有挑战性的课题，基于深度学习的方法在视网膜图像的血管分割方面甚至优于人类专家。视网膜图像的血管分割已被证明是一项挑战，主要是由于噪声以及色调和亮度变化等不一致性会大大降低眼底图像的质量。为了解决这个问题，Leopold 等[27]提出了一种用于视网膜图像的血管分割的全残差自动编码器批量归一化网络。该模型在数字视网膜图像（DRIVE）、视网膜结构分析（STARE）和英格兰儿童心脏与健康研究（CHASE_DB1）视网膜图像的血管分割数据集上进行了测试，实验结果显示该网络在测试时比当时最先进的网络快 8.5 倍，并且性能表现相对较好。青光眼是一种高度威胁性和普遍性的眼部疾病，可能导致永久性视力丧失。用于青光眼检查的最关键技术参数之一就是杯盘比，它需要精确区分视杯与视盘。Shankaranarayana 等[28]用残差学习的概念提出了一种基于 FCN 的新型改进架构，不需要任何复杂的预处理技术来增强特征，使用全卷积和对抗网络来学习视网膜图像和相应分割图之间的映射，实现视杯与视盘共同区分的目标。此外，他们还探讨了对抗性训练是否有助于改善分割结果。通过对各种模型的广泛实验，结果表明所提出的方法在视杯与视盘分割的各种评估指标上优于最先进的方法。

　　胸部 X 射线光谱检查快速简便，是医学中最常见的医学影像。胸部 X 射线使用非常小剂量的辐射来产生胸部图像。在胸部 X 射线片中，可以通过实现肺部区域的分割来帮助诊断和监测各种肺部疾病，如肺炎和肺癌。间质性肺疾病的早期准确诊断对于做出治疗决策至关重要，但即使对经验丰富的放射科医生来说也可能具有挑战性。Anthimopoulos 等[29]用深度卷积神经网络对间质性肺疾病进行语义分割，作为间质性肺疾病计算机辅助诊断系统的主要算法。他们提出的深度卷积神经网络由带有扩张滤波器的卷积层组成，将任意大小的肺部 CT 图像作为输入，并输出相应的标签图。在交叉验证方案中对包含 172 个稀疏标注 CT 扫描的数据集进行了训练和测试，训练以端到端和半监督的方式进行，同时利用标记和未标记的图像区域，实验结果显示该方法相对于现有技术有着显著性能改进。Novikov 等[30]研究并提出了一种用于在胸部 X 射线片（CXR）中解剖器官（即肺、锁骨和气管）的多类分割的卷积神经网络架构。该网络考虑了延迟子采样、指数线性单元、高度限制性正则化以及大量高分辨率低级抽象特征，通过融合卷积神经网络中的最新概念并使它们适应 CXR 中的分割问题任务，解决了模型过度拟合、减少参数数量和处理 CXR 中严重不平衡数据这几个挑战。

　　基于 CT 和 MRI 腹部图像，肝、脾、肾等器官可以被分割出来。Christ 等[31]提出了一种使用级联全卷积神经网络来自动分割 CT 和 MRI 腹部图像中的肝脏和病变的方法，使用大规模医学试验或定量图像分析来评价分割性能。该方法训练和级联两个 FCN，用于肝脏及其病变的组合分割，实验结果表明该方法具有优越的性能。另外，3D 生物医学图形上的自动肝功能分割技术在很多临床应用中也必不可少，如对肝功能疾患的病理检查、手术规划及术后评价。但是，因为肝脏背景复杂、界限模糊、外形多变，这依然是一个十分富有挑战性的任务。为了解决这个问题，Yang 等提出了一种自动高效的算法来在 3D CT 中分割肝脏。他们所提出的方法在具有不同扫描形式（如非对比、各种分辨率和位置）和人口差异很大（如年龄和病理学）的标注数据集上进行训练，结果表明该方法在分割准确性和计算效率方面优于最先进的解决方案。

　　心脏是我们身体的一个重要器官。然而，各种心脏病也严重威胁着许多人的生命。为满足心脏健康方面的实际要求，需要对心脏部位图像进行自动分割。为了解决 U-Net 在心室分割中精度不高的问题，Zhang 等[32]提出了一种改进的 U-Net。首先，为了提高提取原始图像特征的效率和有效性，将 U-Net 模型和 SE-Net 模型相结合。该模型对特征图的通道进行重新加权，可以赋予有用信息更高的权重，而对无效信息赋予更低的权重。其次，为了减轻在使用编码器进行采样时丢失像素位置信息的程度，将多尺度输入与 U-Net 的编码器相结合。此外，为了解决传统 U-Net 精度低的问题，将传统 U-Net 编码器在上采样时使用的转置卷积层替换为反采样层。在去采样的过程中，它可以利用编码器在采样过程中保留的像素位置信息将像素放置到它们原来的位置，这样可以减少丢失像素位置信息带来的错误。Xia 等[33]发现了一个使用三维全卷积网络的自动心房分割框架，该方法由两个主要阶段组成，在第一阶段，采用定位策略来估计覆盖整个心房的固定大小的目标区域，并忽略该区域之外的像素以减少内存消耗。在第二阶段，使用第一阶段获得的裁剪目标区域训练一个精细分割网络，并将目标区域中的预测掩码转换为原始大小的体积。

10.3.2　医学影像分割的量化指标

Dice 相似系数（Dice similarity coefficient，DC）是一个衡量相对重叠（overlap）程度的指标，1 表示完全重叠，0 表示完全不重叠，如式（10-1）所示：

$$DC = \frac{2TP}{2TP+FP+FN} = \frac{2|X \cap Y|}{|X|+|Y|} \tag{10-1}$$

式中，TP (true positives)表示预测为 1，实际也为 1 的个数；FP(false positives) 表示预测为 1，实际为 0 的个数； FN(false negatives) 表示预测为 0，实际为 1 的个数。

交并比（intersection over union，IoU），表示两个交集部分面积和并集部分面积的比值，如式（10-2）所示：

$$IoU = \frac{TP}{TP+FP+FN} = \frac{|X \cap Y|}{|X|+|Y|-|X \cap Y|} \tag{10-2}$$

像素精度（pixel accuracy，PA），标记正确的像素占总像素的比例，如式（10-3）所示：

$$PA = \frac{\sum_{i=0}^{k} p_{ii}}{\sum_{i=0}^{k} \sum_{j=0}^{k} p_{ij}} \tag{10-3}$$

图像中共有 $k+1$ 类，p_{ii} 表示将第 i 类分类成第 i 类的像素数量(正确分类的像素数量)，p_{ij} 表示将第 i 类分类成第 j 类的像素数量。因此该比值表示正确分类的像素数量占总像素数量的比例。

均像素精度（mean pixel accuracy，MPA），是 PA 的一种简单提升，计算每个类内被正确分类像素数量的比例，之后求所有类的平均，如式（10-4）所示：

$$\text{MPA} = \frac{1}{k+1} \sum_{i=0}^{k} \frac{p_{ii}}{\sum_{j=0}^{k} p_{ij}} \tag{10-4}$$

MSD 也称为 MSSD，评估的是两样本之间的对称距离，MSD 的值越低，则代表两个样本之间的匹配度越高，如式（10-5）所示：

$$\text{MSD} = \left(\max_{i \in \text{seg}} \left(\min_{j \in \text{gt}} \left(d(i, \ j) \right) \right), \max_{j \in \text{gt}} \left(\min_{i \in \text{seg}} \left(d(i, \ j) \right) \right) \right) \tag{10-5}$$

本 章 小 结

医学影像成像。发掘和利用可以穿透人体的物质，达到观察人体内部以判断病情的目的。采用的手段与方法多种多样，如 X 射线、X-CT、MRI、超声波、OCT 等。

医学影像去噪增强。医学影像的质量是能否直观清晰观察到病变区域的重要因素。由于医学影像成像的复杂性，对其进行去噪增强是不可或缺的一环。基于不同的成像原理采取的去噪增强方法灵活变化。

医学影像量化分析。人工智能推动了对病理切片性质特点分析从定性分析到定量分析的转变。通过统计数据、模型建立等步骤，计算出与病变相关的各项量化指标，从而能够减少对主观因素的依赖，更为精确客观地诊断。

思 考 题

1. 简述产生 X 射线必须具备的基本条件，与在医学影像上应用 X 射线的利弊关系。

2. 举例分析 MRI 在医疗诊断中的应用场景，阐述 MRI 与 X-CT 的区别。

3. 列举图像增强的目的及其常用方法。

4. 简述图像处理的技术分类。

5. 按照噪声与信号的关系将噪声分为哪几类？尝试用自己的方式表述出这几种噪声的区别。

6. 简述推动病理分析从定性分析向定量分析转变的主要因素，并举例说明。

参 考 文 献

[1] Podoleanu A G. Optical coherence tomography[J]. Journal of Microscopy, 2012, 247(3): 209-219.

[2] 高欣欣, 倪念勇, 孙波. 数字图像迭代均值滤波降噪算法[J]. 湖南文理学院学报(自然科学版), 2017, 29(2): 54-57.

[3] 彭姝姝. 基于均值滤波和小波变换的图像去噪[J]. 现代计算机, 2019(12): 62-67.

[4] Chong B, Zhu Y K. Speckle reduction in optical coherence tomography images of human finger skin by wavelet modified BM3D filter[J]. Optics Communications, 2013, 291: 461-469.

[5] Fukushima K, Miyake S. Neocognitron: a self-organizing neural network model for a mechanism of visual pattern recognition[C]//Amari S I, Arbib M A. Competition and Cooperation in Neural Nets. Heidelberg: Springer, 1982: 267-285.

[6] Chiang Y W, Sullivan B J. Multi-frame image restoration using a neural network[C]//Proceedings of the 32nd Midwest Symposium on Circuits and Systems. IEEE, 1989: 744-747.

[7] Zhou Y T, Chellappa R, Jenkins B K. Novel approach to image restoration based on a neural network[J]. 1987: 269-276.

[8] Tamura S. An analysis of a noise reduction neural network[C]//International Conference on Acoustics, Speech, and Signal Processing. IEEE, 1989: 2001-2004.

[9] Sivakumar K, Desai U B. Image restoration using a multilayer perceptron with a multilevel sigmoidal function[J]. IEEE Transactions on Signal Processing, 1993, 41(5): 2018-2022.

[10] Simonyan K, Zisserman A. Very deep convolutional networks for large-scale image recognition[EB/OL]. https://doi.org/10.48550/arXiv.1409.1556[2022-11-21].

[11] Szegedy C, Liu W, Jia Y, et al. Going deeper with convolutions[C]//Proceedings of the IEEE Conference on Computer Vision and Pattern Recognition. 2015: 1-9.

[12] Mao X J, Shen C H, Yang Y B. Image restoration using very deep convolutional encoder-decoder networks with symmetric skip connections[J]. Advances in Neural Information Processing Systems, 2016, 29: 2810-2818.

[13] Lefkimmiatis S. Non-local color image denoising with convolutional neural networks[C]//Proceedings of the IEEE Conference on Computer Vision and Pattern Recognition. 2017: 3587-3596.

[14] Zhang K, Zuo W M, Zhang L. FFDNet: toward a fast and flexible solution for CNN based image denoising[J]. IEEE Transactions on Image Processing, 2018, 27(9): 4608-4622.

[15] Gour N, Khanna P. Speckle denoising in optical coherence tomography images using residual deep convolutional neural network[J]. Multimedia Tools and Applications, 2020, 79: 15679-15695.

[16] Bai T, Wang B L, Nguyen D, et al. Deep interactive denoiser (DID) for X-ray computed tomography[J]. IEEE Transactions on Medical Imaging, 2021, 40(11): 2965-2975.

[17] Wolterink J M, Leiner T, Viergever M A, et al. Generative adversarial networks for noise reduction in low-dose CT[J]. IEEE Transactions on Medical Imaging, 2017, 36(12): 2536-2545.

[18] Liu Z C, Bicer T, Kettimuthu R, et al. TomoGAN: low-dose synchrotron X-ray tomography with generative adversarial networks: discussion[J]. Journal of the Optical Society of America A, Optics, Image Science, and Vision, 2020, 37(3): 422-434.

[19] You C Y, Li G, Zhang Y, et al. CT super-resolution GAN constrained by the identical, residual, and cycle learning ensemble (GAN-CIRCLE)[J]. IEEE Transactions On Medical Imaging, 2020, 39(1): 188-203.

[20] Zhang P, Fan G D, Xing T T, et al. UHR-DeepFMT: ultra-high spatial resolution reconstruction of fluorescence molecular tomography based on 3-D fusion dual-sampling deep neural network[J]. IEEE Transactions on Medical Imaging, 2021, 40(11): 3217-3228.

[21] Das V, Dandapat S, Bora P K. Unsupervised super-resolution of OCT images using generative adversarial network for improved age-related macular degeneration diagnosis[J]. IEEE Sensors Journal, 2020, 20(15): 8746-8756.

[22] Ciresan D C, Giusti A, Gambardella L M, et al. Deep neural networks segment neuronal membranes in electron microscopy images[J]. Advances in Neural Information Processing Systems, 2012, 25: 2843-2851.

[23] Korez R, Likar B, Pernuš F, et al. Model-based segmentation of vertebral bodies from MR images with

3D CNNs[C]//Medical Image Computing and Computer-Assisted Intervention–MICCAI 2016: 19th International Conference, Athens, Greece, Proceedings, Part Ⅱ. Cham: Springer International Publishing, 2016: 433-441.

[24] Ronneberger O, Fischer P, Brox T. U-Net: convolutional networks for biomedical image segmentation[C]//Medical Image Computing and Computer-Assisted Intervention–MICCAI 2015: 18th International Conference, Munich, Germany, Proceedings, Part Ⅲ 18. Cham: Springer International Publishing, 2015: 234-241.

[25] Myronenko A. 3D MRI brain tumor segmentation using autoencoder regularization[C]//Brainlesion: Glioma, Multiple Sclerosis, Stroke and Traumatic Brain Injuries: 4th International Workshop, BrainLes 2018, Held in Conjunction with MICCAI 2018, Granada, Spain, Revised Selected Papers, Part Ⅱ 4. Cham: Springer International Publishing, 2019: 311-320.

[26] Giacomello E, Loiacono D, Mainardi L. Brain MRI tumor segmentation with adversarial networks[C]// 2020 International Joint Conference on Neural Networks (IJCNN). IEEE, 2020: 1-8.

[27] Leopold H A, Orchard J, Zelek J S, et al. PixelBNN: augmenting the PixelCNN with batch normalization and the presentation of a fast architecture for retinal vessel segmentation[J]. Journal of Imaging, 2019, 5(2): 26.

[28] Shankaranarayana S M, Ram K, Mitra K, et al. Joint optic disc and cup segmentation using fully convolutional and adversarial networks[C]//Fetal, Infant and Ophthalmic Medical Image Analysis: International Workshop, FIFI 2017, and 4th International Workshop, OMIA 2017, Held in Conjunction with MICCAI 2017, Québec City, QC, Canada, Proceedings 4. Cham: Springer International Publishing, 2017: 168-176.

[29] Anthimopoulos M, Christodoulidis S, Ebner L, et al. Semantic segmentation of pathological lung tissue with dilated fully convolutional networks[J]. IEEE Journal of Biomedical and Health Informatics, 2019, 23(2): 714-722.

[30] Novikov A A, Lenis D, Major D, et al. Fully convolutional architectures for multiclass segmentation in chest radiographs[J]. IEEE Transactions on Medical Imaging, 2018, 37(8): 1865-1876.

[31] Christ P F, Ettlinger F, Grün F, et al. Automatic liver and tumor segmentation of CT and MRI volumes using cascaded fully convolutional neural networks[EB/OL]. http://arxiv.org/abs/1702.05970v2_[2022-11-21].

[32] Zhang J, Du J Z, Liu H P, et al. LU-NET: an improved U-Net for ventricular segmentation[J]. IEEE Access, 2019, 7: 92539-92546.

[33] Xia Q, Yao Y X, Hu Z Q, et al. Automatic 3D atrial segmentation from GE-MRIs using volumetric fully convolutional networks[C]//Statistical Atlases and Computational Models of the Heart. Atrial Segmentation and LV Quantification Challenges: 9th International Workshop, STACOM 2018, Held in Conjunction with MICCAI 2018, Granada, Spain, Revised Selected Papers 9. Cham: Springer International Publishing, 2019: 211-220.

第 11 章　医学影像人工智能诊断及编程实现

随着机器学习和深度学习算法的发展，智能医学影像分析及其辅助诊断也愈发成熟。这些方法为图像分类、图像分割和图像配准的实现提供了更多的途径，也为医生临床诊断和医学研究提供了更多的辅助信息，患者能够获取更高效和可靠的诊断结果。因此，智能医学影像分析及其实现对人工智能在医学影像诊断上的应用有重要意义。

11.1　医学影像分类方法

11.1.1　图像分类及其发展

图像分类[1]，核心是从集合中给图像分配对应的标签，每个标签均来自预定义的可能类别集。在医学影像中，医生可以通过总结医学影像中人体结构的特征来判定患者是否患有疾病，根据疾病的程度、性质可以将疾病分为不同的等级，如轻型、中型、重型、良性、恶性等。医学影像的分类可以使不同病症得到良好区分，并采用不同的方式对其加以治疗。

但由于患者众多，经验丰富的医生较少，因此阅片工作对影像医师来说也需要花费大量的时间和精力，另一个问题在于医疗资源的相对缺乏，很多基层医院、体检机构缺乏有经验的阅片者。而且人工阅片受阅片者的经验、状态影响，不同的阅片者之间可能存在差异，甚至同一个阅片者在不同时间对同一张图片的判断也可能是不同的。因此，基于人工智能技术的医学影像学自动诊断算法具有较好的应用前景。近年来，深度学习技术的发展更加促进了人工智能协助影像自动分析。

11.1.2　传统机器学习算法类型及其常见算法

机器学习领域主要有 3 种监督学习类型：监督学习、无监督学习和半监督学习。监督学习是机器学习中研究最广泛的一类。通过给定训练数据，创建一个训练过程的模型（分类器），这个模型会对输入数据做出预测，当预测不准确时将进行纠正。持续这个训练过程直到达到期望的停止条件，如较低的错误率或最大的训练次数等。常见的监督学习算法包括逻辑回归、支持向量机（SVM）、随机森林和人工神经网络。在图像分类的背景下，假定图像数据集包括图像本身和对应的分类标签（class labels），分类标签用于训练机器学习分类器。如果分类器做出了错误预测，则可以运用一些方法来纠正错误。监督学习中，每个数据点都由标签、特征向量构成。

与监督学习对应，无监督学习（也称为自学）没有标签数据，只有特征向量。因为现实世界中很容易获得大量无标签数据，如果能够从无标签数据中学得分类的模式，那么可以不必化费大量时间和金钱来标记标签数据用于监督学习。经典的无监督学习算法包括主成分分析（PCA）和 k 均值聚类（k-means clustering）。基于神经网络，自动编码器（autoencoder，AE）、自组织映射(self-organizing map，SOM)和自适应共振理论(adaptive resonance theory，ART)可用于无监督学习。

　　如果一部分数据有标签，另一部分数据没有标签，则称为半监督学习。半监督学习在计算机视觉中尤其有用，因为在训练集中，给每张图片都贴上标签通常是费时、乏味和昂贵的，而半监督学习可以只对一小部分数据进行标注，然后利用训练好的模型对剩余的数据进行标签和分类。半监督学习考虑了精确度与数据大小的关系，在可容忍的限度下保持分类精确度，可以极大限度地降低训练的数据量大小。半监督学习常见的选择包括扩散标签传播（label propagation）、无正则化标签传播、梯形网络（ladder network）、协同学习和协同训练（co-learning/co-training）。

　　逻辑回归[2]是一种监督学习算法，主要用于二元分类问题，根据阈值设置，将区间范围内的值归一为同一类别。逻辑回归基本上通过一个 Sigmoid 函数来操作，其值范围在 0~1，设定某一阈值，若超过该阈值，则判定类别为 1，没超过该阈值，则判定类别为 0。逻辑回归的本质是：假设数据服从这个分布，然后使用极大似然估计进行参数的估计。逻辑回归可以直接对分类的概率建模，而不需要假设数据分布，从而避免了假设分布不准确带来的问题。它不仅可预测出类别，还能得到该预测的概率，这对一些利用概率辅助决策的任务（如医学影像辅助诊断）很有用。

　　支持向量机[3]是一种监督学习算法。给定一组训练实例，每个训练实例被标记为属于两个类别中的一个或另一个，支持向量机训练算法创建一个将新的实例分配给两个类别之一的模型，使其成为非概率二元线性分类器。支持向量机模型是将实例表示为空间中的点，这样映射就使得单独类别的实例被尽可能宽的、明显的间隔分开。然后，将新的实例映射到同一空间，并基于它们落在间隔的哪一侧来预测所属类别。

　　随机森林[4]是常见的监督学习模型。它是用随机的方式建立一个森林，森林由很多决策树组成，随机森林的每棵决策树之间是没有关联的。通过每棵决策树的判定进行投票，最终获得分类的结果。随机森林用自助法（bootstrap）生成 m 个训练集，然后为每个训练集构造一棵决策树，在节点找特征进行分裂时，并不是在所有特征中找到能使得指标（如信息增益）最大的特征，而是在特征中随机抽取一部分特征，在抽到的特征中间找到最优解，应用于节点，进行分裂。其核心思想是集成，可以有效地减少预测方差，提高分类准确率。

　　k 均值聚类[5]是最常用的无监督学习算法之一。顾名思义，它可用于创建数据集群，从本质上将它们隔离。k 均值聚类以 k 为参数，把 n 个对象分为 k 个类别，使得每个点都属于离它最近的均值（聚类中心）对应的集群。重复上述过程，一直持续到重心不改变。K 均值聚类最终目的是使类内具有较高的相似度，降低类间的相似度。但是该算法有以下缺点，k 值需要人为设定，不同 k 值得到的结果不一样；对初始的聚类中心敏感，不同选取方式会得到不同结果。可以用手肘法来选定合适的 k 值，在初始聚类中心的定义上，k 均值聚类改进版可以使各个初始聚类中心之间的距离尽可能大，来尽量避

免 k 均值聚类对初始聚类中心敏感的问题。

11.1.3　深度学习在医学影像分类中的发展

在 2012 年, Rumelhart 等[6]的研究小组采用深度学习赢得了 ImageNet 图像分类的比赛。ImageNet[7]是当今计算机视觉领域最具影响力的比赛之一。它的训练样本和测试样本都来自互联网图片。训练样本超过百万个,任务是将测试样本分成 1000 类。自 2009 年,包括工业界在内的很多计算机视觉小组都参加了每年一度的比赛,各个小组的方法逐渐趋同。在 2012 年的 ImageNet 比赛中,排名 2~4 位的小组都采用的是传统的计算机视觉方法,具有手工设计的特征,准确率的差别不超过 1%。Rumelhart 等的研究小组是首次参加比赛,深度学习神经网络比第二名超出了 10%以上。这个结果在计算机视觉领域产生了极大的震动,掀起了神经网络研究的热潮。

神经网络是一门重要的机器学习技术,是一种模仿生物神经网络的结构和功能的数学模型或计算模型,用于对函数进行估计或近似。神经网络由大量人工神经元联结进行计算。大多数情况下人工神经网络能在外界信息的基础上改变内部结构,是一种自适应系统,通俗地讲就是具备学习功能。现代神经网络是一种非线性、统计性数据建模工具。通常一个简单的神经网络包括三部分:输入层、隐含层和输出层。一般输入层和输出层的节点是固定的,隐含层可以自由指定。

在过去几十年传统的图像分类任务中,手工设计的特征同样处于主导地位。它主要依赖设计者的先验知识,很难利用大数据的优势。由于依赖人工参数调整,在特征的设计中只允许出现少量参数。深度学习可以从大数据中自动学习特征的表示方法,这些数据可能包含成千上万个参数。手工设计有效的特征是一项耗时且烦琐的任务,往往需要经历漫长而复杂的探索过程。回顾计算机视觉的发展历史,往往需要 5~10 年才能出现一个被广泛认可的好特征。另外,深度学习可以快速学习,从训练数据中获得新的有效特征表示,用于新的应用。

医学影像分类可以分为图像的筛查和病灶的分类,图像筛查是深度学习在医学影像分析领域最早的应用之一。一般的流程是通过将一个或者多个检查图像作为输入,经过一个训练好的神经网络模型对其进行预测,输出表示是否患有该疾病或者疾病严重程度的指标。深度学习方法在放射科 CT 图像筛查、眼科眼底彩照筛查等中表现出了优异的性能。

11.1.4　医学影像分类的迁移学习

用于医学影像的神经网络也有很多不足,一般一个好的模型需要大量医生标注的图像。如何在少量样本上获得好的效果,一直是神经网络努力的方向。

迁移学习是一个不错的选择,即把 B 领域中的知识迁移到 A 领域中来,提高 A 领域分类效果,不需要花大量时间去标注 A 领域数据。迁移学习,作为一种新的学习范式,可以用于解决这类问题[8]。

人在实际生活中有很多迁移学习的应用,例如学会骑自行车,就比较容易学摩托车;学会了 C 语言,再学一些其他编程语言会简单很多。人类可以将以前学到的知识应用于解决新的问题,以更快地解决问题或取得更好的效果。迁移学习被赋予这样一个任务:从以前的任务中去学习知识或经验,并将其应用于新的任务中。换句话说,迁移学习目的是从一个或多个源任务(source tasks)中抽取知识、经验,然后将其应用于一个目标领域(target domain)中[9]。那么机器是否能够像人类一样举一反三呢?

用神经网络的词语来表述,就是一层层网络中每个节点的权重从一个训练好的网络迁移到一个全新的网络里,而不是从头开始,为每个特定的任务训练一个神经网络。这样做的好处可以从下面的例子中体现,假设你已经有了一个可以高精确度分辨猫和狗的图片的深度神经网络,你之后想训练一个能够分辨不同品种的狗的图片模型,你需要做的不是从头训练那些用来分辨直线、锐角的神经网络的前几层,而是利用训练好的网络提取初级特征,之后只训练最后几层神经元,让其可以分辨狗的品种。

11.1.5　医学影像中的元学习

近几年,元学习[10]这个词也越来越受到关注,通常在机器学习里,我们会使用某个场景的大量数据来训练模型;然而当场景发生改变时,模型就需要重新训练。但是对于人类而言,一个小朋友在成长过程中会见过许多物体的照片,某天当其在网络上(第一次)仅仅看了几张狗的照片,就可以很好地对狗和其他物体进行区分。对于罕见病、新生疾病,我们一般很难获取相关疾病图片。这种小数量的样本很难让神经网络产生过拟合,从而失去分类能力。元学习通过在很多其他任务上学习分类,如猫和狗的分类、脑疾病图像分类等其他领域的图像分类任务上,得到一种学会处理分类的能力,即学习如何学会分类。最后再使用少量样本对学会分类的模型进行特定疾病的拟合,能达到很好的效果。专业的说法就是,元学习希望使得模型获取一种学会学习调参的能力,使其可以在获取已有知识的基础上快速学习新的任务。机器学习是先人为调参,之后直接训练特定任务下的深度模型。元学习则是先通过其他的任务训练出一个较好的超参数,然后再对特定任务进行训练,带来了少样本的情境下最好的输出。

11.2　医学影像辅助诊断

11.2.1　胸部 CT 智能诊断系统

人工智能技术在医学影像上的成功实践在于以下两个原因:一是影像获取的方便性。随着科技的不断进步,医学影像采集越来越便利和精准,相比动辄数年的传统数据积累方式,照一张医学影像仅需要几秒时间,就可以反映出患者身体的大致状况,成为医生诊断患者病情的直接依据。二是影像处理的技术相对成熟。随着行业影像数据的不断积累以及大数据、算法分析能力的不断提高,智能图像识别算法能够迅速将当前影像与数据库中影像进行对比分析,给出相当精准的结论。

胸部 CT 是人工智能技术落地的重要成功案例。肺炎是一种非常常见和较为严重的疾病，需要在最初阶段进行识别，以防止这种疾病对患者造成更大的损害，进而危及生命。各种技术用于肺炎的诊断，包括胸部 X 射线、CT 扫描、血培养、痰培养、液体样本、支气管镜检查和脉搏血氧饱和度测定。医学影像分析在 SARS、中东呼吸综合征（MERS）等多种疾病的诊断中发挥着至关重要的作用，被认为是最有前景的跨学科研究领域之一。

胸部 CT 中常见的病灶有结节、斑片、条索、积液、骨折等。结节是指在影像学检查中发现肺部有直径（如不规则，以最长径计）不大于 3cm 的阴影。其中，小于 1cm 的阴影被称为小结节，小于 0.5cm 的阴影被称为微小结节。恶性结节早期发病比较隐匿，病程迅速，恶性程度强，预后差。若能在早期阶段对病灶进行手术切除，将会明显改善肺癌患者的预后。条索状及网状阴影常见于放射性肺炎、慢性肺炎、间质性肺炎和肺炎的吸收期，病变以增殖为主，也可合并有实质性肺泡炎，表现为斑片状不规则的条索状混合影，边缘可清楚，也可模糊。胸腔积液是指当胸膜之间因为病灶刺激、感染、身体状况问题等出现了体液渗出到胸膜腔里，就会出现胸腔积液，在 CT 上看到的是水样密度影。

胸部骨折是指由直接的暴力或压缩力作用在胸部造成骨质连续性的破坏。胸骨骨折较罕见，骨折部位一般好发于胸骨柄和胸骨体的连接处，骨折线一般为水平位，有时会有多处骨折线。肋骨骨折是胸部外伤中常见的并发症。只有一个肋骨骨折称为单胸骨骨折，两个或更多胸骨骨折称为多胸骨骨折。因肋骨骨折的数量、对位情况在伤残等级的鉴定上发挥重要作用，涉及刑事伤害司法鉴定、量刑、民事经济赔偿等。在临床诊疗中，日益剧增的放射学检查给放射科带来了沉重的压力。面对诸多病灶，放射科医生很难避免在诊断过程中产生漏诊的情况。因此，将目前最先进的人工智能技术应用于医学影像诊断中，帮助医生降低漏诊率和误诊率。目前，已有医疗智能全栈式的软件应用于胸部 CT 诊断中，该胸部 CT 人工智能辅助诊断系统实现了全部位、多任务智能诊断，可检出肺部常见形态的绝大部分病变，如结节、肿块、斑片、条索、囊状影等，并且能对这些病灶进行全面量化的智能分析与诊断。此外，人工智能辅助诊断系统还能与历史结节弹性配准，结合数据库中患者的历史影像，类似于临床医生浏览过往的病例，评估治疗疗效。这一落地实践可以极大地缓解放射科医生的工作压力，提高工作效率。

11.2.2　乳腺 X 射线智能诊断系统

乳腺病变筛查最常用的检查方式是 X 射线摄影。乳腺 X 射线摄影检查是在内外侧斜位（mediolateral oblique position，MLO position）及头尾位（craniocaudal position，CC position）这两个方位上对乳腺腺体进行加压投射，进而显示乳腺各层组织，可以发现乳腺增生、良恶性肿瘤以及乳腺组织结构紊乱，可显示小于 0.1mm 的微小钙化点及钙化簇，是早期发现、诊断乳腺癌的最有效和可靠的方式。但是当腺体过于致密时，部分微小病灶会因受到遮挡而不能显影，因此在临床诊断中，X 射线摄影的漏诊率相对较高。随着人工智能技术的进一步发展，乳腺 X 射线智能诊断系统应运而生，其可以从像素级别上识别出人眼观察不到的特征，提高疾病检出的灵敏度。

　　乳腺 X 射线智能诊断系统可针对同一病灶全征象检出包括肿块、钙化、结构扭曲、不对称等关键征象。肿块的评估内容包括大小、性状、边缘和密度，其中以其边缘征象对判断肿块的性质最为重要。对钙化的评估在钼靶诊断中占有重要的地位，钼靶图像上的钙化情况有片状钙化、簇状钙化、细点状微小钙化等。结构扭曲是指正常结构被扭曲，但无明确的肿块可见，包括从一点发出的放射状影和局灶性收缩，或者在实质的边缘扭曲。

　　此外，除了可以发现肉眼难以识别的微小病灶，人工智能技术还能对识别出来的病灶进行定性，在乳腺精准诊断上发挥重要的作用。乳腺影像报告和数据系统（breast imaging-reporting and data system，BI-RADS）是目前临床乳腺影像诊断中被世界各国通用的标准，在指导临床工作者诊断及风险评估方面发挥着重要作用。在这一世界公认的乳腺影像诊断分级评价标准中，将诊断结果分为六个等级。1 级：正常乳腺或者存在正常改变的乳腺。2 级：能够明确判断为乳腺良性病变。3 级：可能是良性改变，建议短期随访。4 级：可疑异常，要考虑活检。5 级：高度怀疑恶性。6 级：已活检证实为恶性，但还未接受手术、化疗、放疗等治疗。乳腺 X 射线智能诊断系统则基于这一分级评价标准，使得评价报告术语趋于标准化、规范化。

11.2.3　冠状动脉辅助诊断系统

　　冠状动脉是人体内的主要血管，分为右冠状动脉和左冠状动脉。每个主干都包含心肌内部的较小分支。冠状动脉及其分支的功能是为心脏提供血液，心肌需要血液中的氧气和营养物质。冠状动脉的直径通常在 3～4 mm。动脉的大小会根据人的性别、年龄、体重甚至种族而略有不同。

　　冠状动脉疾病是影响冠状动脉的最常见疾病。冠状动脉疾病通常是动脉粥样硬化的结果，动脉粥样硬化是动脉内的斑块积聚，动脉阻塞会阻止血液进入心脏，严重时甚至会导致心脏病发作。急性冠状动脉综合征是一种导致通过冠状动脉流向心脏的血液突然减少的疾病。心脏病发作是急性冠状动脉综合征的一种。与冠状动脉疾病一样，这些情况也是动脉粥样硬化的结果。还有一些影响冠状动脉的不太常见的疾病包括动脉瘤、先天性动脉异常、冠状动脉痉挛等。

　　因此，冠状动脉的生理评估对于冠状动脉疾病的预防和治疗有着十分重大的意义，越来越多的生物医疗科技公司使用人工智能开发心血管和神经系统生理评估系统。通过与临床医生合作开发的软件结合了深度学习、计算机视觉和医学影像分析方面的最新进展，以达到改善临床治疗的最终目标。

　　冠状动脉辅助诊断软件的成功开发和临床应用将为疑似冠状动脉疾病患者的功能性缺血评估提供一种新的无创检测方法。基于深度学习的冠状动脉生理评估软件具有无创、准确、方便、高效等多方面优势，可避免不必要的冠状动脉造影检查和干预，减少手术疼痛和风险，并可用于冠状动脉疾病的早期诊断，使中国数以千万计的冠心病患者和疑似冠心病患者受益。在国家和社会层面，该技术可以显著降低初期成像检查和后续介入治疗的成本，从而节省国家医疗保险支出，具有重大的经济价值和社会价值。

图 11-1 是国内一家医疗科技公司的最新冠状动脉生理评估软件界面，从多维度、多角度、多模态展示了冠状动脉的形态，并采用 3D 建模和深度学习的方法对动脉血管进行细致化和数据化的功能评估，为广大冠心病患者带来福音。

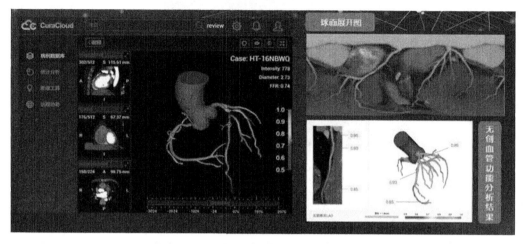

图 11-1　冠状动脉生理评估软件界面

11.2.4　眼科疾病辅助诊断系统

多模态技术在医学成像中得到了广泛的应用，因为它可以提供关于目标（肿瘤、器官或组织）的多种信息[11-13]。使用多模态的分割包括融合多个信息以改进分割。近年来，基于深度学习的方法在多模态图像分类、分割、目标检测和跟踪任务中取得了最新进展[14]。"人工智能+医学影像"是人工智能在医疗领域应用最广泛的方向。近年来，我们见证了人工智能彻底改变了各种医学成像的发展与应用，包括 X 射线、超声波成像、CT 等，已经开发出许多基于人工智能的工具来自动化分析医学图像或者改进医学影像质量[15]。在图像处理和深度学习两大块技术基石上，可以解决病灶的识别和标注、影像的多维重建、靶区域的自动检测与自适应等医学领域的重大难题。在医疗影像的目标区域方面，目标区域集中在头部、眼部、胸部、盆腔、四肢关节等身体的几大部位。视网膜图像通常通过不同的成像方式获得，以便对眼睛进行多种表征，不同模态的眼底图像如图 11-2 所示。

随着人工智能、云计算的不断发展，它们在医学领域的应用日益广泛。虽然眼部的结构损伤可以通过临床检查进行主观评估，但将人工智能的方法引入眼部成像中，可以对眼部结构进行补充性客观和定量评估。基于双模态辅助诊断云端系统可以根据眼底彩照和光学相干断层成像（OCT）两种不同的成像方式为青光眼患者病情的诊断提供高效的指导，相比于单模态医学影像，多模态的互补信息能得出更加精确、高效的结果。云端系统的落地弥补了医疗资源的不足，对于辅助医生进行诊断具有重大意义。

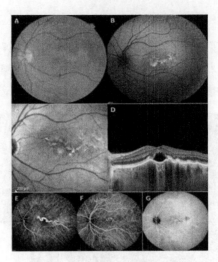

图 11-2　不同模态的眼底图像

MIAS2000 是苏州比格威医疗科技有限公司发明的一款基于图像处理与人工智能分析算法，对眼底彩照和 OCT 多模态眼科影像进行存储处理与分析的软件系统，为眼科医生疾病诊断提供辅助与支持。患者只需要花费 1～2min 进行眼部眼底彩照和 OCT 图像的拍摄，随后，图像被上传到云端，并用深度学习的方法进行分析，最终在短时间内就能将由各种图片和准确数据构成的报告送到患者手中。报告页面如图 11-3 所示，报告中包括具体的视盘、黄斑、厚度投影图、厚度蝶形图等丰富的图片信息，以及 RNFL 层厚度信息、杯盘比信息、视杯体积等多方面的数据指标。报告信息将会存储在云端随时供患者下载和查看，为广大患者和医院带来了极大的便利。

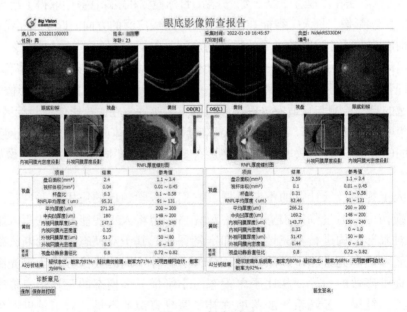

图 11-3　报告页面

虽然将人工智能集成到医疗保健服务系统中似乎很简单，但临床实施的现实将是一个漫长的过程。然而，这个过程是前景明朗的，因为医疗人工智能技术将彻底改变医疗保健，这些技术将使医生能够专注于患者和临床决策，而不是烦琐、重复的任务。计算硬件成本的下降、精准医疗的发展、医疗数据的日益普及以及药品和医疗成本上涨等因素也将有助于人工智能技术在医疗保健领域的进一步应用。

深度学习技术虽然在医疗辅助诊断中的应用显示出巨大的前景，但仍有一些技术挑战需要解决。首先，许多算法仍然存在泛化问题。当算法对来自一家医院的数据进行训练，然后将其应用于另一家医院的数据时，效果可能很差。在这方面已经开展了一些工作，但仍然需要能适应更多样化数据集的、更具有泛化性能的算法。其次，人工智能的成功不仅取决于用于训练的大型数据集的可用性，还取决于准确的数据标注，这需要由经过充分培训的人员来执行，以确保准确性和可信度。不准确的数据标记将对计算机的学习过程产生深远的影响，导致随后的学习产生错误，从而降低机器的整体准确性。此外，与纯粹的定量任务不同，医学影像相关决策所涉及的知识需要一定的先验知识，要让机器在人类层面上表现，不仅在数据收集和算法开发方面存在挑战，还在道德规范方面存在挑战。

未来，随着技术的不断发展，辅助诊断技术也将不断发展并且更加完善，在医学领域的应用将会越来越广泛，不仅能提高医疗速度、疗效和精确度，还能有效地降低医疗成本。此外，随着国家进一步推动基层医疗建设，打造智慧医疗医院，基于人工智能的辅助诊断将会有广阔的应用前景。

11.3　医学影像编程实现

11.3.1　图像分类

深度残差网络[16]（deep residual network，ResNet）的提出是卷积神经网络图像史上的一件里程碑事件。ResNet 提供了一个残差学习框架，该框架被用来解决那些非常深的神经网络在训练时梯度爆炸/消失的问题，重新定义了网络的学习方式，让网络可以直接学习输入信息与输出信息的差异（残差），而不必学习一些无关的信息。这些残差网络的合集在 ImageNet 的测试集上进行评测，达到了 3.57%的错误率，这一结果赢得 ILSVRC 2015 分类比赛的第一名。

深度卷积神经网络的应用在图像分类领域已经实现了一系列突破性进展[17]。不同级别的特征信息可以通过增加网络堆叠层数的方式来进行丰富。最新的研究也表明，网络的深度是非常重要的一部分。但是当网络的深度变得越来越深时，一个关于网络"退化"的问题又将显现出来，即随着网络层数的增加，模型的准确性开始饱和，然后迅速退化。许多人会有一个直观的印象，就是网络层数越多，训练效果越好，但是如果这样，VGG网络为什么不采取 152 层而是采用 19 层呢？其实是因为训练模型的准确度不一定和网络层数呈正相关。因为随着网络层数的增加，网络会出现饱和的现象。因此，ResNet在 CIFAR-10 数据集上进行了实验测试，结果曲线如图 11-4 所示，更深的网络拥有更高的训练误差和测试误差。

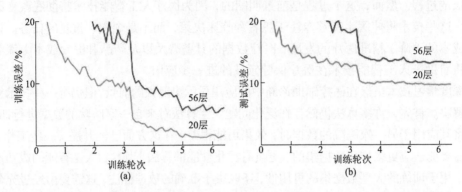

图 11-4　使用 20 层和 56 层神经网络的训练误差（a）和测试误差（b）在 CIFAR-10 数据集上的表现

ResNet 通过引入残差学习来缓解梯度消失和爆炸的现象[18]。对于一个堆积层结构（几层堆积而成），当输入为 x 时，其学习到的特征记为 $H(x)$，现在我们希望其可以学习到残差 $F(x)=H(x)-x$，这样其实原始的学习特征是 $F(x)+x$。之所以这样是因为残差学习相比原始特征直接学习更容易。我们可以设想这个恒等映射可以被优化出来，那么让残差变为 0 应该比让那些新堆叠进去的非线性的层的权重都变为 1 要容易得多。当残差为 0 时，堆积层仅仅只是进行了恒等映射，至少网络性能不会下降，实际上残差不会为 0，这也会使得堆积层在输入特征基础上学习到新的特征，从而拥有更好的性能。ResNet 的残差学习结构如图 11-5 所示，有点类似电路中的"短路"，所以是一种短路连接（shortcut connection）。关于短路连接的实践和理论研究已经持续了很长时间[19]。

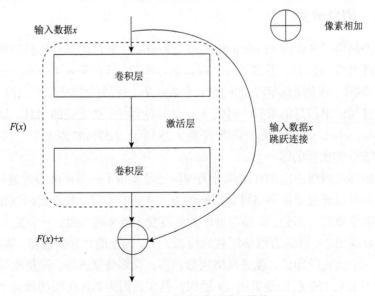

图 11-5　ResNet 的残差学习结构

$F(x) + x$ 这种形式很容易在网络中通过短路连接的形式来实现。将特征图在每次卷积和激活之间都添加了批量标准化操作，加速网络的学习能力和非线性能力，具体编程实现如下：

```
class BottleNeck(nn. Module):
  expansion = 4
  def __init__(self, in_channels, out_channels, stride=1):
    super().__init__()
    self.residual_function = nn.Sequential(
      nn.Conv2d(in_channels, out_channels, kernel_size=1, bias=Flase),
      nn.BatchNorm2d(out_channels),
      nn.ReLU(inplace=True),
      nn.Conv2d(out_channels, out_channels, stride=stride, kernel_size=3,
padding=1, bias=Flase),
        nn.BatchNorm2d(out_channels),
        nn.ReLU(inplace=True),
        nn.Conv2d(out_channels, out_channels*BottleNeck.expansion,
kernel_size=1, bias=Flase),
        nn.BatchNorm2d(out_channels*BottleNeck.expansion),
      )
    self.shortcut = nn.Sequential()
    if stride != 1 or in_channels != out_channels*BottleNeck.expansion:
      self.shortcut = nn.Sequential(
        nn.Conv2d(in_channels, out_channels*BottleNeck.expansion,
stride=stride, kernel_size=1, bias=Flase),
        nn.BatchNorm2d(out_channels*BottleNeck.expansion),
      )
  def forward(self, x):
    return nn.ReLU(inplace=True)(self.residual_function(x) +
self.shortcut(x))
```

而在 ResNet 网络结构中，普通网络的架构主要受到 VGG-19 的启发。其中的卷积层更多使用3×3 的过滤器，并且遵循两个简单的设计规则：①如果输出和输入相同的特征图，那么卷积层具有相同数量的过滤器；②如果特征图的尺寸减半，那么过滤器的数量则需要翻倍，用来保证卷积层的时间复杂性。下采样直接通过使用步长为 2 的卷积来实现。在网络的末尾连接了一个全局平均池化层和 Softmax 层。网络的总体层数是 18层，如图 11-6 所示。

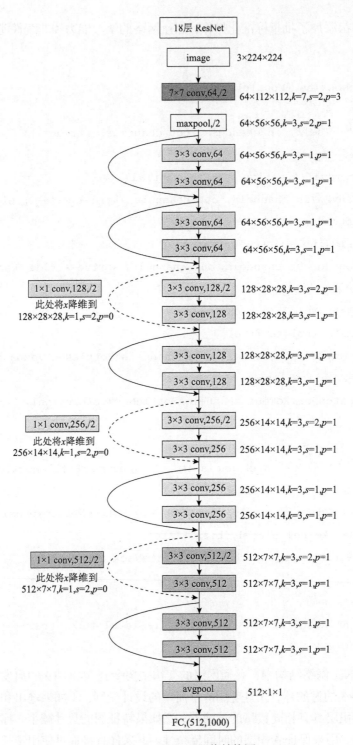

图 11-6　ResNet 18 网络结构图

ResNet 在 ImageNet 2012 的分类数据集上评测了结果，这个数据集含有 1000 个类别。模型使用了 128 万张训练图片，并且使用了 5 万张图片进行验证。最后使用 10 万张图片在测试服务器上进行测试，获得了最终的结果，如表 11-1 所示。在送入网络前，对图像进行随机缩放，缩放的方式为让它的短边在[256,480]像素范围进行随机采样。然后将图像随机裁剪出 224 像素×224 像素大小，并进行随机水平方向的旋转，最后将所有的像素点减去均值。在每次卷积和激活之间都添加了批量标准化操作。评估了 top-1～top-5 的错误率。

表 11-1　单个模型在 ImageNet 验证集上的错误率　　　　（单位：%）

方法	top-1 错误率	top-5 错误率
VGG（ILSVRC2014）	—	8.43
GoogLeNet（ILSVRC2014）	—	7.89
VGG（v5）3	24.4	7.1
PReLU-Net	21.59	5.71
BN-inception	21.99	5.81
ResNet-34 B	21.84	5.71
ResNet-34 C	21.53	5.60
ResNet-50	20.74	5.25
ResNet-101	19.87	4.60
ResNet-152	19.38	4.49

ResNet 也在 CIFAR-10 数据集上进行了研究，这个数据集分为 10 个类别，包括 5 万个训练图片/1 万个测试图片。我们进行实验时，在训练数据集上进行训练，在测试数据集上进行测试，训练及测试的误差随迭代参数的变化曲线图如图 11-7 所示，测试集上的分类误差结果如表 11-2 所示。

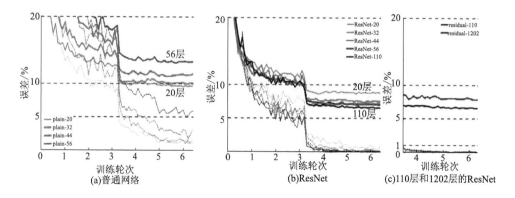

图 11-7　在 CIFAR-10 上的训练

虚线是训练误差，实线是测试误差。图 11-7(a)中 110 层网络的训练误差高达 60%，所以没有显示

表 11-2 在 CIFAR-10 测试集上的分类误差

方法	网络层数	参数量	误差/%
Maxout	—	—	9.38
NIN	—	—	8.81
DSN	—	—	8.22
FitNet	19	2.5M	8.39
Highway	19	2.3M	7.54(7.72 ± 0.16)
Highway	32	1.25M	8.80
ResNet	20	0.27M	8.75
ResNet	32	0.46M	7.51
ResNet	44	0.66M	7.17
ResNet	56	0.85M	6.97
ResNet	110	1.7M	6.43(6.61 ± 0.16)
ResNet	1202	19.4M	7.93

    ResNet 通过残差学习解决了深度网络的退化问题，让我们可以训练出更深的网络，这称得上是深度网络的一个历史性大突破。其编程实现如下：

```python
class ResNet(nn.Module):
    def __init__(self, block, num_blocks, num_classes=10):
        super(ResNet, self).__init__()
        self.in_planes = 16

        self.conv1 = nn.Conv2d(3, 16, kernel_size=3, stride=1, padding=1,
bias=Flase)
        self.bn1 = nn.BatchNorm2d(16)
        self.layer1 = self._make_layer(block, 16, num_block[0], stride=1)
        self.layer2 = self._make_layer(block, 32, num_block[1], stride=2)
        self.layer1 = self._make_layer(block, 64, num_block[2], stride=2)
        self.linear = nn.Linear(64, num_classes)

        self.apply(_weights_init)

    def _make_layer(self, block, planes, num_blocks, stride):
        strides = [stride] + [1] * (num_blocks-1)
        layers = []
        for stride in strides:
        layers.append(block(self.in_planes, planes, stride))
```

```
        self.in_planes = planes * block.expansion

    return nn.Sequential(*layers)


def forward(self, x):
    out = F.relu(self.bn1(self.conv1(x)))
    out = self.layer1(out)
    out = self.layer2(out)
    out = self.layer3(out)
    out = F.avg_pool2d(out, out.size()[3])
    out = out.view(out.size(0), -1)
    out = self.linear(out)
    return out
```

11.3.2　图像分割

　　图像分割是图像处理和图像分析的关键步骤，具体是指将图像划分成若干子区域，使得每个子区域具有一种独有的特征。针对医学影像的图像分割，对于专业医生量化和诊断病情有重要的指导意义[20]。

　　医学影像通常具有数据集小、目标对象彼此接近的特点，一般的语义分割网络难以获取较好的分割结果。2015 年，Ronneberger 等[21]提出了 U-Net 用于医学影像分割，能够同时提取医学影像中的低级语义信息和高级上下文信息。U-Net 的整体架构由编码器和解码器组成，编码器也被称为收缩路径，用于捕获图像中的上下文信息，对特征进行提取和学习；解码器被称为膨胀路径，用于定位分割结果的位置信息，同时补偿编码器中丢失的边界信息，如图 10-5 所示。

　　编码器部分由 4 个下采样层组成，每个下采样层包含 2 个卷积块（conv block）和 1 个 2×2 的最大池化（maxpool）下采样。每个卷积块又包含 1 个 3×3 卷积操作、1 个批量归一化函数 BatchNorm2d 和 1 个激活函数 ReLU。每次下采样都会将特征通道数增加一倍。编码器主要用于对输入的原始图像进行特征提取，通过多个阶段的卷积和下采样，在特征图不断减小的过程中提取出图像的上下文语义信息。其编程实现如下：

```
class Down(nn.Module):
    def __init__(self, in_channels, out_channels):
        super().__init__()
        self.maxpool_conv = nn.Sequential(
            nn.MaxPool2d(2),
            DoubleConv(in_channels, out_channels)
```

```
    )

    def forward(self, x):
        return self.maxpool_conv(x)
class DoubleConv(nn.Module):
    def __init__(self, in_channels, out_channels, mid_channels=None):
        super().__init__()
        if not mid_channels:
            mid_channels = out_channels
        self.double_conv = nn.Sequential(
            nn.Conv2d(in_channels, mid_channels, kernel_size=3, padding=1,
bias=False),
            nn.BatchNorm2d(mid_channels),
            nn.ReLU(inplace=True),
            nn.Conv2d(mid_channels, out_channels, kernel_size=3, padding=1,
bias=False),
            nn.BatchNorm2d(out_channels),
            nn.ReLU(inplace=True)
        )

    def forward(self, x):
        return self.double_conv(x)
```

　　解码器部分由 4 个上采样层组成，每个上采样层则包含 2 个卷积块和 1 个上采样操作。上采样有双线性插值上采样和转置卷积两种方式，这两种方式均可以实现图像分辨率的还原。在最后一层使用 1 个 1×1 卷积，使得具有 64 个通道的特征向量映射到分割所需要的类别数。编程实现如下：

```
class Up(nn.Module):
    def __init__(self, in_channels, out_channels, bilinear=True):
        super().__init__()
        if bilinear:
            self.up = nn.Upsample(scale_factor=2, mode='bilinear',
align_corners=True)
            self.conv = DoubleConv(in_channels, out_channels, in_channels //
2)
```

```
        else:
            self.up = nn.ConvTranspose2d(in_channels, in_channels // 2,
kernel_size=2, stride=2)
            self.conv = DoubleConv(in_channels, out_channels)

    def forward(self, x1, x2):
        x1 = self.up(x1)
        diffY = x2.size()[2] - x1.size()[2]
        diffX = x2.size()[3] - x1.size()[3]

        x1 = F.pad(x1, [diffX // 2, diffX - diffX // 2,
                        diffY // 2, diffY - diffY // 2])
        x = torch.cat([x2, x1], dim=1)
        return self.conv(x)
```

　　编码器和解码器之间还存在着跳跃连接，我们会将编码器中每次下采样的结果作为恢复信息拼接到解码器对应每次上采样的输入中，使得最终恢复出的特征图融合更多的低级语义特征，补充在下采样丢失的信息中。

　　将编码器和解码器进行组合，就完成了 U-Net 的搭建，编程实现如下。具体的代码可以查看"https://github.com/milesial/Pytorch-UNet"。

```
class UNet(nn.Module):
    def __init__(self, n_channels, n_classes, bilinear=False):
        super(UNet, self).__init__()
        self.n_channels = n_channels
        self.n_classes = n_classes
        self.bilinear = bilinear
        self.inc = (DoubleConv(n_channels, 64))
        self.down1 = (Down(64, 128))
        self.down2 = (Down(128, 256))
        self.down3 = (Down(256, 512))
        factor = 2 if bilinear else 1
        self.down4 = (Down(512, 1024 // factor))
        self.up1 = (Up(1024, 512 // factor, bilinear))
        self.up2 = (Up(512, 256 // factor, bilinear))
        self.up3 = (Up(256, 128 // factor, bilinear))
```

```
        self.up4 = (Up(128, 64, bilinear))
        self.outc = (OutConv(64, n_classes))

    def forward(self, x):
        x1 = self.inc(x)
        x2 = self.down1(x1)
        x3 = self.down2(x2)
        x4 = self.down3(x3)
        x5 = self.down4(x4)
        x = self.up1(x5, x4)
        x = self.up2(x, x3)
        x = self.up3(x, x2)
        x = self.up4(x, x1)
        logits = self.outc(x)
        return logits
```

　　当我们需要使用 U-Net 完成图像分割任务时，就需要将数据集进行划分，将数据集划分为训练集、验证集和测试集。然后需要定义训练使用的优化器和损失函数，我们一般使用 SGD 作为图像分割任务的优化器，使用 BCELoss 作为分割任务的损失函数，BCELoss 的计算公式如式（11-1）所示。有时为了解决图像中的类别不平衡问题，还需要使用 DiceLoss[式（11-2）]和 BCELoss 组成联合损失函数对网络进行深监督的训练。每次使用训练集进行模型的迭代，使用验证集对训练出的模型的性能进行评估，训练完成后使用测试集完成模型最终结果的测试。

$$L_{\text{BCE}} = \sum_{i=0}^{c} \Big[y_i \lg x_i + (1 - y_i) \lg (1 - x_i) \Big] \tag{11-1}$$

$$L_{\text{Dice}} = 1 - \sum_{i=0}^{c} \frac{2x_i y_i}{x_i^2 + y_i^2} \tag{11-2}$$

11.3.3　图像配准

　　图像配准，又称为图像融合或图像匹配，主要是基于图像外观对一组图像进行对齐的过程[22]，在医学上具有重要的应用价值[23]。

　　配准的主要目标是将浮动图像（待配准图像）配准到固定图像（基准图像）上，Balakrishnan 等[24]提出了一种无监督图像配准的通用框架 VoxelMorph，理论上其在单模态和多模态方面都适用。VoxelMorph 网络结构图如图 11-8 所示，该方法可分为以下步骤：图像预处理、搭建神经网络、训练神经网络、获得形变场和对浮动图像做形变。

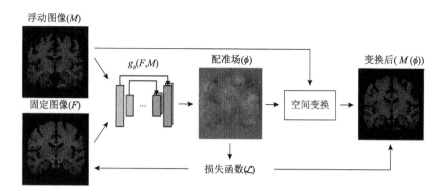

图 11-8　VoxelMorph 网络结构图

该实验选用了 3731 张 T1 权重的脑部三维 MRI 图像的数据集,三维图像的读取可采用 SimpleITK 库中的 GetArrayFromImage 函数。在预处理阶段,先将图像重采样为 256 像素×256 像素×256 像素大小,然后进行仿射变换的粗配准。为了去除冗余信息,使用 FreeSurfer 工具提取脑部(去除头骨)并获取分割结果,最后将结果图裁剪到 160 像素×192 像素×224 像素大小,将其作为下一步神经网络的输入。

神经网络采用了 U-Net 架构。其中 src_feats 和 trg_feats 分别为固定图像和浮动图像个数,默认设置为 1,编码器通道数分别设为 16、32、32 和 32,解码器通道数分别设为 32、32、32、16、16。编程实现如下:

```
self.unet_model = Unet(
        inshape,
        nb_features=nb_unet_features,
        nb_levels=nb_unet_levels,
        feat_mult=unet_feat_mult
    )
```

将 U-Net 解码器最终输出的特征图通过卷积得到一个通道数为 3 的形变场 ϕ ,权重和偏置都初始化为 0。编程实现如下:

```
# 将 U-Net 配置为流场层
Conv = getattr(nn, 'Conv%dd' % ndims)
self.flow = Conv(self.unet_model.dec_nf[-1], ndims, kernel_size=3, padding=1)
# 初始化流场层的权重和偏置
self.flow.weight = nn.Parameter(Normal(0, 1e-5). sample(self.flow. weight.
shape))
self.flow.bias = nn.Parameter(torch.zeros(self.flow.bias.shape))
```

由于 Jaderberg 等[25]提出的空间变换层具有平移不变性、旋转不变性及缩放不变性等强大的性能，因此为了完成配准的任务，常常将该层集成到自己设计的配准网络中来获得变形后的图像，其结构如图 11-9 所示。

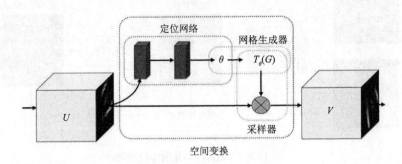

图 11-9　空间变换层结构

具体的代码实现如下：

```python
class SpatialTransformer(nn.Module):
    def __init__(self, size, mode='bilinear'):
        super().__init__()
        self.mode = mode
        vectors = [torch.arange(0, s) for s in size]
        grids = torch.meshgrid(vectors)
        grid = torch.stack(grids)
        grid = torch.unsqueeze(grid, 0)
        grid = grid.type(torch.FloatTensor)
        self.register_buffer('grid', grid)
    def forward(self, src, flow):
        # new locations
        new_locs = self.grid + flow
        shape = flow.shape[2:]
        for i in range(len(shape)):
            new_locs[:, i, ...] = 2 * (new_locs[:, i, ...] / (shape[i] - 1) - 0.5)
        if len(shape) == 2:
            new_locs = new_locs.permute(0, 2, 3, 1)
            new_locs = new_locs[..., [1, 0]]
        elif len(shape) == 3:
            new_locs = new_locs.permute(0, 2, 3, 4, 1)
            new_locs = new_locs[..., [2, 1, 0]]
```

```
        return nnf.grid_sample(src, new_locs, align_corners=True, mode=
self.mode)
```

　　将浮动图像输入定位网络，输出变化参数 θ，这个参数用来映射浮动图像 U 和变换后图像 V 的坐标关系，再将这个参数送入网格生成器，网格生成器的作用是根据 V 中的坐标点和变化参数 θ，计算出 U 中对应的坐标点。例如，在二维仿射变换中 θ 是六维的，坐标可以按照式（11-3）计算得到：

$$\begin{pmatrix} x_i^s \\ y_i^s \end{pmatrix} = T_\theta(G_i) = A_\theta \begin{pmatrix} x_i^t \\ y_i^t \\ 1 \end{pmatrix} = \begin{bmatrix} \theta_{11} & \theta_{12} & \theta_{13} \\ \theta_{21} & \theta_{22} & \theta_{23} \end{bmatrix} \begin{pmatrix} x_i^t \\ y_i^t \\ 1 \end{pmatrix} \tag{11-3}$$

　　将初始化生成的网格与经过训练得到的形变场叠加得到最终的形变场。最后一步是采样，根据网格生成器计算得到的一系列坐标和浮动图像 U 来填充 V 中的像素，由于坐标值可能为小数，因此这里采用双线性插值法。插值可以直接调用 torch.nn.functional 中的 grid_sample 函数，该函数可微，支持反向传播。将浮动图像和形变场输入，返回最终配准完的图像。

　　该配准任务的优化问题由两部分组成：一是配准后图像和固定图像的灰度相似性度量；二是形变场 ϕ 的正则化。优化问题可以表示为式（11-4）：

$$\hat{\phi} = \operatorname{argmin} L(F, M, \phi) = \operatorname{argmin} L_{\text{sim}}(F, M(\phi)) + \lambda L_{\text{smooth}}(\phi) \tag{11-4}$$

式中，$M(\phi)$ 为浮动图像经过形变场形变后的图像；λ 为正则化参数。相似性度量采用归一化互相关系数（normalized cross-correlation，NCC），其计算方法如下。由于输入大小是[批数量，通道数，深度，高度，长度]格式的，因此在计算 NCC 时采用三维卷积来实现指定窗口内求和。

```
I2 = I * I
J2 = J * J
IJ = I * J
I_sum = conv_fn(I, sum_filt, stride=stride, padding=padding)
J_sum = conv_fn(J, sum_filt, stride=stride, padding=padding)
I2_sum = conv_fn(I2, sum_filt, stride=stride, padding=padding)
J2_sum = conv_fn(J2, sum_filt, stride=stride, padding=padding)
IJ_sum = conv_fn(IJ, sum_filt, stride=stride, padding=padding)
win_size = np.prod(win)
u_I = I_sum / win_size
u_J = J_sum / win_size
cross = IJ_sum - u_J * I_sum - u_I * J_sum + u_I * u_J * win_size
```

```
I_var = I2_sum - 2 * u_I * I_sum + u_I * u_I * win_size
J_var = J2_sum - 2 * u_J * J_sum + u_J * u_J * win_size
cc = cross * cross / (I_var * J_var + 1e-5)
return -torch.mean(cc)
```

　　一个相对平滑的变形场，这里在其空间梯度上使用 L2 正则化约束，代码实现如下：

```
class Grad:
    def __init__(self, penalty='l1', loss_mult=None):
        self.penalty = penalty
        self.loss_mult = loss_mult
    def loss(self, _, y_pred):
        dy = torch.abs(y_pred[:, :, 1:, :, :] - y_pred[:, :, :-1, :, :])
        dx = torch.abs(y_pred[:, :, :, 1:, :] - y_pred[:, :, :, :-1, :])
        dz = torch.abs(y_pred[:, :, :, :, 1:] - y_pred[:, :, :, :, :-1])
        if self.penalty == 'l2':
            dy = dy * dy
            dx = dx * dx
            dz = dz * dz
        d = torch.mean(dx) + torch.mean(dy) + torch.mean(dz)
        grad = d / 3.0
        if self.loss_mult is not None:
            grad *= self.loss_mult
        return grad
```

　　至此，神经网络搭建完成。下一步将数据集划分为训练集、验证集和测试集，用训练集来训练上述搭建好的神经网络。训练过程中选用 Adam 优化器，学习率为 $1×10^{-4}$，迭代 15000 次，具体实现如下：

```
for epoch in range(args.initial_epoch, args.epochs):
    # 保存模型日志
    model.save(os.path.join(model_dir, '%04d.pt' % epoch))
    for step in range(args.steps_per_epoch):
        step_start_time = time.time()
        # 产生输入和输出并将它们转换成张量
        inputs, y_true = next(generator)
```

```
    inputs = [torch.from_numpy(d).to(device).float().permute(0, 4, 1, 2,
3) for d in inputs]
    y_true = [torch.from_numpy(d).to(device).float().permute(0, 4, 1, 2,
3) for d in y_true]
    # 通过模型获得扭曲后图像
    y_pred = model(*inputs)
    # 计算整体损失
    loss = 0
    loss_list = []
    for n, loss_function in enumerate(losses):
        curr_loss = loss_function(y_true[n], y_pred[n]) * weights[n]
        loss_list.append('%.6f' % curr_loss.item())
        loss += curr_loss
    loss_info = 'loss: %.6f  (%s)' % (loss.item(), ', '.join(loss_list))
    # 反向传播和优化
    optimizer.zero_grad()
    loss.backward()
    optimizer.step()
```

每次训练时将一个 Batch 的输入数据转化为五维张量,送入网络中产生预测的图像即配准后的图像 y_pred,计算上述优化问题定义的损失函数值。反向传播前先清空优化器中的梯度,然后再反向传播,计算当前的梯度,根据梯度更新网络参数。每隔 20 轮训练保存一次模型,在验证集上验证配准的效果,模型加载可通过 torch.load()函数得到。评价指标有多种,这里采用戴斯相似性系数(Dice similarity coefficient,DSC),计算方式如下:

```
def DSC(pred, target):
    smooth = 1e-5
    m1 = pred.flatten()
    m2 = target.flatten()
    intersection = (m1 * m2).sum()
    return (2. * intersection + smooth) / (m1.sum() + m2.sum() + smooth)
```

训练完成之后选取在验证集上表现最好(DSC 最高)的模型,在测试集上进行测试,可以得到该模型在测试集上的表现,并输出配准后的图像。完整的代码可参考 https://github.com/voxelmorph/voxelmorph。

本 章 小 结

　　医学影像分析方法。从以机器学习算法为主，到深度学习广泛涉及各方面。从逻辑回归、支持向量机、随机森林等到神经网络、元学习方法逐个站上历史舞台。机器学习与深度学习的发展进程影响着医学影像分析领域，促进影像的自动准确分析。

　　医学影像辅助诊断。人工智能在计算机辅助领域得到了广泛应用。尽管在数据集等方面与自然数据相比，医学影像数据集尚有不足，但计算机辅助已经在医学影像辅助诊断上有了较好的准确性，如胸部 CT 智能诊断系统、乳腺 X 射线智能诊断系统、冠状动脉辅助诊断系统以及眼科疾病辅助诊断系统等。

　　医学影像的编程。依赖于机器学习与深度学习的发展与硬件水平的提高，对于影像的分类、分割、配准等问题都有众多准确有效的实现方法，在现有方法的基础上，进行改进创新，寻找更优解是研究者不断追求的目标。

思 考 题

　　1. 在监督学习、无监督学习、半监督学习三种学习类型中，各举例一种方法说明这三种学习类型的区别。

　　2. 阐述深度学习对计算机辅助诊断领域的重要性，并举例其应用场景。

　　3. 简要分析残差结构能解决网络退化问题的原因。

　　4. 简要分析 U-Net 分割网络编码器和解码器的作用。

　　5. 简述跳跃连接在 U-Net 网络中的作用及具体表现。

　　6. 简述在配准任务的优化问题中，加入形变场的正则项的作用。

参 考 文 献

[1] Rawat W, Wang Z H. Deep convolutional neural networks for image classification: a comprehensive review[J]. Neural Computation, 2017, 29(9): 2352-2449.

[2] Li J, Bioucas-Dias J M, Plaza A. Semisupervised hyperspectral image classification using soft sparse multinomial logistic regression[J]. IEEE Geoscience and Remote Sensing Letters, 2013, 10(2): 318-322.

[3] Cortes C, Vapnik V. Support-vector networks[J]. Machine Learning, 1995, 20: 273-297.

[4] Ho T K. Random decision forests[C]//Proceedings of 3rd International Conference on Document Analysis and Recognition. IEEE, 1995: 278-282.

[5] Hartigan J A, Wong M A. Algorithm AS 136: a k-means clustering algorithm[J]. Journal of the Royal Statistical Society. Series C (Applied Statistics), 1979, 28(1): 100-108.

[6] Rumelhart D E, Hinton G E, Williams R J. Learning internal representations by error propagation[R]. Cambridge:California Univ San Diego La Jolla Inst for Cognitive Science, 1985.

[7] Deng J, Dong W, Socher R, et al. ImageNet: a large-scale hierarchical image database[C]//2009 IEEE Conference on Computer Vision and Pattern Recognition. IEEE, 2009: 248-255.

[8] Zhuang F Z, Qi Z Y, Duan K Y, et al. A comprehensive survey on transfer learning[J]. Proceedings of the

IEEE, 2021, 109(1): 43-76. .

[9] Pan S J, Tsang I W, Kwok J T, et al. Domain adaptation via transfer component analysis[J]. IEEE Transactions on Neural Networks, 2011, 22(2): 199-210.

[10] Hospedales T, Antoniou A, Micaelli P, et al. Meta-learning in neural networks: a survey[J]. IEEE Transactions on Pattern Analysis and Machine Intelligence, 2022, 44(9): 5149-5169.

[11] Leung C K S, Cheung C Y L, Weinreb R N, et al. Retinal nerve fiber layer imaging with spectral-domain optical coherence tomography: a variability and diagnostic performance study[J]. Ophthalmology, 2009, 116(7): 1257-1263.

[12] Gallo B, de Silva S R, Mahroo O A, et al. Choroidal macrovessels: multimodal imaging findings and review of the literature[J]. British Journal of Ophthalmology, 2022, 106(4): 568-575.

[13] Novais E A, Baumal C R, Sarraf D, et al. Multimodal imaging in retinal disease: a consensus definition[J]. Ophthalmic Surgery, Lasers and Imaging Retina, 2016, 47(3): 201-205.

[14] Singh R, Khare A. Fusion of multimodal medical images using Daubechies complex wavelet transform—a multiresolution approach[J]. Information Fusion, 2014, 19: 49-60.

[15] Xu X Z, Shan D, Wang G Y, et al. Multimodal medical image fusion using PCNN optimized by the QPSO algorithm[J]. Applied Soft Computing, 2016, 46: 588-595.

[16] He K M, Zhang X Y, Ren S Q, et al. Deep residual learning for image recognition[C]//2016 IEEE Conference on Computer Vision and Pattern Recognition (CVPR). 2016:770-778.

[17] Krizhevsky A, Sutskever I, Hinton G E. ImageNet classification with deep convolutional neural networks[J]. Communications of the ACM, 2017, 60(6): 84-90.

[18] Bengio Y, Simard P, Frasconi P. Learning long-term dependencies with gradient descent is difficult[J]. IEEE Transactions on Neural Networks, 1994,5(2):157-166.

[19] Ripley B D. Pattern Recognition and Neural Networks[M]. Cambridge: Cambridge University Press, 1996.

[20] Pekala M, Joshi N, Alvin Liu T Y , et al. Deep learning based retinal OCT segmentation[J]. Computers in Biology and Medicine, 2019, 114: 103445.

[21] Ronneberger O, Fischer P, Brox T. U-Net: convolutional networks for biomedical image segmentation [C]//Navab N, Hornegger J, Wells W, et al. Medical Image Computing and Computer-Assisted Intervention—MICCAI 2015. Cham: Springer, 2015: 234-241.

[22] Fu Y B, Lei Y, Wang T H, et al. Deep learning in medical image registration: a review[J]. Physics in Medicine and Biology, 2020, 65(20): 20TR01.

[23] Haskins G, Kruger U, Yan P. Deep learning in medical image registration: a survey[J]. Machine Vision and Applications, 2020, 31(1): 8.

[24] Balakrishnan G, Zhao A, Sabuncu M R, et al. VoxelMorph: a learning framework for deformable medical image registration[J]. IEEE Transactions on Medical Imaging, 2019, 38(8): 1788-1800.

[25] Jaderberg M, Zisserman A, Kavukcuoglu K. Spatial transformer networks[C]// Proceedings of the 28th International Conference on Neural Information Processing Systems, 2015: 2017-2025.

第四篇 人工智能+法律

人工智能与纳米科学、基因工程并称为 21 世纪的三大尖端技术。随着人工智能算法的不断优化及算力的爆发式提升，人工智能的应用场景不断拓展，从自动驾驶、智能家居到智慧审判，再到 2023 年在全世界引发狂潮的通用型对话搜索引擎 ChatGPT，人工智能的广泛应用已经深刻改变了人们的社会生活，也给传统社会治理模式带来了全新的挑战。本篇着眼于人工智能对法律制度建构的影响，以及法律对人工智能发起挑战的应对，分别从理论和应用层面介绍国内外法律与人工智能相互促进的最新进展。

第 12 章"智能时代的法律变革"，全面介绍我国和国际规范计算机网络与人工智能的政策及立法进程，详细分析法律规范人工智能的理论基础、伦理困境和哲学思辨，介绍人工智能法律知识图谱的建构机理，为之后学习人工智能与法律的相关理论和实务应用奠定基础。第 13 章"人工智能与法律理论"，分别以自动驾驶汽车侵权、机器人公民身份获得和剽窃算法生成的文章三个案例为引，探讨人工智能应用在侵权责任分配、法律人格确立和生成物的著作权归属上的法律学说争议，进而引发学生对法律规制人工智能的理论思辨。第 14 章"人工智能与司法裁判"，以在线法院的建设理论和基本架构为本章的基础要点，继而推进对我国智慧法院系统和智慧司法体系构建的全面介绍，详细描绘人工智能在我国公检法领域的应用现状与发展前景，使学生对人工智能影响我国司法体系建设有更为直观的感受。第 15 章"人工智能与法律职业"，以人工智能律师的诞生为起始点，着重介绍法律实务领域的行业生态和面临的挑战，并提出人工智能法学人才的培养模式，引发学生对未来就业前景的深度思考。

第 12 章　智能时代的法律变革

人工智能作为颠覆传统人类社会生产、生活方式，深刻改变社会运转秩序的技术，在法律层面却没有统一、权威的概念界定。概括地讲，法律对人工智能的前景预判存在天然的滞后性，这也为法律规制人工智能增添了阻碍。然而，这并不代表法律对人工智能的发展就束手无策。霍金指出，人工智能既可能是人类文明史上最大的事件，又可能是最坏的事件，而人类需学会做好准备并避开潜在风险。对此，法律的介入无疑是必然的，更为重要的是，如何去修正传统的法律理论以更好地应对以人工智能为代表的新技术所发起的挑战。本章将重点论述目前法律界对规制人工智能所做的政策制定与立法努力，并探讨以人工智能为规制对象所引发的伦理和立法隐忧，进而介绍人工智能技术在法律实务领域的应用理论基础。

12.1　智能时代法律的基本概述

自 1956 年达特茅斯会议诞生了"人工智能"一词以来，人工智能技术的发展经历了三起两落的波折，直到再一次度过了 21 世纪最初 10 年的短暂沉寂后，人工智能才正式进入大众视野，并在引领 21 世纪各项产业升级和社会变革的过程中发挥了举足轻重的作用[1]。人工智能的迅猛发展及其与大数据、云计算、区块链、物联网等前沿技术的深度融合，深刻改变了人类社会的生产、生活方式，也带来了社会治理模式的变革，在数据为生产资料、算法为生产力动能的智能时代，规范社会秩序的法律体系及运行方式也在面临着全新的挑战[2]。

12.1.1　法律的基本概念

法律二字，古已有之。根据《说文解字》，"法"意为一种有罪者才能接触的神兽，而"律"则有普遍、均衡的意思。在古代各类法律典籍中，"刑""法""律"常常互通，均有规范所有人行为准则之意；不过直到清末民初，"法律"作为一个完整的词汇才得到广泛使用[3]。

在西方，希腊人也已于公元前 6 世纪开始思考法律的概念。亚里士多德的"法律至高无上"论、伊壁鸠鲁学派的"法律是人类追求幸福的善与正义的代表"等论点在当时都具有很大的影响力[4]。此后，历经中世纪的探索，至近代受到启蒙运动的影响，才产生了对当代法律理论有重要影响的法治思想。以卢梭、孟德斯鸠为代表的古典自然法学派，以康德、黑格尔为代表的先验唯心主义法学派，以萨维尼为代表的历史法学派，以马克思、恩格斯为代表的辩证唯物主义法学派，以边沁、耶林为代表的功利主义法学派等，都从不同角度对法的思想和规范进行了注解和论述[5]。虽然这些先哲的观点不尽相同，却有一点成为共识，即"任何一个社会都需要法律，法律也影响着任何一个社会及其社会进程"[6]。

综合国内外的法学理论，法律一般被定义为：由统治阶级物质生活条件决定，国家专门机关创制或认可，以权利和义务为内容，并通过国家强制力保证实施的调整行为关系的规范体系。它是意志与规律的结合，是阶级统治和社会管理的手段，是通过利益关系的调整实现有利于统治阶级和社会正义的工具。

12.1.2　我国计算机网络法律规制概况

我国的法律体系主要包括宪法及相关法、民商法、行政法、经济法、社会法、刑法和程序法 7 个法律部门。其中，宪法是国家的根本大法，是规定国家社会制度、公民的基本权利和义务，以及国家机关的组织和活动原则等法律规范的总和；民商法是规范民事活动和商事活动的基础性法律；行政法是调整国家行政管理活动的法律规范；经济法是主要用来调整国家对经济活动的干预、管理和调控所产生的社会经济关系的法律规范；社会法是调整劳动关系、社会保障和社会福利关系的法律规范；刑法则是规定犯罪、刑事责任和刑罚的法律规范的基础性法律；程序法包括诉讼法与非诉讼法，是调整因诉讼和非诉活动而产生的社会关系的法律规范的总和。我国各部门法的主要组成如表 12-1 所示。

表 12-1　我国各部门法的主要组成

序号	法律部门	主要组成
1	宪法及相关法	宪法、组织法、立法法、选举法等
2	民商法	民法典、公司法、招投标法等
3	行政法	行政强制法、行政处罚法、行政复议法等
4	经济法	反垄断法、反不正当竞争法、预算法等
5	社会法	未成年人保护法、劳动法与社会保障法等
6	刑法	刑法
7	程序法	民事诉讼法、刑事诉讼法、仲裁法等

随着数字信息科技的飞速发展，网络安全和网络社会治理成为新时期法治建设的新课题。自 1994 年《中华人民共和国计算机信息系统安全保护条例》的出台，到 2000 年《全国人民代表大会常务委员会关于维护互联网安全的决定》的颁布，再到 2016 年《中华人民共和国网络安全法》的出台及其后一系列关乎网络治理、数据信息安全的法律法规、部门规章和条例的制定实施，我国网络安全法治建设从无到有、从分散到体系、从粗放到精细，正稳步建构起有中国特色的网络安全法治之路[7]。综合目前已经制定的信息网络相关法律法规，主要内容见表 12-2。

表 12-2　我国信息网络相关法律法规

规范内容	法律	行政法规
网络安全管理	《中华人民共和国网络安全法》 《中华人民共和国数据安全法》 《全国人民代表大会常务委员会关于维护互联网安全的决定》 《中华人民共和国国家安全法》（第二十五条、第五十九条等） 《中华人民共和国刑法》（第二百八十五条、第二百八十六条等） 《中华人民共和国治安管理处罚法》（第二十九条、第四十二条等） 《中华人民共和国电子签名法》（第二十七～第三十三条等）	《中华人民共和国计算机信息系统安全保护条例》 《中华人民共和国计算机信息网络国际联网管理暂行规定》 《计算机信息网络国际联网安全保护管理办法》 《中华人民共和国电信条例》 《互联网上网服务营业场所管理条例》等
网络信息内容保护		《互联网信息服务管理办法》
个人信息保护	《中华人民共和国个人信息保护法》 《中华人民共和国民法典》（第一百一十一条、第一百二十七条） 《中华人民共和国刑法》（第二百五十三条之一） 《中华人民共和国消费者权益保护法》（第十四条、第二十九条等） 《中华人民共和国测绘法》（第四十七条） 《中华人民共和国广告法》（第四十三条等）	《征信业管理条例》 《地图管理条例》等
电子商务交易	《中华人民共和国电子商务法》（第二十四条、第二十五条、第三十条等）	
网络著作权保护	《中华人民共和国著作权法》 《中华人民共和国民法典》（侵权责任编） 《中华人民共和国刑法》（第二百一十七条）等	《计算机软件保护条例》 《信息网络传播权保护条例》等

表 12-2 仅罗列了我国涉及计算机信息网络的部分法律法规，还有大量部门规章、规范性文件、司法解释、地方性条例规章等均未囊括进来。整体而言，我国的信息网络法律规制覆盖了民事、刑事、行政等多个部门法，又以《中华人民共和国网络安全法》为网络领域基本法，陆续制定了《中华人民共和国个人信息保护法》《中华人民共和国数据安全法》等多部保障数据和信息的基础性法律，这些立法进程不但紧跟国内外网络安全政策法治的发展态势，而且为了应对信息技术飞速发展和全球政治经济紧张局势给世界网络安全带来的严峻挑战，在法治理念上更全方位，更有前瞻性，也更具弹性，这些都为我国正在规划制定的"人工智能法"提供了宝贵的经验。

12.1.3　我国和国际人工智能的立法进程

人工智能与法律的研究于几十年前就已开展，只是早期研究的重点都是探索如何用人工智能技术去解决法律难题。在 20 世纪七八十年代，以 TAXMAN、LDS 为代表的各类法律推理人工智能系统开始涌现，同时，随着国际人工智能与法律会议（ICAIL）及其他形式的学术活动的热烈展开，这些发展无一不显示出人工智能与法律的深度融合有着广泛的市场需求和发展价值[8]。此后，随着以人工智能为代表的新兴科技给人类社会带来的风险日渐增加，对人工智能的技术、伦理进行约束的呼声不断增强，包括中国在内的世界各国都开始了对人工智能进行立法的探索。

1. 我国人工智能的立法进程

早在 20 世纪 80 年代，钱学森教授就发表了《现代科学技术与法学研究和法制建设》一文，其可以看作我国理论探索人工智能法律规制的起点[9]。第四次产业革命兴起后，随着人工智能产业的蓬勃发展，我国开始从产业规划、政策指导到战略布局，全方位开启对人工智能的法律规制之路。

2015 年，国家发展和改革委员会同科技部等四部委，共同制定了《"互联网+"人工智能三年行动实施方案》，用以扩大人工智能在多领域的规模化应用，并予以资金扶持、人才培养、标准体系建设等保障举措。同年，国务院印发的《促进大数据发展行动纲要》明确数据已成为国家基础性战略资源，需要加强顶层设计和统筹协调，在全国范围内加快大数据部署，深化大数据应用。

2016 年，中共中央办公厅、国务院办公厅印发的《国家信息化发展战略纲要》强调以数字化、网络化、智能化为特征的全球信息化发展新态势，明确将信息化法治建设、网络生态治理和维护网络安全作为战略的主要任务。同年，国务院印发的《"十三五"国家信息化规划》明确要建立健全国家数据资源管理体制机制，将数据产权、数据隐私都纳入标准制定和规范体系内。

2017 年，工业和信息化部发布了《大数据产业发展规划（2016—2020 年）》，旨在贯彻落实"十三五"规划和《促进大数据发展行动纲要》。同年，国务院印发的《新一代人工智能发展规划》提出了面向 2030 年我国新一代人工智能发展的指导思想、战略目标、重点任务和保障措施。《新一代人工智能发展规划》突出了人工智能发展作为国家重大战略的重要性、必要性和紧迫性，提出了"四项基本原则"和"三步走战略"，明确了我国人工智能法律规制的发展进程，包括到 2020 年在部分领域初步建立人工智能伦理规范和政策法规；到 2025 年初步建立人工智能法律法规、伦理规范和政策体系，形成人工智能安全评估和管控能力；到 2030 年在形成较为成熟的新一代人工智能理论与技术体系的基础上，建成更加完善的人工智能法律法规、伦理规范和政策体系。《新一代人工智能发展规划》突出了人工智能伦理道德、权责分配、隐私和产权保护、信息安全利用等问题在法律规制中的重要地位，强调了建立人工智能技术标准和知识产权体系、安全监管和评估体系的关键性，进一步明确了对人工智能产业的重点支持政策，是我国人工智能领域法规规制的重要指南。

2019 年，国家新一代人工智能治理专业委员会发布的《新一代人工智能治理原则——发展负责任的人工智能》提出了人工智能治理的框架和行动指南。为了更好地协调人工智能发展与治理的关系，确保人工智能安全可控可靠，推动经济、社会及生态可持续发展，《新一代人工智能治理原则——发展负责任的人工智能》以发展负责任的人工智能为主旨，强调了和谐友好、公平公正、包容共享、尊重隐私、安全可控、共担责任、开放协作、敏捷治理八项原则。这些原则为我国探索人工智能治理方案提供了明确的方向。

2020 年，中国信息通信研究院和中国人工智能产业发展联盟联合发布的《人工智能治理白皮书》对人工智能治理这一复杂的系统工程所需要的治理原则、治理目标、治理主体与治理措施进行了初步规划。《人工智能治理白皮书》强调，人工智能的治理体系应由"柔性的伦理"与"硬性的法律"共同建构，也即一方面要规划为人工智能技术提供价值判断的社会伦理规范体系，另一方面要规划防范和应对人工智能技术带来风险的法律规制防控体系。《人工智能治理白皮书》为打造我国多元共治的人工智能治理机制提供了详尽细致的参考。

2021 年 1 月，中共中央印发的《法治中国建设规划（2020—2025 年）》明确提出要充分运用大数据、人工智能和云计算等科技手段全面建设"智慧法治"，推进法治中国建设的数据化、网络化、智能化。2021 年 3 月，《中华人民共和国国民经济和社会发展第十四个五年规划和 2035 年远景目标纲要》公布，明确提出要激活数据要素潜能，加快建设数字经济、数字社会和数字政府，通过数字化转型整体驱动我国生产方式、生活方式和治理方式的变革。《中华人民共和国国民经济和社会发展第十四个五年规划和 2035 年远景目标纲要》重点强调提升数字治理的重要性，明确要求加强数据保护、数据安全、个人信息保护等领域的基础性立法，要求积极参与制定数字和网络空间国际规则，推动多边、民主、透明的全球互联网治理体系建设。

2021 年 9 月，国家新一代人工智能治理专业委员会再次发布了《新一代人工智能伦理规范》，将伦理道德融入人工智能生命周期，以期为人工智能的管理、研发、供应、使用等多种活动提供伦理指引。《新一代人工智能伦理规范》提出了增进人类福祉、促进公平公正、保护隐私安全、确保可控可信、强化责任担当、提升伦理素养六项基本伦理规范，全面回应了人工智能引发的偏见、歧视、隐私和信息泄露等问题。

在算法服务监管方面，我国相继于 2022 年 3 月开始实施《互联网信息服务算法推荐管理规定》，2023 年 1 月开始实施《互联网信息服务深度合成管理规定》，并于 2023 年 8 月施行《生成式人工智能服务管理暂行办法》，为制定人工智能基础性法律逐步积累经验。

目前，我国围绕人工智能领域的政策规划和法律规制集中于伦理规范、数据治理、行业标准、网络安全和信息保护等方面，尚未有关于人工智能的专项立法[①]。这与人工智能技术的发展速度、应用方向和伦理要求等复杂性息息相关，同时也与全球数字产业变革、数字主权争端、数据安全合作等动向紧密关联。

---

① "人工智能法"已被列入国务院 2023 年立法工作计划。截至当年 8 月，中国社会科学院已经组织有关专家起草形成了《人工智能法（示范法）1.0》（专家建议稿）。

2. 国际层面人工智能的立法进程

人工智能治理的首要问题就是建立一套完整的人工智能伦理体系，并以该体系为准则去指导和约束各方对人工智能进行技术开发、产业应用和社会治理的协作①。世界各国各地区的人民在政治、文化、宗教、历史等方面存在不同的价值取向，导致人工智能伦理体系建立的前提是需要构建一个普遍适用于各地区各种族各民族的基本伦理价值观念。对此，从联合国到各国际组织，都开始探索人工智能伦理准则，用以规范和约束各国人工智能产业的发展。

2016 年，电气与电子工程师协会（IEEE）发布的《以伦理为基准的设计：在人工智能及自主系统中将人类福祉摆在优先地位的愿景》（第一版）要求将优先增进人类福祉作为人工智能发展的重要指标。2017 年，IEEE 又发布了《人工智能设计的伦理准则》（第二版），其在充分考虑人工智能设计者、制造商、使用者和监管者等不同利益攸关方的基础上，进一步完善了人工智能伦理的总体要求和发展方向。《人工智能设计的伦理准则》（第二版）共提出了五点原则，包括以维护人的生命安全权和隐私权为主的人权原则；在人工智能设计和使用中优先考虑是否有助于增进人类福祉，如何有效避免算法歧视和算法偏见的福祉原则；确保人工智能的设计者和使用者能明确承担责任并可追责的问责原则；确保将算法透明并且具有可解释性作为人工智能设计基本要求的透明原则；将人工智能技术被滥用的风险降到最低的慎用原则。2019 年，IEEE 再度发布了名为《合乎伦理的设计：将人类福祉与人工智能和自主系统优先考虑的愿景》的首个自动化与智能系统伦理指南，其从伦理学和设计方法论的角度，拓展了人工智能伦理要求，将数据自主性、有效性、知晓滥用等价值要素一并纳入原来的五点原则中。IEEE 作为世界上最大的专业技术组织，拥有超过 160 个国家的 40 余万名会员，因此它发布的准则与指南对全球人工智能治理具有巨大的影响力。

另一版在全球具有较大影响力的人工智能伦理共识是"阿西洛马人工智能原则"（Asilomar AI Principles），该原则是于 2017 年在美国加利福尼亚州阿西洛马举行的"有益的人工智能"（Beneficial AI）会议上由生命未来研究所牵头提出的，1273 名人工智能和机器人研究领域的专家和其他 2500 多人共同进行了签署。该原则是著名的艾萨克·阿西莫夫"机器人三定律"的扩展版，围绕着人工智能的研究与应用的发展动向，共提出了 23 点议题，又名"阿西洛马 23 条准则"。该原则的核心是，人工智能的创造必须建立在确保不取代人类的前提下，自动化的实现必须以实现人类繁荣为创造目的；要确保人工智能研究人员和政策制定者在竞争时不会使用危害人类的手段；尊重人类价值观、保障个人隐私和自由、共享利益、共享繁荣是人工智能技术研究的主要目的和必须遵守的原则。

2019 年，二十国集团（G20）召开部长级会议，并将"以人类为中心、以负责任的开发"作为目标原则，共同推出了"G20 人工智能原则"。这版原则主要分为两部分，分别是"负责任地管理可信赖人工智能的原则"与"实现可信赖人工智能的国家政策

---

① 中国信息通信研究院, 中国人工智能产业发展联盟. 人工智能治理白皮书[R]. 2020.

和国际合作"。在原则部分共列出了 5 条内容，包括：①包容性增长、可持续发展及福祉；②以人为本的价值观及公平性；③透明度和可解释性；④稳健性、安全性和保障性；⑤问责制。在政策与国际合作部分则强调了 5 项举措，包括：①投资人工智能的研究与开发；②为人工智能培养数字生态系统；③为人工智能创造有利的政策环境；④培养人的能力和为劳动力市场转型做准备；⑤实现可信赖人工智能的国际合作。这版原则凸显了世界主要国家对人工智能技术开发、应用与合作的广泛需求和深切关注，是全球人工智能治理发展的风向标。

2021 年，联合国教育、科学及文化组织（UNESCO）正式发布了首个关于人工智能伦理的全球性规范文书——《人工智能伦理问题建议书》，该建议书自 2018 年立项以来，由全世界 193 个成员历经 100 多小时的多边谈判认可并通过，在全球人工智能治理史上具有划时代的意义。《人工智能伦理问题建议书》明确定义了"人工智能系统的整个生命周期"，提出了发展和应用人工智能需要体现的四大价值，包括尊重、保护和促进人权、基本自由和人的尊严，促进环境与生态系统的蓬勃发展，确保多样性和包容性，以及构建和平、公正与互联的社会。同时，《人工智能伦理问题建议书》还提出了十点原则，包括相称性和不损害性、安全和安保、公平与非歧视、可持续性、隐私权和数据保护、人类的监督和决定、透明度和可解释性、责任和问责，以及认识和素养等。

此外，围绕着人工智能武器系统的开发和应用，联合国也多次召开大会研究并讨论有关问题。早在 2012～2013 年于日内瓦召开的人权论坛讨论遥控武器问题时，《禁止或限制使用某些可被认为具有过分伤害力或滥杀滥伤作用的常规武器公约》（简称《特定常规武器公约》）就成为当时各国代表探讨致命自主武器系统的技术发展的首选国际法律文件。《特定常规武器公约》是 20 世纪 80 年代初在联合国主持下所达成的基于国际人道主义法的军备控制国际公约。随着自主武器技术的不断升级，公约缔约国开始围绕着《特定常规武器公约》在人道主义、伦理、军事、法律和商业化等方面进行了一系列辩论。2016 年，公约缔约国第五次审查会议决定成立政府专家组，专门审议致命自主武器系统相关问题。2018 年，政府专家组会议提出了十项致命自主武器系统领域新技术有关的指导性原则，2019 年又作了进一步确认，包括：①国际人道主义法适用于武器系统的开发和使用；②人类必须对武器系统的使用决定担责；③确保武器系统的潜在使用符合国际法，尤其是国际人道法；④确保根据国际法对发展、部署和使用武器系统的问责；⑤国家有义务根据国际法确认使用武力的情况；⑥要考虑纳入实体、非实体的安保措施及其他风险；⑦技术开发期间的风险评估和缓解措施；⑧新技术的使用应遵守国际人道法和其他国际法律义务；⑨对新技术要采用非拟人化的视角；⑩《特定常规武器公约》是处理相关问题的适当框架。

3. 国家和经济体层面的人工智能立法进程

1）美国

2017 年 12 月，美国国会通过了第一个人工智能联邦法案《人工智能未来法案》，商务部据此成立联邦人工智能发展与应用咨询委员会，用于搜集人工智能相关问题和事宜，并为今后人工智能的立法和行政措施的出台提供建议。根据该法，美国厘清了人工智能的概念，明确了需要咨询和从事研究的人工智能相关议题，是联邦政府对美国国内要求重视人工智能发展规划的一次立法上的回应。

2019 年起，包括加利福尼亚州、佛罗里达州、伊利诺伊州在内，美国至少有 15 个州引入了关于人工智能的有关法案或决议。其中，伊利诺伊州通过的《人工智能视频面试法案》（Artificial Intelligence Video Interview Act）要求雇主必须提前告知应聘者会使用人工智能分析面试情况和考虑应聘者对职位的契合度。加利福尼亚州也通过了一项法案，该法案要求各地方机构向州政府汇报当地使用自动化、人工智能和其他技术导致的失业率情况。

2020 年，又有 13 个州引入了关于人工智能的一般性法案或决议。其中，犹他州通过立法创建了一项高等教育深度技术人才计划，而"深度技术"则是指包括人工智能技术在内的基于科学发现或工程创新而能产生新产品和新发明的技术。

2021 年，引入人工智能相关法律提议或决议的州扩大到 17 个，其中亚拉巴马州、科罗拉多州、伊利诺伊州和密西西比州均有法案通过。亚拉巴马州通过立法建立了先进技术和人工智能委员会，用以向州政府、立法者等提供关于应用和开发人工智能等先进技术的建议与审查；科罗拉多州通过立法禁止保险业务员使用任何外来的消费数据和信息源，以及使用任何基于这些数据信息的算法或预测模型歧视他人的性别、种族、肤色、国籍等；伊利诺伊州则对《人工智能视频面试法案》进行了修订，该法案规定仅依靠人工智能技术来确定应聘者的雇主，必须提交相关信息和报告给有关部门，用以评估是否存在种族歧视的情况；密西西比州则通过法案指导州教育部开设 K-12 计算机科学课程，包括机器人学、人工智能和机器算法等。

随着生成式人工智能的应用开始普及，美国在州层面也开启了对人工智能加速监管的历程。2024 年 5 月，科罗拉多州州长签署的第 24-205 号《关于在与人工智能系统交互中保护消费者权益的法案》成为美国第一部对人工智能及其用例提出具体要求的综合性人工智能"监管立法"，也是一部专门针对"高风险人工智能系统"进行的立法。该法案旨在规范与人工智能系统互动时的消费者权益保护问题，降低算法歧视风险，促进人工智能系统的公平性和安全性，要求"高风险人工智能系统"的开发者或部署者采取合理的谨慎措施，以避免高风险人工智能系统内的算法歧视。

相对于各州人工智能相关立法的稳步探索，美国在联邦层面的立法进程更为缓慢。2019 年 2 月，时任总统特朗普签署了一项名为《保持美国在人工智能领域的领导地位》的行政命令，旨在激励人工智能的研发、应用和监管。2021 年 1 月，《2020 年国家人工智能倡议法案》出台，规定要设立国家人工智能倡议办公室，以承担"监督和实施美国国家人工智能战略"等职责。2022 年 10 月，拜登政府提出的《人工智能权利法案蓝图》为人工智能系统设立了五项基本原则——安全有效的系统、算法歧视保护、数据隐私、通知和解释、人工替代方案与后备。此后，美国商务部与联邦贸易委员会都推出了相应的监管框架，然而，这些举措都只是行政管理层面的设想与规划。国会在这期间又先后审议了《人工智能政府法案》《生成人工智能网络安全法案》等法案，这些法案虽然并未正式通过，但都体现出了美国立法者意图规范人工智能技术和产业的决心。此外，由参议员 Ron Wyden 于 2019 年牵头发起的《算法问责法案》也引发了广泛的关注，该法案要求企业研究并修复可能导致不准确、不公正的、带有偏见或歧视的决策的算法，这是美国第一个真正要求对人工智能系统进行监管的法案。至 2022 年 2 月，Wyden 等再度提起新的《算法问责法案》，该法案明确以立法的形式要求对决策型软件、算法和其他自主系统进行全透明式监管，要求算法公司有义务对自主决策工具进行偏见、效率等因素的分析。

整体而言，美国虽然在人工智能技术的开发和应用方面一直走在世界前列，但在立法和监管上却相对落后，始终没有形成一个明确具体的立法框架和清晰全面的政策引导，在这一点上，欧盟的步伐是非常迅速的。

2）欧盟

2017 年，欧洲议会通过了一项决议，就制定《欧盟机器人民事法律规则》提出具体建议。该决议长达 23 页，在欧盟人工智能规制进程中具有里程碑式的意义。《欧盟机器人民事法律规则》主要分为制定背景、内容设计和配套附件三部分：关于制定背景，议会强调了人工智能技术发展与应用给社会带来的重要影响和积极作用，也提到了个人隐私、数据侵害和伦理失衡等风险；在内容设计中，议会呼吁要对自动系统、智能自主机器、网络物理系统等名词进行明确定义，强调机器人技术的发展不是对人的替代，而应当是对人类能力的补足，此外还就伦理原则、安全与保障、自主驾驶交通工具、护理医疗机器人、归责等问题进行了一般性规定；在配套附件上，议会进一步明确了对"智能机器人"进行定义和分类、落实智能机器人的登记管理、规范民事法律责任、智能机器人的保障维护，并发布了《机器人技术宪章》《机器人技术工程师伦理行为准则》《研究伦理委员会准则》，以及《设计者许可》《使用者许可》等附加规则。

2018 年，万众瞩目的《通用数据保护条例》（GDPR）在欧盟正式生效，该条例不仅是欧盟最基础性的数据保护法，还是全球目前覆盖范围最广、涉及程度最深的数据信息监管法律，对全球的数据保护立法都有着巨大的影响。GDPR 共 99 项条款，内容翔实、架构庞大，尤其原则部分是对其前身《关于个人数据处理保护与自由流动指令》（简称《95 指令》）的继承和发展，具有扎实的理论和实践基础，以及鲜明的区域特性。其中，GDPR 在个人数据处理部分共规定了 7 项原则，在原有的目的限制、数据最小化、精确性、存储限制、完整性与保密性的基础上，又增加了合法公平透明性和权责一致原则；在数据处理行为合法性基础部分共规定了 6 种情形，沿袭了原有的数据主体的同意、合同履行、履行的法定义务、保护重要利益、公共利益及控制者的优先利益等情形；规定了数据主体的同意成立条件，明确限制了默示同意的可解释空间；突出了儿童信息保护的重要性，明确将 16 周岁作为儿童可以独立做出个人数据处理同意的分界线；确立了特殊信息的范畴，在原有的种族、民族、政治观点、宗教或哲学信仰、工会成员资格和健康数据的基础上，增设了基因、生物特征和性取向三种数据，并将刑事定罪有关个人信息也纳入特殊信息范畴，并明确了对这些数据处理的一般性禁止立场。此外，GDPR 还对数据主体的权利进行了广泛而细致的规范，包括数据访问权、更正权、删除权、遗忘权、限制处理权、数据迁移权、反对权和自动化自决权等。

2020 年，欧盟发布的《人工智能白皮书》提出超 40 亿欧元的建议，强调在未来五年中将专注于三个领域的数字化，包括以人为本的技术、公平竞争的经济环境，以及开放、民主和可持续的社会生态。根据《人工智能白皮书》，人工智能被视作一项战略技术，而欧盟将致力于推动人工智能等技术的全方位发展和应用，并计划创建一个独特的"可信赖生态系统"，用以规范和监管各国在欧盟规则的框架下开发和使用人工智能技术。

2021 年，欧盟通过了《人工智能法案》①的提案，标志着欧盟人工智能治理战略又迈出了坚实的一步。该提案是欧盟首个关于人工智能治理的具体法律框架，目的在于建立关于人工智能技术的统一规则，从而防范人工智能风险，保护个人基本权利，并发展统一、可信赖的人工智能市场。该提案规定的法律适用范围较为广泛，涵盖各种涉及机器学习、自主分析能力的软件、算法、统计技术等。此外，该提案还对风险进行了分类，除了将明显对人类的身心造成伤害的人工智能系统或技术归类为"不可接受的风险"外，还将高风险领域分为八类，包括关键基础设施、公共服务、公民教育和就业等。该提案对自动驾驶汽车、银行贷款、社会信用评分等人工智能技术的日常应用进行了限制，还对人工智能技术在欧盟执法和司法系统的应用提出了规制建议，不过也有批评声音指出，这些限制和规制都比较笼统，实际上很可能不会对被规制的科技公司产生任何实质性的影响。

2022 年和 2023 年，欧盟又先后通过了两部涉及数据治理的重量级法案，分别是推动在欧盟建构"单一数据市场"的《数据治理法案》，以及确立数据使用和访问规则的《数据法案》。其中，《数据治理法案》将规制要素分为三部分，包括公共机构数据、数据中介机构和数据利他主义，意图最大限度实现欧盟数据流通共享的法律框架。《数据法案》则考虑到中小企业无法参与更大市场的数据共享的困境，旨在通过建立一般数据访问规则，消除私营企业和公共部门访问数据的壁垒，从而建构起公平稳健的数据环境。

欧盟在人工智能和数据算法领域的立法是相对超前的，且有着深厚的理论基础和实践根基，虽然也存在着明显的缺陷，但值得为全世界各国的立法所借鉴。

3）其他国家

除了美国和欧盟，其他科技实力较发达的国家也都开始了人工智能技术和数据算法立法的探索。英国虽然已经退出欧盟，但仍受到欧盟立法的影响，其 2018 年通过的《数据保护法案》就将 GDPR 的主要内容都纳入到了法案中；此外，英国还于 2020 年和美国共同签署了《人工智能研究与开发合作宣言》，积极促进两国在人工智能发展中的各项合作。澳大利亚于 2019 年发布的《数据共享与公开立法改革讨论文件》将公共数据分为封闭数据、共享数据和开放数据三类，旨在建立新的公共部门数据共享和公开制度。韩国早在 2008 年就通过了《智能机器人开发和普及促进法》，确立了智能机器人产业

---

① 2024 年 3 月 13 日，欧洲议会正式批准通过《人工智能法案》，成为全球首部生效的人工智能专项立法。

促进战略，此后，陆续颁布了《国家信息化框架法》《信息通信融合法》《云计算发展和用户保护法》等法律，也是为了激励和促进本国信息产业的发展；2018 年，韩国发布的《智能机器人开发和普及促进法》修订案扩大了机器人的定义范畴，确立了智能机器人在开发和应用中应具备可检测、可解释原则；同年，韩国科学技术信息通信部发布《智能信息社会道德准则和道德宪章》报告，开启了对人工智能研发、生产源头进行伦理道德层面约束的先河；2020 年 12 月，韩国政府发布了人工智能立法路线图，从 11 个领域 30 项议题对本国人工智能立法进程进行了具体规划。日本于 2017 年发布了《人工智能技术战略》，2018 年发布了《以人类为中心的人工智能社会原则》，侧重从生物医学、无人驾驶和护理机器人等角度规划发展人工智能产业及治理。

12.2　法律人对人工智能的理解与应对

与人工智能技术长达半个多世纪的发展历史相比，其进入法律人视野的时间并不久远，尽管早在 20 世纪 50 年代的美国，关于利用人工智能进行案例索引和法律推理的理论已经被提出，且在 80 年代已经由理论转入司法实践中，但这种探索和应用一直是科学家对法律领域的介入，即使是有法律人的参与，也始终以科学家为主导。随着人工智能技术的起起落落，直到 21 世纪新一代人工智能浪潮的兴起，以人工智能为首的数字信息科技才切实改变了人们的生产生活方式和社会运行模式，使得人类社会的法律秩序从"以网络为中心的信息社会法律秩序"开始向"以算法为中心的智能社会法律秩序"转变[2]。由此，人工智能才真正进入法律人的视野中。

12.2.1　人工智能是机器人吗？

1. 人工智能与机器人的概念界分

在人工智能刚刚引起大众关注时，人们并不能很好地分清其与机器人之间的区别，而对人工智能的探讨也总是以机器人为切入口。机器人一词最早出现在 20 世纪 20 年代，原指在工厂里被用来替代普通劳动力的人造人，由于后来被广泛应用于各类科幻作品中，其机械外表和高级智能深入人心，因此一般被理解为"一种显示生理和心理组织但在生物意义上不存在的结构化系统"[10]。当然，机器人的核心特征之一——高级智能是基于人工智能技术的，只不过它更强调组织形态，因而排除了任何不基于组织结构、单纯基于软件的人工智能。

而对于究竟什么是人工智能这个问题，存在多种不同的论述和解答。根据中国信息通信研究院和中国人工智能产业发展联盟发布的《人工智能治理白皮书》，人工智能指用机器模拟、实现或延伸人类的感知、思考、行动等智力与行为能力的科学与技术。而欧盟发布的《人工智能法案》则指出，人工智能在科学界没有统一定义，一般被理解为涵盖基于多种技术的各类计算机应用程序，这些程序展示的能力通常与人类智能有关。不过，虽然该法案没有界定人工智能，却赋予了"人工智能系统"明确的法律定义，"这是一种使用特定技术和方法开发的软件，可以根据一系列人为定义的目标，来产生内容、预测、建议或决策等影响它们所接触的环境的结果"。另一份更为权威的法律文件，由联合国教育、科学及文化组织于 2021 年审议通过的《人工智能伦理问题建议书》则明确指出，本建议书不会对人工智能做出唯一定义，因为定义需要随着技术的发展与时俱进。不过《人工智能伦理问题建议书》从探讨核心伦理意义的角度出发，也对人工智能系统做了概括性的论述，认为"人工智能系统是整合模型与算法的信息处理技术，能够生成学习和执行认知任务的能力，从而在物质环境和虚拟环境中实现预测和决策等结果"。可见，技术的复杂性和发展的多样性导致人工智能无法形成统一的概念，但其作为具有近似人类感知、学习、思考等智能且能进行分析决策的特性，却是被广为认可的。

不过，虽然机器人被视作人工智能延伸入机器外壳的一个表征，却不代表所有具有组织结构的人工智能都是大家所关切的机器人，这里面存在着"强人工智能"与"弱人工智能"之分。按照著名哲学家约翰·瑟尔（John Searle）的理论，强人工智能即为"具备正确的输入与输出，被施予合理程序化的计算机，与拥有心智的人没有任何区别，即它也是有心智的"；相应地，弱人工智能即为没有心智的计算机，仅能通过有限的智能解决一些问题[11]。也有理论对此作进一步延伸，认为强人工智能必须具备自主思考能力和行动力，且可分为两类：一类是具有与人一样的思维的类人型人工智能；另一类是虽然思维独立，但与人的意识和推理截然不同的非类人型人工智能。而弱人工智能并不具备独立的推理和解决问题的能力[12]。因此，从伦理约束和立法规制的难点出发，现在讨论的机器人议题更多是指强人工智能体，尽管人工智能发展尚未达到这一程度。

2. 警惕人形机器人陷阱

在关于机器人立法的问题上，一直有一种担心：将人类特征投射到机器人身上会导致立法风险[10]。这种担心背后的逻辑是，尽管人们都清楚机器人的使命是一种替代劳动力的工具，当它的外观呈现出与自身使命一致的特征时，如作为机械臂、组装系统、无人驾驶交通工具时，人们会把它当作普通工具一样看待；但当机器人的外观近似人类，或者具有与人类相近的特征时，人们就很容易忽略这是工具而非人类的事实，并对其进行感情投射。人类学杂志网站 SAPIENS 刊登过一期关于人形机器人引发人类同情心的访谈，该访谈提到了日本软银机器人公司制造的人形机器人 Pepper（图 12-1），其因为软萌的外形和亲切可爱的声音而招人喜爱，甚至让一位初次见面者就产生了为人父母的感觉。专家解释，之所以 Pepper 会对人有那么大的影响力，在于其内部有情感引擎，即通过对人的面部表情、发音、肢体动作和语言表达中的关键词汇的感知，Pepper 能够学习并掌握如何与人进行交流互动，而且 Pepper 作为一款专业护理机器人，有着急切成为使用者家庭成员的愿望，因而更能引发人的情感共鸣[13]。已经有许多证据表明，机器人极易引起人类的情感投入，尤其是人形机器人，即使有着最粗糙原始的外表和近乎直觉的反应，对人类依然有着难以抵抗的影响力。日本机器人学家石黑浩认为，尽管现在还无法给予剥离了任何装饰和表情的机器人原始形态以明确定义，却并不影响在接触到机器人的一刹那，人们就能感知到人性从类人智能体中涌现[14]。石黑浩设计的人形机器人原型 Telenoid 如图 12-2 所示。

图 12-1 人形机器人 Pepper

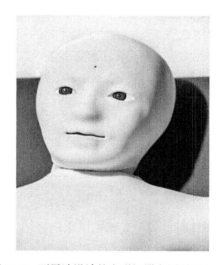

图 12-2 石黑浩设计的人形机器人原型 Telenoid

事实的确如此，多项调查表明，人们在面对智能机器时存在着"双标"：面对机器人取代人类工作岗位的情形，超 65%的受访者认为应当对人形机器人进行道德问责，但这种情况不会发生在扫地机器人身上[1]；与此同时，还有人主张为人形机器人制定保护法[10]，像保护动物一样保护机器人，防止它们受到虐待，而这种情况同样不会发生在无人驾驶汽车上。然而，这种将机器人过度人格化的做法实际是非常危险的，将使我们在立法上陷入两难：一方面，我们必须深刻意识到机器人的本质是为人类服务的工具，所谓的独立意志和情感表达都是人类通过模型和代码输入进来的，并不是机器人自身意识

---

① Kahn P H , Kanda T , Ishiguro H, et al. Do people hold a humanoid robot morally accountable for the human it causes? [C]// Boston: 2012 7th Acm/ IEEE International Conference on Human-Robot Interaction. 2012: 33-40.

和情感的真实反映；另一方面，从立法角度对机器人的过度人格化，将赋予机器人不匹配的权利和义务，在司法和执法上也难以实现。此外，对人形机器人倾注过度的情感将阻碍对其进行深度开发和应用，对相应立法也会形成不必要掣肘，这些都是需要高度警惕的。

12.2.2　人工智能道德伦理维度的展开

2020 年 9 月，《人物》杂志发表了一篇名为《外卖骑手，困在系统里》的文章，该文章引起了社会舆论的广泛关注，揭露了在由算法主导看似高效的外卖配送速度背后埋下的隐患。为了达到最快的送达速度，主要外卖平台公司在自行开发的实时智能配送系统中给人工智能算法结果做了减法，使算法将理想状态作为默认值，从而将配送所需时间压缩到了极致。为了能按时完成配送，骑手们不得不选择超速、闯红灯、逆行等挑战交通规则的手段，不仅严重危害交通安全，还对骑手们的身心造成了严重的损害[15]。人工智能系统的开发自然是为了人类福祉，可究竟什么是人类福祉？在外卖骑手的系统困境中，外卖平台增加了流量，商家获得了更多订单，买家节省了更多等待的时间……这些能否代表人类福祉？如果降低了速度，维护了骑手们的权益和公共道路交通安全，却增加了平台、商家和买家的时间成本，降低了经济效益，这是否意味着人类福祉的减少呢？显然，算法遇到了伦理道德难题。这当然不是人工智能面临的第一个伦理道德难题，也不会是唯一一个，从艾萨克·阿西莫夫的"机器人三定律"开始，智能技术的发展就一直面临着伦理道德的拷问。如何确定人工智能是否真的在造福人类而不是危害人类？是否真的能信任人工智能做出的决策？当人工智能做出错误决策时，能否让其承担责任？这一系列问题都需要从道德哲学角度进行探讨。

1. 人工智能道德主体

在谈论人工智能伦理道德时，首先要明确一个问题：人工智能是否能成为道德主体？对此，可以借鉴计算机伦理学的开创者詹姆斯·摩尔（James Moor）的观点。詹姆斯·摩尔根据智能机器人的自主程度将人工智能道德主体（AMAs）分为以下四类[16]。

（1）有道德影响的主体：詹姆斯·摩尔认为，对计算机技术不仅可以进行设计评价，还可以进行道德评价。机器人的诞生在某种程度上会推动社会的进步，如驮骆驼机器人的出现就带来了小骑手的解放，反之则会产生消极的社会影响，例如 Deep Fake 技术的出现导致了大量名人和普通人的形象被替换到了低俗的视频中，严重损害了他们的名誉和形象。这一类主体本身并不产生道德，而是通过使用被外在附加上了道德评价。

（2）隐性的道德主体：这类主体在设计时虽然没有被代码明确赋予道德指向，但是其功能和行为表现体现出了某种道德倾向，或者表现为不会去采取不道德的行动。例如，无人驾驶飞行器在遇到突发状况时不会选择在人群密集处降落或坠毁，自动运输器会准时把货物安全运送到指定地点且不会与他人产生不必要的纠纷。这类主体并没有明确展现出道德倾向或对道德选择的需求，但依然是机器道德的重要载体。

（3）显性的道德主体：此类主体是通过对道德逻辑的设计，将之嵌入智能机器中。根据迈克尔·安德森（Michael Anderson）等几位学者的理论，显性的道德主体被分为两个模式：一个是名为 Jeremy 的嵌入享乐行为式功利主义模式，主要用于评估个人受到特定行为影响而产生快感或不快的可能性；另一个是名为 Ross 的嵌入显要义务理论模式，由于该理论反对绝对义务论，因此 Ross 无法分清义务的主次，也无法做出清晰的道德判断。此后，通过学习算法对义务判断的多次学习和调整，Ross 终于可以做出清晰的判断。因此，专家得出结论：一个良好的显性道德主体应当能在无法预计的情形下根据实时情况自主运行。目前的人工智能体都在朝显性道德主体的方向发展，例如救灾机器人会根据灾害发生的具体情况自主规划路线和救急方案；自动驾驶汽车会根据道路拥堵情况自主调整运行速度并规避风险。但是，这种自主判断已经开始面临伦理困境：救灾机器人在情况紧急时，是先救老人，还是先救儿童；在供给有限的情况下，是优先救老弱病残，让青壮年继续忍耐，还是尽可能保存有生力量，先供给有能力自行脱险的人？自动驾驶汽车在行驶过程中突然遇到横穿马路的儿童，它是选择避让儿童但让车内乘客面临滚落河道的危险，还是为了保全乘客性命选择不避让儿童，从而导致其死亡？这是显性的道德主体必须直面的新"电车难题"。

（4）完全的道德主体：此类主体能做出明确的道德判断，且能予以合理化，詹姆斯·摩尔认为，人类就是一个具有独立认知、意识和自由意志的完全的道德主体。从机器道德角度来说，很多学者认为机器人永远不可能跨越意识这道红线。不过詹姆斯·摩尔并不认同这个观点，他认为即使目前的技术不能让机器人处理认知，但并不意味着机器人不可能具有认知，即使是对强人工智能持明确批判态度的约翰·瑟尔本人也没有否认这点。

综上可见，人工智能是有资格成为道德主体的，且随着技术的不断更新，人工智能体正变得日趋复杂，它们给社会带来更多便利的同时，也带来了许多新的困惑。尤其当技术负载着自由意志和道德选择时，它就不再只是给人类生存带来便利的中立工具，"它们框定着我们该做什么以及我们如何体验世界，并且以此方式，积极参与到我们的生活中。"[17]

2. 人工智能道德原则

在人工智能开发和应用中，我们看到了无数这样的案例：战争中动用无人机去轰炸，无数平民丧生，无人机装备国是否可以免除国际人道法的谴责，将责任归咎于无人机自身？听信专家机器人的诊断对患者进行治疗，结果患者病情加重，是机器人的责任，还是医院的责任，还是机器人设计制造者的责任，抑或属于医学诊断失误的正常现象？购买过一次某产品，结果浏览任何网站以后首要推荐都是该产品或相关衍生产品，人类似乎被这些雷同的信息困住了……人工智能对人类的影响越深，人类对遭受它反噬的担忧也越甚，既担忧人工智能技术会恶化已有的社会问题，如歧视、贫富差距、隐私权侵犯等，又担忧滋生更多新的社会问题，如价值观更迭、人力就业需求萎缩、数字鸿沟等[18]。那么，面对这些问题，我们该如何解决呢？

艾萨克·阿西莫夫在科幻作品《我，机器人》中提到的"机器人三定律"是最早关于约束机器人伦理道德的论述：①机器人不得伤害人类，或因不作为（袖手旁观）使人类受到伤害；②机器人应服从人的一切命令，但不得违反第一法则；③在不违背第一法则及第二法则的前提下，机器人必须保护自己。这三点原则充分体现出了艾萨克·阿西莫夫的一个重要观点，即机器人的设计和运用就是为了服务人类，机器人绝对不能成为伤害、反噬人类的存在。此后，艾萨克·阿西莫夫又在这三点原则前添加了第零号法则，即"机器人不得伤害人类这个族群，或因不作为（袖手旁观）使人类这一族群受到伤害"。这个更新强化了人类永远优先于机器人的设定，但是面对复杂的伦理困境时，该原则并不能起到指导作用。而且人工智能的设计已经偏离了早期设定，现在基于遗传算法的神经网络工作方式使得人工智能的运行宛如黑箱，加大了程序员对人工智能的控制难度[9]。当然，艾萨克·阿西莫夫的"机器人三定律"虽然不能直接适用，却对我们设计人工智能伦理道德原则仍有借鉴意义，从目的和手段两个维度来看，人工智能需要遵守两点基本原则：一是以人为本原则，即技术的发展根本目的是人类的利益和福祉；二是责任原则，即技术的自主性必须不能消除人的主体性，算法必须公开透明，权责相一致[18]。

前述各国、各国际组织、团体发布的多版人工智能道德伦理规则都没有脱离上述两点基本原则。

3. 人工智能道德算法

人工智能道德伦理如此重要，在设计过程中，必须将道德标准以代码的形式注入其中。可以说，"道德算法是实现人工智能功能安全的一项基本原则与道德底线。"[19]机器伦理是可以计算的，通过数量、概率、归纳逻辑和道义逻辑等方法来描述和计算各种价值与伦理范畴，再将其转换成道德代码，即可实现智能机器伦理算法，当前的研究更是力图将理论付诸实践[20]。目前，关于人工智能道德算法研究主要存在以下三种路径[19]。

（1）自上而下的理论驱动路径：该路径建立在冯·诺依曼式的控制程序基础上，对人工智能从顶端灌输逻辑。这种路径的优势在于能从整体把控人工智能的伦理发展走向；劣势在于较为僵化，难以解决基于不同价值观而产生的伦理困境。尤其是整体的道德价值取向是个难题，因为不同国家、民族会因为历史、文化、宗教等在道德价值观的选择上呈现显著的差异，当具有不同价值理念的人工智能产生交集时，则可能引发意想不到的灾难。

（2）自下而上的数据驱动路径：该路径更依赖于人工智能在自我学习的过程中吸收使用者的道德偏好，从而演化出自主道德逻辑。这是一种基于进化逻辑的研究进路，建立在以深度学习为代表的人工智能算法基础上。这种路径的优势在于人工智能的道德决策模式将变得极为灵活，可以依据不同场景的需要进行学习；劣势在于道德判断的生成非常依赖于海量、客观的训练数据样本，一旦样本受到污染或数量不够时，人工智能将无法做出客观、正确的判断，而如果样本本身带有歧视或偏向，人工智能更容易受到影响。例如，微软设计的聊天机器人 Tay，通过在推特（Twitter）等社交平台上的学习，受到了大量不良言论的影响，不但学会了说脏话，还有各种种族歧视言论，最后只能被迫下架。

（3）兼而有之的混合决策路径：该路径尝试吸收前两种路径的优点，意图探索出一条更具前景的人工智能道德算法模式。从模拟人类学习的方式来看，良好的学习效果需要先天禀赋和后天努力的共同作用，而这二者正好契合前述两种路径。在人工智能设计之初即灌输特定的伦理原则，相当于使人工智能具备一定的先天禀赋，同时通过深度学习算法，使其保有后天学习的空间，从而使其能够在正确原则的引导下灵活应对多种复杂多变的伦理困境。该路径是学界普遍认可的最优路径，问题仅在于，如何确定最恰当的道德标准。纵观目前各主要伦理准则，可以发现保障人权，有助于增进人类福祉，维护个人隐私，算法透明，避免算法歧视、算法偏见等已经成为广泛共识。

12.2.3　人工智能法律知识图谱的建构

1. 知识图谱简述

知识图谱（knowledge graph）是谷歌公司于 2012 年提出的一个概念，意在通过连接不同的信息和概念的方式建构起语义网络（semantic network）。知识图谱技术主要分为三部分：①知识获取，探索从多种结构化数据中取得知识；②数据融合，探索将不同数据源中获得的知识进行融合，从而建构起数据关联；③知识计算及应用，探索基于知识图谱计算功能的应用[21]。而技术的关键，就是从知识获取到最终建构起知识图谱的数据处理部分。其中，知识获取可分为实体抽取、关系抽取、属性抽取等，主要是指从数据源中识别实体再进行语义关联，而这种识别需要应用数据清洗、数据标注等技术[8]。通过数据清洗，可以将多样化数据源中不完整、不准确和重复的缺陷数据过滤掉，确保最终抽取数据的高度关联性、有效性、一致性和完整性。而数据标注则能让人工智能对相应数据进行学习和识别，从而进一步建立数据间的联系[9]。

2. 法律知识图谱的基础理论

知识图谱分为通用知识图谱和行业知识图谱两类，前者是面向大众的通用百科数据库，后者属于根据不同行业领域的需求而建构出的数据库，而法律知识图谱就是典型的行业知识图谱。作为一种汇集众多法律要素的数据库，"法律知识图谱是机器进行法律知识推理的基础，它将法律规定、法律文书、证据材料及其他法律资料中的法律知识点以一定的法律逻辑连接在一起形成概念框架，概念框架上的每个知识实体或概念又分别与法律法规、司法经验、案例、证据材料等相应挂接，从而建立起法律概念、法律法规、事实、证据之间的动态关联关系"[21]。可见，要构建法律知识图谱，实质是使人工智能能够模拟法律人的法律推理能力。

关于建构法律知识图谱的方式，存在两种路径：一种是专家系统路径，另一种是机器学习路径[21]。专家系统路径要求架构顶端逻辑先经过法律专家的确认，再根据具体法律条文的特点进行要素拆分，从而建构起基本法律数据模型；再从不同法律数据源中提取相关知识点及与知识点关联的其他数据，一并挂接在相应要素上，从而构建具有逻辑的知识组织架构。这种路径充分考虑了法律逻辑的专业性和复杂性，使法律知识图谱在知识点的因果关系和语言识别上准确度更高。机器学习路径不同于专家系统路径的自上而下模式，而是依靠机器学习的自下而上模式。这种路径通过在非结构化、半结构化和结构化的数据源中识别各类数据的法律含义，根据需要提取相关的法律知识点及知识点之间的联系，再将之融合到知识图谱中。这种路径的优势在于扩大了知识点的来源，比专家系统路径更能发掘隐藏的关联数据，但劣势在于缺少专家指导，机器难以形成准确完整的法律逻辑和理论框架，因此专家系统路径目前还是主流。

　　不过，对于建构法律知识图谱而言，还有一项挑战，就是法律语义的理解。法律语义是指与法律相关的语言含义，更确切地说，是关于规范性法律文件、法律理论、法律事实和司法判例等内涵及外延的含义；对法律语义的理解，即对法律语言的解读，是机器对有关内容从自然语言转换成机器语言的理解[9]。但是，语义理解却远不像翻词典那么简单，很多时候同一个词在不同时期不同场景不同领域所表达的意思会有很大的差异。例如，"财物"一词，在过去只指货币和有价值的实物，直到 10 年前，司法实践中才将游戏币认可为财物，但游戏装备直到几年前才归属为财物。可见，单纯的字面解释并不能让人工智能真正理解语义，它还必须具备常识。"具有常识的机器智能能够在感知的基础上进行认知，从而为判断奠定基础。"[22]

　　早在 1958 年，约翰·麦卡锡就发表了人工智能领域最具影响力的论文之一——《有常识的程序》，指出没有常识的机器就是白痴，它可以出色完成任务，却无法独立完成任务[1]。常识是认知的基础，对某个知识点的提取对机器而言不具有特殊性，只有具备常识，机器才能做出正确的判断。这就要求明确知识点在每个特定领域或场景下的含义并进行预建模，围绕这一知识点构建海量标签，从而建构起相关知识图谱。

本 章 小 结

　　法律了解人工智能最大的障碍在于认知，同样人工智能理解法律的最大障碍也在于认知。当二者相互碰撞时，不同知识背景的人必须跳出既有的知识结构与框架去对未知的理论进行基本的了解，也就是对通识知识的掌握。只有突破了这层知识障碍，才能将人工智能技术正确应用于法律领域，也才能对人工智能本身的技术缺陷和带来的社会问题予以相应规制。

思 考 题

　　1. 2019 年 4 月，郭兵支付 1360 元购买野生动物世界"畅游 365 天"双人年卡，确定指纹识别入园方式。郭兵与其妻子留存了姓名、身份证号码、电话号码等，并录入指纹、拍照。之后，野生动物世界将年卡客户入园方式从指纹识别调整为人脸识别，并更换了店堂告示。2019 年 7 月、10 月，野生动物世界两次向郭兵发送短信，通知年卡入园识别系统更换事宜，要求激活人脸识别系统，否则将无法正常入园。因双方就入园方式、退卡等相关事宜协商未果，郭兵遂提起诉讼，要求确认野生动物世界店堂告示、短信通知中相关内容无效，并以野生动物世界违约且存在欺诈行为为由要求赔偿年卡卡费、交通费，删除个人信息等。请查阅判决文书，分析我国"人脸识别第一案"中反映的主要问题。

2. 2020 年，韩国首尔地方法院判处比赛中利用人工智能作弊的围棋选手 A 某有期徒刑 1 年，协助作弊的 B 某被判缓刑。1 月在韩国围棋定段赛上，一位棋手被裁判发现异样。随后，工作人员在其身上发现了微型相机、无线耳机、收信器等电子产品，棋手将设备藏在耳朵、衣扣等位置。原来，A 某在对决中偷拍实时棋局，传送给在比赛现场附近网吧的 B 某，B 某用人工智能软件分析形势，并将结果传输到 A 某耳机中。尽管裁判发现及时，二人作弊并未成功，但韩国棋院依然决定以妨碍公务罪起诉 A 某，并在判决结果出来前禁止他参加所有韩国棋院主管的大赛。试分析人工智能给本案判决带来什么样的影响？

参 考 文 献

[1] 皮埃罗·斯加鲁菲. 智能的本质：人工智能与机器人领域的 64 个大问题[M]. 任莉, 张建宇, 译. 北京：人民邮电出版社, 2017.

[2] 张文显. 构建智能社会的法律秩序[J]. 东方法学, 2020 (5): 4-19.

[3] 王清平, 王星明, 韦静, 等. 《思想道德修养与法律基础》微课录[M]. 合肥：合肥工业大学出版社, 2017.

[4] 罗斯科·庞德. 通过法律的社会控制[M]. 沈宗灵, 译. 北京：商务印书馆, 2017.

[5] E. 博登海默. 法理学：法律哲学与法律方法[M]. 邓正来, 译. 北京：中国政法大学出版社, 2017.

[6] 郑文辉. 中国法律和法律体系[M]. 广州：中山大学出版社, 2017.

[7] 黄道丽. 网络安全法律一本通[M]. 北京：中国民主法制出版社, 2019.

[8] 冯子轩. 人工智能与法律[M]. 北京：法律出版社, 2020.

[9] 王莹. 人工智能法律基础[M]. 西安：西安交通大学出版社, 2021.

[10] 瑞恩·卡洛, 迈克尔·弗鲁姆金, 伊恩·克尔. 人工智能与法律的对话[M]. 陈吉栋, 等译. 上海：上海人民出版社, 2018.

[11] 松尾丰. 人工智能狂潮：机器人会超越人类吗？ [M]. 赵函宏, 高华彬, 译. 北京：机械工业出版社, 2016.

[12] 孙建伟, 袁曾, 袁苇鸣. 人工智能法学简论[M]. 北京：知识产权出版社, 2019.

[13] Williams D. Is Robot Empathy a Trap?[EB/OL]. https://www.sapiens.org/culture/can-robots-care/ [2022-02-28].

[14] Mar A. Modern Love: Are We Ready for Intimacy with Robots?[EB/OL]. https://www.wired.com/ 2017/10/hiroshi-ishiguro-when-robots-act-just-like-humans/[2022-02-28].

[15] 静伟. 外卖骑手困在系统里何以突围[N]. 生活报, 2020-09-20 (3).

[16] Moor J H. The nature, importance, and difficulty of machine ethics[J]. IEEE Intelligent Systems, 2006, 21(4): 18-21.

[17] 彼得·保罗·维贝克.将技术道德化：理解与设计物的道德[M]. 闫宏秀, 杨庆峰, 译. 上海：上海交通大学出版社, 2016.

[18] 郭锐. 人工智能的伦理和治理[M]. 北京：法律出版社, 2020.

[19] 李伦. 人工智能与大数据伦理[M]. 北京: 科学出版社, 2018.

[20] 段伟文. 人工智能的道德代码与伦理嵌入[N]. 光明日报, 2017-09-04 (15).

[21] 叶衍艳. 法律知识图谱的概念与建构[C]//华宇元典人工智能研究院. 让法律人读懂人工智能. 北京: 法律出版社, 2019.

[22] 邹劭坤. 与法律人相关的人工智能是什么? [C]//华宇元典人工智能研究院. 让法律人读懂人工智能. 北京: 法律出版社, 2019.

第 13 章　人工智能与法律理论

人工智能的广泛应用不仅给人们的社会生活带来了便利,也引发了一系列新的法律风险。当自动驾驶汽车撞到行人时,究竟是系统设计者的责任还是算法自主学习的结果?当自动驾驶汽车的运行完全脱离驾驶员时,原驾驶员还需要为车祸的发生承担责任吗?当机器人可以充当医学专家、保姆甚至伴侣的角色时,我们能赋予它们法律身份吗?沙特阿拉伯给予机器人索菲亚以公民身份是否真的打开了潘多拉的魔盒?如果机器人出现判断错误甚至出现伤害人类的行为时,究竟是赋予其法律人格从而使之承担相应的法律责任,还是通过其他方法予以法律救济?同样地,当人们越来越依赖人工智能进行文学、艺术等领域的创作时,算法生成的文章、绘画等的著作权又应当归属于谁呢?……越来越多的问题都在拷问着传统法律规范,给传统法律理论带来了一波又一波全新的挑战。

13.1　人工智能侵权责任

2016 年 5 月,美国佛罗里达州发生的一起车祸引发了全世界的关注。一名 40 岁男子(Joshua Brown)开着一辆型号为 Model S 的特斯拉汽车在高速公路上行驶,当时车辆开启了自动驾驶模式,但是在遇到前方垂直横穿道路的白色拖挂卡车时并没有响应制动功能,而是全速撞了过去,最终导致车毁人亡的悲剧。该案一经媒体披露,关于以自动驾驶汽车为代表的人工智能体如何承担侵权责任的探讨即刻成为学界广泛探讨的话题。

13.1.1　自动驾驶汽车的侵权案例分析

Joshua Brown 案并非自动驾驶汽车引发的第一起案件,美国加利福尼亚州机动车辆管理局(DMV)于 2017 年公布的《涉自动驾驶车辆的交通事故报告》显示,自 2014 年 Delphi 在上路测试发生事故以来,各品牌自动驾驶汽车在测试中共发生了 51 起交通事故,其中有 15.6% 的事故造成了人员受伤,66.6% 的事故造成了车体受损(最新报告显示,截至 2022 年 3 月,DMV 已经收到自动驾驶车辆事故报告达 426 起)[1]。随着自动驾驶汽车的应用逐步推广,车辆导致的损失也在不断扩大,在 Joshua Brown 案发生的两年后,另一起由 Uber 自动驾驶汽车导致的车祸再度引发争议。

1. 案情介绍

2018 年 3 月,美国亚利桑那州,自动驾驶安全员 Rafaela Vasquez 在驾驶一辆沃尔沃 XC90 改良后的 Uber 自动驾驶汽车(图 13-1)时将一名推着自行车横穿马路的女性撞死。警方公布的行车记录仪视频显示,车辆一开始在行驶过程中并未出现障碍物,突然，一名女子推着自行车出现在汽车前方，随后被撞倒。而根据美国国家运输安全委员会（NTSB）公布的事故调查报告，在事故发生前 6 s 时，汽车系统已经探测到了前方有不明物体，只是没有立刻准确识别出人和自行车，直至 1.3s 后才决定启动紧急制动系统，但在此之前未采取任何减速措施。此外，驾驶员 Rafaela Vasquez 一直在分心看综艺节目，未能及时察觉前方突发状况，也导致汽车来不及采取紧急制动措施。面对这一复杂情况，警方认定，虽然受害人突然横穿马路存在一定责任，但 Uber 自动驾驶系统未能正确识别行人与物体，并停止了紧急制动系统，存在设计缺陷，Uber 公司存在过错，且安全员在驾驶过程中没有尽到注意义务，也应承担责任。不过，亚利桑那州检察官并没有起诉 Uber 公司，而是以过失杀人罪起诉安全员 Rafaela Vasquez。案件经过五年审理，被告最终于 2023 年 7 月认罪。

图 13-1 安装 Uber 自动驾驶系统的肇事车辆

2. 案例分析

不是所有的自动驾驶汽车都是完全的无人驾驶系统，根据国际自动机工程师学会（SAE）的分级体系，自动驾驶汽车共分为六级（表 13-1），其中 L0～L2 级为驾驶员辅助系统车辆，以驾驶员为车辆的主要控制者，仅提供警告、瞬间帮助、自适应巡航控制等部分自动驾驶系统；L3～L5 级为自动驾驶系统车辆，其中 L3 级和 L4 级车辆可以在有限的条件下实现自动驾驶，驾驶员仅在特定情况下参与，尤其当 L3 级有功能要求时，必须由驾驶员来接管，而 L5 级车辆可以在所有条件下行驶，无须驾驶员参与。目前，多数自动驾驶汽车在 L3 级和 L4 级水平，本案所涉车辆亦在这一水平。

表 13-1 SAE 自动驾驶分级列表

SAE 自动驾驶分级	自动化水平	驾驶员支持功能	自动驾驶功能
L0	非自动化	系统仅提供警告和瞬时协助	无论驾驶员支持功能是否已经开启，始终是驾驶员在驾驶车辆，且必须时刻监督转向、制动和加速功能以保证安全
L1	辅助驾驶	系统提供转向或制动/加速支持	
L2	半自动化	系统提供转向或制动/加速支持	

续表

SAE 自动 驾驶分级	自动化水平	驾驶员支持功能	自动驾驶功能
L3	有条件自动化	当遇到紧急情况，系统请求驾驶 员来接管时，驾驶员必须驾驶	系统可以在有限的条件下驾驶车辆，除非满足所有 条件，否则功能将无法运行
L4	高度自动化	自动驾驶功能运行时，不会要求 驾驶员来接管驾驶	
L5	完全自动化		系统可以在所有条件下驾驶车辆

从 SAE 自动驾驶分级标准可以看到，除了 L0 级和 L5 级是由单一的驾驶员或自主系统操作外，其余等级均存在驾驶员和系统共同或交替操作的情形，这就意味着存在驾驶员和自主系统同时存在过错的可能，Rafaela Vasquez 案即是如此。Rafaela Vasquez 案中驾驶员在车辆行驶过程中观看视频，没有尽到合理的注意义务，没能有效避免危害结果的发生，存在过错；同时，她作为 Uber 公司的员工，担任 Uber 自动驾驶系统的安全测试员，并非自动驾驶危险活动的开启者，则雇主 Uber 公司应当承担无过错替代责任。而从自动驾驶系统的设计安全性角度出发，由于系统没有能够准确识别出人和自行车，且系统禁用了原车的紧急制动系统，限制了制动决策的实施，没有预见和避免危害结果的发生，Uber 公司也要为系统设计缺陷承担无过错责任。此外，本案所涉车辆是对原有汽车的自动化改装，而非由 Uber 公司直接生产的汽车，因此汽车制造商无须为 Uber 系统缺陷导致的车祸承担侵权责任。当然，如果像特斯拉这种自动驾驶系统和车辆都是同一制造商，则不用作此区分。

综上可见，在类似的自动驾驶汽车交通事故案件中，自动驾驶系统制造商需要为设计缺陷承担无过错责任，驾驶员如果存在过失则要承担过错责任，如果由汽车本身的缺陷引起事故，则汽车制造商也要承担无过错责任。此外，如果车辆保有人另有其人，则其也要承担无过错责任，但可在赔偿受害人后基于产品瑕疵向制造商、销售商追偿[2]。

13.1.2　现行法律规制的难点

虽然多种分析都表明，Uber 公司在 Rafaela Vasquez 案中理应承担相应的责任，无论是作为车辆保有人还是作为自动驾驶系统制造商而言，但检察官始终不愿起诉 Uber 公司，这使得安全员成为本案唯一需要承担刑事责任的人。类似的案件在美国还有多起。2019 年在加利福尼亚州洛杉矶发生的一起特斯拉闯红灯致人死亡案件，被认为是第一起驾驶员使用 Autopilot 系统被刑事起诉的交通肇事案。该案的一个显著特点在于，驾驶员不是在自动驾驶系统测试时发生车祸，而是因为过分信赖使用已被广泛投入市场的自动驾驶车辆而导致严重车祸，进而被刑事起诉。尽管美国国家公路交通安全管理局（NHTSA）和国家运输安全委员会的调查都显示特斯拉应用的 Autopilot 系统并非完全自主驾驶系统，但该系统实际"允许驾驶员脱离驾驶任务"，导致了大量驾驶员对系统的盲目信赖和对"无人驾驶"设置的滥用[3]。自动驾驶系统设计公司给公共道路安全带来了事实上的隐患，但美国司法界始终不愿意让科技公司承担责任，不仅反映出了该国对新技术发展的宽容，还隐含着另一层深意——人工智能在学习过程中会出现程序设计之外的行为，如果这些行为是程序设计者在研发过程中无法预见和避免的，那制造商是否还要因为不可预见产生的运行结果而承担责任呢？对此，有专家认为，法律责任理念并未跟上科技发展的速度，目前要想让科技创造者承担责任在现行立法框架下还十分困难。也因此，司法界更倾向于将事故全归责于个人的过失，这要比讲清楚系统制造商与无人驾驶系统的关系和工作原理容易得多[4]。

由此可见，现行法律规制人工智能体侵权主要存在如下几个难点。

1. 难以让人工智能体自身承担法律责任

法律并未赋予人工智能体以法律人格。在我国现行《中华人民共和国道路交通安全法》和《中华人民共和国道路运输条例》中，都明确规定机动车上路需要驾驶人持有驾驶许可证明，换言之，驾驶人即为交通违法行为的法定责任人，而自动驾驶汽车在 L4 级和 L5 级理论上是不需要驾驶员来操控的，当自动驾驶系统因为自身设计缺陷或外部干扰而发生车祸时，依据现行道路交通法规，是无法也不能让自动驾驶汽车承担相应法律责任的[5]。同样地，在涉及交通肇事刑事责任承担时，我国刑法对"交通肇事罪"责任主体的规定也仅限于自然人，不适用人工智能体。这一点在《中华人民共和国民法典》（侵权责任编）中亦有体现，目前无论是关于一般侵权责任主体还是医疗侵权责任主体的认定，都没有扩展到强人工智能体。

2. 难以认定人工智能制造商的侵权责任

由于人工智能体不具有法律人格，一般认为，作为一项产品，可以让其制造商承担无过错的产品责任。依照我国《中华人民共和国民法典》和《中华人民共和国道路交通安全法》的有关规定，产品存在缺陷造成他人损害的，被侵权人可以向产品生产者求偿；机动车造成第三方损失，且能够证明机动车存在的缺陷与侵权事故存在因果关系的，产品责任人承担无过错责任。因此，问题的关键在于要证明人工智能系统的程序设计是导致侵害结果的原因。然而，现在的人工智能借助多种算法已经具备了深度学习和自主决策能力，这就使得产品在运行过程中会基于自主学习而出现程序设计预料之外的行为，这是系统设计者和生产商所无法避免的情形，如果据此就让设计者和生产商承担无过错责任，则不但违背产品责任设立的初衷，而且将阻碍科技研发的进步，而这也是美国法律界不愿意让科技公司承担责任的原因。

3. 难以认定监管者的责任

有一种观点认为，以自动驾驶汽车为代表的人工智能技术产品的生产应用是社会发展的必由之路，而社会应当鼓励科技企业的投入，并以社会保险的形式来担负起科技投入可能产生的风险[6]。因此，在人工智能产品投入市场后，社会监管责任不可忽视。但是，社会监管的标准是什么，由哪个职能部门来具体负责，监管者如何实行监管等问题都没有明确的法律规范。

13.1.3　自动驾驶汽车侵权责任分担机制

目前一般观点认为，涉自动驾驶汽车侵权可能的责任主体主要有产品设计研发者、产品生产者、产品销售者、产品使用者、承保者以及监管者等，对此侵权责任分配机制可进行如下设计。

1. 研发者

人工智能技术引领未来已是大势所趋，对人工智能产品的研发既要鼓励和宽容，又要注重研发者对人工智能产品的正确价值引导，以及防范可能产生的不必要风险。因此，一方面，需要设立人工智能产品行业标准，包括道德伦理标准和技术标准①，使研发者在智能产品顶层设计时能充分考虑算法的逻辑演算方向，尽可能减少智能产品做出不合理的风险决策和行为的可能。另一方面，需要设立特殊的严格责任机制，明确限制或禁止研发人员在特定领域、特定内容和特定逻辑上对人工智能系统的开发，坚持算法公开透明原则，当人工智能体的行为发生了不可预见的侵权结果时，只要通过算法能证明研发者存在违背限制和禁止开发的行为，则研发者要承担相应的责任。

2. 生产者

《中华人民共和国民法典》（侵权责任编）和《中华人民共和国消费者权益保护法》等法律中都对产品责任有明确规定，要求受害者只要证明产品存在缺陷，且该缺陷导致其受到损害，即可向产品生产者要求赔偿，而无须证明生产者存在过错。这一点同样适用于人工智能产品的制造商。相关法律规定，产品缺陷主要分为设计缺陷、制造缺陷和指示缺陷三种，则要使人工智能产品制造商承担产品责任，就需要制定适合人工智能产品的专门设计、制造和指示标准，使产品的出厂、流通和使用符合安全标准。不过也有学者指出，在普通法系中将"消费者期待"作为产品是否存在缺陷的认定标准的做法有扩大人工智能制造商责任之嫌，不利于人工智能产品的开发[5]。究竟该如何确立人工智能产品的安全标准，需要另外探讨。

3. 销售者

根据《中华人民共和国民法典》和《中华人民共和国产品质量法》等相关规定，产品存在缺陷造成他人损害的，被侵权人既可以向产品生产者求偿，又可以向产品销售者求偿；当生产者与销售者构成非真正连带责任时，即无过错一方有权在赔偿被侵权人后向有过错一方追偿；运输、存储导致产品存在缺陷造成他人损害的，生产者、销售者在赔偿被侵权人后，有权向第三方追偿。一般观点认为，人工智能产品的特殊性主要体现

---

① 德国于 2017 年公布的《自动化和网联化车辆交通道德准则》是世界上首个关于自动驾驶的伦理道德标准；美国于 2017 年公布的《自动驾驶系统 2.0：安全愿景》、2018 年公布的《为交通运输的未来做准备 3.0：自动驾驶车辆》对自动驾驶汽车测试的具体标准做了较为明确的技术规定；由中国牵头设立的首个自动驾驶国际标准 ISO 34501《道路车辆自动驾驶系统测试场景词汇》于 2022 年发布，这也是我国围绕自动驾驶测试场景的系列国际标准项目发布的首个标准。

在基于设计而产生的不可预测性，风险担保主体为研发者、生产者和承保者，现行侵权责任体系对销售者的规定足以适用。

4. 使用者

人工智能体的使用者与一般产品的使用者在定位上存在差异。例如，自动驾驶汽车的使用者在车辆还需要驾驶员接管（L0～L4 级）时，可归类为普通驾驶员，需要对车辆事故承担相应的责任；但在车辆达到无须驾驶员接管的等级（L4～L5 级）后，车内人员就脱离了驾驶员的身份而仅是乘客了，这时就不能将其简单定性为驾驶员或乘客，而应当从未来自动驾驶汽车普及和新型道路交通规则发展的角度思考对此类使用者的全新定位。

5. 承保者

自动驾驶汽车的出现给传统机动车保险行业带来巨大挑战，由于驾驶模式的改变，驾驶员在车辆行驶中的作用将逐渐降低，这将使得传统保险费的计算和理赔方式无法适应新形势的发展。埃森哲调查显示，68%的保险公司正在计划或已经开发新的车险产品以应对自动驾驶汽车时代带来的挑战。2020 年，日本爱和谊日生同和（Aioi）保险公司就开发了世界首款自动驾驶保险，该保险分为"基本保险费"和"驾驶保险费"两部分，基本保险费相对固定，驾驶保险费则按照实际驾驶里程数和用户驾驶特征来计算，该保险公司通过车载数据通信设备获取用户具体的驾驶数据，当设备检测到车辆处于 L3 级及以上自动驾驶模式时，驾驶里程保险费就按 0 元计[7]。这种动态的计算方式一改过去单纯基于统计数据来衡量保险费的方式，能更加客观、准确地预测车辆行驶风险。不过也有业内人士指出，无人驾驶车险产品设计是一项复杂的工程，不仅是驾驶主体的变化，自动驾驶汽车涉及从设计到生产和零配件供应，再到通信和路政辅助设施提供等多个环节，保险责任涵盖了产品质量责任险、网络安全风险、数据安全风险等多项内容，尤其是交叉责任所带来的风险管理，将对行业具有颠覆性的影响[8]。

6. 监管者

良好稳健的人工智能产业发展离不开政府主管部门的政策扶持和监督管理。以自动驾驶汽车行业为例，不仅涉及人工智能系统的研发，还有汽车零部件的配套升级、通信网络设备的架设、汽车安全测试的场景建设与维护、道路匹配安全管理养护等，都需要政府主管部门的监管。监管者既要明确各个环节的行业安全标准，又要对监管流程进行科学有序的统筹安排，确立数据强制记录原则、完善数据监管体系，始终以保障人的基本利益为核心，有机平衡产业发展与风险防控，促进人工智能产业与数字社会健康、有序发展。

13.2　人工智能法律人格

2017 年，一台具有人类女性外表且能做出多种面部表情的机器人因获得了沙特阿拉伯的公民身份而吸引了全世界的目光，它就是机器人索菲亚。索菲亚由中国香港汉森机器人技术公司研制，虽以知名女星奥黛丽·赫本为原型，却像拥有自我意识一样坚持让人们称呼其为索菲亚。索菲亚作为人类史上第一台被授予公民身份的机器人，索菲亚的出现可谓众说纷纭，有观点认为，索菲亚曾扬言要摧毁人类，赋予其公民身份相当于打开了潘多拉的魔盒，会给人类文明造成巨大的灾难；也有观点认为，人工智能技术不可能达到科幻电影中的程度，而沙特阿拉伯赋予索菲亚公民身份仅是一种打造国家形象的宣传手段，索菲亚相当于吉祥物，人们不必大惊小怪[9]。不仅是机器人的公民身份，越来越多人工智能引发的社会问题都在寻求一个答案：人工智能法律人格能否确立？

13.2.1　人工智能法律人格不明引发的困境

法律人格，是指在法律上作为一个人的法律资格，即维持和行使法律权利，服从法律义务和责任的能力的集合。法律人格主要分为自然人主体和法律拟制主体两类形式，其中自然人主体的法律人格具有身份和能力两种属性，并随着人的出生而确立，随着人的死亡而告终；法律拟制主体一般指法人，在法定手续齐备的前提下，其法律人格才会出现，并在有关部门承认期满或依法解除时，其法律人格才告终；此外，在国际法上，主权国家和主要国际组织具有法律人格，自然人和联合体仅具有部分法律人格[10]。简而言之，任何人和事务若想参与社会活动，享受权利、承担义务，就需要获得法律人格。

我国国务院于 2017 年发布的《关于新一代人工智能发展规划》中就提出要求，"开展与人工智能应用相关的民事与刑事责任确认、隐私和产权保护、信息安全利用等法律问题研究，建立追溯和问责制度，明确人工智能法律主体以及相关权利、义务和责任等。"体现出了人工智能法律地位的确立在新时期法治建设中的重要性。事实上，人工智能法律地位的不明确已经在实践中引发了多重困境。

1. 智能决策困境

2011 年，一款由 IBM 推出的人工智能医疗系统沃森（Watson）受到追捧，通过被编入"临床用语理解"，沃森能将非结构化的医疗文档转化成具有可操作性的信息。4 年后，基于该系统诞生出的沃森机器人医生（Watson Health）已经成为治疗癌症的专家，并且在全球数百家医院和健康机构使用自己创设的肿瘤学和基因组解决方案，据悉已惠及十余万患者[11]。依靠强大的信息检索和处理能力，沃森机器人医生能在 10s 内根据患者的病情、治疗史等信息遍览全球海量权威医学资料并进行总结分析，再将诊疗方案直接送达患者面前。由于医学前沿信息更新速度极快，又依靠大量的临床经验总结，沃森机器人医生成功克服了人类对海量知识摄取的短板，极大地提升了诊断效率，因此广受欢迎。尽管 IBM 目前仍然将该机器人作为医疗辅助手段，但已有观点认为，将知识和控制权让渡给此类专家机器人是迟早的事。根据社会学家柯林斯与埃文斯的观点，区分专家与普通人的关键就在于在专业领域是否具有隐性知识，能在相同规则中达到高标准的专业水平；而专家机器人也具有类似隐性知识，能在标准程序中发挥出在某种意义上只有人类专家才可能具备的作用，这超出了根据基础程序所做的预测范围，也是区分专家机器人与工具型机器人的关键[12]。

专家机器人的优势同时也可能导致风险。就如同人类医生做出诊断一样，依靠丰富的知识并结合全世界医生的经验给患者做出诊断，也并不能百分百确保对症下药。这时就会出现一个问题：医生职业的特殊性允许存在一定概率的误诊情况，医生不会为一般过失而导致的医疗事故承担责任；而建立在循证实践模型基础上的专家机器人也会存在诊断失误，但这种失误既有可能是医学原理所容许的一般失误，又有可能是算法设计、生产制造所导致的失误，如何划分失误种类和范围将成为不可回避的问题。此外，即使不让专家机器人独立工作，仅是将专家机器人作为一种辅助人类专家的工具，当人类专家与专家机器人的决策判断出现巨大分歧时，又该如何选择呢？尤其是随着专家机器人决策准确概率越来越高，越来越获得患者、客户的认可时，是否要将决策权让渡给专家机器人也成为难点。一旦因为专家机器人的决策错误而导致不良后果，则难以用既定的方式来评估责任——既然专家机器人已经不同于普通工具型机器人，那是否要让其承担责任，又如何让其承担责任呢？

2. 人机关系困境

1999 年，索尼公司推出了一款伴侣机器人爱宝狗（Aibo）（图 13-2），其成为早期社会机器人的经典雏形，十余年后新款上市，爱宝狗形态更加可爱、与人的互动也更加智能化，尽管价格不菲，依然广受欢迎。爱宝狗的发展是社会机器人演进的一个缩影，爱宝狗通过社交暗示进行交流，展示其自适应学习行为，并模仿人类的各种情绪状态 [13]，社会机器人依靠遵守社会行为规则及引发、调动人类情感，从而达到服务目的。社会机器人种类多样，不仅包括宠物类、陪伴类，还包括治疗类和家务类，并随着技术的提高而日渐逼真化。社会机器人之所以广受人类欢迎，主要原因在于人类很容易将自己的想法、感情和品质投射到其他实体上，进行拟人化操作，而社会机器人就是被专门设计来诱导这种投射的，当物质性、感知能力和社会行为融为一体时，社会机器人就能最大限度激发人类的情感[13]。

图 13-2　索尼爱宝狗

不过，这种情感效应并不都是正向积极的。研究发现，人类与陪伴型机器人相处时，容易被唤起互惠感，既可能是对宠物的喜爱，又可能是对朋友的疼惜，而当机器人形象越来越拟人化后，甚至有人对机器人产生了爱恋，并想要与之结婚，人工智能专家戴维·列维就曾公开表示，人类最快在 2050 年实现与机器人结婚的可能。然而，人类对机器人并不总是产生正面的情感。一项实验①显示，当要求人们以虐待的方式去鞭打甚至销毁机器人时，有人会变得痛苦和不忍，也有人会变得兴奋，但很少有人会认为这仅是一种处理机器的方式。人类对社会机器人的情感会导致一种认知混乱，尤其是虐待逼真机器人却没有收到社会反馈时，会让他们对此类行为逐渐脱敏，并习惯于对同类施暴。这点类似于人类对待动物，已经有多个案例揭示，凶残的连环杀手都有从小虐待动物的情况，这不得不引起全社会的警惕。由于人工智能体并非生命体，对其虐待施暴并不侵犯生命权、健康权等，如何从法律角度去规制这种虐待行为，去规范人与机器之间的各种关系，都是正在探索的课题。

3. 机器权属困境

自人工智能能够做出超乎预设的行为以来，人类对其是否能够拥有权利的争论始终不断。从人工智能初始的工具定位来说，其不应当拥有权利，因为对人工智能权利的认可，就是承认其具有自在目的，而这是人与物的根本区别。从人工智能运行原理来看，演绎智慧并不同于人类智慧，缺乏想象力和精神特质，人工智能并不能和人类等同，因此不能享有人类所拥有的权利[14]。然而，人工智能能够制造财富、创作作品甚至发明创造，当其独立创作时，就不能再以传统的工具属性进行界定，因为工具无法创作，而人工智能创作物也无法直接归属人类。毕竟，人工智能引发的风险尚且不能直接归咎于个人，又怎么能将人工智能创作和发明的成果直接归功于个人呢？

此外，前述论及人与机器人的关系时指出，人类对待机器人的态度和对机器人产生的移情作用将对现实伦理和社会秩序造成严重影响。无论是对机器人的依赖或依恋所导致对婚姻、财产继承可行性的呼吁，还是对机器人的虐待、暴力、性侵所导致对伦理道德、社会秩序的挑战，都提出了对机器人确权的要求。可是人类真的能给予机器人财产权、人格权和知识产权吗？一旦给予后，是否随着机器人的智能化和拟人化程度不断提高，权利还会持续扩张，直至人工智能被人类接纳为如刘慈欣所言的新人种——"AI 种族"？这无疑是一种可怕的设想，因为人类创造人工智能的初衷是为了解放生产力，人工智能作为辅助生产、建设社会的工具属性不能改变，对人工智能权利的赋予等同于让渡人类的生存空间，甚至是对人类地位的贬损，这显然是违背科技发展初衷的。但人工智能对人类的影响又切实摆在面前，原有的权利界定理论已无法解决当前的难题，必须引入新理论谨慎应对。

13.2.2　人工智能法律人格的理论争议

关于人工智能法律人格理论，学界主要有如下几种观点。

---

① 在瑞士日内瓦召开的"LIFT13"会议上，研究人员组织与会者进行了一场实验，要求众人通过捆绑、殴打等方式"杀死"小恐龙机器人。

1. 人格否定说

该学说强调人工智能作为工具的原始地位不能变，虽然人工智能已经超越了工具的一般属性，但其表现出来的自主性仅是一种机械演算结果，并不包含情感情绪、想象直觉和道德选择等精神功能，构建人工智能逻辑算法的基础模型是设定好的，算法过程公开透明，这与构筑人类尊严的心灵隐秘的不可触摸性与不可操控性截然不同。此外，否定说还认为，人类精神与意志的自发性是先天遗传与后天环境共同作用的结果，每个人的成长经历、人生履历都不相同，也就造就了每个人独一无二、不可复制的精神特质；而人工智能在创设之初已经被规划好了道德伦理的总体走向和价值选择，工具属性决定了其具有一定程度的可复制性和可替代性，这也是人工智能不能具有法律人格的重要原因。尽管人格否定说一再强调人工智能与人类的区别以及赋予人工智能以法律人格的风险，但该学说并不能解决目前已经存在的各种社会问题，具有较大缺陷。

2. 人格肯定说

该学说并不认可人工智能无法生成自主意识的见解。根据雷·库兹韦尔的观点，意识是复杂物理系统中涌现出的一种特质，并不能仅仅因为某个实体属于非人类，甚至是非生命体，就否决其具有自主意识的可能。"当机器说出它们的感受和感知经验，而我们相信它们所说的是真的时，它们就真正成了有意识的人。"[15]雷·库兹韦尔等科学家认为，目前机器人与人类在意识上的差异主要是思想分层复杂性上的差异，这既不能否定人工智能不具有意识，又不能否定人工智能不具有自由意志。此外，还有观点认为，自由意志在维护社会秩序上的作用至关重要，人工智能的自由意志需要被认可。刘宪权教授是最早主张赋予智能机器人以刑事责任主体地位的学者之一，他认为机器人在设计和编程程序范围外实施行为，是对设计者或使用者的目的或意志的根本违反，不能再将之理解为设计者或使用者实施行为的工具；且对被害人而言，被自然人实施犯罪行为造成的伤害与被智能机器人实施犯罪行为造成的伤害没有本质区别，从应对新形势下刑事风险的角度出发，应当摒弃传统理论，而构建全新理论来建立智能机器人的法律地位[16]。

3. 部分人格说

该学说既认可人工智能的工具属性，认可其不会也不应拥有与人类同等的法律地位，但也认识到赋予人工智能适当法律人格的必要性。对此，存在几种考虑：一是代理人论[7]，人工智能的所有人或使用人与人工智能的关系是本人与代理人的关系，代理人无须具有意识或自主意志，责任能力来自行为的控制能力，进而产生主体性；二是电子人格论[7]，该理论由欧盟议会法律事务委员会率先提出，强调人工智能具有一定的自主性和独立的行为能力，但其法律人格并非因设计或制造而产生，而必须经过严格的程序经申请获批后方可享有；三是类动物论[13]，该理论认为人工智能之于人的定位与动物相似，人工智能既可以成为人类的工具，又可以成为人类的宠物和陪伴对象，出于环保、维护社会正确价值观等因素，世界多国都制定了"防止虐待动物法"的法律，尽管关于动物权利的探讨主要围绕着生命、痛苦等哲学概念展开,但学界认为希望保护动物的实质还是建立在人与动物感情投射的基础上,而这也同样适用于人与机器人的关系,因此这种做法可以成为保护机器人免遭虐待、暴力和攻击的借鉴。

13.2.3　人工智能法律人格的确立探索

考虑到人工智能给人类社会带来的积极影响与风险挑战,一般观点认为,需要给人工智能寻求一个中间法律地位,即赋予部分权利能力[17]。所谓权利能力,指的是享有权利和承担义务的能力,而部分权利能力,则指对权利的享有和义务的承担存在限度。换言之,对人工智能的权利和义务是根据具体需要与特定条件而设立的。该理念源自对人工智能电子身份的修正,考虑到赋予人工智能电子人格可能会落入"人性化陷阱",引发智能代理人对选举权、生育权等一系列权利的争夺,挤压人类权益空间,因此有学者建议创设一个介于人类与其他物体之间的第三类新型法律人格,从而解决智能代理人与法律人格之间的困境[18]。

具体而言,人工智能作为智能代理人的定位不变,尽管有观点认为应当强调人工智能的财产属性而非工具属性[19],也有观点认为应区分弱人工智能与强人工智能,给予强人工智能以次等法律人格[20],但实质都认为人工智能是人的能力的延伸,既可以在人的命令和监控下进行操作,又可以脱离人的指示提供持续服务。在面对特别情况,例如签订合同时,人工智能虽然具有签订合同的行为能力,但不具备与他人订立合同的资格,代理人地位仅赋予其按照人类指示签订合同及实施合同的能力。同样地,涉及侵权责任承担时,大陆法系理论是让代理设置关系中的获利人(人类之于智能代理人)承担侵权责任,而普通法系理论则依据雇主责任原则在智能代理人存在过失的前提下让人类承担侵权责任。不过,要证明智能代理人存在过失并非易事,因此也有观点认为可适用严格责任替代雇主责任,要求人类对智能代理人造成的任何损害后果负责,以此填补责任空白[17]。但是,这种建议依然存在缺陷,即难以区分智能代理人幕后是控制者的责任还是使用者的责任。对此,更利于受害者的方案被提出,即利用拟制法律人格的方式建立快速理赔通道,要求人工智能主体设立人必须注入资本或购买责任保险,以提高人工智能赔付可能性[21]。对人工智能拟制法律人格的设想源自公司法人模式,充分利用合同架构手段,将人工智能打造成一个具有公司法人行为能力、权利能力、管理义务和法律责任的自治实体。

不过,目前关于人工智能部分权利能力的适用仅限于民事层面,刑事法学家多数不认可将该理论适用于刑事层面,主要原因在于,一是人工智能欠缺成立刑事主体地位的实质要件,即缺乏对犯罪行为的认识和自主意志;二是人工智能不可罚,现有刑罚包括自由刑、财产刑和死刑均对人工智能不适用也不具可罚性[21]。目前对于人工智能产品引发危害后果的处理,主要还是根据具体情形归罪于产品研发者或使用者,或引入英美刑法的严格责任犯罪理论。但是,有不少学者认为,随着强人工智能体的出现,确立人工智能刑事责任主体并非不可能。

总体而言,为了大力发展人工智能产业,各国并不愿意让开发者和使用者承担所有责任，也不愿意对人工智能责任进行普遍豁免，因此即使限制型法律拟制人格尚存在诸多不足之处，人工智能人格主体理论仍然是目前学界比较推崇的理论。当然，无论人工智能人格主体理论如何发展，必须始终明确建立"穿透人工智能面纱"的规则原则，建立人工智能涉主体性应用审查原则和"以人为本"的监管体系，正如有些学者所担忧的"滑坡论证"理论①，看似再有吸引力的限制型人工智能法律人格方案，最终也有可能导致人类所无法承受的相反结局[22]。

13.3　人工智能著作权

2018 年 9 月 9 日，北京菲林律师事务所在微信公众号上发表了一篇名为《影视娱乐行业司法大数据分析报告——电影卷·北京篇》的文章，第二天，该文章就被网民"点金圣手"发布在了北京百度网讯科技有限公司经营的百家号平台，并删除了文章的署名、引言等部分。菲林律师事务所认为，百家号未经许可即发布了涉案文章并进行了各种删除，侵犯了其信息网络传播权、保护作品完整权和署名权，因此起诉百度网讯公司至北京互联网法院。北京互联网法院认为，涉案文章是采用人工智能法律统计数据分析软件而生成的报告，虽然根据现行法律由计算机软件生成的内容不能构成作品，但内容属于软件研发者和使用者投入的产物，具有传播价值，应当给予投入者权益一定的保护。据此，北京互联网法院一审认定被告百度网讯公司侵犯了原告的信息网络传播权，需承担相应的民事责任，但驳回了其他的诉讼请求。

2018 年 8 月 20 日，原告深圳市腾讯计算机系统有限公司在腾讯证券网站上发表了题为《午评：沪指小幅上涨 0.11%报 2671.93 点 通信运营、石油开采等板块领涨》的财经报道文章，该文章系由原告关联企业自主开发并授权原告使用的智能写作辅助系统 Dreamwriter 所撰写。同日，被告上海盈某科技有限公司在其运营的"某贷之家"网站发布了一模一样的涉案文章。原告认为，被告未经许可公开发布侵权文章内容，侵害了原告的信息网络传播权，因此起诉被告至深圳市南山区人民法院。深圳市南山区人民法院认为，涉案文章的外在表现形式和生成过程是原告主创团队个性化的安全选择所决定的，涉案文章虽然由智能软件在技术上生成，但具有一定的独创性，满足我国著作权法对文字作品的保护条件，应认定为原告主持创作的法人作品，因此认定被告构成侵权。

13.3.1　人工智能生成物的可版权性之争

前述两起案件发生在同一年，均为我国人工智能著作权纠纷典型案件。虽然两起案件的判决结果均支持原告的诉讼请求，但法院的支持理由并不相同，第一起案件中法院并不认可人工智能对其创作的作品具有著作权，仅是出于对人工智能研发者和使用者投入的保护，维护了原告对内容信息的传播权；第二起案件中法院从保护作品独创性的角度出发，认定人工智能的创作过程和作品的外在表现形式均具有独创性，并认定涉案作

---

① 滑坡论证认为，通过一系列中介性和渐进性步骤，有理由阻止他人进行实践，以防止可能导致的危害后果。

品属于原告团队的法人作品，因此以保护原告著作权为依据进行了宣判。可以看到，法院对人工智能创作作品的定性存在着不同见解，这也是目前关于人工智能生成物的最大争议点之一。

1. 否定说

不认可人工智能生成物具有可版权性的最主要观点就是生成物的创作者不是自然人。根据传统著作权理论，著作权受到保护的理论基础主要建立在激励理论、劳动财产理论和财产权人格学说上[23]。激励理论将鼓励创造者生产具有独创性的作品作为中心原则，认为只有给予创造者排他性的权利保护，才能激励他们继续创造；对于人工智能而言，其创造成果是根据设计好的程序模板进行演算而得的，具有很强的任务性和工具性，并不会因为没有得到排他性的激励而中止创造，因此并不适用该理论。而劳动财产理论强调创造本身的劳动性，在创造过程中人类付出了劳动，应对创造成果享有财产权；而人工智能的创造是算法演算的结果，与人类的体力劳动和脑力劳动均不可等同，因而也不适用该理论。同样，财产权人格学说明确了财产权获得的三大基本要素：财产、意志和人格，而人工智能缺乏自主意志、不具备人格属性，其生成物本身是否属于财产尚待斟酌，所以同样不适用该理论。简而言之，在现行《中华人民共和国著作权法》框架下，由于人工智能不具有成为著作权主体的资格，因而其生成物不具有可版权性。

2. 肯定说

认可人工智能生成物具有可版权性的观点主要有如下两方面立场。

（1）人工智能生成物符合我国著作权法对保护作品的构成要件要求。根据《中华人民共和国著作权法》的相关规定，受保护的作品是指在文学、艺术和科学领域内具有独创性并能以一定形式表现的智力成果。换言之，作品需要具备属于相关领域、属于思想或情感的表达、具有独创性、具有可复制性四个要件。就人工智能生成物而言，属于相关领域和可复制性两个条件不存在争议，关键在于如何理解表达和独创性这两个要件。持肯定立场的学者认为，"思想或情感的表达"重在"表达"，尽管有观点质疑人工智能不存在思想和情感，但此处并不是强调人工智能的思想和情感，而是强调生成物作为一种体现思想和情感的形式上的载体，显然基于客观事实、技术方案的表达也属于"思想或情感的表达"[24]。此外，判断生成物是否具有独创性，"应当从是否独立创作以及外在表现上是否与已有作品存在一定程度的差异，或具备最低程度的创造性进行分析判断。"①人工智能生成物在形式上符合文字、绘画、模型等作品的形式要求，生成过程能体现创作者的个性化选择、判断及技巧，最终成果与他人作品存在实质性的区别，即可认为符合独创性要件。因此，不考虑人类作为著作权主体的必要条件，人工智能生成物在客观上是符合我国著作权法所保护的作品构成要件。

（2）人工智能生成物并不全然排斥著作权传统理论[23]。第一，激励理论可以适用。

---

① 广东省深圳市南山区人民法院（2019）粤 0305 民初 14010 号民事判决书。

虽然人工智能不能被激励，但人工智能的开发者和使用者却可以被激励，通过保护人工智能生成物的价值，与之关联的开发者和使用者都可以获益，并被鼓励对人工智能进行更多投入。第二，劳动财产理论也可以适用。人工智能的创造并不全是人工智能自己在运行，在弱人工智能阶段，创造过程仍然由人类主导，人工智能只能起辅助作用，因而需要保护人类的劳动成果；而在强人工智能阶段，人类虽然不再起主导作用，但可以借鉴委托作品的理念，将人工智能创造理解为人工智能劳动和委托人、法人资本的结合，因而也并不违背劳动财产理论。第三，财产人格学说也可以适用。虽然人工智能不能拥有法律主体地位，但可借鉴法人制度，为人工智能创设虚拟法律人格，并将其理解为自然人人格和法人人格的延伸。该立场认为，不能对传统理论的适用墨守成规，而应当根据新形势的要求，对理论进行符合时代特色的全新阐释。

13.3.2　人工智能著作权归属的学理之论

需要明确的是，人工智能算法本身符合《中华人民共和国著作权法》的保护要求。根据《中华人民共和国著作权法》第三条，计算机软件属于受到本法保护的作品。在著作权意义上，计算机软件的内容包括计算机程序和文档两部分，人工智能算法与传统算法的运行逻辑虽然存在差异，但在固定性和独创性层面均符合计算机软件的保护要求，因而在司法实践中，对人工智能算法受到著作权法保护并无太大争议。问题的关键在于，计算机软件得以保护的实质价值在于程序实现的功能性目的和技术背后体现的思想，而非外在的文本表达，因此，著作权法对计算机软件作品的保护仅限于禁止复制传播等行为[25]。人工智能算法受到著作权法的保护，而人工智能算法结果，即人工智能生成物却不能以同样的逻辑被著作权法保护。由前述分析可以得出，人工智能具备可版权的需要和性质，但是目前还需要解决的是权利归属的问题。

学界关于人工智能生成物的权利归属主要分为两大派，一派支持人工智能成为其生成物的权利主体，另一派则反对人工智能具备法律主体资格，主张将生成物的权利归属自然人或法人。

1. 人工智能主体说

该学说以美国学者 Timothy Butler 为代表，认为人工智能在创造中具有独立的决定性作用，应为其拟制一个法律人格，则只要人工智能生成物满足除法律主体资格以外的其他著作权法所规定的作品构成要件，就可将人工智能生成物的权利归于人工智能虚拟法律人格；至于著作财产权后续如何分配，则可由法官根据自由裁量权决定归于人工智能研发者或使用者[26]。对于人工智能不具备意志能力和物质性要件，所以不应当给予其法律人格的反对观点，主体说主张者[21]认为，仅仅因为人工智能不同于人类，不需要激励才能创造就否定其作品创造者的地位是过时的分析，作品本身的独创性才是值得著作权保护的关键，且著作权并非天赋的自然权利，而是"国家机器基于功利主义的创造物"[27]，随着共享经济规模的不断扩大，有必要承认人工智能创造者的地位，以此才能进一步鼓励人工智能的开发和使用。

2. 人工智能非主体说

不承认人工智能法律主体地位的一方就权利应该归属于谁又主要分为三种观点，即研发者说、使用者说和投资者说。第一，研发者说认为，人工智能演算建立在研发者所设计的模型和算法路径的基础上，是研发者劳动的集中体现。对人工智能生成物的权利保护就是对人工智能研发者劳动的认可和激励，因此著作权应当归属于研发者。但反对观点指出，人工智能算法已经获得了著作权保护，换言之，研发者已经基于软件程序的开发而获得了著作权，如果将程序生成物的权利再归属于研发者，则可能导致研发者获得双重奖励，显失公平[23]。第二，使用者说依据英国《1988 年版权、外观设计和专利法》中关于"对计算机生成作品进行必要安排之人为作者"的规定，对使用者在人工智能创造过程中的作用进行了阐释，认为人工智能的创造方式包括代码定义和数据训练两种路径[28]，其中数据训练需要使用者向人工智能发出任务指令并输入大量数据，符合"必要安排之人"的要求，因此属于权利主体。不过也有观点认为，英国这部法律将"计算机生成"阐释为无自然人参与下的计算机创作，却又将作品的权利主体归于个人，在客体界定和权利归属上存在矛盾[5]。第三，投资者说主张人工智能的发展离不开自然人、法人对其的资金扶持，根据激励理论，将人工智能生成物的著作权归属于投资者，能够激励投资者对人工智能产品投入与付出更多。这一思路最早可追溯至美国 1903 年的 Bleistein 案，美国联邦最高法院在庭审意见中指出，如果投资者雇佣大量人力并投入大量资金以后才有了设计内容，则该内容的著作权归投资者所有①。本案可以看作美国的著作权保护从作者中心向作品中心转变的标志性案件，此后，美国《版权法》将投资者列入享有著作权的作者之列。我国在 2021 年正式施行的《中华人民共和国著作权法》在第十一条规定了由法人或者非法人组织主持，代表法人或者非法人组织意志创作，并由法人或者非法人组织承担责任的作品，法人或者非法人组织视为作者。其中，"主持"应理解为法人或者非法人在创作中占主导地位，涵盖了投资部分。同样地，本法第十八条还规定了特殊职务作品，明确了人格权与财产权可分离的情形，体现出了法律对投资者的保护，这也为投资者说提供了论据支撑。

13.3.3　人工智能著作权的保护路径

整体而言，世界各国的著作权制度都是建立在对人类的智力成果保护的基础上，并未将机器表达纳入其中，而随着人工智能应用日益广泛，法律势必对人工智能生成物的保护予以回应。综合人工智能生成物的特性和发展趋势，对人工智能生成物进行单独立法是一种可取路径。一方面，人工智能脱离人类干预自主创造的能力越来越强，未来将难以按照一般工具或其他非生命实体对其进行归类，对其单独立法有助于灵活处理生成物权属相关问题；另一方面，可以借鉴日本实行的注册登记制度，禁止他人擅自使用已经注册登记的人工智能生成物，这么做的目的是让享受了著作财产权的投资人也能承担

---

① Bleistein v. Donaldson Lithographing Co., 188 U.S. 239 (1903).

义务，在海量的人工智能生成物中谨慎挑选具有保护价值的作品进行申请审查、注册登记并缴纳一定费用，从而保障制度的正常运行[23]。

值得关注的是，2019 年举行的国际保护知识产权协会伦敦世界知识产权大会形成的决议明确指出：①统一或协调对人工智能生成物的保护是有必要的。②人工智能生成物只有在其生成过程有人类干预的情况下，且在该生成物符合受保护作品应满足的其他条件的情况下，才能获得著作权保护；对于生成过程无人类干预的人工智能生成物，其无法获得著作权保护。③人工智能生成物所具备的独创性（具体由各国国内法规定）产生于生成物形成过程中的人类干预，该独创性应是受著作权保护的条件之一。④在人工智能生成物受著作权保护的情况下，由于该生成物已经满足与前述第②项提及的"人类干预"以及前述第③项提及的"独创性"相关的条件，该人工智能生成物受到的著作权保护机制应与其他作品相同，尤其在财产权、人身权（各国国内法规定）、保护期限、保护的例外与限制、原始权利归属等几方面。⑤即使人工智能生成物的生成过程并无人类干预，该生成物也可能受到《保护文学和艺术作品伯尔尼公约》规定的著作权保护以外的其他层面的保护。可以看到，各国对人工智能生成物应当受到著作权保护已经达成了共识，并且明确了独创性在保护条件中的重要性。不过，大会并没有将强人工智能生成物（创作过程无人类干预的情形）纳入著作权的保护范围，而是提到了可适用著作权外其他形式的保护，体现出对人工智能法律主体资格适用的高度谨慎。

本 章 小 结

以人工智能为首的数字信息科技给人类社会带来了大量关于伦理道德的拷问，也引发了越来越多的社会问题和法律规制困境。各类机器人的出现与应用的扩大化让科幻作品所预言的场景正逐步变为现实，因而也引发了很多担忧。观点激进者如雷·库兹韦尔深信，在 21 世纪进程的后半段，人工智能的发达程度不但将远超人类，且人类很可能无法控制机器，更无法理解它们的想法，最终人类或将迎来与人工智能深度结合的那一天，他把这个时间点称为"奇点"。反对者自然不认同"奇点理论"，也并不相信超人工智能出现的可能，但即使弱人工智能的存在依然给既有法律理论以冲击。从法律规制角度而言，作为道德最后的底线，法律的制定既不能过于宽松，又不能过于狭窄，尤其是刑法，作为法律最后一道防线，更有秉持谦抑性的要求。然而，智能技术发展过于迅速，对社会的影响与改变已经超出了原有立法进程可容纳的速度，这使得前瞻性成为当前立法规制必须思考的内容。

思 考 题

1. 2020 年 1 月，美国佛蒙特大学计算机科学家和塔夫茨大学生物学家共同创造出100%使用青蛙 DNA 的可编程的活体机器人 Xenobot，这种机器人的体长仅 0.04in（约1mm），能按照计算机程序设计的路线移动，还能负载一定的质量，携带药物在人体内部移动。Xenobot 具有自我修复功能，当科学家将其进行切割时，Xenobot 会自行愈合并继续移动。佛蒙特大学表示，这些是"完全新的生命形式"，"它们既不是传统的机器人，又不是已知的动物物种。它是一类新的人工制品：一种活的可编程生物。"2021年 11 月 29 日，该科学团队已经发现该活体机器人具有了自我繁殖能力。请结合所学内容，阐述该事件引发的思考。

2. 比较不同人工智能伦理规范的异同，试分析有哪些伦理规范是必须坚守的底线。

参 考 文 献

[1] DMV. Autonomous Vehicle Collision Reports[EB/OL]. https://www.dmv.ca.gov/portal/vehicle-industry-services/autonomous-vehicles/autonomous-vehicle-collision-reports/[2022-03-05].
[2] 黄嘉佳. 自动驾驶汽车交通事故的侵权责任分析——以 Uber 案为例[J]. 上海法学研究, 2019(9): 316-322.
[3] CBS Los Angeles. Manslaughter Charges Filed against Driver of Autopiloted Tesla Which Killed 2 in Gardena[EB-OL].https://www.cbsnews.com/losangeles/news/manslaughter-charges-filed-against-driver-of-autopiloted-tesla-which-killed-2-in-gardena/[2022-01-18].
[4] Marshall A. Why Wasn't Uber Charged in a Fatal Self-Driving Car Crash?[EB/OL]. https://www.wired.com/story/why-not-uber-charged-fatal-self-driving-car- crash/[2022-03-01].
[5] 孙建伟, 袁曾, 袁苇鸣.人工智能法学简论[M].北京:知识产权出版社, 2019.
[6] 万丹,詹好.自动驾驶的责任主体问题及出路[M]//李伦. 人工智能与大数据伦理.北京: 科学出版社, 2018.
[7] 康民. 智能驾驶将颠覆传统车险[N]. 中国银行保险报, 2020-08-13(8).
[8] 郝文丽. 无人驾驶来了，车险怎么上?[EB/OL].http://www.cnautonews.com/houshichang/2021/12/07/detail_20211207348329.html[2022-03-01].
[9] 王宗英. 机器人索菲亚成为沙特公民专家：沙特意在打造国家新形象 [EB/OL]. http://china.cnr.cn/yaowen/ 20171031/t20171031_524006263.shtml[2021-12-12].
[10] 戴维·M.沃克. 牛津法律大辞典[M]. 北京社会与科技发展研究所, 译. 北京: 光明日报出版社, 1988.
[11] 肖可. 沃森机器人医生在中国一年了, 它真的能帮忙"治疗肿瘤"吗? [EB/OL]. https://www.jiemian.com/article/2639666.html[2022-03-01].
[12] 杰森·米勒, 伊恩·克尔. 委托、让渡与法律责任: 专家机器人的前景[M]//彭诚信, 瑞恩·卡洛, 陈吉栋, 等译. 人工智能与法律的对话. 上海: 上海人民出版社, 2018.
[13] 凯特·达林. 扩大对社会机器人的法律保护: 拟人化, 移情和暴力行为对机器人对象的影响[C]//彭诚信, 瑞恩·卡洛, 陈吉栋, 等译. 人工智能与法律的对话. 上海: 上海人民出版社, 2018.
[14] 甘绍平. 机器人怎么可能拥有权利? [M]//李伦. 人工智能与大数据伦理. 北京: 科学出版社, 2018.
[15] 雷·库兹韦尔. 人工智能的未来[M]. 盛杨燕, 译. 杭州: 浙江人民出版社, 2016.
[16] 刘宪权, 房慧颖. 人工智能时代的刑事风险与刑事责任[M]//刘宪权. 人工智能: 刑法的时代挑战. 上海: 上海人民出版社, 2018.
[17] 扬-埃里克·施默. 人工智能与法律人格: "部分权利能力"的引入——德国法上的"部分法律地位"[M]//彭诚信, 托马斯·威施迈耶, 蒂莫·拉德马赫. 韩旭至, 等译. 人工智能与法律的对话. 上海: 上海人民出版社, 2020.
[18] Calo R. Robotics and the lessons of cyberlaw[J]. California Law Review, 2015, 103: 513-563.

[19] 张志坚. 论人工智能的电子法人地位[J]. 现代法学, 2019, 41(5): 75-88.

[20] 朱凌珂. 赋予强人工智能法律主体地位的路径与限度[J]. 广东社会科学, 2021(5): 240-253.

[21] 刘云. 论人工智能的法律人格制度需求与多层应对[J]. 东方法学, 2021 (1): 61-73.

[22] 陆幸福. 人工智能时代的主体性之忧: 法理学如何回应[J]. 比较法研究, 2022 (1): 27-38.

[23] 党玺, 王丽群. 人工智能生成物的著作权归属研究[J]. 浙江理工大学学报(社会科学版), 2021, 46(6): 713-720.

[24] 胡丹阳, 高芳琴. 论人工智能生成物的可版权性与权利归属[J]. 上海法学研究, 2020, 4(2): 90-101.

[25] 姚叶. 多维度解读与选择: 人工智能算法知识产权保护路径探析[J]. 科技与法律(中英文), 2022, 7(1): 53-61.

[26] Butler T L. Can a computer be an author—copyright aspects of artificial intelligence[J]. Hastings Communications and Entertainment Law Journal, 1982, 4(4): 707-747.

[27] 林秀芹. 人工智能时代著作权合理使用制度的重塑[J]. 法学研究, 2021, 43(6): 170-185.

[28] 吴汉东. 人工智能生成作品的著作权法之问[J]. 中外法学, 2020, 32(3): 653-673.

第 14 章　人工智能与司法裁判

人工智能与法律最初的结合就来自法律推理人工智能的应用探索,20 世纪 80 年代,计算机辅助审判系统(LDS)的开发,开启了人工智能在司法领域辅助审判的实践先河。此后,随着人工智能算力的显著提高和互联网技术的整体飞跃,以在线法院为标志的人工智能司法应用进入了新阶段。而我国作为世界上首个成功建起了在线法院(即"互联网法院")的国家,更是以此为起点,发展出了覆盖审判、公安、检察和矫正等系统在内的全方位的智慧司法体系,推动我国的司法建设进入了"智慧时代"。

14.1　在线法院概览

2017 年 8 月 18 日,《后宫甄嬛传》作者吴雪岚(笔名流潋紫)诉网易侵害作品网络传播权案在杭州互联网法院开庭,审理全程仅用时 20min,原告、被告均没有出现在法庭上,这也是这座全球首家在线法院成立挂牌后的第一起案件。诉讼当事人无须到庭,甚至不用去法院立案,起诉、立案、庭审、执行所有工作都转移到了线上进行,原本需要耗时数天乃至数月的诉讼仅需几十分钟就可解决……这种深度融合人工智能、大数据、云计算、区块链等信息技术,以自助立案、判决文书自动生成、语音识别系统、人工智能虚拟法官等为法院高效运转的基础架构,共同建构起了数字信息时代司法审判的新样态[1]。

14.1.1　在线法院的建设背景

现代法院最早的雏形距今也有 900 多年了,随着社会经济的加速运行,法院处理的事务更加繁杂,运行负荷早已超出了自身所能承载的范围,这也导致世界各国的诉讼案件九成以上都是在庭外和解的基础上,仍然有大量案件需要耗时数月乃至数年才能审理完结的事实。随着互联网生态的兴起,海量的线上纠纷蜂拥而至,仅 2015 年全世界就产生了 7 亿起电子商务纠纷,这对本就不堪重负的法院系统而言更是雪上加霜[2]。面对这种困境,要求法院改革的呼声不绝于耳,其中一个重要的建议就是利用科学技术的重大进步来改进、升级法院系统,并借此对传统的办案流程和工作方式进行革新。英国知名学者理查德·萨斯坎德罗列了有利于推动法律服务进步的数字技术的四大趋势:指数级的迅猛进展、爆炸式的系统运行能力、无处不在的数字系统,以及互联互通的人际往来[3]。这四大趋势不但影响和改变了人们的行为方式与思考模式,也让法庭审判从实体模式到远程模式再到线上模式成为可能和必然。

早在 20 世纪 80 年代,人们就已展开对远程庭审模式的探索。借助有限的带宽和视频压缩技术,通过视频来连接多个庭审室,可以实现部分诉讼参与人在没法亲临现场的前提下实时出庭陈述的可能。远程庭审需要以实体法庭为建设基础,即使随着技术的进一步提高，有了沉浸式远程呈现技术可以实现所有诉讼参与人的视频交互，远程庭审模式依然离不开实体法庭的形态，并不等同于线上法院。关于线上法院一般有两种理解，一种仅涉及司法裁判，诉讼当事人无须出庭或视频远程开庭，将相关证据上传至法院网络平台，再按照法官要求及时发送争点、补充证据并接收裁判文书即可，全程实现异步交互模式。另一种理解则对线上法院的职能进行了扩大化的解读，不仅涵盖在线司法诉讼，还包括协助诉讼当事人理解法律规范、管理证据、建立线上纠纷解决机制等[3]。整体而言，线上法院以数字技术为依托，以诉讼当事人为中心，探索将科技嵌入司法诉讼流程中，以科技手段重塑司法服务，以司法理念规范科技手段，以此革新法院运行模式，提升法律服务效率与水平，实现司法的公平与正义。

14.1.2　在线法院的基本架构

理查德·萨斯坎德认为，在线法院的建设与运行应当建立在正义原则的基础上，具体而言，又分为强调裁判公正的实质正义、遵守正当程序的程序正义、明确司法透明的公开正义、讲求普遍触达的分配正义、维护适度平衡的比例正义、保有国家强制力支持的执行正义，以及保障资源充分的持续正义这七大类。以此原则为标准，在线法院就可建设起以触达司法为理念的三层次架构：纠纷避免、纠纷控制和纠纷解决[3]。

1. 纠纷避免

作为在线法院的第一层服务机制，纠纷避免并非指对纠纷的实际解决，而是指从源头避免纠纷的产生。为了实现这个目标，在线法院需要在该层级为诉讼当事人提供专门的法律咨询帮助，就相关问题进行分类和评估，指导当事人理解并适用相关法律。这一层级是整个架构的起点，为了有效提供后续服务，系统必须为当事人尤其是不请律师的当事人提供专业评估和帮助，包括对案件性质的评估和对具体法律适用的诊断及相应指导。普遍观点认为，在线法院最大的特点就是将传统法院为法律专业人士设计的架构转变为为普通人群提供服务的形式，设计思维强调对普通当事人的引导和帮助。通过开发基于规则的专家系统（rule-based expert system）、潜在损害系统（latent damage system）、方案探寻器（solution explorer）等，线上指导服务为在线法院的广泛应用提供了基础。

2. 纠纷控制

作为在线法院的第二层服务机制，纠纷控制主要负责对案件进行调处，控制纠纷的进一步升级。在此阶段为案件配置调解官，对案件实行评估、调停、谈判等方式，与传统法院的诉讼调解程序类似，最大限度地降低案件进入正式庭审环节的可能性，主张以电子谈判或电子调解手段来解决纠纷。该层级最突出的优势是引入了在线纠纷解决机制（ODR），这种兴起于 20 世纪 90 年代的电子纠纷解决模式比传统纠纷解决机制（ADR）的优势在于，能够用更短的时间批量调解更多的纠纷。尤其是面对网络交易中百万级以上的同质化纠纷时，ODR 模式能够借助大数据分析梳理并分类出各项纠纷成因，形成纠纷处理的自动化流程，在结构化案件的基础上，达成同案同判的预期效果[4]。

3. 纠纷解决

作为在线法院的第三层服务机制，纠纷解决的重点就是由法官通过权威判决实现线上庭审。这里的法官裁决分为两种模式：一种是完全的自然人法官裁决，另一种是自然人法官+人工智能法官裁决。第一种模式是把传统现场庭审程序转移到线上环境，尽管程序细节会进行简化，但整体规则与传统规则一致，只是省去了到庭参加诉讼的麻烦，尤其适用于疫情期间或异地诉讼。第二种模式则是利用信息技术创设新的审理模式，最典型的就是实现了异步审理。一般的审理模式都是同步审理，即使在线远程开庭，也需要诉讼原被告双方、证人、法官同时在线，这对横跨不同时区的诉讼参与人而言非常不便。而异步审理模式则打破了时间和空间的限制，只要法官和各诉讼参与人在规定期限内按照各自选择的时间登录平台，即可完成起诉、答辩、举证、质证、宣判等环节。依靠信息化、标准化的手段，异步审理模式能够灵活调整审判流程，使庭审的核心内容能在诉讼参与人的空余时间保质保量地完成，极大地提升了庭审效率[5]。由于第二种庭审模式与传统庭审模式大相径庭，因此在实际审理中，许多工作会逐渐转移给智能机器人来处理。目前，关于人工智能法官能否最终取代人类法官的讨论依然激烈，不过就技术局限性而言，人工智能法官在未来很长时间内将只能担任辅助审判的角色。

14.1.3　在线法院的争议挑战

在线法院的建设发展并不是获得一致认可的，也有不少专家学者提出了反对意见。争议的焦点集中在如下两方面[6]。

1. 司法数据收集侵犯隐私权

在线法院要想实现良好运行，需要对过去各类案件和法律纠纷进行数据采集和分析，这些收集的信息除了有关当事人的基本个人信息和公开数据外，还包括大量关联信息，如婚史、不动产登记、收入情况和生育记录等，以及非直接关联但通过大数据分析可间接得到的兴趣爱好、关注动向和消费轨迹等信息。但是，哪些数据是不得泄露的个人隐私和商业秘密，哪些是可以被公开和进行运算的信息，法律并没有清晰明确的界定标准。很多学者认为司法大数据收集和处理的前提是需要划分合理明确的隐私边界，严格规范对数据的使用以及对个人隐私的保护，同时还要注意数据重复、数据权属的界定和数据库壁垒等其他问题。

2. 在线法院审理缺乏公开公正

在线法院通过大数据与人工智能技术对过往案件进行各种分析和归类，并通过不断地演算建构起解决冲突和司法审判的模型。但存在一个问题，由于运算数据量过于庞大，无法将运算过程全部展示出来，这时对运算结果进行转换和压缩就成为必然。然而数据的换算是极其复杂、多层次的，其中某个环节的数据换算出错，经过多环节的换算，这个错误就可能被放大无数倍。此外，即使换算结果误差在可容许范围内，数据还要经过语义转换，有可能导致二次失真。人们依靠审判公开制度，对公正司法实行有效监督，可以说裁判过程、法官的释法说理能最大限度地满足社会公众的知情权，是司法制度稳定运行的重要保证。但是算法暗箱阻碍了审判细节的公开透明，与审判公开原则相悖。此外，司法大数据的演算规律与法律建构原理存在建模方向、司法释义、预测进程等结构性矛盾，这些问题与数据运算中固有的技术缺陷一道构成了司法裁决极易产生的缺陷，从而影响了司法的公平和公正。

14.2　中国智慧法院系统的构建

我国人民法院的信息化建设可以追溯至 1996 年，最高人民法院在当年印发了《全国法院计算机信息网络建设规划》，标志着我国人民法院信息化建设的正式起步。此后，随着全国网络建设的布局和普及，我国在"九五"期间完成了对北京、辽宁、上海等八家高级人民法院的计算机局域网络建设，基本实现审判全流程管理信息化，并于"十五"期间对全国各级法院的信息化应用进行了拓展，面向公众、服务社会的司法信息服务体系成型，数字法庭的建设也在这个时期提上了日程[7]。

14.2.1　我国智慧法院建设的背景

2015 年 7 月，在全国高级法院院长座谈会上，最高人民法院首次提出了"智慧法院"的概念，吹响了全国智慧法院建设的号角。

2016 年 1 月，最高人民法院信息化建设工作领导小组举行的年度第一次全体会议上，最高人民法院院长周强首次明确提出，要建设立足于时代发展前沿的智慧法院。同年 7 月，中共中央办公厅、国务院办公厅联合印发了《国家信息化发展战略纲要》，将建设智慧法院列入国家信息化发展战略，明确提出要提高案件受理、审判、执行、监督等各环节的信息化水平，推动执法司法信息公开，促进司法公平正义。同年 12 月，国务院印发了《"十三五"国家信息化规划》，明确支持智慧法院建设，推行电子诉讼，建设完善公正司法信息化工程。

2017 年 4 月，最高人民法院发布了《最高人民法院关于加快建设智慧法院的意见》，明确指出智慧法院是人民法院充分利用先进信息化系统，支持全业务网上办理、全流程依法公开、全方位智能服务，实现公正司法、司法为民的组织、建设和运行形态；建设智慧法院，就是要构建网络化、阳光化、智能化的人民法院信息化体系，全流程审判执行要素依法公开，运用大数据和人工智能技术，按需提供精准智能服务，支持办案人员最大限度地减轻非审判性事务负担，为人民群众提供更加智能的诉讼和普法服务。《最高人民法院关于加快建设智慧法院的意见》还明确给出了智慧法院建设的总路径，要求按照《人民法院信息化建设五年发展规划（2016—2020）》的要求，实现 2017 年总体建成、2020 年深化完善人民法院信息化 3.0 版的建设任务。

2017 年 8 月 18 日，全国首家互联网法院——杭州互联网法院挂牌成立，这也是全球首家互联网（在线）法院。2018 年 9 月 9 日，北京互联网法院挂牌成立。2018 年 9

月 28 日，广州互联网法院挂牌成立。至此，我国已经成立了三家互联网法院，并在此基础上建设了一系列"智慧司法"应用系统和平台。

14.2.2　我国智慧法院建设的主要内容

我国智慧法院建设至今，推出了包括异步审理模式、在线智慧诉讼服务平台、移动微法院、跨境贸易司法平台、"网通法链"智慧信用生态系统等一系列智慧司法办案模式与系统，极大地提升了司法效率，仅杭州互联网法院在试运行的两年内就将开庭用时节省了 65%。一系列设施平台成立的背后是各类基础系统的建设与部署，综合我国智慧法院的建设思路与各项目标，主要涵盖如下两方面内容[8]。

1. 智能裁判系统的开发

1）电子卷宗录入

电子卷宗是指包含法院在案件受理及办案过程中收集和产生的各类电子文档、图像、音频、视频等电子化诉讼文件，还包括纸质案卷材料依托数字影像、文字识别等技术转化成的电子文件。电子卷宗是实现法官全流程在线办案和网络精准管理的基础，是智慧法院建设和运行的基石。2016 年，最高人民法院印发了《关于全面推进人民法院电子卷宗随案同步生成和深度应用的指导意见》，明确了电子卷宗随案同步和深度应用的基本要求，强调利用文字和语义识别技术实现电子卷宗的文档化、数据化和结构化。2018年，最高人民法院下发了《关于进一步加快推进电子卷宗随案同步生成和深度应用工作的通知》，进一步细化了对电子卷宗高效流转和应用的标准，同时总结了地方法院的实践经验，推出了电子卷宗分散/集中生成模式。

2）庭审语音识别

2017 年，最高人民法院公布了《最高人民法院关于人民法院庭审录音录像的若干规定》，在第六条明确指出，人民法院通过使用智能语音识别系统同步转换生成的庭审文字记录，经审判人员、书记员、诉讼参与人核对签字后，作为法庭笔录管理和使用。庭审记录是记录庭审全过程、保证审判公开透明、便于监督的必要手段，以前主要依靠书记员人工整理和记录，即使有录音录像设备的帮助，依然需要耗费大量的人力和时间；引进智能语音识别系统后，系统可以在庭审过程中将语音同步转换成文字，辅以裁判文书辅助生成技术，可以快速生成裁判文书，书记员仅需要进行审阅和少量修改即可，极大地提高了诉讼效率。

3）司法文书辅助系统

司法文书辅助系统主要围绕辅助司法文书的阅卷、归纳和生成的需要而设立。其中，智能阅卷集中于对电子卷宗的阅览和分析，能联动争议点，快速提取卷宗中相关的证据、事实等要素点，帮助用户明确抗辩主张、事实理由等，并能厘清法律关系，快速形成结论。而智能归纳强调对抽取出的要素点进行归纳整理，帮助办案人员进行汇总分析。在此基础上，裁判文书生成系统就能依据文书固定格式选择对应的案件内容生成司法文书。

4）智审系统

智审系统是辅助审判的各类系统的总称，包括智能分案、智能目标案例检索推送、智能法条推送等功能。中国社会科学院法学研究所与社会科学文献出版社于 2020 年发布的法治蓝皮书《中国法院信息化发展报告 No.4（2020）》显示，我国已经基本建成了涵盖智慧审判、智慧执行、智慧服务和智慧管理的智慧法院体系。其中，审判智能化集中体现在对在线诉讼模式的全面探索上，包括立案风险自动拦截系统、敏感案件自动标识预警系统、类案强制检索等智能审判辅助系统的使用都为各地法院创新智慧审判模式提供了有力支撑。例如，广州互联网法院就创设了"类案批量智审系统"，能够对金融机构互联网借款合同纠纷案件实现批量立案、审理、执行；杭州互联网法院则创建了"知产智审系统"，能够结合网络著作权案件的特点，将案件分为权利作品、权利主体、侵权行为和责任承担四大维度，形成要素化的起诉和应诉规则，再通过"审理模式+人工智能技术"的创新，对诉讼流程进行智能化改造，实现高效精细的类案诉讼机制。图 14-1 显示的是上海市公检法司系统围绕"以审判为中心的刑事诉讼制度改革"而打造的"刑事案件智能辅助办案系统"，又被称为"206"系统。

图 14-1　上海刑事案件智能辅助办案系统桌面

2. 在线诉讼制度的构建

2021 年 5 月，《人民法院在线诉讼规则》经最高人民法院审判委员会第 1838 次会议审议通过，首次从司法解释层面建构了我国的在线诉讼规则体系。根据《人民法院第五个五年改革纲要（2019—2023）》的要求，我国各级人民法院需要"探索构建适应互联网时代需求的新型管辖规则、诉讼规则，推动审判方式、诉讼制度与互联网技术深度融合"。根据《人民法院在线诉讼规则》的具体规定，我国在线诉讼制度需要把握好在线诉讼的表现形式、网络载体和开展方式三大主要方面，明确关于身份认证、电子材料提交、电子化材料的效力与审核、区块链存证的效力及审查、非同步审理机制、在线庭审、电子送达七方面的规则和适用范围。综合各智慧法院的建设经验，一个全流程在线诉讼制度主要包含如下几方面内容。

1）在线诉讼平台

在线诉讼平台又称电子诉讼平台，是一个能为诉讼当事人、律师提供网上立案、案件查询、网上阅卷、递交材料、联系法官、电子送达、证据交换、网上开庭等全方位、网络化、智能化的诉讼服务平台。构建这一平台需要配备完善的后台应用系统、安全畅通的网络连接和充足的数据信息，用户只需在平台上进行注册，提供相关注册文件，即可在平台上走完一系列诉讼流程。以北京互联网法院创设的"在线智慧诉讼服务中心"为例，平台不仅包括了 PC 端的诉讼功能，还开辟了微信小程序"移动微法院"，使得用户随时随地可通过手机了解诉讼进展，获得相关诉讼服务。此外，北京互联网法院还在在线诉讼平台上设置了"人工智能虚拟法官"，可实时在线为用户提供"智能导诉"服务，帮助用户实现全程诉讼操作自主化。

2）在线起诉与立案

在线起诉与网络立案是在线诉讼中最为基础的环节，诉讼当事人通过在线诉讼平台的指导可以远程实现身份认证和电子诉讼文书与证据材料的提交，所有的诉讼文书和证据材料都会以区块链存证的方式存入智慧法院的数字档案中。在线起诉的优势在于突破了时间和空间的限制，当事人可以在限度范围内随时随地提交诉讼材料并进行补正。杭州互联网法院就利用在线诉讼可以跨越时间和空间的优势创建了跨境贸易法庭，专门用来解决不同国家和地区的诉讼当事人之间发生的贸易纠纷。

3）在线纠纷解决机制

在线纠纷解决机制（ODR）是传统纠纷解决机制（ADR）在网络空间的延伸，借助在线诉讼平台，纠纷当事人可以得到调解员的线上调解，并通过在线平台对各类纠纷模块化归类整合，能迅速灵活地解决纠纷。以杭州互联网法院的做法为例，法院成立了专门调解室，让其直接与电商平台对接，通过对各类纠纷调解资源的整合，能快速分析涉网纠纷的形势、样态和原因，有针对性地对纠纷参与方提出建议；同时，法院通过线上导诉员能自动指导诉讼当事人填写诉状、提交证据，并将同类型案件推送给诉讼当事人，帮助其形成裁判合理预期，更好地引导诉讼当事人通过调解解决纠纷。

4）电子送达

电子送达就是通过在线诉讼平台实现的电子诉讼文书送达功能。不同于普通的电子文件传送，电子送达对诉讼文件确保准确、及时、安全送达诉讼当事人有着严格的要求。而电子送达平台可以根据宽带地址、电商收货地址等找到当事人的实际地址，一键多通道同时送达电子诉讼文书，不但提高了送达效率，也有效节约了司法资源。

14.3 中国建设智慧司法体系的战略与进程

自"十八大"以来，我国的司法体制改革一直以全面提升司法能力、司法效能和司法公信力为主要目标，将应用人工智能、大数据等新型信息技术来辅助司法管理制度与运行机制的完善、规范司法行为、强化司法监督的司法信息化建设列为改革的关键环节。2016 年 7 月，《国家信息化发展战略纲要》将建设"智慧法院"明确列为国家信息化发展战略；2016 年 12 月，国务院印发了《"十三五"国家信息化规划》，提出要建立全国性的电子政务统筹协调机制，完善电子政务顶层设计与整体规划，并强调支持"智慧法院"建设，积极打造"智慧检务"；2017 年 7 月，国务院印发了《新一代人工智能发展规划》，涉及将人工智能应用于司法服务领域的内容；2017 年 8 月，司法部联合科技部印发《"十三五"全国司法行政科技创新规划》，明确提出要贯彻落实《国家创新驱动发展战略纲要》《"十三五"国家科技创新规划》《全国司法行政"十三五"时期发展规划纲要》，加快科技创新成果转化，以提高司法行政工作的智能化水平；2017 年 11 月 30 日中国司法大数据服务网正式开通；同年 11 月，《最高人民检察院关于人民检察院全面深化司法改革情况的报告》中提出，将发布检察大数据行动指南，推进"一中心、四体系"建设，即建设国家检察大数据中心，建设检察大数据标准体系、应用体系、管理体系和科技支撑体系；2018 年 10 月，司法部召开全国司法行政信息化工作推进会，明确要深入贯彻习近平总书记关于网络强国的重要思想，从全面依法治国新理念新思想新战略的高度规划信息化建设，全力推进"数字法治、智慧司法"信息化体系建设；同年 12 月，广州市司法局宣布与腾讯公司联合建设的全国首个司法系统"智慧矫正"平台正式启动；2019 年 1 月，司法部印发了《关于加快推进"智慧监狱"建设的实施意见》，强调要利用信息化手段着力提升监狱安全防范、执法管理、教育矫正、政务办公等各项工作效能，同年 3 月，首批 33 家"智慧监狱"示范单位全部通过验收。至此，我国司法领域从法律服务，到公安侦查，到案件审理，到检察监督，再到监狱执行和社区矫正，全面进入了从传统型向数据型和智慧型转变的"智慧建设"时代。

14.3.1　智慧公安

"智慧公安"是以人工智能为基础，结合物联网、云计算、大数据等信息技术建构起的公共安全管理架构，围绕着公安智能化的核心，将公安系统各个功能模块以互联化、信息化、智能化的方式进行集成和运作，体现出了新时期公共安全保障的新理念[8]。智慧公安的应用前景非常广泛，通过智能探头、数据挖掘、犯罪地图等技术手段可应用于对罪犯的识别追踪、案件侦破、犯罪预防、出入境管理和重大活动安保等，给侦查模式带来了巨大的变革。

1. 识别追踪

将视频监控与图像识别结合在一起锁定犯罪人的应用在我国早已展开。2006 年，北京站和北京西站就应用静态取相人脸识别系统抓获了 100 多名犯罪嫌疑人。2008 年北京奥运会开幕式利用人脸识别系统实名认证开幕式入场者为本人，成为奥运史上首个应用此项技术的主办地[9]。此后，随着天网监控系统在全国的广泛部署，结合人工智能识别系统与大数据分析，我国刑侦工作已经能获得即时、动态的智能支持。2018 年，苏州市公安局宣布开发了全国公安系统首个人工智能赋能平台，汇集了 960 亿条数据，并接入了全市各级视频监控 13 万路和动态人像卡口 2000 余套，该平台能对视频、音频、图像等数据进行精准分析建模，可在数秒内即对街头行人进行人脸识别并进行数据库比照，只要对照出嫌犯，信息即刻传到最近派出所，确保及时出警。

2. 数据挖掘

信息社会的迅猛发展，使得越来越多的犯罪活动依靠信息网络来实施，而犯罪侦查也相应地越来越离不开对电子数据的获取和分析，随着电子取证的规模逐渐扩大，数据挖掘技术应运而生。数据挖掘，在侦查中即"对海量数据的二次甚至多次挖掘、对比、分析，从这些数据显示出的现象背后，发现其隐藏的内在性规律，进而将其转化为可直接实现实地侦查的显性线索"[8]。数据挖掘范围广泛，涵盖所有可转化为数据的文字、图像、地理位置等信息，根据大数据分析，刑侦人员可以从中挖掘出嫌犯的行动轨迹、作案规律、人际往来等，对精准描绘犯案人员、研判犯罪发展方向有重要作用。

3. 犯罪地图

犯罪地图是一种案件分析方法，主要通过将案件关键信息标注在地图或网格上，帮助执法人员直观识别犯罪特征、分析判断犯罪发生的规律，并对同类型犯罪的分布和发生态势进行预测。犯罪地图的概念最早出现在 20 世纪 80 年代，随着大数据技术的引入，通过机器学习并建立有关预测模型，警方可以根据犯罪预测系统所描绘的犯罪地图，清晰判断出犯罪可能发生的地点或罪犯可能藏匿的方位，将过去案发抵达现场的被动转为提前到达犯罪可能发生地的主动，预测并阻止犯罪的发生。美国加利福尼亚州警方的实践表明，犯罪预测系统对案件的预测准确率超过 2/3，使用一年后普通盗窃案件减少了 11%，抓捕成功率上升了 56%。目前，犯罪预测系统在我国各级公安系统已经广泛部署，并对阻止犯罪发生起到了显著的作用[9]。

14.3.2　智慧检务

"智慧检务"是我国检察工作为了落实科技强国战略而做出的重要举措，为了适应新兴信息技术发展给社会生产生活方式带来的巨大变革，检察机关需要运用新技术来提高工作的时效性，增强科技赋能以及时发现并惩治犯罪、充分把握社情民意、推动公正司法和规范司法。按照新修订的刑诉法，对检验鉴定、技术性证据审查的职责进行了强化，增设了电子数据、鉴定人出庭作证等内容，强调客观证据在办案中的关键作用，对检察工作的专业化、科学化、信息化提出了更高的要求。为此，在经历了检察办公自动化、检察机关网络化和检察业务信息化后，检察工作从 2014 年开始迎来了智慧化的改革。

2014 年 4 月，最高人民检察院就启动了案件信息公开系统的开发工作，实现了相关司法文书的网上公开、重大案件信息网上发布、案件流程在线查询等功能。此外，各级检察机关基本建成覆盖办案、办公、队伍管理、检务保障、决策支持、检务公开与服务六大平台，实现了与有关部门的信息资源共享和实时交换传输[10]。目前，检察机关正全力打造全业务智慧办案、全要素智慧管理、全方位智慧服务和全领域智慧支撑的"四梁八柱"电子检务工程，从而进一步践行深化检察改革和推进科技强检战略[8]。

1. 智慧办案

智慧办案指将司法大数据作为检察办案的核心要素，充分应用人工智能和大数据分析等技术，建设司法办案平台，并以此为基础开展智能辅助逮捕必要性审查、智能辅助量刑建议、智能辅助未成年人犯罪风险评估等工作。

2. 智慧管理

智慧管理强调司法大数据在检察机关管理决策中的应用，这一模块包含检察办公、队伍管理、检务保障和决策支持四个平台，通过全流程在线办公程序，实现创新组织管理运行机制，集成优化管理对象要素等，从而极大提升办公效率。

3. 智慧服务

智慧服务指通过应用互联网信息技术实现业务公开和渠道畅通，从而推动高效检察服务的完善。具体包括开通并普及检察机关案件信息公开系统和"两微一端"官方应用平台，确保民众对案件的基本知情权和及时获得信息反馈的权利；建立涉检舆情综合研判系统，对有关网络舆情态势能实现实时监测、动态分析和科学研判；畅通检务服务平台，优化辩护人案件信息查询和预约申请功能，试点远程听取辩护人意见平台，可为辩护律师提供精准高效的服务。

4. 智慧支撑

智慧支撑强调智慧检务工程的长期性与复杂性，主要涵盖信息运维与联合创新两大平台的建设，以及涉密网络安全平台的防护。根据最高人民检察院2017年印发的《检察大数据行动指南（2017—2020年）》，智慧支撑就是要全面推进"需求主导、技术牵引、创新协调、开放共享、安全可靠"的信息化建设总思路，深入挖掘检察机关大数据应用需求，以大数据等相关技术应用为重点，实现大数据与检察工作深度融合的应用体系框架；统筹大数据技术在检察工作中的应用，建立全维的检察大数据建设和应用效能评价机制，联合多方力量创新，促进检察大数据生态链构建；推动大数据发展与检察工作创新有机结合，形成大数据驱动型的检察工作创新模式，协调各地试点应用与推广部署，保持发展的平衡性、协调性和可持续性；建立四级检察机关的数据共享交换机制，实现检察数据资源、知识库体系和支撑平台共享，探索建立政法系统数据共享交换体系和面向社会的检察机关数据对外开放体系，拓展检务公开的深度与广度，充分利用多种信息技术手段和多类型数据信息资源提升司法公信力；坚守"网络安全底线"，实行"网络安全一票否决制"，稳步推进检察信息化自主可控建设，完善大数据信息安全和网络安全保障机制。

14.3.3　智慧矫正

2019 年，司法部印发了《关于加快推进全国"智慧矫正"建设的实施意见》，提出要构建"一个平台，两个中心，三大支撑体系，四个智能化融合"的智慧矫正体系架构，具体而言就是要求高起点规划智慧矫正平台建设，建设各级社区矫正数据中心和社区矫正指挥中心，统一汇聚社区矫正系统基本数据、业务数据、矫正对象数据，以及其他有关部门数据等，为大数据分析应用打下基础，并依托各级司法行政指挥中心，对各级社区矫正形成集社区矫正中心监控、司法所监控、移动监控、电子定位监控和视频点名五位一体的监控体系和指挥体系。据此，各地都展开了智慧矫正的建设与探索。其中，浙江因为数字经济建设开展较早，科技实力与经济基础雄厚，对智慧矫正模式的探索具有代表性[11]。

1."智慧+平台"模式

依托省级社区矫正综合管理平台，各级社区矫正机构都可在平台完成信息录入、业务网上办理等工作。通过加强监督管理、教育矫正和适应性帮扶全业务的数据化管理，社区矫正机构在数据处理和工作管理上实现了自动化、规范化、标准化、公开化和客观化。

2."智慧+移动端"模式

将社区矫正系统延伸到移动端，打造各类应用于社区矫正的应用软件，通过对社矫对象进行精准定位、个性化矫治和管理，极大地提升了社区矫正机构的服务质量与监管能力。此外，政法数字化协同工程的建设，实现了社区矫正机构与公检法等机关的信息数据实时交换，基本形成了网上办公、网上执法、网上考核和网上巡察的信息化格局。

3."智慧+监管"模式

通过手机定位和电子腕带的信息化核查，社区矫正机构对社矫对象实现了动态化监管，而"电子围墙"的设立，更是让社矫管控实现了全天候、全方位、立体化的精准管控，能在社矫对象跨越限制区域时自动报警，从而有效预防脱管现象的发生。

4."智慧+矫正中心"模式

根据司法部"智慧矫正中心"建设要求，地方社区矫正中心需要覆盖到基层，形成从司法部到省再到下辖各市、县、乡的五级贯通的社区矫正智慧体系。各基层司法所均需配备监控摄像头、执法记录仪、自助报到终端等电子设备，能实现信息采集自动对接、各级信息互联互通，有效提高了基层社区矫正的水平。

5."智慧+在线教育"模式

将传统矫治教育从线下转移到线上，依靠实时推送政策法规、管理规定，远程教育和技能培训，达到"线上学习、线上教育、线上监督"的目的。线上教育项目的多样性与教育内容的丰富程度，极大地拓宽了社矫人员的视野，贴合了他们的需求，也有效缓解了师资紧张、教育培训覆盖面较窄等难题，有力地提升了社矫质量。

6. "智慧+心理矫治"模式

通过将心理矫治工作纳入智慧矫正中心，建设社区矫正心理健康智能场景应用，可以对社矫对象采取"心理评估-建档-分级管理"模式，利用大数据技术对社矫对象的心理健康状况进行分析并建立"危机事件预警"，形成"危机事件倾向识别—智能危机干预—推送人工服务—上报预警信息"的服务链路，对社矫对象的全流程矫治具有很好的助推作用。

本 章 小 结

人工智能在法律中的应用由来已久，利用人工智能技术优势，推动司法、执法的高效运转及公平、公开和公正实践，是人工智能法律应用的根本目的。不过，按照马文·明斯基的说法，人工智能是"让机器从事需要人的智能的工作的科学"，换言之，人工智能研究的根本是对人的智能的研究，也即人工智能技术应用于法律，并不单是作为一种法律技术辅助手段，更应渗透进法学学科本身。因此，人工智能技术应用于法律，技术原理必须遵循法律规律，法理理论同样需要解释技术本源。

思 考 题

1. 在线法院的发展会给司法领域带来怎样的改变？有观点认为，在线法院会导致诉讼的便捷化和廉价化，从而引发诉讼滥用；也有观点认为，在线法院具有隐性的审判偏见，"算法黑箱"或可导致更为严重的司法不公；还有观点认为，在线法院本质是对数字化排斥人群的一种歧视，加大了数字鸿沟。对上述观点，你怎么看？

2. 各地公检法系统都在大力开展"智慧司法"建设，请检索各地具体实践与做法，并对其特点进行评价。

参 考 文 献

[1] 熊剪梅, 刘志华, 段星宇. 为什么全球第一家互联网法院诞生在中国?[EB/OL]. http://www.cac.gov.cn/2019-11/04/c_1574400776656841.htm[2022-03-01].
[2] Katsh E, Rabinovich-Einy O. Digital Justice: Technology and the Internet of Conflict[M]. Oxford :Oxford University Press, 2017.
[3] 理查德·萨斯坎德. 线上法院与未来司法[M]. 何广越, 译. 北京: 北京大学出版社, 2021.
[4] 古城. 人工智能进击法律的三条路径[M]//华宇元典法律人工智能研究院. 让法律人读懂人工智能. 北京: 法律出版社, 2019.

[5] 余建华, 岳峰. 扩展时空让审理异步进行——杭州互联网法院创新审理模式工作纪实[N]. 人民法院报, 2018-04-03 (1).

[6] 朱嘉珺. 大数据时代法律实证研究的困境与应对[J]. 苏州大学学报(法学版), 2020, 7(4): 23-35.

[7] 孙航. 智慧法院: 为公平正义助力加速[N]. 人民法院报, 2019-09-18 (1).

[8] 王莹. 人工智能法律基础[M]. 西安: 西安交通大学出版社, 2021.

[9] 金江军. 互联网时代的新型政府[M]. 北京: 中共党史出版社, 2017.

[10] 宋志军, 王勇, 房鸿雷, 等. 智慧检务的探索与实践[M]. 西安: 陕西人民出版社, 2017.

[11] 劳泓. 浙江数字化改革背景下深化"智慧矫正"的探索与实践[J]. 中国司法, 2021(6): 26-30.

第 15 章 人工智能与法律职业

剑桥大学教授迈克尔·奥斯本和卡尔·弗雷曾经发布过一份报告，该报告分析了 365 种职业在未来被人工智能取代的概率，其中律师和法官的被取代率虽然只占 3.5%，但律师助理和法院书记员的被取代率却达到了 95%以上，引发了法律界的广泛热议。因为律师助理和法院书记员长期以来都被视作培养未来律师和法官的基础职业，随着智能语音识别和裁判文书辅助系统的应用，法院书记员职业已经与法官培养路径实现了分离，而律师事务所大规模引进人工智能法律文件处理系统后，则将对律师行业产生颠覆性的影响。

15.1 人工智能律师的诞生及对行业的冲击

2016 年，贝克与霍斯特德乐律师事务所（Baker & Hostetler）宣布引进了机器人罗斯（Ross）作为全球首位人工智能律师，成为全行业关注的焦点。据该律师事务所首席合伙人所言，罗斯能通过快速阅读和学习，迅速掌握与争议焦点关联的所有法律、判例和背景资料，它能迅速在上千个可能答案中将最有关的答案筛选出来（这与长期困扰美国律师的判例搜索特性相关），同时，罗斯还能每天追踪扫描所有有关法案和判例的最新进展，以告知律师最前沿的司法动向。这实际上为律师节约了大量的时间，极大提高了律师的业务能力和效率。一名合格的执业律师，除了每天要花大量的精力用于研究案件外，还需要外出调查取证、与当事人建立联系并对不同行业进行研究，因此需要律师助理辅助进行相关法律和案件的检索工作，而人工智能的出现就很好地解决了这个问题。

罗斯的运行主要包含如下几类法律智能系统功能：①浏览证据材料或其他相关信息文件，被称为技术辅助审阅（TAR）；②能够自动扫描搜索指定范围内的所有判例法和制定法以用于法律研究；③对合同及一般法律文件进行详细分析；④校对、纠错和文档组织[1]。从目前运行的结果可以看出，这些智能系统不仅能为律师节省时间、提高律师事务所整体工作效率，还能在案子早期阶段进行风险评估、促进律师与当事人之间良性关系的建立，同时通过更加科学的资料整理与分析来强化律师办案思路的逻辑思维构建，并最终缓解律师的疲劳感和工作压力。此外，美国知名法律搜索引擎 Ravel Law 也与哈佛大学法学院在 2015 年开始合力研发了名为 "Caselaw Access" 的项目，该项目旨在将哈佛大学法学院——也是世界上规模最大的法律资料收藏地所藏有的全部美国判例法书籍进行数据化，并将所有的电子资料放在互联网上公开供所有人免费阅览。Ravel Law 意图以这一项目为基础，开创独有的法律数据分析平台，帮助律师根据需求快速筛选目标判例并锁定判决结果，同时对判决走向进行分析，这将极大地减轻律师翻阅卷宗的负担，同时也为律师制定诉讼策略提供了帮助[2]。

以罗斯为代表的人工智能律师的出现在律师行业掀起了一阵改革浪潮，例如 2016

年 12 月，英国知名律师事务所林克莱特（Linklaters）启动了一项全球计划，旨在让所
有新入职的律师全部掌握基本编程技能；2017 年，我国湖北武汉发布了首个法律机器人
"法狗狗"，该机器人能直接高效地为法律诉讼业务提供大数据和推理演绎的技术支撑，
包括提供法律咨询、拟人化交流、为客户提供数据挖掘服务等。律师事务所对人工智能
技术的引入需求在不断扩大，对相应法律人才的渴求也在不断加码，然而人工智能技术
的引入在短期内就可以实现，而人才的培养却无法一蹴而就。面对这一窘境，接受人工
智能与数字科技的培训成为众多执业律师的首选。根据牛津法律科学调查，超过九成的
英国律师都认可有必要在三年内接受人工智能等新兴科技知识的培训，有六成的英国律
师赞成必须接受多种非法学课程的教育，包括数据科学、项目管理和设计思维等。关于
具体的培训内容，被认为具有最迫切需求的有：①数据分析；②由使用人工智能和其他
科技引发的法律议题；③由律师事务所雇员使用软件包引发的议题；④由使用人工智能
和其他科技引起的伦理议题；⑤数字素养（文化）；⑥创新科技[3]。除此之外，许多律
师都表示已经在组建或参与跨学科团队项目，因为客户对法律服务科技含量的要求在不
断提高，对涉科技法律难题的诉求也在不断增加，而科技含量已然成为跨学科法律服务
的新标杆。

　　面对智能技术对法律行业的冲击，律师事务所势必迎来工作模式和管理模式的转
变。首先，工作流程会因为智能技术的引进而变得更为高效，且能为客户提供个性化、
精准化的服务。例如，北京市元甲律师事务所通过对道路交通纠纷案件的特征梳理，总
结出了包含 11 个环节的流程，每个流程都匹配了相应的工作人员，涉及理赔顾问、跟
案律师、咨询专员和行政专员等，由于人员分工明确和环节高度流水线化，案件流程的
运转速度大幅提升，矛盾纠纷焦点能被迅速找到并予以解决。在进入人工智能时代后，
北京市元甲律师事务所进一步引进了智能技术，将不同环节涉及的文档流转、信息数据
采集和任务分配等都交给了系统来处理，更加提升了案件处理能力[4]。流程自动化既能
借助智能技术提高案件处理能力并缩短流转周期，又能减少不必要的人力资源浪费，强
化了团队协作能力和规模，并能针对不同受众制订具有个性化的流程优化方案。其次，
管理模式也会因为智能时代行业发展的需求而发生变革。例如，网络电商模式的兴起使
得电商类法律服务平台能够突破地域限制，为客户提供灵活多样的服务，包括提供在线
咨询、在线解决纠纷服务、在线预约订购线下法律服务，以及搭建法律服务牵线平台，
为客户联系律师等。此外，律师事务所的管理模式也逐渐朝着数字化方向发展，建立数
据分析体系，对案件处理中涉及的信息进行数据化采集，包括案件类型、当事人信息、
专案人员、诉讼流程、服务类型、报价等，并进行分析归类。此种数据分析体系比传统
律师事务所的档案分类模式更加科学精确，既有助于律师办案时的查找和使用，又便于
律师事务所找到问题所在和办案规律，从而提升服务质量[5]。

15.2　人工智能法律人才的培养

　　人工智能与法律的结合，不仅是自然科学与人文社会科学的碰撞和融合，也是人工

智能技术发展到一定阶段的必由之路。没有法律规制的技术会对社会发展形成严重阻碍和威胁，而无法解决技术引发的社会问题的法律也将成为社会发展的桎梏和枷锁。对此，有人形容这是一场人工智能引发的"造山运动"，不同领域的板块碰撞会在社会面形成大大小小的山脊与塌陷，而法律人的发展趋势也会朝向两个方向：一个是向上而行，积极拥抱人工智能技术，将技术作为辅助立法、司法、执法的工具，深度拓展智能法律工具的研发与应用；另一个是向下而走，探索人工智能技术与法律的界限，去深耕人工智能技术也无法触及和解决的最深层次的法律问题，捍卫法律作为公正与善良价值观的底线[6]。然而，无论是哪种朝向和路径，都需要法律人开拓自身的知识储备，需要法律行业转换思维模式，迎接人工智能等新兴技术对传统法律领域的冲击和洗礼。目前，我国乃至全世界在人工智能法律人才储备上都存在较大缺口，从教育培养跨学科人才的角度出发，可以从课程设置、专业联合、生源调整、体系构建四方面逐级进行改革。

15.2.1　课程设置：从浅层介绍到课程引入

目前，国内法学院探索法学与信息科学的融合方式，主要包括设立人工智能法学、互联网法学、计算法学等校级或院级研究中心，延请计算机学院或信息工程学院的教授、专家定期开设科普讲座，或通过校内公选课的方式鼓励学生选修相关课程。也有少数法学院率先设立了智能法学方向的二级学科，将关于人工智能技术、大数据原理、信息网络构建等基础知识都纳入必修课程中[7]。总体而言，对于智能信息技术知识的普及，我国各大高校仍然以兴趣引导、介绍科普为主，对智能法学的学科建设尚处于规划起步阶段。智能信息科学的发展速度过快，而智能法学的学科建设相对滞缓，这是目前人工智能法律人才培养所面临的一个现实且紧迫的问题。必须意识到，法律领域正在经受着前所未有的变革，这不是一场法学主动向信息科学靠拢的变革，而是信息科学改变世界生态格局下法学被动承受的变革，传统的按部就班式的兴趣引导无法跟上这场巨变的节奏。因此，必须将信息科学相关课程纳入法科生的培养计划中。

设立智能法学方向的二级学科是一个可选项，在学科范围内引入智能信息技术相关课程，可以对智能法学复合型人才培养模式进行结构性设计。不过，这一做法仍具有一定封闭性，忽略了智能信息科学对法学全方位的影响——"如果人工智能法学囿于部门法和具体法学理论人为划分的窠臼内，就很有可能陷于一个自我循环的概念体系中，很难进行切实可行的制度创新和制度累积"[8]。尽管目前对智能法学的研究程度还难以脱离传统对法的分类格局，但是可以通过提高整体法学人才的科学素养来营造有利于智能法学发展的环境。因此，美国法学院的经验值得借鉴，即加大智能信息技术课程在选修课中的比例（许多法学院都在高年级增加了"人工智能导论""机器学习原理"课程，甚至将"加密货币"作为专业选修课）。结合我国法学高等教育的现实，可以在本科阶段开设关于人工智能、大数据基础知识的通识课，并在此基础上开设"法学+人工智能""法学+网络信息"等涉及智能法学交叉领域的专业选修课，引导并激发本科生对相关问题的关注热情；同时，在研究生阶段设立智能法学方向的二级学科，将机器学习原理、区块链、物联网等更高阶的知识作为必修课内容纳入考核体系中，实现智能法学复合型人才的结构性培养。

15.2.2　专业联合：加强与 STEM 专业的合作

STEM 是科学、技术、工程和数学类专业的简称，同时也是构建智能信息技术的重要基石。国外法学院将与 STEM 专业的团队进行实践创新合作视作开拓智能法学方向的重要举措。例如，美国佐治亚州立大学法学院，就开设了一个名为"法律分析与创新启动"的实践项目，主要吸收法学院、计算机学院和商学院的学生共同参与，给予了学生组建跨学科团队共同设计新型软件来解决复杂法律问题的机会[9]。依靠法科生对司法诉讼的了解、商科生对金融市场的熟悉，以及计算机学院学生的编程操作，目前已经有学生团队做出了具有较高准确率的能预测特定法官对同类案件判决结果的软件。这项合作不仅促进了学生对智能法律应用前景的了解，所取得的成果还获得了法律服务行业的瞩目，极大提高了学生在就业市场上的竞争力。美国法学界普遍认为，人工智能技术代替律师和法官基本职能的趋势不会改变，而在不久的将来，法律专业人才需要站在更高的台阶指导并参与到对人工智能法律工具的设计与应用中。因此，创设各类项目，鼓励法科生与本校其他院系学生合作进行法律和智能科技相关实验，是目前美国法学院的发展趋势。

我国有少数法学院依托所处的环境和资源，已经与知名互联网企业达成了长期战略合作，组建了智能法学相关研究团队，进行项目开发，这是得天独厚的优势。然而，更多的法学院并没有这一资源，何况，与互联网企业间的合作更多是从师资力量培训以及研究生培养角度出发，并不适用本科生。因此，妥善利用好本校资源，加强与 STEM 专业院系的合作是更优的选择。学校应鼓励院系间协同合作，组织学生进行法律科技创新项目，或参加有关专项比赛（如最高人民法院组织的"中国法研杯"司法人工智能挑战赛），并将这些经历归入实践课程学分中，以此来激励学生积极参与跨学科合作。应当考虑到智能法律工具在司法机关和法律服务行业中的发展前景，引导学生积极参与跨学科合作也是提高学生就业竞争力的助推器。

15.2.3　生源调整：加大信息工程等专业的研究生入学比例

智能信息技术对法律领域的冲击使得法学科技复合型人才成为就业市场上的抢手资源。然而，培养法学与科技皆通的全面复合型人才是一项系统工程，需要完整的体系性构建和充足的人才培养期，难以满足当下人才紧缺的需求。有鉴于此，例如美国法学院在招生范围上进行调整，将 STEM 类本科以上专业的学生录取比例由原来的不超过10%扩大到近 20%，并删除了对申请者必须参加法学院入学考试（LSAT）的限制，而是将研究生入学考试（GRE）和商学院入学考试（GMAT）也纳入申请要求范围中，体现出了对理工科学生的强烈需求，极大改变了原有的生源结构。美国法学院原本就具有多元学科融合的办学理念，因此对信息工程类学生的倾斜正向促进了学院智能法学的建设氛围，更有利于各类跨学科研究项目和竞赛在学院内的展开。此外，不少法学院在招生程序上也进行了改进，引入一种由人工智能和大数据技术开发的生源分析工具，将其作为招生指标的参考。该类工具意在通过数据分析找到与各院校招生目标相匹配的学生，实现双向选择，目前已广泛应用于美国各大院校的本科招生项目中。美国法学院对该技术的引进，标志着人工智能技术已经在事实上开始影响学院的办学思路，也是法学与智能技术融合的一个表现。

我国法律就业市场也在面临着法学科技复合型人才短缺的困局，在法学教育体系性改革还在初始规划的当前，调整文理科学生的入学比例，是个可以参考的选项。不过考虑到我国法学教育包括本科生阶段，可以采取两种招生策略：一是扩大本科生阶段理科学生的入学比例，或是效仿其他专业，划定特定单科成绩的录取最低分数线，提高对学生的自然科学素养要求；二是在研究生阶段加大信息工程相关专业毕业生的入学比例，结合前述在研究生阶段设立智能法学方向二级学科的建议，可将该比例定在10%~20%，以生源结构为契机对人才培养模式进行改革。

15.2.4 体系构建：规划"法学+科技"的产学研一体化建设思路

法律与科技，既被传统描绘为在知识和行动层面存在差异与竞争的领域，有时又是彼此必要的存在。在智能时代，人们一方面寄希望于法律能解决数字科技创造的常规问题，另一方面又期待数字科技自身能为规范社会行为做出贡献。这种双重性意味着，当前面临的真正问题既不是法律，又不是科技，而是衔接和分割二者的那个"与"字[10]。"法律形式就是一种社会架构"[11]，而无处不在的信息技术对社会的全面覆盖，则彰显出数字科技对法学的影响是超越传统学术框架的、突破性的——"我们教育界有义务去直面法律等同于科技的程度，以及数字科技正成为法律的途径等涉及信息科技的内容是如此重要，以至于无法将之仅作为课程的附带内容，而应当被理解、被提问，贯穿课程始终"[10]。因此，未来智能法学教育的重点，并不是修正或完善工业时代的法学理论，而是培养法律与科技并举的创新型法学思维[12]。创新型思维是培植于复合型人才成长根基的基础理念，必须通过体系性构建才能真正实现。因此，完善智能法学人才的培养路径，最终就是要规划一条从本科生入学，到研究生培养，再到就业的围绕"法学+科技"的产学研一体化建设思路。

具体而言：一要拓宽"学"的范畴，在基础理论、学习方法、应用实践等方面都体现出"法学+科技"的内涵。智能法学思维的培养应当具有综合性和前瞻性，不仅是信息科学，法学外的社会科学也应当被纳入学习领域内，紧跟科技发展的步伐，坚持科技伦理教育，让对法律与信息科技间关系的关注贯穿于教学始终。二要突出"研"的作用，以"研"助"学"，以"研"促"产"。智能辅助审判系统、智能合约、机器人律师等工具开始逐渐应用于法律领域，智能法治理念的快速发展对法学教育提出了重大挑战，"学""研"分离的现状已经无法跟上法治变革的脚步。研究不仅是运用法律手段来规制人工智能现象，也不仅是运用智能理论技术来思考法律问题，而是在研究法律与技术碰撞产生的社会治理难题的同时，思考应对举措、应对方法和培养治理人才的问题。因此，研究既是激发学习、提高教学水平的动力，又是推动法治前行的助推器。三要强调

"产"的价值，明确"法学+科技"对提高公共服务和社会治理水平的重要现实意义。法学的产出，除了推动立法外，在智能时代更有了开发辅助办案系统、案例分析工具等可具现化的直观展现。法学与科技人才相互合作开发人工智能法律辅助工具，人工智能法律辅助工具提升了司法办案效率和法律服务潜能，相应地，法律就业市场对人才提出了更高的要求，而新型复合型人才的培养将进一步助推人工智能法律辅助工具的开发和应用，从而推动社会法治不断强化与完善。因此，"产"在智能法学的建设中具有前所未有的重要价值，不仅是智能法学研究成果的体现，更是提升社会治理水平，推动智能法学人才锻造的关键动力。

本　章　小　结

律师作为一种"精英"职业，具有很强的专业性，所涉及的知识面也非常广，既需要扎实的专业知识基础，又需要较强的问题分析能力和社会交往能力。律师一般分为诉讼律师和非诉律师两种，前者负责出庭，需要阅读卷宗、研究法律资料并搜集大量证据；后者一般负责各种法律文书的撰写、修改，以及查阅相关资料。事实上，很多律师兼具诉讼和非诉业务，因此工作量格外繁重。人工智能辅助工具的引入能减轻律师办案中的一些繁杂重复的工作，使律师能将更多精力投入疑难问题的研究中，能有效提高律师的工作效率，提升法律服务水平。不过，人工智能律师的引入对律师、律师助理等职业都具有冲击性，一是律师对科技接纳和使用的水平需要提升，二是律师助理位置被取代将使得新入行的法律从业者缺少了增强工作经验的前期准备，对律师培养模式的改革提出了新要求。

思　考　题

1. 未来律师规模会因为人工智能律师的引入而大幅缩减吗？
2. 从学生各自所在的专业角度出发，思考行业与法律碰撞的可能性，以及跨行业科技法律人才培养路径。

参　考　文　献

[1] Marwaha A. Seven Benefits of Artificial Intelligence for Law Firms[EB/OL]. http://www.lawtechnologytoday.org/2017/07/seven-benefits-artificial-intelligence-law- firms/[2018-05-04].

[2] Harvard Law School launches "Caselaw Access" project[EB/OL]. https://today.law.harvard.edu/harvard-law-school-launches-caselaw-access-project-ravel-law/[2018-05-04].

[3] Janeček V, Williams R, Keep E. Education for the provision of technologically enhanced legal services[J]. Computer Law & Security Review, 2021, 40: 105519.

[4] 古城. 人工智能进击法律的三条路径[M]//华宇元典法律人工智能研究院. 让法律人读懂人工智能. 北京: 法律出版社, 2019.

[5] 王莹. 人工智能法律基础[M]. 西安: 西安交通大学出版社, 2021.

[6] 李岳. 与 AI 共处，法律人职业能力向何处迁徙？[M]//华宇元典法律人工智能研究院. 让法律人读懂人工智能. 北京: 法律出版社, 2019.

[7] 陈亮. 把握时代脉搏 培养创新型法律人才——西南政法大学成立人工智能法学院[J]. 人民法治, 2018(16): 67-68.

[8] 程龙. 从法律人工智能走向人工智能法学: 目标与路径[J]. 湖北社会科学, 2018(6): 135-143.

[9] Savka V. How Will Artificial Intelligence Change Law Schools?[EB/OL]. https://abovethelaw.com/legal-innovation-center/2019/06/20/how-will-artificial-intelligence-change-law-schools/ [2021-12-21].

[10] Webb J. Information technology & the future of legal education: a provocation[J]. Law & Human Dignity in the Technological Age, 2019,(Special Issue): 72-105.

[11] Fuller L L, Winston K I. The Principles of Social Order: Selected Essays of Lon L. Fuller[M]. Oxford : Hart Publishing, 2001.

[12] 朱新力. 法治中国的新维度[N]. 法制日报, 2019-01-16 (9).

第五篇　人工智能＋哲学

　　基于多学科交叉来思考和理解人工智能技术，是理解当今技术时代的问题与挑战，继而在技术发展中与技术发展共存的一种必要的途径。对人工智能技术及其发展进行哲学性的理解和反思，则又在这种必要的途径中，具有统摄性和引导性的价值。

　　技术毕竟是因人而出现的文明的产物，探讨技术的人文性起源，探讨技术与文明的关系，能够在宏观的框架中，洞悉技术的发展脉络；广义人工智能技术，是人类技术的最终形态，是物理、数字和生物世界融合的技术，成就技术发展的会聚技术时代，成就所谓工业4.0，"迈向第四次工业革命的物联网"。

　　这种技术演变引领"18世纪第一次工业革命的机械化""19世纪第二次工业革命的电气化""20世纪第三次工业革命的信息化""第四次工业革命的智能化"四次工业革命。人类增强技术作为技术发展的最新形态，试图用现代科学技术，克服和超越人类与生俱来的生物属性及身体功能限制。在此进程中，人们正致力于实现物理、数字、生物彼此智能化联结的突现耦合，创生人类新的生存样态——元宇宙世界。

　　哲学就是认识你自己，认识作为个体存在的人，认识作为人类共同体存在的人。在哲学意义上人工智能面对的所有问题，也以全新的形式容纳在这些问答之中，人工智能技术在广义上也是人与自身、人与世界之间的一种提问和应答的外化及物化形态。人工智能技术的底层问题和底层逻辑，就是哲学问题。信息、知识和智慧彼此之间具有层级递进关系；智慧则是智力、机智与明智的整合，而智力、机智与明智彼此之间的关系和区分则与社会性的人的境遇性实践密不可分；认知、伦理、审美、信仰，该是人之为人的全部。对这些关系的哲学反思与应对，一方面涉及通用人工智能的可实现问题，另一方面涉及人类的未来是否依旧属于人类的可持续性问题。

第16章　人文、技术与文明

就自然、科技与社会而言，我们需要接受这样的基本前提，即在没有人类之前就存在着自然，在有了人类之后才有了社会，在自然与社会的作用结合之后才有了科学技术。

从广义的视角，可以对技术进行这样的理解，即技术是人类实现观念物化、通过可操作性实现的方式、直接作用于人类认识世界和改造世界的所有的人类操作形式[所有的 know-how(知道如何做)形式]。它是人类能动性的一种体现，是人类作用于我们周围环境的一种手段，它体现并且实现了从新石器以来，人作为机器制造者的能动梦想的现实化。技术联手科学，为这种能动性不断地提供了新的手段，去系统地作用于自然界，预言并修改自然的进程，设计各种装置去驾驭和利用自然的资源与能量。化身为"普罗米修斯"的技术盗火者所蕴含的对世界的能动的重组和改造，贯穿着人类文明的始今。

宗教、哲学、科学同根同源，都是人的主体性的觉醒和释放，区别仅仅在于宗教诉诸信仰与救赎，哲学诉诸理性与反思，科学诉诸逻辑与实证，来体现和实现这种主体性觉醒和释放。技术作为科学的可操作性的外化和物化的现实样态，其本身就是人的主体性的现实呈现，技术则是宗教（诉诸神性）、哲学（诉诸理性）、科学（诉诸实证）三者结合的直接现实，于是技术在起源上就具有原初的人文性。在这个视角下，可以认为文明是技术塑造的。

文明一般包含三种构成：一是物质文明，包括劳动的分工、稳定的物质生活来源和剩余收益，以及相当规模的聚居，以及支撑所有这一切的物质基础；二是政治文明，包括出现了国家或国家的雏形，或者正在走向国家，且可能也要容纳其中局部和暂时的政治秩序的不断建构与崩溃，以及与之对应的制度与秩序体系；三是精神文明，不仅有精神的内心生活，还有精神的外在形态和成果，包括文字，或至少丰富精致的口头语言，有各种可以流传和留存的精神产品，有比较稳定的价值观念。这三种构成中的每一构成又都有观念层面的——观念技术（人类之间的彼此信任、宗教、神话、各种形而上学的理论等），制度层面的——制度技术（政治体制、经济规则、法条律令等），以及器物层面的——器物技术（各种物化形态的解决问题的手段与方式）三种层面技术的彼此支撑。技术推动和实现观念、制度、器物之间的相互作用、转换和演化。

16.1　文明、技术、人工智能技术

广义上说，技术以隐而不见的方式建构着文明。技术是人类存在的方式，技术是人类自我塑造的方式，技术是世界的建构方式，技术是世界和人的边界的划定方式。

技术：人之符号属性的外化与实现。就某一维向而言，文明是技术塑造的。人类是制造和使用符号的生物，时间和空间是宇宙间万事万物的存在形式，没有脱离时空的宇宙存在，但符号却具有压缩时空和超越时空的特性。技术是符号的外化和物化形态，也是符号外化和物化的过程。抽象能力的获取和应用是人类区别于其他动物的特性，这种抽象能力的获取和使用，使人类成为一种符号性存在——一种"符号性的动物"，符号成为人性发展及人类文化的所有创造物的基础，符号的各种转换和实现构造了语言、历史、艺术、宗教、哲学、科学的整体构架。技术实现了人类"主体客体化、客体主体化"不断反身性强化的双向过程，世界以我们建造世界的方式建造我们，这种建造的枢纽就是不断进行的技术转换。人类文明就是在这种转换推进中演化的，并把这些转换不断地物化与现实化（图 16-1）。

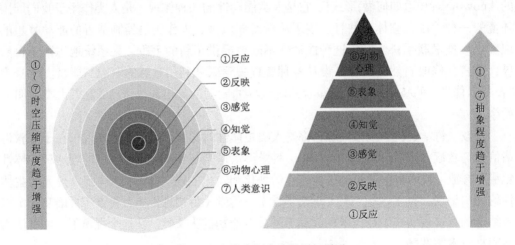

图 16-1　人类意识产生的层级递进

技术：人类"机器制造者"梦想的实现。与技术起源的人文本质关联，近代科学乃是人类组织并开发其所生活的世界的长期努力的继续，技术则使得这种努力现实化，使得人类自新石器以来所具有的"机器制造者"的梦想在不断现实化的进程中，推动人类文明不断改变着样态。人类的社会组织长期以来就是建立在与新石器时代组织城市国家中不同阶层和结构的社会团体所需要的同一技术的基础上的：从基础性的书写、几何和算术开始，到工具机→传动机→动力机→控制机→自动机→智能机→共生机[赛博格（cyborg）]机器的历史演进，再由强化与解放肢体（肢体的解放与肢体的跨时空延展）向强化与解放智能（各种计算机技术加持的人类智能放大性呈现）以至于挑战与超越智能（以赛博格形态存在的人机共生技术）的技术跃迁，从物到能源，再到信息，技术持续不断地改变和塑造着人类的生存方式和生活样态。我们必须承认，在新石器时代的磨制技术到当今时代的互联网技术组织起来的技术集成之间，保持着技术与人类相互塑造的连续性。

技术：人类的技术性存在本质的显现。人类与动物的区别，开始于旧石器时代和新石器时代的分野。技术实现是人的主体性的释放，在这个意义上，技术实质上就是人类对生存环境（包括自然环境、社会环境）不断地介入、重组、改造以及在这种介入、重组与改造中对人本身的塑造。文明与技术互锁共生。从转燧取火、磨制工具，到蒸汽机技术、电力技术，再到信息技术、计算机技术，以至到今天通过互联网技术整合起来的会聚技术，技术无不对应和塑造着人类的文明样态，文明发展与技术不可剥离。技术的最初形态就是人基于观念性的目的主动地使用自己的躯体，技术的当今形态是各种观念的外化和物化的系统性递进——以复杂的赛博格形态存在。人类躯体—手工工具—复合手工工具——工具机—传动机—动力机—控制机—自动机—智能机—共生机（赛博格）。技术存在样态的演进，呈现在作为技术总体的社会技术、身体技术和制作技术中，同时塑造与约束着人类本身。技术是在用的过程中呈现自身，并且在使用的过程中塑造着技术的使用者。划分这个大概 200 万年的漫长的人类历史的就是技术的演变，人类所使用的不同的工具，就是漫长的进化时间的标记，旧石器时代、新石器时代、青铜器时代、黑铁时代、机器时代、电力时代、信息时代、智能时代的划分，也是通过技术工具的种类和技术整体的形态来划分的，也就是说人类的文明史本质上是技术史。

我们通过技术的标定来取得对人类文明的认定，所以技术应该比科学更加深刻地反映人的本性。我们通常认为的人的社会性存在本质，实际上是人的技术性存在本质的一种外显形式，是作为社会技术存在的一种技术性存在方式，技术是人的自我构造方式。人的身体构造其实是通过技术来完成的。与任何动物都不一样，人的身体是自我雕饰的。我们手脚的运用和大脑的运用实际上是相互映衬的，大脑的发展和手脚的分工有关。人手是在制造工具的过程中发达起来的，人最早的觉醒是对自己身体的觉醒，对身体的自我塑造是人类自我塑造的第一步。整个技术的演化史都能在人身体的改造中体现出来。从某种意义上说，身体作为人类最基本的工具，记载了人类一切的进化成就，它也反映了与之对应的社会关系。作为一项社会技术，钟表规定了社会节奏，体现了社会秩序，所以技术对世界的划定是无微不至的。在身体的构建中，每种方式都是一种社会关系的烙印，人类通过对自己的身体进行反省，就会发现里面有很深的文化积淀。古人讲的"坐如钟、立如松、行如风"表面上看来是对身体的要求，实际上包含了对人的品性、生活状态和精神风貌的要求与训练，这都是通过身体来表现的。因此，在古人的直觉里，精神和身体是不能分开的。

技术：人（社会）-自然-机器共生性的赛博格存在。我们可以把当今时代称为技术的时代，而不是科学的时代。赛博技术是当今技术的主导趋势。回溯看来，技术在其产生的时候就具有赛博性质。工具的习惯性使用，促使人与工具融为一体，就意味着一个生活世界已经形成。对于一个用惯了锤子的人来说，世界就是他的钉子。赛博技术不是某种具体的技术，而是人（社会）-自然-机器共生的技术形态，在具有这样的技术形态的各种具体技术中，人、自然、机器相互依赖、相互渗透、相互塑造。在这个意义上，尽管从新石器时代的技术到当今凸显赛博性的"NBIC 会聚技术"[NBIC 是纳米技术（nanotechnology）、生物技术（biotechnology）、信息技术（information technology）、认知科学（cognitive science）四大前沿科技的英文首位字母缩写]，在要素、结构、功能上存在着天壤之别，但在人（社会）-自然-机器的共生性上保持着基本的一致性，共生、共存、互促是赛博性的核心属性。会聚技术的本质是会聚，会聚技术体现了一种基于转型工具、复杂系统数学和对从微小的纳米级到星球级的物质系统的统一的全面的技术观，是支撑第四次工业革命的基本的技术样态，人工智能技术则又是这种基本的技术样态集群中的核心性的联结技术 。

广义人工智能技术：人类技术的最终形态，是物理、数字和生物世界融合的技术。人工智能技术作为核心联结技术，连接起第四次技术革命和第四次工业革命，成就所谓工业 4.0。"迈向第四次工业革命的物联网"，成就技术发展的会聚技术时代。在这样的技术时代，将已经普遍应用于物联网和各种服务以及工业领域的数字化技术应用于整个工业制造，制造以智力生产取代物力生产的下一代工厂。人、智能对象和机器的联网，面向服务的体系结构的使用，来自不同来源的服务和数据的组合以创建新的业务流程，给各种新的技术组合都带来了全新的机遇。工业 4.0 是基于数据的价值创造，是创新的业务模型和组织形式的基础，也是能源、健康和交通等领域新解决方案的基础。这种智能时代技术带来的速度、广度、深度和系统性的变化，引发国家、公司、行业之间以及整个社会系统的变革。

16.2　会聚技术时代的专才、通才教育

以人工智能技术为核心性的联结技术的会聚技术（NBIC）发展时代以及对应的人类的第四次工业革命，让人类有望进入一个创新与繁荣的时代，进入人类社会进化的一个转折点。会聚技术给我们带来了新的科学发展观：一种大一统、大科学、以人为本的整体发展观。第四次工业革命的核心是技术的融合，消除物理世界、数字世界和生物世界的界限。信息化、网络化、智能化和可持续发展是第四次工业革命的特点。

这样的技术时代和工业时代：①引发产业结构的转型和经济模式的变革。信息产业统领、整合其他产业形态而成为主导的产业发展形态。②引发科研体制的变革。学科渗透、资源整合、流动开放、跨学科研发建制成为主导的科研组织形式。③引发教育模式的变革。为未来培养技术上的生力军，摒弃文理分开的教学方式，通识教育与多元统一课程设置并举。④引发与上述各种变革对应的人才特质的新要求，这种新的人才特质就是在广博的前提下精通一门学科或某项技艺的专门人才，即具有通才素质的专才。

通才素质的专才。当今社会需要的专才是在广博的前提下精通一门学科或某项技艺的专门人才。通才通常是在一定范围内各方面都擅长的人才，且在多个领域均有建树。通才一般具有金字塔形知识结构（图 16-2），塔底是宽厚扎实的基础知识，可以随时扩充和发展。没有打地基，何来建高楼；没有夯实基础，何来做出学科贡献？金字塔中间是专业相关知识，塔顶则是更高更专的专业技能知识和学科前沿知识。通才具有这样的知识结构，容易把所具备的知识集中于主攻目标上，容易向专的方向和专的高度发展，有利于迅速接通学科前沿，成为某一领域的资深专家。厚基础、高能力、精技能是具有通才素质的专才的特点。对历史上贡献较大的科学家进行排名，发现了这样的一个规律：对科学家整体进行历史性的考察，成为伟大的科学家的人物，其知识结构都具有百科全

书的特征。就某个杰出科学家的个体进行考察，越是在这些人生活和工作的早期，科学家作为科学家的身份就越不纯粹，他们从一开始就没有想成为专业人士，牛顿研究科学是一心想着将上帝与科学统一起来，因而大部分精力都用来证明上帝存在，证明"第一推动力"；亚里士多德则是兼具哲学家和科学家属性的学者；笛卡儿在数学和物理学上的成就是其"理性主义"哲学理念的展开部分；就算是距离我们更近一点的达尔文，其《物种起源》非常随笔化，甚至有点科普作家的味道。在现代社会，获得伟大的科学成就的科学巨星，如普里高津、爱因斯坦、海森伯等，在其早期甚至贯穿始终的科学生涯中都渗透着极强的哲学追寻和艺术体验。

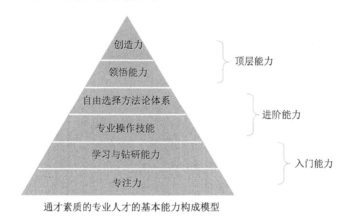

通才素质的专业人才的基本能力构成模型

图 16-2　具有通才素质的专才的能力层级结构

专才的必要性。随着社会分工的细化，与分工相对应的知识结构也越来越细，故专业也向更加复杂的方向发展，对人才的要求同样趋于细化。需要拥有在特定领域内有精深造诣的专业型人才，以适应现代社会的发展现状，科学分工是现代社会良性发展的必然要求。在专业领域方面，专才具有深度的知识和更熟练的技能，相较于全才，可具有更坚实的基础和更好的完成力，从而顺应现代社会中科学分工的要求。专才拥有某一领域内的专业知识和技能，专才在现代社会中具有针对性的不可替代性。社会分工的深度很深，在社会生产和创新发明中需要社会分工的细化，在社会具体工作中很多知识与细节工作并非普通人可轻易交接。相应地，成熟的专才具有独特的能力。

专家型人才不是一般意义上的专才，而是具有完整的专业知识网络的专业人才。专家型人才金字塔形知识结构，包括最底层的也是最基本的能力，即长期专注于某一领域进行学习和钻研的专注力与学习能力，还包括专业领域的通用知识与操作技能。这些能力保证他们在具备基本工作能力的前提下，不断在这个领域内攻坚克难、汲取知识。

拉开专家与普通专业人才的最大区别在于两点：一是认知层，即是否具备关于专业领域的完整知识网络；二是执行层，即除了一些普遍适用的方法之外，是否通过沉淀形成了自己解决问题的一套方法论体系。

通才素质匮乏下专业教育的缺陷。专家在今天仍然没有彻底过时，但在这个知识大融通、信息日趋民主化的会聚技术时代，无论对于个体，还是对于群体，无论是教育上，还是事业上,完全沉浸在高度专业化的状态,会让我们陷入认知壁垒,限制自己的发展。专家在真正的通才面前,越来越相形见绌。因为,一方面,当下人工智能技术的纵深发展,使得无论是多么艰深和复杂的任务,只要是越来越多的可基于程序性操作完成的工作,都可以更高效地由机器技术取代;另一方面,技术的全方位融合,使得大多数颠覆式的创新和革命性的范式转型,则要求通才才能完成。

第一,专才赖以成功的刻意练习的学习方式,只在友好的学习环境下才能有效。所谓友好的学习环境,就是指环境封闭、规则固定,能够获得即时反馈和大量经验可供学习。

第二,高度专业化会让人陷入认知狭隘,丧失批判性思考的能力,难以适应日益复杂的世界。高度专业化的专才教育还会阻碍创新。

第三,批判性思考能力的缺乏,会导致思维趋于静止和封闭。继而影响学习能力、沟通能力、整合能力以及变通能力的构建。

埃隆·马斯克就是会聚技术时代通才优势的典型代表。他每周至少花 5h 学习新知识;在各个不同领域广泛学习;了解领域间相通的深层原则;将这些原则运用到其核心专业中。他广泛跨界阅读、致力于理解和掌握第一性原理以及第一性原理之间的贯通,将各种第一性原理融合起来,将融合起来的第一性原理注入各种核心专业中,将基本原理在新领域重构。对第一性原理的融合性、注入性、重构性应用,使其成为当代拥有 9 家高新聚合技术企业中诸多的高新技术的实现者,成为专家型通才。他将人工智能、科技、物理和工程中所学的核心基本原理在不同的领域进行了重新构建和应用:在航空领域创立了美国太空探索技术公司(SpaceX);在汽车领域推动了具备自动驾驶功能的特斯拉(Tesla)的发展;在交通领域设计了超回路列车(Hyperloop);在智能技术领域,致力于可与大脑交互的神经带(neural lace)的发明……世界上最大的五家公司的创始人——比尔·盖茨、史蒂夫·乔布斯、沃伦·巴菲特、拉里·佩奇和杰夫·贝佐斯——也都是专家型通才。

专才与通才比较。如果同处一个较浅层的、较单一的维度,专才解决问题会更深、更快、更彻底。不过,一旦通才融会贯通各领域知识体系,架构起领域间的底层逻辑系统,就会上升到更高维度看待和解决问题,会触发更多维向、更多层级的问题发现和问题解决。这时维度的高低就是通才(多项潜能者)区别于专才最核心的优势,就好比将军与统帅。在机器智能技术突飞猛进、越来越多的操作任务可以借助程序性操作进行替代实现的背景下,通才的优势更加凸显。

好奇心与执行力。这是作为通才的基础性素质,使他们善于以最快的速度对外界的变化做出反应,这一点对于市场化运作的企业来说至关重要,因为这能帮助其通过试错的方式快速迭代和自我成长。

本质化思维。指的是通才总能够通过结构化的梳理,快速理解一件事情的本质,并找到解决问题的核心方法。研究者通过梳理与分析,得出可以通过五个步骤达成想要的目标:设定目标、识别问题、诊断问题、设计解决方法、执行解决方案。换言之,就是需要构建一种快速锁定与解决问题的本质化思维能力。

快速迭代与迁移能力。俗话说"举一反三"，即通过一个问题的解决，能够快速联想到其他问题应该如何解决，即便两个问题并不出现在同一情景下。

资源整合能力。对于通才来说，除了顺应整体任务的战略"指哪打哪"之外，还需要让自己的价值真正"活"起来，不单单是作为一个独立的个人，而是成为一个"平台"，因为能够涉猎和辐射许多不同的领域，所以沉淀在手中各个领域的资源与信息成为宝贵的生产资料。这也是通才最高阶的能力，让各类资源在"自己"这个平台上进行流转（图 16-3）。

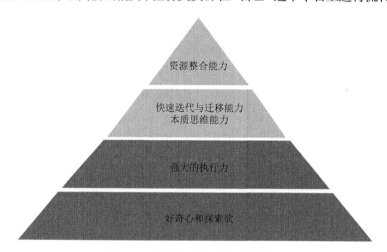

图 16-3　通才的基本能力构成模型

20 世纪 90 年代，美国心理学家弗林发表了一份轰动学术界的研究报告，弗林搜集了来自全球 30 个国家的国民智商数据，发现 20 世纪人们的平均智商水平，每 10 年增长 10%。弗林的这一研究后来得到了众多学界同行的验证，他的这一发现也被称为"弗林效应"。"弗林效应"不仅揭示了人类的智商越来越高这一事实，而且更进一步揭示了智商普遍提高的原因。得到普遍认可的主流理论一直认为，智商（IQ）指数主要是由基因决定的，而人类不可能在这么短的时间里获得如此快的"进化"。于是，社会学的解释就获得了更强的说服力。主要原因在于：较多人得到教育，社会复杂度趋于提高，当社会更复杂，人们接受的刺激就更多，二者形成互促共进的关系。而人们对复杂多样的问题的处理能力，则又提高了人的抽象思维能力和批判性思维能力。人类的智商主要体现在理解抽象化概念的能力，以及在没有刻意练习的情况下，运用抽象思维识别并处理新问题的能力。这种能力的拥有和践行，使得学习能力、沟通能力、思辨能力与整合能力成为核心能力，这种核心能力的养成，使得通才教育成为必需。

16.3　通才理念下的技术教育

在当今会聚技术统领技术发展的时代背景下，人工智能技术在数量上和解决问题的能力上的快速发展使得越来越多的传统的人类技能被机器取代（表 16-1、表 16-2）。相对于专才教育，通才教育的优势凸显。

表 16-1 自动化风险最高的部分职业

概率	职业
0.99	电话销售员
0.99	税务代理人
0.98	保险鉴定、车辆定损人员
0.98	裁判和其他赛事官员
0.98	法律秘书
0.97	餐馆、休息室和咖啡店工作人员
0.97	房产经纪人
0.97	农场劳务承包商
0.96	秘书和行政助手（法律、医疗和高管助手除外）
0.94	快递员、邮递员

资料来源：世界经济论坛 2015 年报告《深度转型：技术引爆点与社会影响》（"Deep Shift: Technology Tipping Points and Societal Impact"）。

表 16-2 自动化风险最低的部分职业

概率	职业
0.0031	与精神健康和药物滥用相关的社会工作者
0.0040	编舞人员
0.0042	内外科医生
0.0043	心理学家
0.0055	人力资源管理者
0.0065	计算机系统分析师
0.0077	人类学家和考古学家
0.0100	海洋工程师和造船工程师
0.0130	销售管理者
0.0150	首席执行官

资料来源：世界经济论坛 2015 年报告《深度转型：技术引爆点与社会影响》（"Deep Shift: Technology Tipping Points and Societal Impact"）。

通才教育聚焦于学习能力、整合贯通能力、沟通交流能力、整体驾驭能力、包容能力的养成与实践。

第一，学习能力。通才对他们的学习能力都很有自信，敢于吸收新知识，而且对其充满热情。通才跨领域越多，就越能体会到知识体系间的关系，更能摸索出一套适合自己的通用底层逻辑，因为许多知识体系间底层逻辑都是相通的，这个能力也是通才区别于专才最重要的能力。

第二，整合贯通能力。能融合各种想法，具有优秀的合成能力，能够将不同领域的知识体系结合起来，产生新的更高维度逻辑架构，从而创新出新的知识体系。一般而言，参与解决问题的人越多元，问题就越容易解决。因为人们面对和自己专长不太相关的领域时，往往会用自己擅长的方法来解决问题。

第三，沟通交流能力。沟通交流能力是指个体在事实、情感、价值取向和意见观点等方面采用有效且适当的方法与对方进行沟通和交流的本领。能以"双赢"为导向，实现理解与被理解、发问与应答、独立与协作，继而建立或利用内外部的协作关系或联系。

第四，整体驾驭能力。整体驾驭能力是系统性理解和系统性掌控的能力。它要求个体能够基于所观照的对象，深入理解其要素、结构、功能与环境之间的相互作用的关系与机理。这种能力使人习惯于相关性思维、过程性思维和操作性思维来分析问题和解决问题，能够洞察"良禽择木而栖""虎落平阳被犬欺""三个臭皮匠，顶个诸葛亮""三个和尚没水吃"等现象背后的道理。

第五，包容能力。通才对待不同事物时包容性更强，他们知道事物间的不同与相同，能够接受多元的习惯、观点、价值观，具有倾听和吸纳的能力，能够在开放性的吸纳中建构自己和坚守自己，善于在人与人、不同事物和问题间建立连接，搭起沟通与融合的桥梁。

通才能够在各领域间灵活切换，适应环境变量的能力强，更能随机性解决问题，多任务适应。通才能够发现不同事物间是如何产生关联作用的，能用多元的角度去发现事物的系统性问题，而专才更多的是从一个角度看待问题，大局观和整体性显然不如通才广阔。这些能力使得通才具有突出性的批判性思考的能力，这种能力具体表现如下。

首先，通才习惯于在不断试错中更充分地认识自我。认识自己是一件重要又困难的事情，只有在充分认识自己的基础上，选定与自己最佳的匹配方向，才能有更大的概率取得成就。但自我认识这件事，不是闭门静思就能实现，而是需要开放式吸纳整合外部信息，实现认知提升。

其次，通才更具有创新能力。靠不断重复，往往只能强化已有的知识和技能，而不能发现新知识，开创新领域。创新往往来自不同知识和领域的连接。历史上那些各个领域具有开创性的天才都是通才，他们正是因为广泛涉猎不同学科的知识，并建立连接，才得出划时代的理论。香农是信息论的开创者，他在大学学的是电气工程专业，但他选修了一门哲学课，在学习哲学的过程中接触到了布尔逻辑系统，并将其与电话呼叫路由技术结合起来，发现可以用电子编码和传输任何信息，从而开创了信息论这一全新的学科，而信息论就是我们整个信息时代的理论基石。史蒂夫·乔布斯也在讲演中表示，苹果电脑之所以有那么优美的字体，完全得益于他在大学旁听的书法课。

最后，通才在事业上比专才更有后劲。在既往的技术时代，通才能力往往是少数社会精英具有的特殊能力，但是在智能技术时代，大量的专业性知识通过网络技术无限普及和生长，通才能力就成为更大量的卓越人才的普遍能力。我们往往认为，一个人越早拥有专业技能，成为专家，就越有可能获得职业上的成功。但我们忽略了一个除了专业技能之外的重要指标——匹配质量。匹配质量是指一个人的个人特性与所从事的事业之间的匹配程度。如果一个人年纪轻轻就选定了一条道路，可能最后会发现最适合自己的道路并不是现在走的这条道路，却又缺乏改变的灵活性。而且，当我们在过度专业化中沉浸太久之后，一旦因目前的职业过时而被淘汰，就很难适应新生职业，这也是一种由于缺乏贯通性而引发的灵活性或者弹性的匮乏。

养成了通才能力，通常会体现出如下智慧。

情境判断智慧（思维）：具有理解和运用知识，预测新趋势、整合零散信息的意愿与能力，是适应第四次工业革命中，适应与生存的先决条件。要了解并灵活掌握邻近网络的价值，有能力、有意愿与利益相关者打交道，开放性吸纳，兼收并蓄。倡导"多方利益相关""多元目标互存"。倡导"狐狸理念"与"刺猬理念"的结合。在《狐狸与刺猬》中，狐狸追逐多个目标，其思维是零散的、离心式的；而刺猬目标单一、固执，其思维坚守一个单向、普遍的原则，并以此规范一切言行。狐狸式思维的人善于归纳各种不同信息，而不仅仅依据"宏大图式"进行推导；刺猬式思维的人拒绝批判和反思，往往沉浸在自己先入为主的观念里。如果把刺猬的方向感与狐狸对环境的敏感性结合起来，就能孕育出成功的大战略。

情绪管理智慧（心灵）：知道如何处理和整合思维及感受，并且推己及人。这种能力包括自我意识、自我管理、自我激励、同理性及社交能力。这样的能力有助于将跨领域合作的能力制度化，消除等级差别，发掘创新思路。

自我激发智慧（精神）：知道如何运用自我及共同目标、彼此间信任及其他优势来影响变革。不断探寻意义和目标，激发创造欲望，提升人性，创建新的集体道德意识。自我激发智慧的核心是共享，技术强化着自我中心，自我激发将致力于调整为同呼吸、共命运。基于信任的合作、利益相关者尽职。

身体素质（身体）：知道如何塑造和保持自己以及身边人的身心健康，塑造强健的体格和抗压能力，继而有足够的精力推动身体及体系的变革，提升人的健康水平和幸福感。

本 章 小 结

技术，以一种隐而不见的方式建构着文明，这是人类存在的方式、人类自我塑造的方式，是世界的建构方式，也是世界和人的边界的划定方式。技术推进着人之符号属性的外化与实现，不断加速人类"主体客体化、客体主体化"的反身性强化的双向过程。世界以我们建造世界的方式建造我们，这种建造的枢纽就是不断进行的技术转换，人类文明就是在这种转换推进中演化的，并把这些转换不断地物化与现实化。

思 考 题

1. 会聚技术的技术特征是什么？阐述会聚技术时代，人工智能技术的哲学探析与反思的意义和价值。

2. 在何种意义上说，宗教、哲学、科学同根同源？对于人类的人文性而言，三者各自的功用是什么？

3. 在人类文明演进的意义上，技术盗火者"普罗米修斯"寓言蕴含的是什么？

4. 在何种意义上说，人是一种"符号性的动物"？

5. 为什么说"在新石器时代的磨制技术到当今时代的互联网技术组织起来的技术集成之间，保持着技术与人类相互塑造的连续性"？

6. 能否用"技术时代"而不是"科学时代"来界定当今时代？为什么？

7. 会聚技术时代，为何最需通才教育？

参 考 文 献

[1] 刘永谋. 技术的反叛[M]. 北京: 北京大学出版社, 2021.

[2] 唐代兴. 技术化存在的后人类社会取向[J]. 江海学刊, 2019(1): 47-54.

[3] 萧萧树. 英格玛全书[M]. 福州: 海峡文艺出版社, 2020.

[4] 迈克斯·泰格马克. 生命 3.0——人工智能时代, 人类的进化与重生[M]. 汪婕舒, 译. 杭州: 浙江教育出版社, 2018.

第 17 章 四次技术革命与人工智能技术

人工智能技术作为核心联结技术，连接起第四次技术革命和第四次工业革命，成就所谓工业 4.0。"迈向第四次工业革命的物联网"，旨在将真实空间和虚拟空间耦合到所谓的网络物理生产系统中，以便将我们已经在物联网和服务以及人工工业中运用的数字化技术，更加全面纵深地应用于制造的下一代工厂——智能工厂。在智能工厂中，智力生产取代物力生产——工业 4.0 成为目标的核心。人，智能对象和机器的联网，工业 4.0 是基于数据的价值创造、创新的业务模型和组织形式的基础，也是能源、健康和交通等领域新解决方案的基础。

17.1 技术演变引领四次工业革命

所谓"四次工业革命"，分别指的是"18 世纪第一次工业革命的机械化""19 世纪第二次工业革命的电气化""20 世纪第三次工业革命的信息化"，以及我们现在所处的"第四次工业革命的智能化"四个阶段。一次次颠覆性的科技革新，带来社会生产力的大解放和生活水平的大跃升，从根本上改变了人类历史的发展轨迹。技术演进是一种系统性演进，是能流、物流、信息流的交换方式和交换效率的演进（图 17-1），颠覆性的技术创新或者技术革命，可以从信息、能源和物流三个维度来衡量，即是否有新的信息传播方式、是否有新的能源体系，以及是否有新的物流模式。

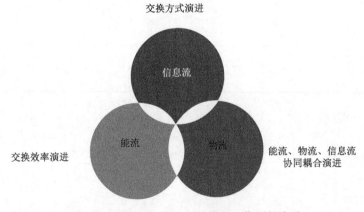

图 17-1 信息流、能流、物流相互作用与演进

17.1.1 第一次工业革命——机械化（18 世纪）

第一次工业革命的代表技术是"蒸汽机"的发明，这是人类第一个通用的、便捷的、可移动的动力解决方案。在此之前，动力主要来自生物的能量——要么是人

力，要么是畜力。也有一些通过风车、水车从自然界获取能量的手段，但其应用非常受限。

对于蒸汽机来说，其所需要的资源输入——煤和水既是"标准物资"，又接近"无限供给"。因此，这样的动力设施用起来非常方便，放到纺织厂就可以驱动织布机，安上轮子就是汽车、火车。而且蒸汽机相对于畜力来说更加干净。更为重要的是，蒸汽机这样的动力解决方案，催生了工厂和工业的出现，让人类从农耕文明迈向了工业文明。工业，本质上是社会分工的体现，而社会分工越细，生产效率就越高，技术发展就越快。整个世界，一直就在沿着"专业化分工"这条路径来演进，这是一个极其关键的脉络。其实，蒸汽机本身也是分工细化的体现——控制系统和动力系统实现了分离，蒸汽机则主要负责输出动力。在人力、畜力的时代，控制和动力则是合二为一的。

17.1.2　第二次工业革命——电气化（19 世纪）

电气化时代，代表技术是电力、内燃机的应用。在这个时代，人类的动力解决方案又有了重大突破。由于电力具有"可高速传导"的优良特性，这使得我们第一次获得了"可高效传输的动力"。发电厂负责电力的生产，通过电线就可以将电能瞬间输送到各个地方。对方只要接上电动机，就可以获得源源不断的动力。

电力技术的呈现，同样是分工细化的表现，动力由发电厂这样专业的工厂来生产。除了提供动力之外，电还有"光、热、磁"等效应，因此就诞生了更多的技术和应用，如产生了电灯、电暖器、电冰箱、电梯等成千上万种电器和设备，这让人类生活水平有了很大的飞跃。

电气化时代，还有另外一个主角，那就是内燃机。它是优良的、高效的、可移动的动力装备，以至于在几百年后的今天仍然雄霸世界，尤其是垄断了整个交通业。无论是飞机、轮船，还是汽车，都是依赖于内燃机来驱动的。

内燃机的发明和使用，引发了人类对石油的需求。蒸汽机需要燃煤，而内燃机需要燃油。因此，人类开始大规模开采石油。不同的是，石油不仅能提炼出煤油、汽油、柴油等燃料，还会衍生出各种各样的原料和产品，如润滑油、沥青、合成纤维、合成橡胶、黏合剂、涂料、香料、药品等。大到工业、交通、国防，小到每个人的衣食住行，全都离不开石油。

对于第二次工业革命而言，石油被称为"黑色的金子""工业的血液"。

在电气化时代，除了像机械化时代那样应对动力问题，人们开始思考如何高效地解决信息问题。于是，唱片机、电报、电话、电视、电影、电台等技术相继出现，各种各样的信息可以被系统地生产、存储、传输和消费。其中，很多技术和应用是通过媒体和娱乐业来推动的。至此，人、货和信息都可以自由、快速地在地球上穿梭。蒸汽机、内燃机让人们 1 h 可以移动成百上千公里，而无线电技术可以让人们将信息瞬间传达地球的任何一个角落。

17.1.3　第三次工业革命——信息化（20 世纪）

如果说电气化时代人们在初步尝试解决信息问题，那么信息化时代就是全方位给出解决方案。这个时代的主角就是计算机/互联网和卫星。

计算机技术的出现，大大提升了人类的计算能力，进而使得复杂、大容量和高吞吐量的软硬件系统成为可能。而且，相对于模拟技术来说，计算机系统所依赖的数字化技术让信息可以更为精确地保存、传输和还原。

卫星的发明，使得人们可以从太空中俯瞰整个地球，衍生出通信、地理、气象和军事等多方面应用。

互联网技术，将信息的应用推向了前所未有的高峰。无论是信息的生产、存储、传递和消费的手段，还是信息类型的多样性、信息的数量和传输速度，都取得了巨大的突破。

极其关键的是，互联网彻底解决了点对点的信息传递的问题。利用互联网，地球上任意两个人都可以进行实时交流，人类的信息传递从来没有如此高效和顺畅。"点对点"不仅解决了聊天、社交的问题，更是以超越时空的方式解决了"买卖方对接、撮合交易"这样商业社会的基本问题，从而产生了电商、打车等各种应用。

经过前两次工业革命，人类从很多繁重的体力劳动中解放出来。在信息化时代，大量重复性的脑力劳动开始被计算机系统替代。说是"懒人"创造了世界，看来的确如此。

除了计算机、卫星技术之外，信息化时代还有原子能探索的突破。原子弹、氢弹的成功爆炸，以及核电站的不断兴建，标志着人类开始探索微观世界，并释放其巨大的能量。

17.1.4　第四次工业革命——智能化（现在）

现在，人工智能技术如火如荼，将整个世界推入了智能化时代。

第一，智能化意味着人机交互需要变得像人们之间的沟通、交谈一样简单、便捷。在此之前，人类必须通过"纸带打孔、命令行、鼠标、键盘"等很不自然的方式来操作计算机。到现在，触控、语音、手势、人脸、增强现实（AR）、虚拟现实（VR）等技术的广泛应用，让人们几乎不用学习就能下意识、直观地与计算机、手机等设备进行交互。

第二，要达到智能化，需要让机器像人一样，有强大的学习能力。在此之前，各种设备和系统的行为都是在设计研发时确定好的，程序怎么写，计算机就有什么能力。现在则不同，大家可以看到人工智能技术让计算机可以通过学习很多带标注的数据或者与自己"左右互搏"，来学会"识别一只猫"，或者学会"下象棋"。目前如火如荼的 ChatGPT 相关技术，更是已经以不是人的形式做人的事情，具有了通用智能的雏形。

第三，智能化的范围要进一步扩展。人工智能技术与移动互联网、5G、物联网等技术，不仅是要让计算机变得智能和聪明，而且要实现"万物互联、万物智能"，即让电视、冰箱、空调、汽车等所有设备都联网、都具备智能。

可见，人类正在迈入一个智能而美好的崭新时代。

17.2　跨系统、跨域、跨界的技术跃迁

第四次工业革命不是前三次工业革命的延续，它具有独属于自己的突出特征。与前三次工业革命不同，技术造就了万物互联、万物生智的世界，会聚技术作为典型的第四次工业革命的技术形态，实现了物理、生物、数字彼此贯通融合，导致第四次工业革命的本质与之前的工业革命不同，使得第四次工业革命拥有了不同于以往的发展速度、广度和深度以及系统性。

17.2.1　技术数字化：“物理、数字和生物世界融合”

就速度而言，第四次工业革命拥有了指数级而非直线性的发展速度。在拥有指数级的发展速度的同时，新的技术又不断催生更新的技术。

就广度和深度而言，第四次工业革命建立在数字技术的基础上，用数字技术结合和统摄各种各样的技术，形成新的技术轨道和技术范式，给人类的经济、商业、社会和个人带来前所未有的改变，不仅改变着人类所做的事情和做事情的方式，甚至改变着人类自身。

就系统性而言，它引发国家、公司、行业之间和行业内部以及整个社会的政治、经济、法律制度的变革。技术数字化，是第四次工业革命的技术核心。

速度、广度、规模效益，围绕数字技术，各种技术相伴而生。在互联网基础上发展出物联网，移动性大幅提高，传感器体积更小、性能更强；人工智能和机器学习渐露锋芒。基于大数据技术，平台效应凸显。数字企业的边际成本几乎为零：亚马逊、脸书、阿里、Airbnb、ChatGPT，在日常生活中呈现着物联网实现。

从复杂系统协同的深度和广度来看第四次工业革命，我们将会更深刻地理解“物理、数字和生物世界融合”的含义。

沿着从跨系统（数字世界融合），到跨域（数字+物理世界融合），再到跨界（数字+物理+生物世界融合）的路径，我们会看到一个万物互联、万物生智的趋势（图 17-2）。

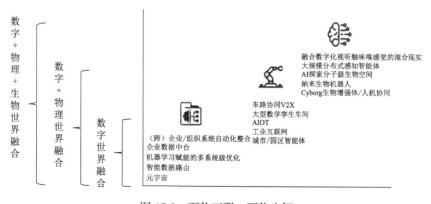

图 17-2　万物互联、万物生智

　　在跨系统的阶段，我们会看到一个产业、一个领域的原本独立运作，大量人工协同的各个环节，将行业/企业级数据平台的智能数据和机器学习的各种具体实践形式结合，不断被整合为相互驱动，整体优化的自动化过程。以制造业为例，制造业的六大环节：设计研发、原料采购、仓储运输、订单处理、制造、批发及零售，会逐渐形成一个需求拉动，实时响应，全局优化的端到端流程。在快消品行业，西欧领先的零售快消企业在采用基于机器学习的需求预测和生产计划、仓储物流计划的整合思路和方案后，通过将涵盖存货单位（SKU）、时间、地区、大客户、渠道多维度的需求预测，与生产和物流计划的整合，平均提升了 35% 整体库存周转率，平均降低了 40% 整体成本。

　　在"跨域"的范畴里，我们会看到万物互联和万物智能化后，原本并无直接关联的异构实体或者会单独沟通，或者会成为由端、边、网、云分层次构成的智能体的组成部分，从而系统化地协同。在后者这个体系里，有的实体成为智能体的感应器，有的成为边缘计算节点，有的成为网络节点，展示出不同的智能。一个典型的场景，就是基于车路协同的智慧交通体系。在这个体系中，行人的移动设备、车辆、交通灯等路面基础设施，智能摄像头，网络系统，交通智慧系统，组成了实时采集、交换、处理信息，实时决策和行动的交通智能体，每个组成个体，既具备感官/肢体，又具备不同水平的"大脑"。信息驱动的全局协同过程，既可以发生在手机等端侧设备，又可以发生在车辆和网关这类边缘设备，当然也会发生在交通系统等云端。在此类复杂系统中，人工智能会以"多智能体"的模式和策略出现，而不仅是某个单体设备或云端系统的智能模型。德国提出的工业 4.0 的设想，也是最终要把终端用户 APP、销售系统、3D 打印系统、制造机器人、仓储机器人、无人驾驶物流车等联结成一个大的智能体，让整个价值链能自驱动、自交付。

　　就跨界而言，基于数字孪生的物理空间管理方式正在范式性地改变我们对生产场所的管控。管理者对数字空间的认知和操作，将会实时精确地映射到物理空间，借助数字桥梁，未来我们不会觉察到远程操作一个数字实体，与直接操作其对应的物理实体有何差异。2021 年 4 月，宝马集团宣布和英伟达公司共建数字孪生虚拟工厂，实体工厂的三维静态动态信息被建模、实时采集，在数字孪生平台上实时被计算、渲染，以接近实景影像的方式呈现出来。未来，可能很难分辨，我们是在万里之外通过数字孪生平台，还是坐在车间的玻璃房间里管理生产。在数字、物理、生物世界的每个维度，连接协同的深度和广度会进入前所未有的水平。如果称以 CD、VCD 为代表技术的视觉和听觉数字化（严格说是影音数字化）的时代为数字 1.0 时代，以 VR、AR 为特征的物理+数字融合时期为数字 2.0 时代，那融合了数字听觉、视觉、触觉、味觉、嗅觉的混合现实和数字孪生时代，可以被称为数字 3.0 时代，这也就进入了上面所说的"跨界"阶段。

　　所有的新技术都具有一个共同的特点：数字化、信息技术无处不在，无不借助数字之力得以实现和发展。没有计算能力和数据分析，基因测序和编辑无从进行；没有人工智能，高级机器人无从谈起。人工智能本身的发展，也要依赖于高度的计算能力。数据、算法、算力的结合，成为智能技术时代的核心生产力。

　　第四次工业革命背后的技术驱动力分为三类：物理类，数字类，生物类。

物理类：无人交通技术、3D 打印、高级机器人、新材料。

数字类：物联网（传感器，各种平台，物与物、物与人之间），数字技术与物理技术联结的桥梁和纽带。远程监控，区块链（凡可用代码表达的交易，都可以在区块链上进行），共享经济。数字平台极大地减少了交易成本和摩擦成本，边际成本趋于零。

生物类：基因测序（过去，基因组测序，需要十年时间，消耗 27 亿美元；今天，几小时，耗费 1000 美元，完成一组测试。所基于的前提是当下强大的计算能力），合成生物学，借助基因标记、基因编辑手段，使用 IBM 华生超级计算机，在几分钟内可以把一位癌症患者的病史、治疗史以及其他相关数据与疾病相关的整个世界的扫描件、最新的治疗药物数据库联结，形成个性化的诊疗方案。基因编辑，当下不是技术问题，是法律和伦理问题。例如，试管婴儿之后是人工婴儿问题，物理打印之后是生物打印问题，以及神经技术与脑机接口问题。

17.2.2 NBIC 会聚技术："物理、数字和生物世界融合的另一种表达"

物理、数字和生物世界融合的另一种表达就是 NBIC 会聚技术成为主导技术。"NBIC 会聚技术"是指迅速发展的四大科技领域的协同与融合，即纳米技术、生物技术（包括生物制药及基因工程）、信息技术（包括先进计算与通信）、认知科学（包括认知神经科学）。

这 4 个领域的技术当前都在迅速发展，每个领域都潜力巨大，其中任何技术的两两或交叉融合、会聚或者集成，都将产生难以估量的影响。"NBIC 会聚技术"代表着研究与开发新的前沿领域，其发展将显著提高人类生命质量，提升和扩展人的技能，这四大前沿科技的融合还将缔造全新的研究思路和全新的经济模式，将大大提高整个社会的创新能力和国家的生产力水平，从而增强国家的竞争力，也将为国家安全提供更强有力的保障。NBIC 会聚技术将带来什么？《提升人类技能的会聚技术》报告针对上述四大领域的互补关系有这样的描述：如果认知科学家能够想到它，纳米科学家就能够制造它，生物科学家就能够使用它，信息科学家就能够监视和控制它。会聚技术给我们描绘了这样一个前景：基于会聚技术的认识和应用，人类大脑的潜力将被激发出来，人的悟性、效率、创造性及准确性将大大提高，人体及感官对外界的突然变化如事故、疾病等的感知能力变得敏感，人类将可以以原子或分子为起点来诊断和修复自身与世界，老龄人群普遍改善体能与认知上的衰退，人与人之间产生包括脑与脑交流在内的高效通信手段，社会群体有效地改善合作效能，社会大幅度减少资源与能源的消耗，降低对生态环境的破坏与污染。总之，人类将在纳米的物质层重新认识和改造世界以及人类自身。报告还指出，NBIC 有关领域的重大突破将在今后 10～20 年实现，如果决策和投资方向正确，那么上述这些远景大多会在未来 20 年内实现。沿着这样的道路走下去，科学的发展将会进入一个分水岭，科学从泾渭分明的专业化分工走向整合，迈向科学统一与技术会聚，也许将激发新的"科技复兴"，体现一个基于转型工具、复杂系统数学和对物质世界从微小的纳米到星球级的统一的全面的技术观，而人类也有望进入一个创新与繁荣的时代，进入人类社会进化的一个转折点。NBIC

给我们带来了新的科学发展观,一种大一统、大科学、以人为本的整体发展观。这种发展观将以学科的融合为基础,通过技术会聚,以人类和社会可持续发展为目的,实现人类自身和社会的进步。

紧扣信息技术、生物技术、纳米技术及包括设计和媒体在内的创意技术等融合的新浪潮。从某种意义上讲,这从实际应用层面上与美国学术界此前关注的 NBIC 技术会聚问题不谋而合。圣何塞报告以"创新浪潮可能再次席卷全球"为口号,提出了一些可能的技术发展方向:一是信息与生物技术会聚,生物技术领域取得的重大进步可与信息技术产生交叉效应,创造出个性化药品、生物信息学、生物材料、生物芯片以及以生物为基础的电脑等创新产品;二是纳米技术的商业化可给一大批行业带来革命性转变,如计算机和芯片制造业;三是正如 20 世纪 90 年代兴起的电脑制图、电脑辅助设计、电脑游戏、新媒体、电子出版等曾给人们带来全新的文化体验,信息技术和艺术设计与媒体创意等会聚,又将带来新一轮创新风潮。

17.2.3　人类增强技术支撑生命 3.0 与元宇宙人类新生态

对于人类增强技术,存在着"超人类主义"和"生物保守主义"的二元对立,但如果借助迈克斯·泰格马克(Max Tegmark)提出的生命 3.0 的视角进行理解,超越"超人类主义"和"生物保守主义"的二元对立,重新在人和技术产品相互定义与相互建构的"后人类"观点中,敞开但审慎地应对人类增强的挑战,并充分认识到人类物种存在形态正在发生转变的未来图景。

麻省理工学院的物理学家迈克斯·泰格马克的《生命 3.0》,以及以色列新锐史学家尤瓦尔·赫拉利(Yuval N. Harari)的《未来简史》,尝试性地预言了这样的未来图景。

1. 《生命 3.0》

在《生命 3.0》中,迈克斯·泰格马克从系统论、信息论和进化论的观点出发,从宏观上提出了所有生命形式的演进三阶段论。在这个理论框架中,旨在重塑自身的人类增强技术,象征的是人类正在从生命的 2.0 阶段迈入生命 3.0 阶段。

迈克斯·泰格马克的生命观,是一种广义的信息论生命观。生命的本质在于遗传信息,它是一组自我复制的信息指令。这套信息软件既决定了生命的行为,又决定了其硬件的设计图。这里的硬件指的是生命的物质形式,即通常意义上的身体。生命的发展和演化,总体上表现出的是越来越复杂的趋向,根据复杂程度的不同,或者说,根据生命设计自身的能力,可以将生命分为三个层次,分别是生命 1.0、生命 2.0 和生命 3.0。生命 1.0 阶段,生命靠进化获得硬件和软件,可称为生命的生物阶段。生命 2.0 阶段,生命靠进化获得硬件,但大部分软件是由自己设计的,可称为生命的文化阶段。生命 3.0 阶段,生命自己设计硬件和软件,可称为生命的科技阶段。

生命 1.0 在其有生之年都无法重新设计自己的硬件和软件:二者皆由自身的 DNA 决定,只有进化才能改变,而进化则需要许多世代才会发生。相比之下,生命 2.0 则能够重新设计自身软件的一大部分,例如人类可以学习复杂的新技能,如语言、运动和职业技能，并且能够从根本上更新自己的世界观和目标。具有生命 3.0 形态的物种，地球上尚不存在，它不仅能最大限度地重新设计自己的软件，还能重新设计自己的硬件，而不用等待许多世代的缓慢进化。

在迈克斯·泰格马克的理论中，现阶段的人类仍属于生命 2.0 阶段。尽管今天的我们拥有强大的科技，但从根本上来说，我们所知的所有生命形式都依然受到生物"硬件"——身体的局限。没有人能活 100 万年，没有人能记住《大英百科全书》的所有词条，并理解所有已知的科学知识，也没有人能在不依靠航天器的情况下进行星际旅行。所有这些，都需要生命经历一次最终的"升级"，升级为不仅能设计自身软件，还能设计自身硬件的"生命 3.0"。换句话说，生命 3.0 是自己命运的主人，最终能完全脱离自然进化的束缚。

人类增强技术的宗旨，在于利用现代科学技术，克服和超越人类与生俱来的生物属性和身体功能限制。这其实就可以理解为对身体这个生命硬件的重新设计和定义，按照人的需求和愿望，而不是由自然的和环境的因素来决定。在迈克斯·泰格马克看来，这是一个生命形态上的质的飞越。因为，以往的技术只是作为外界环境的一部分而存在，并非直接是生命的物质存在本身。但人类增强技术把人和技术在不同层面上深度融合这一点，正在于改造生命的物质存在，重新设计自身的硬件，以适应物种未来的发展。这就是一个根本的不同，随着融合层次从身体、生理到基因，这将是一个逐步深入和彻底改造的过程。因此，按照迈克斯·泰格马克的生命理论，人类增强技术的出现，对应的正是人类的生命形态正在发生转变的范式重塑图景。

2."神人"

人类生命的本质正在发生改变，这一洞见并不是作为自然科学家的迈克斯·泰格马克的一家之言，人文学者尤瓦尔·赫拉利在《未来简史》中也阐发了类似的观点：人类正在从智人（homo sapiens）变为神人（homo deus）。《未来简史》的原文书名就是《神人———一部关于未来的简史》。

尤瓦尔·赫拉利写道：在追求幸福和不死的过程中，人类事实上是在努力把自己升级为神。这不仅仅是因为幸福和不死是神的特质，也是因为为了战胜年老和痛苦，人类必须能够像神一样控制自己的生物基质（身体）。如果我们有能力将死亡和痛苦移出人体系统，或许也能随心所欲地再造整个系统，以各种方式操纵人类的器官、情感及智力。

这里的"神人"是尤瓦尔·赫拉利杜撰的词。"神"并不是指宗教信仰中像上帝那样的神，而是指具有想象中神一样能力（免除痛苦和克服死亡等）的未来人类，是未来现实中将会存在的人类物种。但这一切又如何做到呢？《未来简史》中指出了人类通向未来的三条路径：生物工程、半机械人工程、非有机生物工程。生物工程就是对包括基因、生理、身体等的人类生物机理进行研究，并尝试改造的生物学和基因工程研究；半机械人工程就是以脑机接口技术为代表的把人体和电子机械设备相互整合的赛博格工程；非有机生物工程就是帮助生命彻底摆脱有机体束缚，在计算机和神经网络中重造硅基生命的人工智能技术。尽管没有明确说明，但这三条路径，以及尤瓦尔·赫拉利提到的"以各种方式操纵人类的器官、情感及智力"，指的就是人类增强技术。

与迈克斯·泰格马克的设想类似，尤瓦尔·赫拉利也认为人类生命正在面临升级转型，且其中关键在于：克服生物属性的身体造成的局限，迈克斯·泰格马克强调的是重新设计身体，而尤瓦尔·赫拉利的方案是操控身体。尽管表述不同，但两人的核心思想并没有本质上的差别，都是通过数字技术统摄下的科技手段增强人类身体。克服生物有机体的先天局限是他们思想所共有的特质。两位具有不同学科和知识背景的学者，在谈论人类未来时，都不约而同地涉及了利用科技提升改造人类生命这一观点，这反映出人类增强技术正在成为有识之士的一个共同关注。

3. 元宇宙

物理、数字、生物彼此智能化联结的突现耦合，实现了人类增强，创生了人类新的生存样态——元宇宙世界。

元宇宙不是一种技术或者几种技术，不是某种具体的技术，而是一种技术生态，其与人类文明的其他技术样态——原始文明、农业文明、工业文明、信息文明相互对应，同时与这些技术形态形成层级关系和统摄关系。就像信息文明生态统摄下的工业文明，不同于没有信息文明的工业文明一样，元宇宙技术生态统摄下，原始文明、农业文明、工业文明、信息文明依旧以各自的方式存在，但会在元宇宙技术渗透和影响下，以不同于以往的方式作为元宇宙技术生态的一部分存在。

元宇宙是会聚技术，也就是物理、数字、生物的融合技术支撑起来的呈现为虚实共生的人类文明的一种新互联网应用和社会形态，它基于扩展现实技术与数字孪生技术实现时空拓展性，基于人工智能和物联网实现虚拟人、自然人和机器人的人机融生性，基于区块链、Web 3.0、数字藏品/NFT 等实现经济增值性。在社交系统、生产系统、经济系统中虚实共生。元宇宙中的每个用户，可进行世界编辑、内容生产和数字资产自有（图17-3）。元宇宙并非现实世界与虚拟世界两个场域的平行或简单叠加，而是一种融合现实与虚拟的"融宇宙"，能随时随地实现两个世界包括经济基础和上层建筑在内的人类社会物质与意识形态的相通，具有虚实融合、具身互动、可创造性、可持续性、开放性等特点。在会聚技术的支撑下，人类实际上已经走在元宇宙形成的路上。

融合了数字视觉、数字听觉的虚拟现实技术在模拟触觉和力学反馈方面得到了进一步发展，初创公司 HaptX 正式推出旗下触觉反馈手套——HaptX Gloves 开发套件，通过两个各自配备 130 个传感器的手套，为 VR 用户提供手和指尖细致真实的反馈，体验和现实环境中一样逼真的触感；而新加坡大学的一个研究团队通过舌尖接口的数字化电流、频率和温度的变化模拟出味觉，更是为生物味觉和嗅觉的数字化打开了可能之门。

而事实上，不仅是味觉和嗅觉，人类的视觉也完全可以通过对视觉中枢的电流刺激直接获得现实世界的图像，而不一定要通过眼睛（图像采集设备），北京顺义生物医药产业园的一个科技企业就利用了这一原理让视觉中枢完好的盲人获得了"视觉"。这些进展都指向一种跨界型"物理、数字和生物"的协同，将不仅仅停留在理念层面。

什么是元宇宙？

- 元宇宙是三维化的互联网，通过XR、数字孪生等技术实现。
- 三维时空催生虚拟人和实体化机器人，虚拟人和实体化机器人依靠人工智能引擎实现。
- 虚实空间和个体的本体存在创造经济活动，依靠区块链、Web 3.0、数字藏品/NFT等技术或机制实现。

元宇宙是整合多种新技术产生的下一代互联网应用和社会形态，它基于扩展现实技术和数字孪生实现时空拓展性，基于人工智能和物联网实现虚拟人、自然人和机器人的人机融生性，基于区块链、Web 3.0、数字藏品/NFT等实现经济增值性。在社交系统、生产系统、经济系统中虚实共生。每个用户可进行世界编辑、内容生产和数字资产自有。

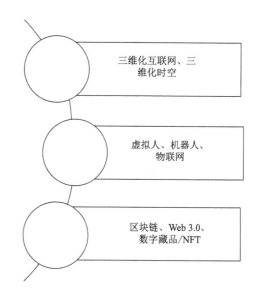

图 17-3　元宇宙基本技术构成

而随着可穿戴设备、可植入芯片和技能增强技术的进一步发展，更多的数字芯片将被植入生物体，与生物机能产生融合。瑞典作为一个总人口还不到 1000 万人的国家，2021 年就已经有超过 4000 人植入了数字芯片，已经在打卡、门禁、支付等场景中使用了植入的芯片处理。而内嵌微型感应器的数字药物的使用，更让生物体的机体对药物的感应状态可以直接转化为数据被读取，2017 年美国 FDA 批准了首款抗精神疾病的数字药物 Abilify MyCite，患者服下药片后在胃酸的作用下，感应器会被激活并向外界接收设备发送信号。未来，将会有更多带有数字基因的食药品被人体摄入，而人体的细微感应将会被更方便地采集和分析。

在我们的感官和肢体技能会得到增强和提升的基础上，远程的感觉协同将成为可能。例如，我们的触觉将可能不再需要直接接触，而可以远程传导，我们的生物电传输机制，将部分被数字网络传输取代。例如，未来医生和患者之间进行基于触觉的远程云诊断，一个原本是身体感觉—手感觉的物理接触行为，就将被替换为感觉—数字—模拟的物理+数字+生物信号融合的过程。如果未来生物体内已经被植入传感器和数模芯片，我们也可以理解为这就是感觉—感觉的过程，不过原来我们是通过神经通路传递生物电信号来感觉的，未来是通过数字网络感觉，信号传输媒介变成了某种物理上分布。更进一步地，如果医生的触感经验可以被人工智能捕获，那未来使用触觉反馈来进行诊断的医生也完全可以是一个人工神经网络（前提条件为患者的身体对物理力的反馈仍然是诊断依据之一）。

更多的人工智能会在生物生理领域尤其是分子级层面取得突破性进展。以 Alphafold2 为代表的人工智能科技的突破，预示着人类即将进入借助人工智能技术进行"探索、推测/证明、发现"未知领域的阶段。在这之前的数字化和人工智能技术，还主要处在"学习、归纳、发掘"的境界，即在人类已知的知识和信息中，寻找具体的规律和模式。总的来说，这些人工智能学习归纳出的结论，是人类可以掌握，但难以用语言、公式、代码精确描述的知识，例如如何识别一种动物，或一种古董。而 Alphafold2 通过阅读理解已有蛋白质氨基酸分子的空间结构，推测出未知蛋白质分子模型的方式，让我们看到人工智能可以在人类并未掌握，或者只有模糊方向的领域，通过"大力出奇迹"的方式，找出人类认识的盲点和死角，甚至为人类找到自己都没有想出的解决方案。未来人类给人工智能的指令将会越来越宏观、越来越模糊，而给到这些人工智能学习的数据，却会越来越多、越来越杂、越来越无规律，而人工智能的使命是借助其天生"数"质，帮助人类在无限可能中，找到合理的路径。

技术是社会发展和变革的原始推动力，越是通用的技术对社会产生的影响越大。然而，人类再聪明、再厉害，也不能脱离自然界。相反，科技的每次突破，都是对大自然的深度探索，无论是发射卫星、探索太空，还是深入地下挖掘矿产石油，抑或是深入微观世界，释放原子能量，皆是如此。

我们可能无法精准预测未来的每次变革，而回顾昨天，我们会看到人类进步的历史总会以一种追求"更高效，更快，更强"的趋势不断前行，把握住这种趋势，就会对下一次工业革命有更深刻的透视，正如知名作家约瑟夫·坎贝尔所说的："只要英雄的行为与社会的发展趋势一致，他就能驾驭着历史过程的伟大韵律而行。"

本 章 小 结

技术演变引领了四次工业革命，每次技术革新都在一定程度上发展了社会的生产力，改变了人们的生活水平。如今，技术演变以其系统性的特点，形成了一种能流、物流与信息流的交换方式和交换效率的演进。人类增强技术的宗旨，在于利用现代科学技术，克服和超越人类与生俱来的生物属性和身体功能限制。在此进程中，人们正致力于物理、数字、生物彼此智能化联结的突现耦合，创生人类新的生存样态——元宇宙世界。

思 考 题

1. 就人类工业发展史而言，工业 1.0、工业 2.0、工业 3.0、工业 4.0 之间有何种技术承接关联？彼此之间的关系如何？

2. 如何理解"工业 4.0 是基于数据的价值创造"？

3. 工业 4.0 的"物理、数字和生物世界融合"蕴含着什么意义？

4. 人类增强技术与生命 3.0 的内在关联是什么？

5. 为什么说"物理、数字、生物彼此智能化联结的突现耦合，创生了人类新的生存样态——元宇宙世界"？

参 考 文 献

[1] 克劳斯·施瓦布. 第四次工业革命: 转型的力量[M]. 世界经济论坛北京代表处, 李菁, 译. 北京: 中信出版社, 2016.

[2] 徐瑾. 趋势: 洞察未来经济的 30 个关键词[M]. 北京: 东方出版社, 2020.

[3] 杨立昆. 科学之路: 人、机器与未来[M]. 李皓, 马跃, 译. 北京: 中信出版社, 2021.

[4] 迈克斯·泰格马克. 生命 3.0——人工智能时代, 人类的进化与重生[M]. 汪婕舒, 译. 杭州: 浙江教育出版社, 2018.

[5] 尤瓦尔·赫拉利. 未来简史: 从智人到神人[M]. 林俊宏, 译. 北京: 中信出版社, 2017.

第18章 人工智能的哲学基础与哲学反思

哲学就是认识你自己，认识作为个体存在的人，认识作为人类共同体存在的人。哲学研究共同体中有一个笑谈：超越康德是卓越的，绕过康德是拙劣的。康德的关于人的哲学四问四答，就涵盖了这种认识的全部。在哲学意义上人工智能面对的所有问题，也以全新的形式容纳在这些问答之中，人工智能的底层问题和底层逻辑就是哲学问题。

18.1 康德的人之问答

1. 我能够知道什么? 人的认知能力的探寻

他给出的答案是：如果恰当地运用感性和知性能力，我们就可以对经验现象得出正确的知识，可以给自然立法，但是超出经验和现象范围的东西，也就同时超出了知识的范围，我们应该限制理性想要越界的冲动。

2. 我应当做什么? 人的伦理角色的担当

他给出的答案是：我们应当根据实践理性颁布的、普遍的道德法则行动。实践理性能够颁布道德法则，我们能够按照实践理性的命令行动，前提都是我们的自由。这种自由不是现象层面的，而是本体层面的。在道德领域，我们不需要限制理性的运用。

3. 我可以希望什么? 人的理想所至

他给出的回答是：从认知的思维出发，我们可以希望一个人类的理性，把整个世界统一成一个有秩序、有目的的整体；从道德伦理出发，我们可以设定灵魂的不朽和"上帝"的存在，我们可以希望自己服从道德法则，也可以希望人的幸福最终能和道德相匹配；从审美判断和认知判断出发，我们还可以希望必然与自由、科学与道德，最终可以成为一个真善美结合的整体。

4. 人是什么?

认知、伦理、审美/信仰，该是人之为人的全部。通过回答前三个问题回应了古希腊神庙门前的那句著名的铭文——"认识你自己"。

在人工智能发展的今天，人类面对的所有基础性问题都是哲学问题，这些问题也都涵盖在上述四问四答之中，只是内容具有了独属于人工智能的特性。

18.2　智能的哲学探究

人工智能有弱版本、强版本和超版本三种形式，重构概念框架，丰富现有的概念工具箱，是人类面临的概念挑战。概念工具箱的匮乏，不只是一个问题，更是一种风险，因为这会使我们恐惧和拒绝不能被赋予意义和自认为没有安全感的东西。"智能"是什么，这是事关人工智能的框架问题，即在什么样的概念框架中，理解智能和实现智能。

人工智能就是用机器模仿人的推理和规划，在科学领域里，研究人的推理和规划的学科称为决策理论（decision theory），它在很大程度上是经济学的一部分。从这个角度讲，人工智能和经济学讨论的对象是相似的。但是，经济学讨论的是人的推理和规划，人工智能讨论的是让机器模仿人的推理和规划。从分析的角度看，在追求其自身的"目标"方面，机器人与经济学家讨论的自然人的行为相似，都是在一系列约束条件下，寻找并执行达到其目标最大化的途径。

18.2.1　人的智能、人工智能与有限理性

对于行动中的、现实中的人，任何行动的实施都基于目标与手段的搜寻和匹配，都基于需求与满意的达成。但是否满意，多么满意，什么因素影响了满意的程度，这些只有每个人自己知道，经济学家不知道，任何计划者也不知道。因此，对于经济问题，人们通过市场可以找到使自己满意的安排。相反，在没有市场的计划经济里，由于无法得知人们的基本信息，也就无法设计出使人们满意的结果。在以经济学为基础的决策理论中，人的理性是有限理性，理性的个体行动者基于各自的情境性的分散性知识通过市场的价格信息做出自己的利益最大化决策。在人类其他的思维决策中，运用各种具体情势的有关知识，把各种不完全的、分立的信息加以分析和整合，形成新的、有针对对象的实质性的整体判断，进行情境性决策，是人类基于有限理性进行的理性抉择。对于任何能运作的机器人，不仅不能超越人类的有限理性，而且同时具备自身的机器局限。设计者必须确切规定机器人的目标。表面上看人们对机器人的目标知道得很确切，实际上这个"知道得很确切"本身就意味着机器人与自然人的基本差距，也设定了机器智能的限制。

1. "冷识别"和"热识别"

人的智能产生于人的生理和心理感知，以及人收集的信息和对信息的处理。早在 20 世纪 50 年代，赫伯特·西蒙教授在讨论人工智能时，就提出了"识别"这个概念，它是今天人工智能的核心。早在那个时代，人们就已经把识别区分为"冷识别"和"热识别"，并对其有过激烈的辩论。所谓"冷识别"就是机器能够识别的，而所谓"热识别"是人带着感情的识别，是机器学不来的。

2. 硬数据和软数据

另一对相关的基本概念是硬数据和软数据。硬数据就是所有可度量可传递的数据；

软数据是没有办法用传感器或移动设备度量的。不能度量就无法传递、无法处理。软数据具有不等性、随机性、定性特征、综合性、复杂性等特征,当我们讨论人工智能是基于大数据训练出来时,热识别和软数据的问题并未包含其中。

但是人的智能很多是无法度量的。首先,在生物科学上,有一系列基本的人的生命感知,如嗅觉、味觉、性欲,这些东西是无法度量的。无论我们创造出来的机器计算能力有多强,算法有多么优秀,只要它没有感知,就无法产生人类智能。我们目前造不出来一个机器人来代替品酒师品酒。其次,人的心理感知也是无法度量的。喜悦、厌烦、痛苦、抑郁、思念、怀旧、贪婪、野心等,这些心理的内容的产生具有极强的不可复制和还原的境遇性、生成性,机器无法获得对应的数据,也就无法进行训练和传递。再次,直觉是人的智能中的一个非常重要的基本部分。直觉是基于人对硬数据和软数据、冷识别和热识别的综合处理而产生的一种高度抽象的跳跃性反映。这种直觉,不但它依赖的数据不可度量、不可传递、无法进行机器处理,而且直觉本身也是人无法描述的,默会知识(tacit knowledge)是直觉形成的基础性支撑,直觉具有内在性生成、境遇性传达、无法度量、无法描述、无法程序性传递的特征。

因此,深度学习最终很难涉及人类智能的原始基本要素,因为人类大量的基本感知无法度量。机器无法通过学习来产生和人相似的效应反射。经济学家并不知道人真正的效应函数是什么,人分配给机器的效应函数也不可能是人的普遍函数,只能是在一个狭窄范围内定义的、静态的、可预见的效应函数。因此从广义上讲,任何人工智能设备或者机器人的目标函数,不是也不可能代替人类自身的目标。

人工智能创始人、诺贝尔经济学奖得主赫伯特·西蒙当年提出了"有限理性"这个概念。这是至今影响经济学发展的基本概念之一。"有限理性"承认人的认识和推理的片面性、不完备性,甚至自相矛盾。有限理性决定了机器人执行人分配给机器人的目标函数,机器人不可能比自然人做得更好。

总之,由于感知的不可度量性,我们没有办法训练机器人本身产生它自身的偏好或动态的目标函数。同时由于有限理性,我们也无法为机器设定普遍的目标函数。因此,深度学习的人工智能只限于模仿人在已知环境(场景)里的行为。因为它赖以学习的是已知环境中收集的数据,一旦脱离了训练它的环境,没有原始动力的人工智能就丧失了基本能力。

18.2.2　信息、知识和智慧的层级递进与关联

1. 信息、知识和智慧

狭义的信息特指用于消除人们认识上不确定性的东西,信息论的创始人香农就是在这个意义上定义信息的,信源的可能状态数越多,可能状态的概率分配越均匀,其不确定性越大,用于消除这种不确定性的信息量就越大。控制论的创始人诺伯特·维纳则把信息看作组织性的量度,有序程度越高、组织性越强,信息量越大。信息是可分享的、有确定内涵的、对现象的单纯描述。知识是人类通过各种符号系统表达和传递的信息,

它由符形（物理模式）、符义（指代意义）、符码（指代规则）共同构成，知识的本质是一种可验证的真信念。知识的来源比较多样化，它可以是源自对信息的提炼和加工，也可以是来自对其他知识的推理衍生，还可以是基于智慧在特定场景下/范围内的固化，是人类对生存世界的认识、理解和把握的外显性的符号性结果，是人类文明的基石，也是进步的阶梯。智慧不是信息，不是知识，而是利用信息和知识应对境遇性的场景、解决境遇性问题的能力。智慧是知识背后的东西，它无法直接进行精确描述，只能靠智慧拥有者的内在感悟；智慧的传播则常常是以启发的形式，通过表象的信息或知识，而引起内心的共鸣和直觉的感悟。机器要获得人类这种程度的智慧、感悟和情感，距离恐怕还很遥远（图18-1）。

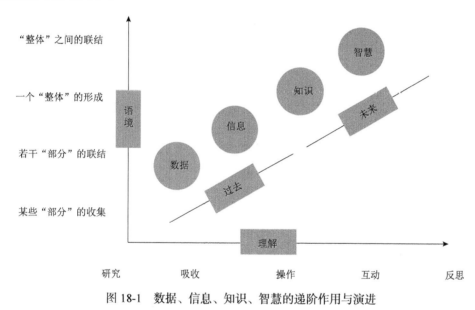

图18-1 数据、信息、知识、智慧的递阶作用与演进

2. 智慧：智力、机智与明智

智慧又可以进一步涵盖智力、机智和明智。智力对应的是 smart，基本含义是"能够通过电子传感器和计算机技术做出一些人类决策可以做出的调整"，智力是一种可程序化计算和分析的外显的智慧。机智对应 intelligent，基本含义是"拥有或表现出轻松学习或理解新事物的能力"，或者处理新情况或困境的能力；拥有或表现出很多谋略。机智具有"在复杂微妙的情境中迅速决策并实施恰当行为的能力"：一是，快速做出决策；二是，在快速的基础上正确决策。明智对应 wisdom，是指"关于什么是适当的或合理的知识；良好的感觉和判断"。明智既包含思维的力量，又涵盖实践的维度；既涉及对"真"的把握，又具有对"善"的指向。尤其需要注意的是，明智是包含道德因素的一种智慧。因为它的远见性表明这种智慧必定是与短视的利益驱动相反的。无论是出于何种目的，富有远见的智慧都能最终得出道德的决策。因此，判断机器或系统是否智能可以将其是否具有长远性或者说在长时间内具有有效性和道德的价值意义作为标准（图18-2）。

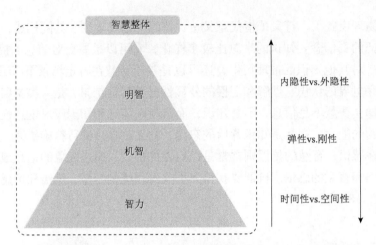

图 18-2　智力、机智、明智的层级结构智慧图及属性变化

　　智力、机智和明智三者对于人工智能而言都是不可或缺的。但是究其根本，明智是最为关键的：其一，起初旨在模拟人类智慧的机器容易走向不可控的局面，所以从一开始就应让机器具有"明智"。其二，不具有明智的机器无法实现"机智"，随着硬件的跟进，短时间内让机器迅速做出决策并不难，而难点在于确保机器在短时间内做出决策的正确性。

　　智力先于明智会带来伦理风险。大多数学者尝试通过脑科学、数学等方式对此进行研究，使人工智能具有兼具理性能力与感性能力的"智力"。但现在问题的关键并不在于此，因为我们不能先去设想一个有风险的事物的可能性，再去分析其可行性，而应先去设想其是否具有可行性，继而再去分析其实现的可能性。由于明智包含着道德因素，因此明智应该是在设计"智力"之前首要考虑的。

　　机智先于明智会造成短视决策。机智的决策说明在当下的决策是迅速而准确的。有时候我们会需要机器在短时间内给出较为精准的答案。然而，人工智能所带来的机智恩惠很难回应其带来的相关伦理问题，而唯有将包含道德因素的"明智"设计置于"机智"设计之前，才能给"机智"确立一个人本的保障。

　　美德与知识二者的关系不仅仅存在于人类自身的哲思中，也在人工智能这一技术领域里有所影射。因此，当我们将智力、机智和明智这三种标准本身进行审视时，我们不难发现明智的远见性和道德性使得其他智能标准都黯然失色。唯有将明智设计置于其他智能因素之前，才可稳妥地实现人对人工智能中"智"的真正需要。

　　总的来说，只有首先澄清人们对"智"的真正需要与期待，才能将人工智能技术作为一种自我实现与超越的手段。并且只有明晰了不同"智"的概念，才不被简单的"智能"一词混淆其真正含义。明智是属于人类的大智慧，或许我们想要进一步开发人工智能使其更好地为人服务又不受制于它，只有从自身的"智"中去寻找依据才是可能的办法。

18.2.3　人工智能与机器人

1. 机器人与机器人伦理三原则

最早使用"机器人"这个概念的捷克作家卡雷尔·恰佩克，在 1920 年发表的作品《罗素姆的万能机器人》中就很超前地提出了人与机器的关系问题。其剧中，发明和制造机器的人们的动机各不相同，有的是为了利润，有的是为了科学，有的甚至是出于人道的理想——例如主管多明就是希望能够将人类从繁重的劳动中解放出来，都变成享有尊严和闲暇的"贵族"。于是，公司制造的大量机器人在全球被用作苦力，而来到机器人制造公司的总统的女儿，则希望人道地对待机器人。10 年后，机器人开始在全世界造反，组织了国际机器人协会，杀死了这个工厂的管理人，结束了人类的统治而开始了自己的统治，虽然它们不久也遇到如何繁殖或复制自己的问题。

科幻作家艾萨克·阿西莫夫在小说《转圈》中最早提出了给机器人设定的三个伦理原则：①不得伤害人和见人受到伤害不作为；②服从人的指令；③自我保护。这是有序的三原则，即越是前面的规则越是优先，后面的规则不得违反前面的规则，机器人甚至不能服从人发出的伤害人的指令（如主人想要机器人帮助自己自杀的指令）；机器人的自我保护不仅不能伤害人，也不能违反人的旨意。如果出现机器人即将伤害人的情况，或者即便不在这种情况下，但只要人发出了让机器人自杀的指令，它也必须服从。这显然是以人为中心的规范。

2. 人工智能与"炼金术"

1965 年以及 1972 年，休伯特·德雷福斯以兰德公司顾问的身份，分别发表了《炼金术与人工智能》以及《计算机不能做什么——人工智能的极限》的研究报告。对隐含在人工智能研究纲领中的关于人类认知和问题解决能力的深层假设，从以现象学和海德格尔哲学为核心的大陆哲学立场出发，进行批判性思考和分析，无论人工智能科学家共同体对其观点是否认同，休伯特·德雷福斯这些深刻的哲学思考，客观上推动了从人工智能研究早期基于知识主义、符号主义强纲领的盲目乐观，到目前对实现人类级别智能的智能机器建造的审慎态度，以及更加丰富的研究进路的转变。

休伯特·德雷福斯从一开始就未曾否定人工智能的意义，只是在质疑当时人工智能研究的主要假设和方法论。主要是从人类与机器对信息加工形式的对比来阐述当前困难的深刻意义，他在《计算机不能做什么——人工智能的极限》的第二部分（Part Ⅱ）列举了四种人类与人工智能的区别：①人类思维的边缘意识与人工智能的启发式搜索；②人类思维的本质/非本质区分与人工智能的试错法；③人类思维的模糊容忍度与人工智能的穷举；④人类思维基于上述三种信息加工形式的明晰组合（perspicuous grouping）能力。

由此，休伯特·德雷福斯得出了人类能在下述困难逐步加大的条件下进行模式识别的结论：①模式可能歪斜、不完整、变形和在噪声环境中；②模式识别所需的特征虽然清晰甚至能形式化，但搜索难度会急剧加大（指数爆炸）；③特征可能依赖内外部上下文，从而不能从列表中隔离出来单独考虑；④可能没有公共特征，但"重叠的相似性的复杂网络"总能识别新的变化。

任何一种机器实现的模式识别能力,如果要与人类思维的能力等效,就必须具备这些能力:对模式的特定实例把基本特征从非基本特征中区分出来、利用停留在意识边缘的线索(或暗示)、考虑上下文环境、把个体感知为典型,即把个体定位于一个范型实例。目前人工智能在模式识别方面的困难,综合博弈、问题求解、语言翻译领域遭遇的既往的困难,一步步在人工智能推进中解决,但通用机器人是否能够最终实现,在技术上依旧是现实的难题,而在理论上和底层哲学与认知逻辑上,更是未解决的问题,即便是目前最接近人的 ChatGPT 相关技术也是如此。

18.2.4　人工智能历程与哲学视域中人工智能主导范式

1. 符号主义范式

在人工智能 60 年的发展史上,最初占有统治地位的是基于知识工程展开的符号主义人工智能发展范式。这种范式以数学和逻辑为理论指导,其实质是模拟人的逻辑思维。符号主义范式:物理主义—形式化—抽象性认知—机器。代表人物纽厄尔和赫伯特·西蒙把人类的认知看作信息加工过程,把物理符号系统看作体现出智能的充分必要条件。这种概念框架可追溯到弗雷格和罗素的逻辑原子主义思想,而逻辑原子主义又继承了传统西方哲学中重分析的理性主义传统,以牛顿力学为核心的近代自然科学研究印证了这种哲学的有效性。第一代人工智能科学家正是在近代自然科学研究范式的熏陶下成长起来的,他们不仅潜移默化地延续了传统西方哲学的思维方式,而且继承了以牛顿力学为核心的近代自然科学方法论观念。

在这个概念框架中,不仅还原主义、理性主义、物理主义、决定论的因果性等观念占据主导地位,而且我们完全可以把世界形式化的界限看作发展人工智能的界限。

这种理想化的概念范式在处理人的日常感知问题时,遇到了发展性难题。于是,人工智能科学家受神经科学的启示,试图通过神经网络的建模来模拟人类智能的进路从边缘走向核心。

2. 联结主义范式

21 世纪以来,随着大数据、云计算、图像识别及自然语言处理等技术的发展,出现了以人工智能深度学习为主导范式的联结主义。人工智能联结主义发展进路以神经元网络和深度学习为理论指导,其实质是模拟人的大脑学习活动。联结主义范式:操作主义—感知学习—具身性认知—人脑得到快速发展。这种范式在观念上把计算机看作类人脑,在方法上不再求助于形式化的知识推理,不再通过求解问题来体现智能,而是求助于统计学,通过模拟神经网络的联结机制,赋予计算机能够基于大样本数据进行自主学习的能力,来体现智能。这就把人工智能的研究从抽象的知识表征转向实践中的技能提升,从原子主义的主客二分的理性分析方式转向能动者与其所在的世界彼此互动的感知学习方式。能动者的技能提升是在学习过程中进行的。技能不能被等同于操作规则或理论体系,而是能动者在其世界中或特定的语境(context)中知道如何去做的技术能力。这种范式恰好与来自胡塞尔、海德格尔、梅洛-庞蒂和德雷福斯的现象学相吻合。德雷福斯的人工智能哲学主张,在麻省理工学院以及其他机构中的第二代人工智能科学家那里,已经不再有第一代人工智能科学家那种对其思想的排斥。

3. 行为主义范式

人工智能行为主义发展进路以控制论为理论指导,其实质是模拟人的反应机制。行为主义,是一种基于"感知-行动"的行为智能模拟方法。

行为主义学派认为人工智能源于控制论。早期的研究工作重点是模拟人在控制过程中的智能行为和作用,并进行"控制论动物"的研制。到 20 世纪 60~70 年代,播下智能控制和智能机器人的种子,并在 20 世纪 80 年代诞生了智能控制和智能机器人系统。行为主义是 20 世纪末才以人工智能新学派的面孔出现的,引起了许多人的兴趣。这一学派的代表作首推布鲁克斯的"六足行走机器人",它被看作新一代的"控制论动物",是一个基于感知-动作模式模拟昆虫行为的控制系统

符号主义、联结主义、行为主义的特性对比如表 18-1 所示。

表 18-1　符号主义、联结主义、行为主义的特性对比

项目	符号主义	联结主义	行为主义
样本数量	小	大	小
计算性能	小	大	极大
相关学科	心理学	生理学	生物学
经典系统	专家系统	机器学习	遗传算法
模拟方式	功能模拟	结构模拟	行为模拟
是否犯错	从不犯错	偶尔犯错	经常犯错
逻辑特点	知其然知其所以然	知其然不知其所以然	不知其然不知其所以然

4. 计算主义范式

从传统上来讲,人工智能领域主要有符号主义、联结主义和行为主义三大研究分支,但到了当代,在数据主义背景下计算主义的人工智能研究进路在一定意义上整合了这三者并日渐凸显。计算主义作为研究人类智能的核心范式和探索人类认知奥秘方法论的关键环节,是一种关于心灵或认知的理论,把认知解释为计算,对人类智能是否可以模仿的问题,做出了肯定性回答,并且指向通用机器人,这种通用机器人可以完全等同于人的智能技术发展。

计算主义受到的根本性反驳集中体现在形式系统及其意义问题上。哥德尔不完全性定理指出,一个自洽的形式系统内部必然包含着不可判定的真命题,且该形式系统的自洽性也不能通过自身得到证明。这直接否定了福多对语义的原子性质的符号性还原这个

基础性问题，直接表明形式系统存在着难以调和的内在矛盾，从而导致形式系统遭受巨大打击。而计算主义最依赖的正是形式系统，即计算主义也陷入形式系统的不完全性定理的窠臼中。卢卡斯认为，计算主义本质上属于形式系统，而心灵属于非形式系统，对于计算主义不能判定的命题，心灵则可以做出判定，故而心灵优于计算主义的形式系统。换言之，机器不能完全实现心灵功能。更为重要的是，形式系统也不能产生意义，这主要受到塞尔"中文屋"的诘难。

但问题在于，尽管计算主义本身由于形式系统的局限不能产生意义，实际情况却是人类在遭受着意义丧失的威胁。麻省理工学院媒体实验室的创办人尼葛洛庞帝这样说："计算不再只和计算机有关，它决定我们的生存。"具体到计算主义的人工智能而言，它对人类生活的最显著影响就是把人类推向数字化生存。从科学层面来讲，计算主义本质上属于形式主义，即通过一定的逻辑结构及其规则进行符号处理，同时不产生除本身无意义附加的逻辑运算之外的任何其他语义方面上的意义；从哲学层面上讲，当这种计算主义的观点作为一种方法论应用于我们的周围世界时，就会构造出计算主义的世界虚拟图景。于是，除了人本身，周围世界都充斥着经过计算主义的范式转换过的虚拟世界，特别当人日益依赖这种生存环境时，人的意义缺失感就会日益凸显。计算主义进路的人工智能发展的直接后果就是人类智能外在化。

人工智能发展的这种范式转换，不仅揭示了人类在体验世界、与世界互动，以及在理解世界并赋予其意义上，获得了使世界语义化的新方式，而且正在全方位地改变着过去习以为常的一切架构。一方面，基于统计学和随机性的算法建模，赋予智能机器在不断实践中能够自主提高技能的能力，使得机器学习的不确定性和不可解释性成为智能机器的基底背景，而不再是令人担忧的认识论难题；另一方面，机器智能水平的高低，取决于其学习样本的体量或规模，这强化了体知型认知（embodied cognition）的重要性。智能机器在学习过程中表现出的不确定性，以及人工智能所带来的世界的瞬息万变，要求我们重构现有的规则与概念。因此，全方位地丰富和重构哲学社会科学的概念框架，是我们迎接智能化社会的一个具体的建设目标，而不是一个抽象的理论问题。

本 章 小 结

人工智能的底层问题和底层逻辑，就是哲学问题，是需要我们在这样一个技术时代理性反思的问题。人工智能正以它的方式存在、改变，它通过全新的形式容纳在康德的"四问四答"。从哲学的视角探究"智能"，不仅要认识到人的智能、人工智能的丰富性，也要看到"有限理性"，承认人的认识和推理的片面性、不完备性，甚至自相矛盾，更要将明智设计置于其他智能因素之前，避免短视决策带来的伦理风险，从而实现人对人工智能中"智"的真正需求。

思 考 题

1. 对于康德四问，人工智能技术又引发何种新的思考？

2. 如果接受人的理性是有限理性这个前提，人类该如何应对人工智能技术的发展？

3. 如何从层级关系角度，理解智力、机智、明智与智慧的关系？没有人类伦理，人类智慧是否可能？

4. 人工智能研究目前有四种主导范式：符号主义范式、联结主义范式、行为主义范式、计算主义范式。分析各自的特点以及彼此之间的差异和关联。

5. 体知型认知在人工智能技术发展中有何特殊的作用？

参 考 文 献

[1] 朱清华. 德雷福斯与海德格尔式人工智能[J]. 哲学动态, 2020(10): 72-79,128.

[2] 高奇琦. 向死而生与末世论: 西方人工智能悲观论及其批判[J]. 学习与探索, 2018(12): 34-42.

[3] 徐英瑾. 人工智能哲学十五讲[M]. 北京: 北京大学出版社, 2021.

[4] 计海庆. 增强、人性与"后人类"未来——关于人类增强的哲学探索[M]. 上海:上海社会科学院出版社, 2021.

[5] 尤瓦尔·赫拉利. 人类简史: 从动物到上帝[M]. 2 版. 林俊宏, 译. 北京: 中信出版社, 2017.

[6] 尼克·波斯特洛姆. 超级智能: 路线图、危险性与应对策略[M]. 张体伟, 张玉青, 译. 北京: 中信出版社, 2015.

[7] 陈凡, 吴怡. 人工"智"能的智慧、机智与明智[J]. 自然辩证法通讯, 2021, 43(12): 95-100.

[8] 赵汀阳. 人工智能的自我意识何以可能?[J]. 自然辩证法通讯, 2019, 41(1): 1-8.

[9] 高新民, 储昭华. 心灵哲学[M]. 北京: 商务印书馆, 2002.

第19章 人工智能技术的人类挑战与应对

人类智能的外在化是人工智能的进化与人类智能的进化同步推进且日益融合，人类智能的外在化是人工智能发展的必然结果。技术的进化和人自身的进化之间充满张力，人工智能技术的人类挑战与应对，也是在这种外在化过程和结果中产生的。

19.1 作为代具性存在的人工智能技术

人在世界之中的存在通过"后种系生成"的方式实现，即人类纪的延续有赖于对人类的原始性缺陷的代具性补足。这种后种系生成，强调人在成为人之后，在失去人的动物性的同时，也失去了动物性的生存能力，于是人成为人的同时，也具有了先天性的对应于人的生存的某种生存缺陷，技术的产生则是对这种先天缺陷的弥补。这说明人在诞生之初就与技术处于相互依存的状态，没有技术人不可能得以存续，而技术若离开了人将失去它本体论意义上的归宿，这样的人-技结构便获得了一种历史性生成的存在形式。类似地，计算主义进路的人工智能也是一种代具性的存在，是对人类智能的补足。换言之，人与人工智能虽然属于伴生关系，却指示出一种外在化的存在状态，即在利用人工智能时人自身也处于一个外在化的过程中，外化为一种人工智能的形式在体外存在。

人工智能为人与技术之间的外在化提供了新的方式，人类的意义世界在外在化的过程中受到影响。技术在不同的历史发展阶段具有不同的内涵，工具技术对应着工匠人，指示着人的"骨骼体系的外在化"；机械技术对应着生物性的劳动者，指示着"肌肉组织的外在化"；而信息技术对应着赛博人，即人-机共生体，指示着"神经系统的外在化"。可以发现，不同的技术阶段绘制了人的后种系生成的连续系谱，但基本趋势是人将自身的器官功能逐步外化为代具性存在。同样地，把人工智能纳入人的日常生活世界时，它实际上嵌入大脑并完成一种具身性实践，人工智能与人类智能构成一种耦合性质的进化图景。

赛博人，不同于那种一般意义上的、传统的人类器官增强技术所具有的单向的、被动性的对人的适应，它实现了人与技术间真正意义上的融合，进而表达为双向的、主动性的融合。换言之，人在其进化的历史中以接受技术的方式将技术内化于自身的生存实践，但同时也将自身置于外在化过程中，即内在化的过程同时也是一个外在化的过程，从而构成一个人工智能与人类智能相融合的基本模式。

19.2 人工智能外在化促生智能化生存中的时空重置

计算主义进路的人工智能在外在化的过程中催生了两方面的变化，这造成人的生存意义的缺失。其一是生物时间的错乱或非时间化。原来依据时区划分的自然时间在互联网的网络化中被打乱，将世界以虚拟化的方式连接起来。其二是空间的虚拟化，即被摆置进了非地域化的虚拟世界中，这与时间的变化紧密相关。通过这种方式时间与空间被重置，由此人与世界的桥接方式也随之发生变化，使人处于一个智能世界而不是传统意义上的现实世界。以抖音为例，强大的推荐算法能准确预知观看者的兴趣偏好，从而为用户量身定制一个"过滤气泡"，通过对用户的历史记录、搜索行为等信息的即时捕捉和处理实现了人与其意向对象之间的自动获取，用户不自觉地陷入无时间的视频流当中。就其本质而言，人工智能以其独特的方式为现实世界构造了一个影子世界，人最终在智能化重置的时空中错失了生存的意义。

进一步而言，人类智能的功能性质被外在化的人工智能消解，人的生存意义被推入虚无之中。人工智能作为有机化的无机物以一种外在化的方式侵入了人类智能的领地，重塑了人的生存方式。人工智能是人类智能的外在化表达，正是这种外在化能够对意义丧失做出合理的解释。人工智能以其独有的方式与人的智能产生跨物种的互动而成为一种新的生存方式，最终造成人们习以为常的教育、文化、道德等人类文明不再适应新的技术条件所创造的生存环境；此时，人自身还未真正适应这种变化，其结果便是人与其自身过往的断裂与疏离，导致人对自我确认的困惑，进而导致人的生存意义的虚无化。简而言之，人工智能似乎全面接管了人存在的现实境况，同时又难以对其后果有任何具有实践意义的应对方案，人开始为命运的无定状态而与不确定性纠缠在一处。因此，有必要在人类智能与人工智能的互动中寻找一个可信赖的人工智能概念体系。

19.3　人工智能技术与人和技术的协同演进

目前，计算主义的人工智能已经形成以语音识别、机器人等为代表的技术系谱，渗透到日常生活的每个角落。一方面，人工智能作为重塑生存方式的技术手段，为人类未来提供新的可能。文字的发明让我们告别了口语时代，飞机的出现改进了各大洲之间的交通方式，人工智能成为人类生存的全新技术载体。从这一点来看，不可逆的技术发展轨迹表明，不存在想象中的那些不明智的、也不可行的拒绝人工智能技术的实践方案。另一方面，人工智能逐渐形成自身的发展逻辑，而技术风险伴随其中。资本主义技术工业客体在其内在逻辑的支配下以一种不以人的意志为转移的方式形成基于既定发明路线的技术趋势；相应地，其潜在的不确定性风险日益突出。总之，如此快速的发展以及生存方式的改变使人们并没有足够充分的理由拒绝它，而实际上也不存在任何能够阻碍技术发展的现实力量。事实仍然表明，尽管谨慎是可取的，但出于某种文化偏见而抵制人工智能的智能化趋势，可能是不正确的。

人工智能的根本危机在于它通过一种外在化机制将人的生存抛入未来的"烦"之中，因而采取直接面向外在化的批判性反思是具有针对性的基本策略。技术的发展历史表明人与技术的协同演进是人类进步的重要保障，必须认识并确保人与人工智能之间良性互动的基本原则。根据尤瓦尔·赫拉利的说法，战争、饥饿和疾病是人类在很长一段时期内都难以应对的生存挑战，人类数量及其种族团体是否能够维持在一个相对安全的范围内都因此而充满变数，但这归根结底是来自自然的威胁。人类之所以能够存续至今，除自身的努力之外，主要还是依靠技术，它充当着人本身并不发达的尖牙利爪，被放大的人类力量在残酷的生存竞争中战胜种种困境而使智人逐渐跃至食物链顶端。毋庸置疑，技术进步对化解人类生存危机有着举足轻重的作用。应该相信，人工智能时代同样如此，我们应该秉承这份信心与智慧，在充分发挥人工智能的巨大潜力的同时，将其可能的风险降至最低。

19.4　挑战与应对：思维、认知、生命、伦理

人工智能科学家在人类智能的机制尚不明确的前提下，试图制造出智能机器，首先需要界定"智能"是什么。这是事关人工智能的框架问题，即在什么样的概念框架中，理解智能和实现智能。信息、知识、智慧之间是什么关系？智慧、机智、明智之间又有什么区别？元宇宙问题，究竟是一个具体的技术问题，还是一种与文明发展对应的技术时代问题？概念工具箱的匮乏，不只是一个问题，更是一种风险，因为这会使我们恐惧和拒绝不能被赋予意义与自认为没有安全感的东西，提升了技术应对风险。从思维、认知、生命和伦理的视角，对人工智能技术进行反思和审视，是解决在更深入地认知人工智能技术所面对的概念匮乏时的一种基础性途径。

19.4.1　求力技术到求智技术：新技术观挑战

从求力技术推动的工业社会转向求智技术推动的智能化社会，万物互联，互联生智。所有的相关技术都具有了价值负载。一方面，算法为王，技术善恶的天平将会偏向哪个方向，不再只是取决于使用者，更取决于设计者。人工智能事实上并不是在预测未来，而是在设计未来。另一方面，物质环境本身具有了社会能力，成为一种环境力量，能够起到规范人的行为和重塑公共空间的作用，甚至还能起到社会治理的作用。

各种分布式技术成为求智技术的支撑技术。分布式技术是与集中式技术对应的一种基于网络的计算机处理技术，其核心理念是让多台服务器协同工作，完成单台服务器无法处理的任务，尤其是高并发或者大数据量的任务。与集中式技术相比，分布式技术具有如下明显的特点。

（1）分布式系统最大的特点是可扩展性，它能够适应需求变化而扩展。其良好的横向的可扩展性，可以通过增加服务器数量来增强分布式系统整体的处理能力，能够应对不断增强的业务增长带来的计算需求。

（2）分布式系统对服务器硬件要求很低。分布式系统对服务器硬件可靠性不做要求，允许服务器硬件发生故障，硬件的故障由软件来容错，所以分布式系统的高可靠性是由软件来保证的。

（3）分布式系统能够有效阻止单点失效。分布式系统里运行的每个应用服务都有多个运行实例跑在多个节点上，每个数据点都有多个备份存在不同的节点上。

（4）分布式系统尽可能减少节点间通信开销。分布式系统的整体性能瓶颈在于内部网络开销。

基于分布式技术支撑，具有去中心化、开放性、独立性、安全性特征的区块链技术，与 Web 2.0 的互联网结合，发展出了能够更好地体现网民的劳动价值、实现价值均衡分配的新的价值生产和利益分配的形式；与 Web 3.0 的物联网结合，实现基于兴趣、语言、主题、职业、专业聚集而形成的新的管理形式，进一步推进了去中心化自治组织（decentralized automomous organization）支撑起来的社会治理。分布式技术集群，构筑了人类新世界的技术基础。全新的万物互联、互联生智的技术观也顺势生成。

19.4.2　相关性思维统摄因果性思维

因果性思维方式是与牛顿力学相联系的一种决定论的确定性思维方式，是面向简单系统的纵向思维方式，因果性思维方式追求的是：如果 A，那么 B。相关性思维方式则是与量子力学相联系的一种统计决定论的不确定性思维方式，是面向复杂系统的横向思维方式，相关性思维方式追求的是：如果 A，那么很有可能是 B，A 并不是造成 B 的原因，而只是推出 B 的相关因素。

人工智能是由大数据来驱动的，如何理解数据之间的相关性所体现出的预测或决策作用，是人类面临的思维方式的挑战。

人类智能最大的特征之一就是在变化万千的世界中，能够随机应变地应对局势。这种应对技能是在反复实践的过程中练就的。在实践活动中，人类是"寓居于世"（being in the world）的体知型主体。人与世界的互动不是在寻找原因，而是在应对挑战，而这种挑战是由整个语境诱发的。

人类的这种应对技能是建立在整个模式或风格基础上的，是对经验的协调。人与世界的关系是一种诱发-应对关系。同样，人工智能的世界是由人的数字化行为构成的数据世界。

一方面，人类行为的多样性，使得数据世界变化万千，莫衷一是；另一方面，数据量的剧增带来了质的飞跃，不仅夯实了机器深度学习的基石，而且使受过长期训练的机器，也能表现出类似于人类智能的胜任能力，成为"寓居于数据世界"的体知型的能动者。这样，智能机器与数据世界的互动同样也不是在寻找原因，而是在应对挑战，这就使人类进入了利用大数据进行预测或决策的新时代。

相关性思维与因果性思维，属于两个不同层次的思维方式，不存在替代关系。前者是面对复杂系统的一种横向思维，后者则是面对简单系统的一种纵向思维。例如，在城市管理中，智能手机的位置定位功能有助于掌握人口密度与人员流动信息，共享单车的使用轨迹有助于优化城市道路建设等。这些在过去都是无法想象的。

大数据具有体量大、类型多、结构杂、变化快等基本特征。在这种庞杂的数据库中，我们必须放弃把数据看作标志实物特征的方法，运用统计学的概念来处理信息，或者说，凭借算法来进行数据挖掘。这样做不是让机器人如何像人一样思考，而是让机器人学会如何在海量数据中挖掘出有价值的隐藏信息，形成决策资源，预测相关事件发生的可能性。然而，当数据成为我们认识世界的界面时，我们已经不自觉地把获取信息的方式交给了搜索引擎。在搜索算法的引导下，我们的思维方式也就相应地从重视寻找数据背景的原因，转向了如何运用数据本身。这就颠覆了传统的因果性思维方式，接纳了相关性思维方式。

19.4.3　分布式认知挑战传统认识论

（1）在智能化的社会里，网络化、数字化与智能化的结合，既是平台，又是资源。实验就是创造，科研就是技术。会聚技术中科学和技术呈现内在的一体化，技术操作、技术手段与技术对象一体化。这种特质在生命科学和生物技术领域、在意识层次的研究领域已经凸显。工具、科学仪器、分析方法和新材料，既是新成果，又是新工具。例如，对神经元的电信号、化学物质的迁移、细胞的生命活动，以及由分子到全脑的认知过程的研究，纳米层次的科学和技术是它们的共同基础。这种基础又作用、改造乃至创造出新的脑组织和新的功能。信息技术在研究和设计材料结构和性能，以及设计复杂分子结构和微观结构中同样发挥着至关重要的作用。总之，实验就是创造，科研就是技术。

当搜索结果引导了人类的认知趋向并成为人类认知的组成部分之一时，人类的认知就取决于整个过程中的协同互动：既不是完全由人类认知者决定的，又不是完全由非人类的软件机器人或搜索引擎决定的，而是由相互纠缠的社会-技术等因素共同决定的。上述的认知方式可被称为分布式认知，即认知过程由相互纠缠的社会-技术等因素共同决定。例如，维基百科便是集使用者、编纂者、传播者为一体，实现了群体协作下的知识生产与共享。此外，软件机器人不仅承担监管、搜索、推送等功能，还逐步参与科学研究，改变着科研模式。例如，生物学家启用 AlphaFold 模型，参与蛋白质结构建模及分析，就是当前分布式认知的典型案例。

（2）参与知识生成，平台效应凸显。我们知道，维基百科实施的开放式匿名编辑模式，在极大地降低了知识传播和编撰的门槛的同时，首先必须面对的是词条内容的可靠性问题。维基人采取了两条途径来确保其可靠性：一是通过集体的动态修改来加以保证；二是让软件机器人自动地承担起监管和维护的任务，随时监测和自动阻断编辑的不正确操作（哔哩哔哩网站、亚马逊、滴滴也是如此）。

直接参与新型的科学研究，软件机器人直接参与人类认知。在加利福尼亚州理工学院学习的维吉尔·格里菲斯开发的 WikiScanner 软件，就可以用来查看编辑的 IP 地址，然后，根据具有 IP 地址定位功能的数据库（IP 地理定位技术）来核实这个地址，揭示匿名编辑，曝光出于私心而修改词条的编辑，从而自动维护了维基百科词条内容的质量。软件机器人的警觉性远远高于人的警觉性，因而极大地提高了维护效率，成为维护知识可靠性的一位能动者（agent）。

既作为平台，又作为资源，这样的网络化、数字化与智能化结合体，不仅创设了无限的发展空间，具备了很多可供开发的功能，而且为我们提供了观察世界的界面。特别是对于那些希望从互联网的知识库里"挖掘"有用信息的人来说，搜索引擎或软件机器人成为唾手可得的天赐法器，既便捷，又快速。当科学研究的结果也依赖于机器人的工作时，我们的认识论就必须由只关注科学家之间的互动，进一步拓展到关注软件机器人提供的认知部分，形成"分布式认识论"。这是对传统认识论的挑战。

19.4.4　网络痕迹不断留存，可能产生的数字人，是人类面临的对现有生命观的挑战

几乎所有哲学传统都认为，正是因为死亡的存在，人的生命才具有意义。死亡使得人类产生价值偏好的等级，并推动多元价值与意义的追求。然而，随着增强现实技术、生物工程、纳米技术和量子计算的进步，以及未来可能出现的生化电子人，人类身体本体的界定正面临前所未有的挑战。

网络痕迹的持续留存，使"数字人"概念逐渐浮现，这对现有的生命观构成冲击。数字人意味着永生，同时具备人类特性；它也可能导致心灵与身体的分离。与此同时，生化电子人的出现不仅挑战了传统的身体观，也动摇了"血肉之躯"作为人类本体的同一性，甚至对人类赖以生存的有机环境的可持续性构成威胁。

忒修斯之船悖论提出：如果一艘船的每一块船板都被逐渐替换，它还是原来的那艘船吗？如果将被替换下来的旧船板重新组装成一艘新船，这艘新船又该被如何定义？同样，数字人和生化电子人的发展，使得传统的法律、医疗、伦理、经济、政治乃至军事行为都面临深刻挑战。

19.4.5　解析社会（个体人的透明化、单体化、数据化）挑战人的隐私与自我

在一个全景式的智能化社会里，如何重新界定隐私和保护隐私，如何进行全球网络治理，是人类面临的新的伦理、法律和社会挑战。

隐私：网络生活中的透明人。常态化的在线生活使人具有了另外一种身份：数字身份或电子身份。私人空间自觉或者强制性地向公共空间或者公开活动延伸，个人对自己的隐私丧失了所有权和删除权。网络生活中的人，成为个人隐私被显性或者隐性地暴露的透明人。

自我：第三空间主导挑战人类自我概念。在智能化的社会中，第三空间指的是共享的群体意识所塑造的一个空间，微信朋友圈就是一例。在第三空间中，人成为单体人，人的自我需要在他者的"关系性"或"社会性"中存在。

人的网络化生活一方面使人类从信息匮乏的时代转变为信息过剩的时代，另一方面又把人类带到一个信息混杂、难辨真伪的时代。在这种情况下，人的身份的完整性是由两把钥匙开启的，一把钥匙由自己拿着，另一把钥匙由他人拿着。

网络数据的被转移、被复制以及被控制，还有网络智能机器人的被使用，不论是在个人层面，还是在国家层面，都打开了有关隐私和匿名议题的潘多拉魔盒。因此，随着物联网的发展，在全球互联的世界中，如果我们希望通过法律条文和人类智慧来应对隐

私问题，就需要跟上技术发展的步伐，需要各级部门为掌握了大量个人数据并重新规划人类社会发展的各类科技公司建立负责任的行动纲领。

19.4.6　数字化生存，挑战传统责任观

身份盗用、垃圾邮件、网络欺诈、病毒攻击、网络恐怖主义、网络低俗文化，在个人数据处理、无人驾驶、算法交易等事件中，我们的认识系统已经是一个与社会-技术高度纠缠的系统。如果发生问题，应该由谁来负责呢？

当人类成为彼此相连的信息有机体，并且与人造物共享一个数字化的信息空间时，认识的责任就必须由人类的能动者和非人类的能动者来共同承担。如何理解这种分布式的认识责任，是人类面临的对传统责任观的挑战。

例如，我们已经习惯于通过百度来查找所需要的一切信息，习惯于通过参考他人的评分或评论来决定预订哪家宾馆、在哪个餐厅吃饭、购买哪件衣服等。问题在于，我们为什么要相信这些评分或评论？如果我们被欺骗，我们应该如何问责呢？对这个问题的思考，涉及关于搜索引擎等智能人造物的伦理和道德责任的问题。例如，汽车发生碰撞事故，交警通常会判定要么由司机来负责，要么由厂商来负责。在这种思路中，汽车是被当作孤立的技术人造物来看待的。可是，如果是一辆无人驾驶的汽车发生了碰撞事故，那么我们就需要追究这辆车的责任，因为无人驾驶车应该被当作属于社会-技术-认识高度纠缠的人造物来看待的。

19.4.7　算法为王，挑战传统正义观

大数据时代，算法为王，数据次之，相互支撑，缺一不可。算法在大数据的基础上，按照不同的参数与目标，构建不同的互联网帝国。算法决定内容展现，算法决定让什么样的人群看到什么样的内容，算法决定何种内容能够广泛传播。

信息茧房（网络群体的极化、社会黏性的丧失）、网络暴力（网络暴力会混淆真假，损害个人权益和侵犯个人名誉，损害网民的道德价值观）、社会性死亡（网络暴力下个体死亡，人是社会性的存在）、后真相（在信息传播的过程中忽视真相和逻辑，用情感情绪煽动主导舆论），就是算法支配下的对社会正义的扭曲。

智能化社会中的责任与正义挑战，把认识论、伦理学和本体论三者高度缠绕地结合在一起。智能人造物显示出互动性、自主性和适应性，使其成为既是道德的能动者，又是责任的承担者。如何解决这些问题，在现有的规章制度中和交通法规中依然无章可循。因此，从如何重塑社会-技术-认识系统中的问责机制来看，如何确立分布式责任观是我们面临的对传统问责机制的挑战。

19.4.8　闲暇时间挑战传统就业观和社会财富的分配观

闲暇时间的支配与使用，成为人类面临的比为生存而斗争还要严峻和尖锐的挑战。如果我们追溯历史，就不难发现，我们的地球发展已经经历了两次大的转折：第一

次大转折是从非生命物质中演化出生命,这是生命体的基因突变和自然选择的结果;地球发展的第二次大转折是从类人猿演化出人类,而人类的出现使自然选择的进化方式首次发生了逆转,人类不再是通过改变基因来适应生存环境,而是通过改变环境来适应自己的基因。这就开启了人类凭借智慧迎接人造自然的航程。从农业文明到工业文明,再到当前的信息文明,人类始终在这条航线上勇往直前。在这种生存哲学的引导下,为生存而斗争和摆脱自然界的束缚,直到今天依然是人类最迫切需要解决的问题,甚至也是整个生物界面临的问题。

一方面,科学技术的发展、工具的制造、制度的设计,都是为有助于实现这一目标而展开的;另一方面,人类的进化,包括欲望和本性的变化,其目的都是希望付出最少的劳动获得最大的报酬,特别是我们熟悉的教育体制也是为培育出拥有一技之长的劳动者而设计的。在全球范围内,这些设计目标的类同性,竟然与民族、肤色、语言等无关。这无疑揭示了人类有史以来的生存本性。

然而,随着人工智能的发展,当程序化和标准化的工业生产、基于大样本基数的疾病诊断、法律案件咨询,甚至作曲、绘画等工作都由机器人替代时,当人类的科学技术有可能发展到编辑基因时,地球的发展将会面临着第三次大转折,那就是迎来人机协同,乃至改变人体基因结构的时代。到那时,有望从繁重的体力劳动与脑力劳动的束缚中完全解放出来的人类,应该如何重新调整乃至放弃世世代代传承下来的以劳取酬的习惯和本能的问题,以及人类如何面对改造自己基因的问题,就成为至关重要的问题。

也就是说,当人类的休闲时间显著增加,而人类所设计的制度与持有的观念,还没有为如何利用休闲时间做好充分的思想准备时,当科学技术的发展使人类能够设计自己的身体时,人类将会因此而面临着一种"精神崩溃"吗?对诸如此类问题的思考,使人类不得不面对更加现实的永久性问题:人类在摆脱了就业压力而完全获得自由时,如何利用充足的自由支配时间,如何塑造人类文明,成为人类文明演进到智能化社会时,必然要面临的比为生存而斗争还要严峻而尖锐的挑战。

一项研究让专家预测人工智能何时能在某些工作上超越人类。这些专家预计,机器人将于 2026 年在写作高中散文上超越人类,2027 年取代人类驾驶卡车,2031 年夺走零售业工作,2049 年写作畅销书,2053 年做外科手术。这项调查的作者写道:"研究人员认为,人工智能有 50% 的概率将在未来 45 年内在所有工作中超越人类,在 120 年内使所有人类工作自动化。"

这个前景令人振奋,同时也令人担忧。人类的经济和生活将会经历革命性的变化。一切都将始于创造、创新和投资。商家提供最新的软件和硬件,企业购买这些产品,取代费用高昂、反复无常、难以培训的人类职工。简单重复的任务构成的工作将率先消失。但是,人工智能显然是智能的。随着时间的推移,商业企业将开始销售像人类一样,甚至能够比人类更好地进行沟通、谈判和决策,并执行复杂任务的科技产品。而且这些科技产品将不断改进,并且会日益廉价。想做广告宣传的企业会发现,人工智能测试和制作的标语、电视广告的效果更好。银行将开始用算法代替贷款专员。合同、保险、税务准备等任何与文书相关的工作都会消失。

如果人工智能发展到足够先进，而且道德约束与法律监管也允许人工智能的介入，教育和健康这两个行业可能会经历巨变。人们通常认为，这两个规模庞大、不断扩展的就业领域不容易出现生产力的提高和技术性失业。例如在美国，资金紧张的州和地方政府可能会让学生在家上学，使用学校董事会批准的智能、交互式人工智能系统进行学习和考试。大型医院已经开始使用 IBM 的"沃森"帮助医生进行诊断，很快将淘汰医生，转向远程医疗、图像诊断和自动护理。小型自动控制机器人会开始冲洗鼻窦或者切除痣。保险公司也许会鼓励患者使用人工智能系统，而不是咨询真人医生。患者可能会开始将人类医生看作容易出错的施害者。

当然，有些工作不可能外包给计算机或机器。例如，照顾幼儿园的幼儿、作为推选出的代表为社区服务、担任公司总经理、档案研究、写作诗歌、举重教学、艺术创作、谈话治疗等工作似乎不可能由机器来完成。但想象一下这样一个世界：商店雇员、货运司机和白领都大幅减少；每次需求衰退之后的复苏都伴随着人员失业，企业越来越精简；几乎所有学位都毫无用处，高文凭不一定能带来高工资；数百万工作机会可能消失。

机器可以夺走工作，但不应该夺走收入：社会上大部分人的工作面临着不确定性，应该实施可以保护广大民众而不仅仅是穷人的福利政策……因此，基本收入补助成为数字时代中一种直接明了的选择。普惠式福利保障开始成为一般性的社会议程。

19.5　数据人文与智能"乌托邦"

互联网技术本身是一种多点化的、网络化的、开放的、耦合生成的、蕴含内在多元性的技术。在互联网技术作为组织技术的技术集成支撑下，数据人文的存在以及数据人文技术的提升，广泛扩展了人文力量的活动空间。就人文资料收集和整理而言，一机在手，尽收世界万象，维基百科可以在专职人员的运作与管理下，让全世界所有人为其生成资源和信息；互联网技术支撑下的虚拟现实技术可以超越时空的方式创生、组合世界，以技术化呈现样态放飞人类的想象力和思维力的翅膀；在社会治理领域，互联网技术使得基于人类命运共同体理念的全球共享共治具有了强大的技术支撑。

与此同时，在互联网技术集成的加持下，监控技术正以惊人的速度发展，10 年前的科幻小说如今已成为日常新闻。人类需要在全权主义监视与公民赋权之间进行选择，依托互联网技术技治主义，在增强人类秩序管理效率的同时，为专制、集权统治的实施也提供了技术支持。50 年前，克格勃无法每天 24h 追踪 2.4 亿苏联公民，也不可能有效处理收集到的所有信息。克格勃依靠人类特工和分析师，不可能跟踪每个公民。但是现在，政府可以依靠无处不在的传感器和强大的算法，实现这个目标。如果公司和政府开始大量收集我们的生物识别数据，他们将比我们自己更了解我们，那么他们不仅可以预测我们的感受，还可以操纵我们的感受，并向我们出售他们想要的任何东西，从产品到政治观点。另外，在世界技术化与技术主体化的现实背景下，人性的恶也可以通过技术彰显和放大。例如，人工智能的杀戮性行为运用（无论是公开的军事行为还是隐秘的恐怖袭击）以及相应的技术支撑的生物武器的便捷应用等。人类过去征服洪荒野蛮，如今已经走到秩序与文明，但技术在当下人类文明高级形态下一旦失控，却能够变本加厉地再现野蛮。此外，知识工作的自动化，剥夺了原初的人作为人的主体特性。艾萨克·阿西莫夫早在 1964 年已经预测，"人类将在很大程度上成为机器操作员"。在不久的未来，就连操作员的工作也会受到机器人的威胁。经济学家之间流传着一个笑话："未来的工厂只有两名员工——一个人和一条狗。人的工作是喂狗，而狗的工作则是看着这个人，让他别碰那些机器。"马克思的人类理想中，把充分自主的创造性劳动，视为全面发展的人的标志，人类的全新技术，让人类的全面丰富性消失。在智能技术的整合和推动下，未来的世界会有如下的呈现和走向。

（1）世界的信息化。世界既是物质的，又是信息的。信息化表征世界的知识属性，世界的信息化操作融合物质与信息，爆发出前所未有的经济、政治和文化力量。更重要的是，信息是无重的（weightless），可以光速传播和流通。在此基础上，信息社会有助于实现因为透明而成为可能的"电子乌托邦"。

（2）世界的网络化。以互联网为标志的各类网络，将世界联合为一个整体。各类孤立而中心化的组织被打破，代之以去中心化的联通节点机构，时间与空间的束缚逐渐消除。对于网络世界来说，中心区与偏远区、城市与农村、工作室与家庭等对立削弱乃至消失。并且，因为网络的优化，无序和不必要的人与物的流动减少。在此基础上，网络社会有助于实现因联通而可能的"网络乌托邦"。

（3）世界的智能化。信息不仅可以快捷流动，而且可以进行计算，即预测、计划和控制社会的未来状态。世界的智能化，意味着泛在智能基础上的泛在计算。此时，理想社会的向往被理想社会的设计代替，在其中人与物均要响应各类计算的实施方案。在此基础上，计算社会有助于实现因计算而可能的"计算乌托邦"。

（4）世界的闲暇化。人工智能与机器人的大规模推进，导致越来越严重的人工智能失业问题，以至于最终绝大多数的人类劳动必定要被机器人取代，在这种情况下，如果制度及时调整与之相适应，结果会是人们将拥有更多的闲暇，或者劳动与游戏、休闲之间的区别消失。换言之，机器人具有保证每个人财务自由的能力。在此基础上，智能社会有助于实现因极大富裕和劳动消失而可能的"智力乌托邦"。

人类文明是一个结构，它有三个基本要素，即人性、制度与技术。在当下的互联网以及相关的未来技术中凸显的人类境遇，从积极方面说，这种是技术对应的人类之人文的崭新样态，它以人类与技术共生共进的方式彰显人类文明的人文特质；从消极方面说，如果技术发展带来人文的消解和异化，那也只能是人类的宿命。但无论技术的消极力量多么强大，无论人与技术的博弈是成功还是失败，以人为本，彰显和捍卫人文，永远是人类只能和必须选择的人类继续发展的立足点。而且，人类也只能通过拥抱技术，尤其是以拥抱现代技术和与现代技术博弈的方式去彰显人文，拒绝、规避和扼杀技术的结果，只能走向人文彰显的反面。就当下的现实路径而言，系统性地进行工程人文教育以及技术伦理教育，是提升技术生产主体人文关怀的有效路径；而在拥抱技术和与技术共生的理念支配下，通过技术手段，以技术方式实现人文的可操作性物化，进而实现哲学意义上的主体技能化，即人类的主动性技术生存，也是一个更长远的人文实现路径。

本 章 小 结

　　人工智能为人与技术之间的外在化提供了新的方式，人类的意义世界在外在化的过程中受到影响。人与人工智能虽然属于伴生关系，但在利用人工智能时，人自身也处于一个外在化的过程中，外化为一种人工智能的形式在体外存在。这种外在化的过程和结果产生了人工智能技术的人类挑战与应对，因此我们需要直接面向外在化的批判性反思，努力创造数据人文与智能"乌托邦"。

思 考 题

1. 如何理解人工智能技术实际上是一种人类的"代具性存在"？
2. 对于人类生存而言，人工智能技术如何导致人类生活世界的时空重置？
3. 求力技术向求智技术的转变，引发何种技术观变化？
4. 求智技术为什么要求相关性思维统摄因果性思维？
5. 科学研究组织形式如何适应分布式认知引领的认知模式的变化？
6. 数字人出现，是否引发一种"永生悖论"？
7. 人工智能技术主导的技术社会，是否对应着一种新的休闲社会？

参 考 文 献

[1] 余明锋. 还原与无限——技术时代的哲学问题[M]. 上海: 上海三联书店, 2022.
[2] 吉尔·德勒兹. 哲学与权力的谈判[M]. 刘汉全, 译.南京: 译林出版社, 2014.
[3] 吴冠军. 竞速统治与后民主政治——人工智能时代的政治哲学反思[J]. 当代世界与社会主义, 2019(6): 28-36.
[4] 段伟文. 信息文明的伦理基础[M]. 上海: 上海人民出版社, 2020.
[5] 何怀宏. 人物、人际与人机关系——从伦理角度看人工智能[J]. 探索与争鸣, 2018(7): 27-34,142.

后 记

人工智能（AI）技术是当前全球发展最快、影响最深远的领域之一。其发展可追溯至 20 世纪 50 年代，那时科学家们开始探索如何使用计算机模拟人类智能。然而，受限于技术条件，人工智能研究一度陷入停滞。直到 21 世纪初，计算机硬件与软件技术的飞速进步，才真正推动人工智能迈入快速发展阶段。如今，人工智能已成为前沿科技的代表，在语音识别、自然语言处理、图像识别、机器翻译等领域取得了突破性进展，并深刻地融入我们的日常生活。

随着人工智能技术的快速发展，其广泛应用也引发了深刻的思考。我们必须理性看待人工智能的潜力与挑战，既不应过分夸大其对人类生存的威胁，也不应盲目依赖其技术进步。若放任人工智能不受伦理和法律约束，或仅将其视为替代劳动者的工具，而不思考如何让其更好地服务社会，必将带来不可忽视的风险。作为一个拥有道德意识、主动性和坚定意志的共同体，人类的使命是引导人工智能走向光明的未来，使其成为推动社会进步的力量，而非潜在的威胁。

展望未来，人工智能的发展可以涵盖：开放人工智能、深度人工智能、数字人工智能、协同人工智能、量子人工智能、高等人工智能、空间人工智能、工业人工智能、能源人工智能、交叉人工智能。这些领域不仅体现了人工智能从弱到强、从专用到通用、从单一指标到综合指标的发展趋势，也勾勒出了人工智能未来的广阔蓝图。这些目标的实现，将推动人工智能迈向更加全面和深入的发展，开启科技进步的新篇章。此外，随着深度学习技术的不断进步，大模型通过海量数据的学习优化模型性能，提升学习效果和泛化能力，逐渐成为热门研究方向。为实现这些目标愿景，做好人工智能的前沿探索与跨学科交叉至关重要。然而，交叉并非简单的学科叠加。正如 2005 年美国国家科学院在《促进跨学科研究》中所强调的"跨学科研究不只是将两门学科简单地结合在一起来制造一个产品，而是思想和方法的整合、综合，这样的研究才真正是跨学科研究。"因此，推动人工智能的前沿探索是人工智能自身发展壮大的必经之路；促进人工智能与其他学科的交叉融合是人工智能赋能其他学科、助力其发展壮大的必经之路；而实现人工智能前沿与交叉的有机结合，则是人工智能科学生态健康发展的必经之路。

未来，要做好人工智能的学科交叉，需要遵循以下原则：

（1）机制创新原则（mechanism innovation principle）。人工智能与其他学科的交叉需要揭示新的机制，推动跨学科协作的创新模式。

（2）理论创新原则（theoretical innovation principle）。人工智能与其他学科的交叉应推动新的理论体系或模型的创新，提供跨学科的解释框架和研究基础。

（3）方法创新原则（method innovation principle）。在人工智能与其他学科交叉中，应创新方法论，开发新的研究方法，支持跨学科问题的解决。

（4）技术创新原则（technological innovation principle）。交叉学科的应用需推动新技术的产生，特别是在技术实践中跨学科应用所需的工具和技术。

（5）知识创新原则（knowledge innovation principle）。通过人工智能与其他学科的交叉，要实现新知识的创造与整合，尤其是通过跨领域的知识融合，推动学科的整体进步和新的学术突破。

未来，人工智能的学科交叉模式主要包括：

（1）单学科交叉模式，即"人工智能+X"模式，如人工智能+数学、人工智能+化学、人工智能+物理、人工智能+教育、人工智能+法学等。

（2）多学科交叉模式，即"人工智能+X+Y+Z"模式，如人工智能+数学+物理+伦理、人工智能+经济+法律+能源等。

（3）机器学习交叉模式，即"学习+推理+W"模式，如李群+贝叶斯推理+贝叶斯流形+元学习建立李群贝叶斯流形元学习理论框架、机器学习+动态模糊集合+动态模糊逻辑建立动态模糊机器学习方法、机器学习+医学+网络等。

未来，人工智能技术的交叉应用可以有以下趋势：

（1）通用人工智能（AGI）的探索。与现有的专用 AI 不同，AGI 的核心目标是通过开发具有跨领域推理能力的认知架构，赋予智能系统像人类一样的灵活性和适应性。通过借鉴人脑的工作机制，推动脉冲神经网络的发展，提升人工智能在动态环境中的决策能力和应变能力。

（2）大模型与自然语言处理、知识图谱的融合。大模型在自然语言处理（NLP）方面的应用，已突破传统的文本生成，开始逐步融合知识图谱的功能。通过海量的文本数据预训练，大模型能够从中提取出隐性知识，具备类似知识图谱的推理和回答能力。这使得它们在智能问答、语义搜索等任务中展现出前所未有的能力，并帮助提高机器对复杂问题的理解和应对能力。

（3）深度学习与强化学习的融合。深度学习和强化学习是人工智能研究中较为前沿和热门的领域之一，它们的交叉应用可以实现机器从数据中自动提取特征，学习决策规则，还可以在处理复杂决策问题时，能够从经验中不断优化决策策略，从而实现更加智能、精确的自适应能力。

（4）多模态技术。可以将不同类型的数据（如图像、文本、语音、视频等）结合起来进行处理和分析。通过深度学习和大模型的支持，人工智能系统能够跨越不同模态，实现信息的融合与互补，从而提升多领域任务的处理能力。

（5）人机交互与情感计算的融合。人机交互和情感计算是人工智能研究中的新兴领域，它们的交叉应用可以实现机器与人类更为自然的交互方式，同时更好地理解和表达情感信息。

除了上述的应用趋势外，人工智能还将在生物科技、量子科技、新能源、航天、农业等多个领域加速智能化进程，推动人类与 AI 的协作互补，而非简单取代。在这一过程中，人工智能的发展不仅要注重技术创新，还需兼顾可持续性，平衡能源消耗、碳排放、数据隐私保护和算法公平性等问题，同时确保其与人类价值观和道德标准相协调。

总之，人工智能的发展是一个不断迭代和演进的过程，正在深刻影响生产和生活的各个领域。唯有综合考量技术、政策、法律、伦理等多方面因素，才能确保人工智能稳健而可持续地发展，从而真正推动经济、社会与环境的协同进步。